AF453175

COULEURS

PEINTURES ET VERNIS

J. DESALME ET L. PIERRON

INGÉNIEURS-CHIMISTES

COULEURS
PEINTURES ET VERNIS

Préface de **M. FLEURENT**

Professeur au Conservatoire national des Arts et Métiers

AVEC 84 FIGURES DANS LE TEXTE

Les Peintures et les Vernis
LA PEINTURE A L'HUILE
FABRICATION DES COULEURS
Couleurs blanches, jaunes, rouges, bleues, vertes, violettes,
brunes, noires. — Bronzes-Couleurs.
BROYAGE DES COULEURS
Couleurs préparées. — Couleurs vernissées.
LES HUILES
Térébenthine et colophane. — Dissolvants volatils.
LES GOMMES ET RÉSINES
FABRICATION DES VERNIS
Nettoyage des surfaces peintes. — Contrôle de la fabrication.
Emploi des Résidus.
Considérations économiques et commerciales.

PARIS

LIBRAIRIE J.-B. BAILLIÈRE ET FILS
19, RUE HAUTEFEUILLE, 19

1910

PRÉFACE

C'est avec le plus vif intérêt que j'ai parcouru les bonnes feuilles du livre que, sous le titre de « *Couleurs, Peintures, Vernis* », publient MM. Desalme et Pierron et qu'ils m'ont demandé de présenter aux lecteurs.

Je le fais avec d'autant plus de plaisir, que l'ouvrage est non seulement écrit d'une plume alerte et sûre, mais qu'il présente, à mon sens, les qualités les meilleures qu'on puisse exiger d'une œuvre s'adressant à la Technologie.

Pour mon compte personnel — et l'observation vient à l'appui de ma pensée — je n'aperçois que deux manières de concevoir la rédaction d'un traité touchant à la fabrication industrielle des produits dont la Nature met entre nos mains la matière première.

Ou bien celui qui écrit, connaissant son sujet à fond pour avoir mis, comme on dit, la main à la pâte, a le souci d'une description complète des appareils et des procédés, et il a la prétention d'en dévoiler au public, avec une exactitude minutieuse, les détails les plus intimes, comme le ferait un ouvrier intelligent ayant passé par tous les postes de l'usine. De telles monographies existent. Malheureusement, si elles ont leur place marquée dans la bibliothèque des intéressés et des professeurs spéciaux, elles ne permettent pas, au plus grand nombre qui veut s'instruire, de s'initier à ce qu'on pourrait appeler la philosophie d'ensemble de l'industrie à laquelle chacune d'elles s'adresse, et le travail de l'auteur, si consciencieux et si méritant qu'il soit, est à peu près perdu pour l'enseignement général.

Ou bien l'auteur, pénétré de l'utilité de son livre, s'attache à mettre surtout en relief les points essentiels de son sujet ; il montre visiblement le linéament qui les unit à travers la série des opérations manuelles et mécaniques de la fabrication ; il dégage, à chaque pas, la théorie qui dirige l'ensemble et qui permet, non seulement d'éviter les accidents qui pourraient survenir en cours de route, mais aussi de prévoir et de mettre au point les perfectionnements incessants sans lesquels une industrie cesse bien vite d'être possible économiquement. Il brosse ainsi une œuvre claire et rapide, dans laquelle les détails s'estompent et disparaissent, et qui, par sa lecture facile, permet à chacun de trouver immédiatement le renseignement spécial qu'il cherche, aussi bien que l'instruction générale qu'il peut réclamer.

C'est à ce dernier procédé que je donne la préférence et c'est celui que je félicite MM. Desalme et Pierron d'avoir adopté en écrivant leur livre. Ainsi qu'ils le font remarquer en tête de leur « AVANT-PROPOS », de nombreux ouvrages ont déjà été écrits sur la matière. Mais ils s'adressent plus spécialement soit aux Couleurs, soit aux Huiles, soit aux Résines et Vernis enfermant ainsi chacun de ces produits dans un compartiment particulier. Cette séparation peut apparaître aujourd'hui comme un anachronisme, puisque, dans la fabrication comme dans les applications, à cause de la communauté de certaines de leurs matières premières, à cause de propriétés générales propres aux unes comme aux autres, les Couleurs, les Peintures et les Vernis sont voués à la solidarité. MM. Pierron et Desalme ont donc eu raison de réunir, dans le même cadre, l'étude de la préparation et des propriétés de ces produits que tous nous avons intérêt à connaître puisqu'ils sont associés à notre vie journalière en rehaussant, par un choix judicieux, l'esthétique de nos habitations.

MM. Desalme et Pierron étaient d'ailleurs particulièrement désignés pour écrire un pareil traité. Sortis tous deux de l'École de Physique et de Chimie industrielles de la Ville de Paris avec le titre d'ingénieur, ils ont, depuis plus de vingt années passées dans l'industrie, acquis une expérience qui leur permet de doser exactement les connaissances nécessaires à ceux qui s'intéressent aux choses de l'industrie, et dans la matière qu'ils traitent, une longue pratique leur a donné une compétence spéciale qu'il faut les remercier de mettre, dans la mesure du possible, au service du public.

Il n'y a donc pas lieu de s'étonner qu'ils aient écrit un livre complet, avec une concision qui en augmente la valeur, livre que je suis heureux de signaler à tous ceux qui veulent apprendre comme à tous ceux qui s'intéressent au développement de notre industrie nationale.

E. FLEURENT,

Professeur de Chimie industrielle
au Conservatoire national des Arts et Métiers.

AVANT-PROPOS

En présentant ce livre au public, nous n'avons pas simplement pour but d'ajouter un nouvel ouvrage à ceux déjà si nombreux qui existent sur ce sujet ; au contraire, cette seule considération nous eût arrêtés.

Mais nous avons pensé que l'état de nos connaisances scientifiques est suffisant pour que l'on puisse tenter de substituer le raisonnement et la déduction méthodique à l'empirisme qui règne encore trop souvent en maître dans cette branche de notre industrie nationale.

Dans la première partie de cet ouvrage, nous avons rappelé les principes physiques qui régissent la production des phénomènes colorés, les lois du coloris, les règles du mélange des couleurs. Le lecteur nous pardonnera de nous être étendus sur les milieux troubles dont l'importance théorique est considérable, car la seule considération du rapport entre les indices de réfraction des deux corps formant le milieu trouble, permet *à priori* de savoir si une couleur sera suffisamment couvrante pour un emploi déterminé.

L'étude théorique et pratique des procédés de peinture et particulièrement de la peinture à l'huile est suivie d'une théorie de la siccativation qui nous paraît résumer nos connaissances actuelles sur ce sujet.

Dans la seconde partie, nous avons décrit la fabrication des couleurs, leurs propriétés, leurs usages. ainsi que les moyens d'en vérifier la pureté.

Le lecteur y trouvera de nombreux renseignements sur les nouveaux produits employés pour remplacer les couleurs à base de plomb, si vénéneuses et contre l'emploi desquelles la conscience publique s'élève de plus en plus. C'est ainsi que nous avons décrit les sulfure de zinc, lithopone, sulfopone, etc ; les jaunes et verts de zinc, les jaunes et verts de fer, etc. Un chapitre spécial a été consacré aux miniums factices et à la série des nouveaux rouges à base de laques d'aniline : rouges vermillonnés, rouges gaulois, rouges français, rouges romains, etc, etc.

La réussite industrielle dépend autant, sinon plus, du matériel employé que du procédé suivi ; c'est pourquoi nous avons consacré une assez grande partie de l'ouvrage à la description des appareils les plus perfectionnés, utilisables industriellement, en groupant dans un chapitre de tête tous ceux servant à la fabrication des couleurs, afin d'éviter les redites, tandis que ceux qui servent au broyage des couleurs et à la préparation des peintures sont décrits à leur place.

Dans la troisième partie, après avoir indiqué toutes les huiles siccatives utilisables dans la fabrication des vernis, leur extraction et leur purification, aussi que les différents moyens de les caractériser, nous avons étudié les divers procédés de siccativation en insistant sur ceux récemment introduit dans la technique.

Les gommes, les résines, les essences employables ont été étudiées dans leur composition, leur préparation, leur propriété ; nous y avons joint les renseignements techniques et commerciaux pouvant intéresser l'industriel.

Après avoir décrit les méthodes de dissolution des gommes et en particulier les nouveaux procédés, nous avons indiqué quelles conditions doivent remplir les différents vernis et nous avons étudié le rôle de chacun des constituants.

. De cette façon, nous avons pu faire ressortir quelques régles générales, ce qui nous a permis de réduire le nombre des formules à une quantité relativement restreinte de types de composition éprouvée, avec lesquels le fabricant, en s'inspirant des données acquises, pourra composer les différentes formules dont il a besoin.

Nous nous sommes efforcés de ne faire ni un traité théorique, ni un simple manuel ; nous avons voulu établir une monographie de la question, telle que l'exige actuellement la technique industrielle.

Nous serons heureux si, de toute façon, nous avons pu rendre quelque service à nos lecteurs.

COULEURS, PEINTURES, VERNIS

PREMIÈRE PARTIE

GÉNÉRALITÉS

Les couleurs. — Définitions.

Le mot couleur est employé avec des significations bien différentes ; il peut en résulter une très grande confusion si l'on ne précise le sens de ce terme dans chaque cas particulier.

C'est ainsi que pour le peintre une couleur est une poudre ou une pâte qui, délayée dans un liquide, sert à effectuer ses travaux de peinture.

Le physicien désigne sous le nom de couleur de la lumière blanche modifiée ou sélectionnée.

Enfin pour le physiologiste, la couleur est une sensation. Cette sensation est produite par la lumière, mais peut l'être aussi sans son concours ; on sait que dans l'obscurité, en rêve, on peut éprouver la sensation colorée : il suffit même d'une compression du globe oculaire ; l'expression populaire « voir trente-six chandelles » est la constatation de ce fait.

Ainsi le mot couleur peut désigner indifféremment : soit une matière, composé solide ou liquide : soit des rayons lumineux ; ou bien encore une sensation éprouvée.

En réalité ces trois définitions se complètent et leur ensemble rend compte du mécanisme de la perception des couleurs : la sensation colorée est habituellement produite sur la rétine de notre œil par de la lumière blanche plus ou moins modifiée. Cette modification s'opère soit par des moyens purement optiques comme dans le cas des couleurs d'interférence ou des irisations, soit par l'intermédiaire de matières, de pigments, que l'on nomme des *couleurs*.

Nous ne nous occuperons pas du mécanisme de la perception de la sensation lumineuse qui est du domaine de la physiologie ; mais avant d'entreprendre l'étude des produits commerciaux désignés sous le nom de couleurs il est nécessaire de connaître la lumière dans ses propriétés et d'étudier les modifications qu'elle doit subir pour nous paraître colorée.

I. — LA LUMIÈRE

Emission. — Réflexion. — Réfraction. — Surfaces mates et brillantes.

La lumière du jour, celle que nous envoie le soleil est de la lumière blanche, il serait plus juste de dire incolore.

Cette lumière, due à la vibration de particules très petites « d'éther » ébranlées par la source lumineuse, se *propage en ligne droite* dans l'espace tant que sa vitesse n'est pas ralentie ou accélérée. On nomme rayons lumineux les trajectoires rectilignes suivies par les ondes lumineuses.

La lumière ne se meut pas avec la même facilité dans tous les corps. Lorsqu'elle rencontre un corps *transparent* sa vitesse change, elle modifie légèrement sa direction et continue sa route ; c'est ce qu'on appelle la *réfraction*, c'est à cette cause qu'est due l'image brisée d'un bâton plongé dans l'eau.

Si le corps est *opaque*, la lumière ne peut le pénétrer, elle rebrousse chemin ; le rayon lumineux ou plutôt l'onde lumineuse rebondit à la surface du corps, c'est la *réflexion*.

La réflexion se produit de différentes façons, suivant la nature de la surface du corps opaque.

Cette surface est-elle polie, comme dans le cas d'un miroir ? Chaque rayon lumineux arrivant, que l'on nomme *rayon incident*, est presque totalement *réfléchi* et l'angle d'incidence ABO est égal à l'angle de réflexion OBC (fig. 1), la ligne

OB perpendiculaire à la surface à l'endroit où frappe le rayon lumineux s'appelle la *normale*. Il s'ensuit que des rayons lumineux parallèles se trouvent réfléchis dans des directions parallèles et que l'image réfléchie n'est pas déformée.

Au contraire si la surface du corps opaque n'est pas unie, si elle présente des solutions de continuité, si elle est rugueuse, en un mot lorsqu'elle est dépolie, les rayons lumineux arrivant

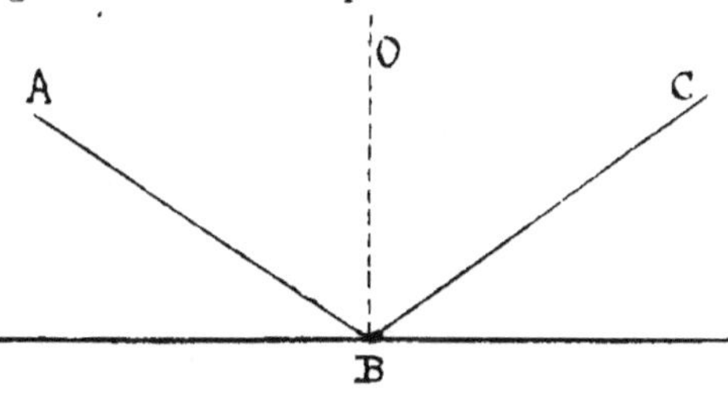

Fig. 1. — Réflexion.

parallèlement sont renvoyés, sont éparpillés dans toutes les directions, c'est la réflexion *diffuse*. La surface alors paraît mate ; il ne peut y avoir d'image réfléchie. La loi énoncée ci-dessus, de l'égalité entre les angles d'incidence et de réflexion subsiste toujours, il suffit de consulter les fig. 2 et 3 pour s'en rendre compte.

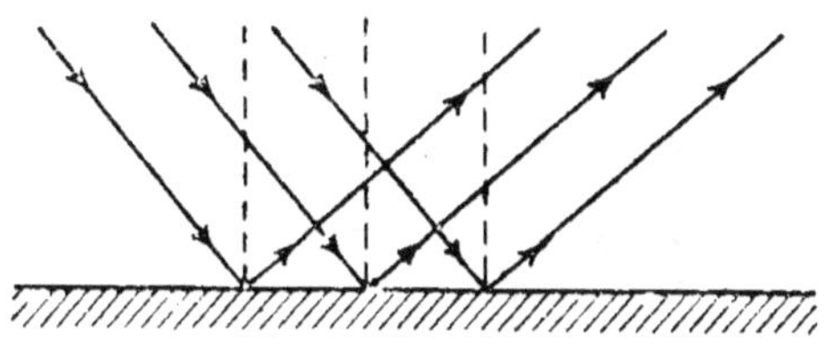

Fig. 2. — Surface polie.

Mais il n'y a pour ainsi dire pas de corps complètement transparents ou complètement opaques.

En réalité presque tous possèdent à la fois les deux proprié-

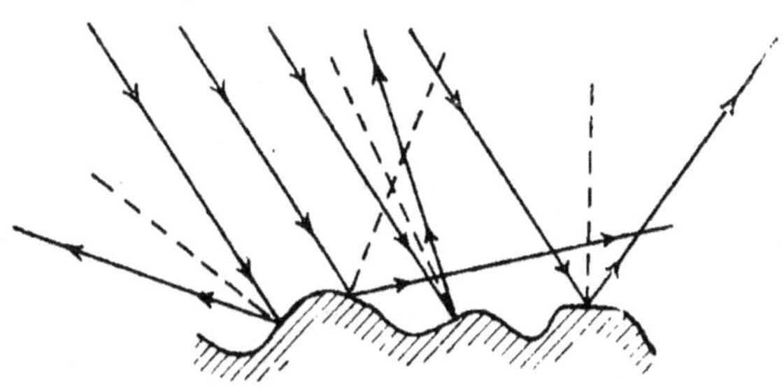

Fig. 3. — Surface mate (grossie).

tés, ils sont plus ou moins translucides et les phénomènes de réfraction et de réflexion se manifestent à la fois.

C'est ainsi qu'un faisceau de rayons lumineux AO (fig. 4)

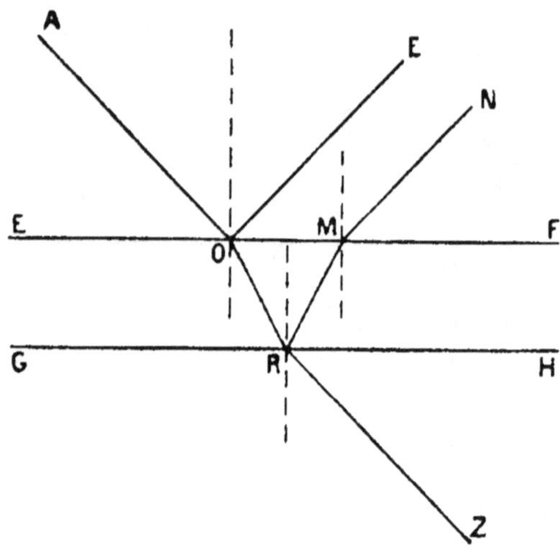

Fig. 4. — Marche des rayons lumineux au travers d'une couche colorée.

tombant sur la surface supérieure FF d'une lame translucide subit une réflexion partielle suivant OE ; ainsi dépouillé d'une partie de ses rayons, il pénètre dans le corps, sa vitesse se ralentit, il subit une *réfraction* suivant OR ; sur la face inférieure GH il subit encore une réflexion partielle suivant RM pendant que le reste sort en se réfractant suivant la direction RZ car sa vitesse s'accroît, redevient ce qu'elle était auparavant ; en outre le rayon réfléchi RM sort du corps en M, sa vitesse augmente puisqu'il revient dans l'air, il se réfracte suivant MN.

Donc le faisceau lumineux AO a donné naissance aux rayons OE, MN et RZ ; il s'est divisé en ces trois parties.

Si l'observateur est placé au-dessus, il ne verra que les rayons suivant OE et ORMN.

S'il est placé au-dessous, il ne recevra que les rayons suivant ORZ ; de toute façon la sensation lumineuse perçue sera affaiblie puisque l'œil n'en aura qu'une partie.

D'autre part les surfaces sont très rarement parfaitement

polies ou totalement rugueuses de sorte qu'une partie de la lumière se réfléchit directement et que l'autre se diffuse, la surface paraît ainsi plus ou moins mate.

Composition de la lumière blanche. — Spectre solaire.

La lumière du soleil n'est pas, comme on pourrait le croire, de composition unique ; elle est formée de radiations lumineuses élémentaires dont chacune se réfracte d'une façon différente de l'autre, ce qui permet de mettre leur existence en évidence.

Si l'on dirige un jet lumineux très mince, obtenu en faisant passer la lumière par un petit orifice circulaire, sur un prisme en verre contenu dans une chambre obscure, on constate que le faisceau lumineux s'est élargi à la sortie du prisme. Projeté sur un écran il est devenu un assemblage de magnifiques couleurs parmi lesquelles il est d'usage de distinguer le violet, l'indigo, le bleu, le vert, le jaune, l'orangé et le rouge.

C'est ce qu'on appelle le *spectre solaire*.

En réalité c'est une gamme ininterrompue de nuances et le physicien désigne les radiations élémentaires non par leur couleur, mais par leur module de vibration. par leur longueur d'onde (1).

La lumière blanche est donc un assemblage de rayons diversement colorés ; c'est cet ensemble qui donne à l'œil la sensation lumineuse incolore.

Si l'on projette le spectre solaire non plus sur un écran, mais sur un appareil optique pouvant réunir les diverses radiations en un même point, on reconstitue en cet endroit la lumière blanche.

Couleurs d'interférence. Couleurs irisées.

Le prisme en verre n'est pas seul capable de produire la décomposition de la lumière ; chaque fois qu'il y a réfraction

---

(1) Cette longueur d'onde se désigne par la lettre λ, elle est évaluée en millionièmes de millimètre. λ varie de 433 pour le violet, à 620 pour le rouge.

intense ces colorations se produisent, puisque chaque radiation élémentaire se réfracte différemment des autres.

C'est à cette cause que sont dues les vives colorations de l'arc-en-ciel, les feux du diamant taillé et des verroteries. Outre cette analyse de la lumière produite par les milieux très réfringents, il arrive que certaines ondes lumineuses chevauchent les unes sur les autres et que leurs mouvements inverses s'annihilent, il se produit ce que l'on appelle des *interférences* qui suppriment ainsi certaines des radiations élémentaires qui composent la lumière blanche et par conséquent font apparaître les autres. C'est à ce phénomène que sont dues les *couleurs irisées* et les *couleurs chatoyantes* telles, par exemple, que celles de la gorge d'un pigeon.

Blanc, gris et noir.

Certains corps ne réfléchissent ou ne réfractent pas toute la lumière qui les frappe. Ils en gardent une partie, ils absorbent une certaine quantité de lumière blanche et en renvoient par conséquent moins qu'ils n'en ont reçu.

Notre œil évalue cette faible quantité de lumière, il est peu impressionné et le corps nous paraît sombre.

Si même ce dernier absorbait toute la lumière, notre œil n'en recevant pas, l'objet nous paraîtrait complètement obscur.

Au contraire, s'il n'y avait que très peu de lumière absorbée, elle serait presque toute réfléchie et nous percevrions la sensation du blanc éclatant.

Si donc un corps retient la moitié de la lumière et réfléchit l'autre, il nous donne la sensation d'un gris correspondant à moitié blanc et moitié noir. Cette lumière que réfléchit un corps gris est de même nature que celle que renvoie un corps blanc, elle en diffère simplement par sa moins grande quantité.

Les couleurs.

Il existe des corps qui non seulement retiennent une partie de la lumière qu'ils reçoivent, mais encore décomposent la partie de lumière qu'ils n'ont pas absorbée ; ils agissent à la façon du prisme dont nous nous sommes servi pour décomposer la lumière blanche. D'où leur vient cette propriété ? Très probablement de leur composition intime, de leur arrangement moléculaire.

Il s'ensuit que la lumière réfléchie par ces matières n'est plus de la lumière blanche; elle a la coloration de l'ensemble des radiations non absorbées. Les corps qui décomposent la lumière sont donc de la couleur du rayon ou du mélange des rayons qu'ils renvoient. Ainsi un produit qui absorbe les radiations lumineuses autres que celles du rouge paraît rouge. Un corps qui retient les radiations correspondant à la partie du spectre allant du violet au vert inclus et qui renvoie les autres est de couleur orangée.

Les deux actions absorbante et décomposante s'ajoutent souvent et c'est ainsi que, par la variation de la plus ou moins grande quantité de lumière et de couleurs, sont obtenues toutes les nuances que l'œil distingue dans la nature.

En regardant d'un peu plus près et plus attentivement le spectre solaire produit par la décomposition de la lumière blanche au moyen d'un prisme, on constate, outre l'existence de couleurs fondues les unes dans les autres, la présence de raies obscures étroites très nombreuses. Ces raies occupent une position immuable dans le spectre et peuvent mieux que les couleurs dont la gamme est fondue et la délimitation impossible, servir à la détermination des différentes parties du spectre. On a dénommé les principales au moyen de lettres : La raie B est dans le rouge, la raie C entre le rouge et l'orangé, la raie D dans le jaune, E entre le jaune et le vert, F dans le vert-bleu, G dans l'indigo, H, dans le violet.

Si nous promenons un thermomètre dans ce spectre, nous constatons une élévation de température qui va croissant au fur et à mesure que nous allons du violet au rouge, et qui se continue en augmentant d'intensité au delà du rouge, dans la zone noire où il n'y a plus de lumière. Les radiations lumineuses sont donc accompagnées de chaleur, de radiations calorifiques surtout abondantes dans la partie du spectre au delà du rouge, que l'on nomme l'*infra-rouge*. La lumière est encore accompagnée d'autres radiations ayant celles-ci la propriété de provoquer les actions chimiques ; elles sont contenues non seulement dans les radiations lumineuses, mais ont même leur maximum d'action dans la zone noire au delà du violet, dans l'*ultra-violet*. On met leur existence facilement en évidence en dirigeant cette partie du spectre, complètement obscure, sur un objet placé devant un appareil photographique qui fournit une vigoureuse image quoiqu'on ait opéré dans une parfaite obscurité. Ces radiations chimiques, comme leur nom l'indique, sont capables de provoquer les réactions chimiques les plus violentes, telle, par exemple, la combinaison du chlore et de l'hydrogène.

Comme elles accompagnent toujours les radiations lumineuses elles exercent leur action sur les substances qui sont éclairées, provoquant des actions chimiques quelquefois utiles, plus souvent néfastes et dont nous aurons souvent à nous occuper.

En outre, non seulement la lumière est accompagnée de chaleur, qui chemine avec elle ; mais chaque fois que des radiations lumineuses sont absorbées par un corps, elles ne disparaissent pas complètement, elles sont transformées en d'autres radiations, en radiations calorifiques. C'est pour cela qu'un corps noir, qui absorbe toutes les radiations lumineuses qui le frappent, s'échauffe beaucoup plus au soleil qu'une matière blanche qui rejette tous les rayons lumineux sans en absorber d'une façon appréciable.

Lumières monochromatiques.

Une couleur ne comprenant que les radiations d'une seule des parties du spectre est dite *monochromatique*. La nature et l'art nous offrent peu d'exemples de corps ayant une telle coloration ; les couleurs employées dans la peinture, l'aquarelle ou en fresque sont généralement plus complexes ; c'est ainsi que si l'on examine, au moyen d'un prisme, la lumière réfléchie par le vermillon, on y constate presque toutes les lumières simples, mais le rouge y domine.

Dans le minium c'est le rouge et le jaune qui sont en excès.

Cela provient, comme nous l'avons dit plus haut, de ce qu'une portion de lumière blanche est réfléchie avec toutes ses radiations, c'est-à-dire intacte et qu'une autre est décomposée ; seules sont réfléchies les radiations rouges et jaunes, toutes les autres étant absorbées.

Couleurs complémentaires

Nous venons de voir qu'une couleur est produite par la soustraction de certaines radiations à la lumière blanche.

On dit que la coloration de ces radiations absorbées est complémentaire de la couleur produite.

Deux couleurs sont donc complémentaires lorsque leurs radiations frappant ensemble notre œil y produisent la sensation du blanc.

Pour la détermination des couleurs complémentaires on peut se servir de divers instruments qui ont pour but d'envoyer les deux radiations colorées sur la même surface de la rétine. Outre le schistoscope de Brücke basé sur les phénomènes de polarisation on peut employer la méthode de Lambert qui consiste à regarder l'une des couleurs par transmission et l'autre par réflexion au moyen d'une plaque de verre bien polie et très transparente (fig. 5).

En modifiant la nuance soit de *a*, soit de *b* il arrive un moment où l'on perçoit dans l'œil un gris neutre qui n'est autre que du blanc en petite quantité. A ce moment les deux couleurs sont complémentaires.

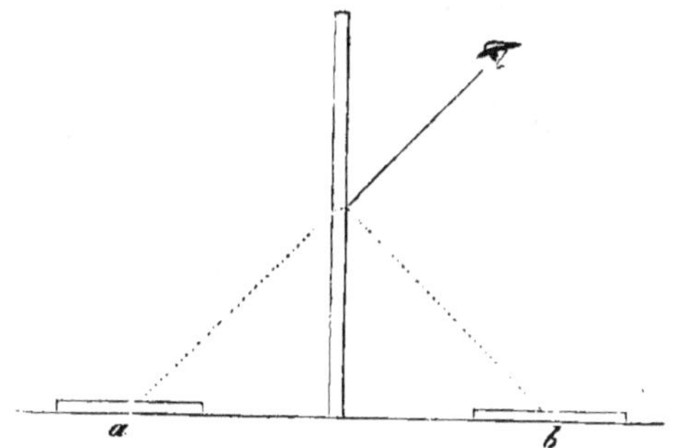

Fig. 5.— Méthode de Lambert pour mélanger les couleurs sur la rétine.

On peut également tirer profit de la persistance des impressions lumineuses sur la rétine et employer la toupie chromatique de Maxwell (fig. 6) sur le plateau de laquelle on dispose des disques en papier colorés avec les couleurs à essayer ; ces disques portent une fente radiale (fig. 7), on en place trois l'un sur l'autre, d'abord par exemple un rouge, puis un bleu et un troisième vert ; on les fait chevaucher de façon qu'une fraction de chacun d'eux soit visible (fig. 8).

Ensuite on superpose de la même façon deux disques plus petits, un blanc et un noir : en faisant tourner la toupie et en faisant varier les rapports des 3 surfaces verte, rouge, jaune et des surfaces centrales blanche et noire, il arrive un moment où l'on obtient un gris uniforme sur toute la surface.

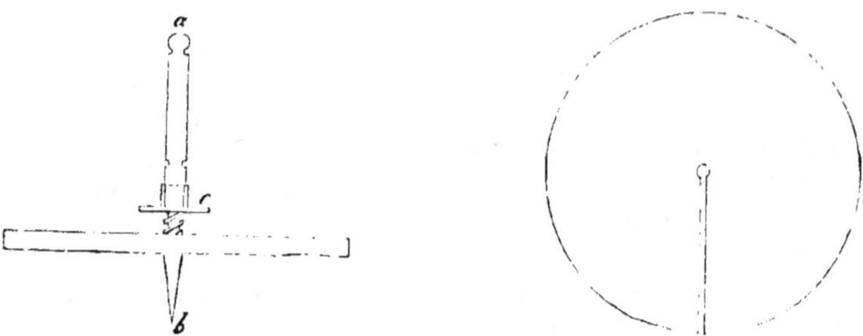

Fig. 6 et 7. — Toupie de Maxwell.

La toupie se remplace avantageusement par un disque vertical fixé sur un axe horizontal et mis en mouvement au moyen d'une corde et d'une manivelle. C'est un appareil de ce genre qui a servi à M. A. Rosenstiehl dans ses recherches sur les lois de la vision des couleurs. Le choix des couleurs complémentaires est très important si l'on veut obtenir de l'harmonie dans la décoration artistique ou industrielle.

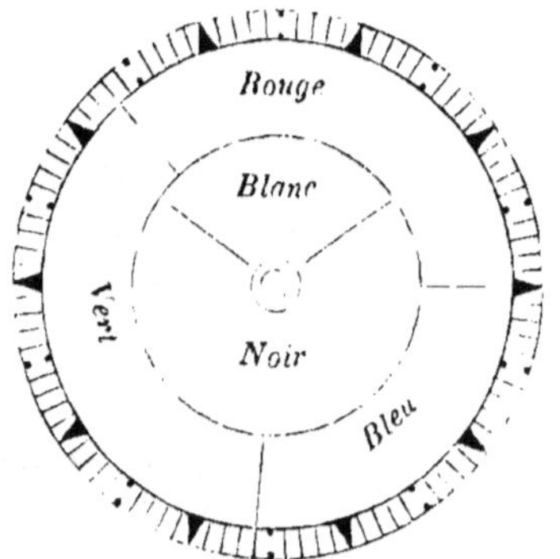

Fig. 8. — Disque coloré de la toupie de Maxwell.

Nous renvoyons pour plus de détails à l'ouvrage du même auteur « Les premiers éléments de la science des couleurs ».

Si nous plaçons sur la toupie de Maxwell un disque dont la moitié est colorée en jaune, nous remarquons que nous sommes obligés de donner à l'autre moitié une coloration bleu verdâtre pour obtenir un gris neutre lorsque nous faisons tourner l'appareil : il s'ensuit donc que le jaune a pour complément le bleu verdâtre, le mélange de leurs radiations sur la rétine de notre œil donne la sensation du blanc peu intense c'est-à-dire du gris. Donc en mélangeant du jaune de chrome avec du bleu de Prusse nous devrions obtenir un gris ; on sait par expérience qu'il n'en est pas ainsi, que le mélange de ces deux couleurs produit un superbe vert.

En réalité il n'y a rien d'anormal dans cette différence, l'explication en a déjà été donnée par Heilmhotz en 1852. Dans le premier cas, le mélange des rayons colorés jaunes et bleus se produit sur la rétine de notre œil en donnant du gris. Dans le 2e cas, la lumière circule dans le mélange de particules bleues et jaunes qui retiennent toutes les radiations sauf le vert.

En effet, si nous examinons notre mélange au microscope nous constatons (fig. 9) qu'il est formé de particules translucides alternativement jaunes et bleues. La lumière blanche

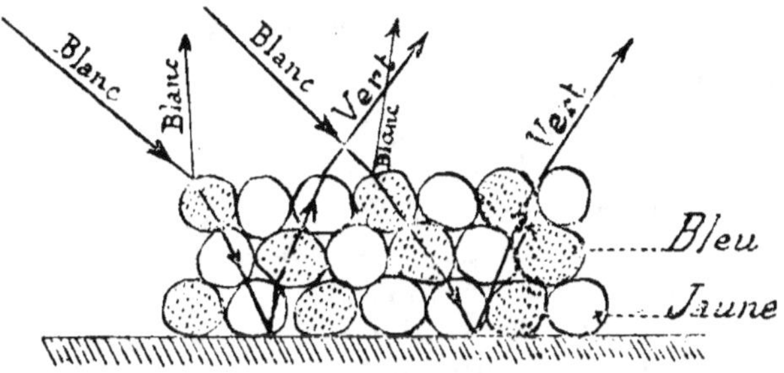

Fig. 9. — Production de rayons verts au moyen de pigments bleus et jaunes.

qui frappe le mélange pénètre à l'intérieur et traverse des particules bleues et des particules jaunes puis se réfléchit sur la surface servant de support à la poudre et retraverse encore des corpuscules bleus et jaunes.

Les matières bleues ne laissent passer que les radiations violettes, bleues et vertes ; d'autre part les matières jaunes ne laissent passer que les rayons rouges, jaunes et verts. Elles absorbent donc les radiations violettes et bleues qui ont traversé les particules bleues tandis que celles-ci retiennent les rayons rouges et jaunes qui ont pu traverser les corpuscules jaunes. Par conséquent, il s'ensuit que seules les radiations vertes ne sont pas retenues et que la coloration du mélange paraît verte.

La coloration est produite dans ce cas par *absorption* et non par *superposition* comme dans le cas du disque tournant. Si les particules colorées étaient placées côte à côte sans se superposer, comme dans le cas d'un pointillé de jaune et de bleu, à une distance suffisante pour que la vision nette disparaisse, notre œil percevrait non pas la sensation du vert comme dans le mélange précédent, mais la sensation du gris comme dans le cas du disque tournant, chaque rayon jaune venant frapper la rétine sans traverser de matière bleue et chaque rayon bleu sans passer au travers du corpuscule jaune.

Les produits connus sous le nom de couleurs doivent leur coloration, comme nous l'avons dit précédemment, à ce qu'ils absorbent certaines radiations colorées : le mécanisme de la production de la couleur de leur mélange s'explique d'une manière analogue.

Cercle chromatique. — Classification des couleurs

Chevreul a classé systématiquement les couleurs suivant un cercle dit *cercle chromatique*, dans lequel il a rangé **72** types de nuances franches. Le bleu, le rouge et le jaune sont situés à des intervalles égaux entre lesquels sont placées les couleurs obtenues par leur mélange deux à deux : l'orangé, le vert et le violet ; entre les nuances ainsi obtenues sont encore intercalées d'autres couleurs produites par mélange de deux nuances voisines et ainsi de suite jusqu'à l'obtention des **72** types (fig 10). Ce cercle présente l'avantage d'indiquer pour chaque couleur sa complémentaire qui se trouve à l'extrémité opposée du diamètre.

Le passage d'une couleur à l'autre se fait d'une manière insensible, les petites différences entre deux couleurs voisines se nomment *nuances*.

Les couleurs sont plus ou moins intenses ; Chevreul désigne l'intensité de coloration par le nom de *teinte* ; deux couleurs peuvent être de même nuance, mais de teinte différente.

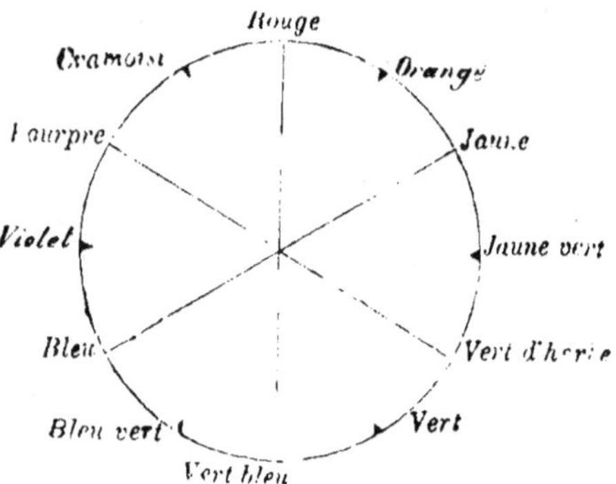

Fig. 10. — Cercle chromatique.

Enfin les couleurs sont plus ou moins pures, ont plus ou moins de luminosité, cela constitue le *ton*.

Des couleurs claires, c'est-à-dire des *tons clairs* sont obtenus par l'addition de beaucoup de blanc à des couleurs intenses.

Ces tons portent quelquefois des noms spéciaux :

Le rouge clair s'appelle *rose chair* ;
Le jaune clair se nomme aussi *jaune paille* ;
Le bleu clair constitue *le ciel* ;
Le violet clair est aussi *lilas* ou *mauve*.

Lorsque ces couleurs ne sont pas accompagnées de gris, on les nomme spécialement des *couleurs fraiches*.

Quand une couleur rouge ou jaune est pure et intense on dit qu'elle *a du feu*.

Pour les peintres une couleur est d'autant plus « *chaude* » qu'elle se rapproche davantage du jaune orangé ; elle est d'autant plus « *froide* » qu'elle s'en éloigne.

Quand les couleurs sont peu intenses ou mélangées de gris on dit qu'elles sont *rabattues*.

Dans le cercle

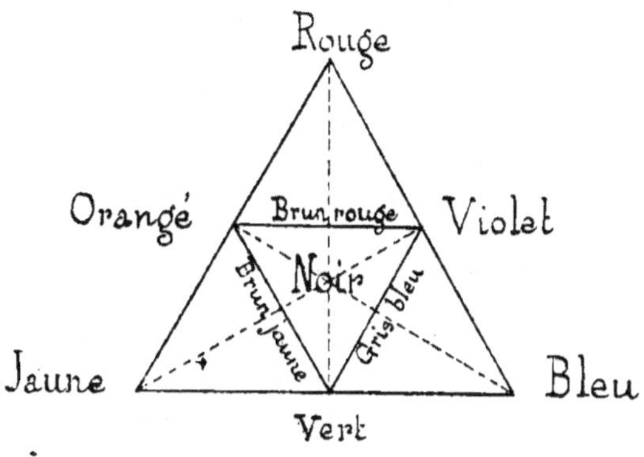

Fig. 11. — Triangle chromatique.

chromatique les trois couleurs simples, jaune, rouge et bleu, que l'on nomme quelquefois couleurs fondamentales, sont situées à égales distances. On peut donc leur faire occuper les trois sommets d'un triangle équilatéral (Maxwell).

Mélange des couleurs.

Les couleurs composées par leur mélange deux à deux se trouvent au milieu de chaque côté et forment la complémentaire de la couleur fondamentale du sommet opposé (fig. 11).

Violet est complémentaire de jaune.
Vert   —   de rouge.
Orangé   —   de bleu

c'est-à-dire qu'en mélangeant du bleu et de l'orangé, on peut obtenir du gris en choisissant convenablement les proportions : on dit dans ce cas que l'orangé *éteint* le bleu.

De même le jaune, le rouge et le bleu mélangés en quantités convenables produisent également du gris, ou du noir, suivant l'intensité des couleurs employées.

En mélangeant de l'orangé et du vert par exemple, on obtiendra du brun jaune terne, car l'orangé étant composé de jaune et de rouge, le vert étant formé de jaune et de bleu, le jaune, le rouge et le bleu vont s'éteindre et former du gris ; ce dernier avec le jaune en excès donnera la teinte jaune terne.

Si l'on emploie de l'orangé et du violet on obtiendra du brun rouge, car le rouge est en excès dans ce mélange et avec le gris formé engendre le rouge rabattu.

Le vert et le violet engendrent un gris bleu.

Si l'on mélange de l'orangé, du vert et du violet, on obtient aussi, en choisissant bien les proportions, un gris sombre ou un noir suivant l'intensité des couleurs mises en œuvre.

Il s'ensuit que chaque fois qu'on fera un mélange de couleurs composées, on ne pourra obtenir une couleur vive, on formera toujours un *ton rabattu*.

Pour la même raison on doit préparer les couleurs composées, notamment les orangés, les verts et les violets avec les couleurs élémentaires les plus vives possible et les plus pures de ton.

En effet, si l'on mélange un jaune trop verdâtre avec un bleu trop rougeâtre, le vert et le rouge contenus engendrent du gris qui ternit, qui rabat la couleur. Si on veut employer un jaune verdâtre on le combinera avec un bleu verdâtre. C'est pour cette raison que le jaune de chrome mélangé avec le bleu de Prusse donne un vert superbe ; il n'en serait pas de même si l'on y incorporait, comme bleu, l'outremer de nuance plus rouge. D'une façon générale on doit employer les couleurs primaires tirant le plus possible vers la *nuance* de la couleur composée qu'on veut engendrer.

C'est ainsi que pour faire un bel orangé on mélange un jaune légèrement orangé avec un rouge également un peu orangé ; dans aucun cas on n'aurait un beau produit en employant un jaune verdâtre et un rouge un peu violacé. Pour la même raison si l'on désirait un beau violet il faudrait employer un rouge violacé de préférence à un rouge orangé et choisir plutôt l'outremer que le bleu de Prusse.

Couleurs produites par les milieux troubles.

Brücke a résumé ainsi les phénomènes lumineux qui se produisent dans les milieux troubles :

« Lorsqu'un milieu transparent, qu'il soit liquide, solide ou gazeux, renferme des particules d'un autre milieu, dans lequel la lumière se propage plus vite ou plus lentement, il devient trouble. Si la couche est assez épaisse et si le nombre des particules est assez grand, le trouble se change en une complète opacité. Si les particules sont très petites et si le trouble n'est pas poussé jusqu'à l'opacité, on voit apparaître des couleurs. »

Des parties très petites d'un corps, même transparent, au sein d'un autre corps également transparent peuvent engendrer un milieu trouble, nous en voyons journellement de nombreux exemples. C'est pour cette raison que de l'eau violemment émulsionnée avec de l'air devient presque opaque par suite de la présence des bulles d'air en suspension. Un jet de vapeur d'eau dans l'air paraît opaque.

Les essences précipitées en fines gouttelettes au sein de l'eau produisent le même effet ; on connaît le trouble opalescent de l'absinthe étendue d'eau.

Le brouillard constitue un milieu trouble plus ou moins opaque à travers lequel la lumière d'un bec de gaz nous paraît rouge jaunâtre. Si le brouillard est plus dense la couleur de la flamme passe au rouge. Tout le monde a certainement contemplé la superbe coloration feu que nous offre le globe du soleil vu à travers une épaisse couche de brouillard.

Les colorations produites sont différentes suivant que la lumière nous est transmise au travers du milieu trouble ou réfléchie à sa surface.

C'est ainsi qu'un verre de lait étendu d'eau présente par transparence une nuance légèrement brun orangé.

Au contraire le même lait coulé en mince nappe sur un fond noir reflète une nuance bleutée.

C'est pour cette cause que des couleurs claires non suffisamment couvrantes étendues sur des teintes foncées paraissent plus bleuâtres, elles deviennent plus *froides*.

Nous avons vu que, pour obtenir une grande opacité, le milieu trouble doit être formé de particules très ténues et en très grand nombre. De cette façon la lumière incidente subit de si nombreuses réflexions à la surface des particules du mélange qu'il finit par n'en plus rester à l'émergence.

Couleurs blanches. Pouvoir couvrant.

Les couleurs blanches sont des milieux troubles et doivent à cela leurs propriétés. En effet, les blancs sont composés généralement de corps incolores extrêmement divisés ; leur indice de réfraction étant assez élevé, ils déterminent un ralentissement notable des rayons lumineux et par conséquent provoquent des réflexions intenses tant sur les surfaces d'entrée que sur celles de sortie. Lorsque l'influence retardatrice est très grande, la quantité de lumière renvoyée par chaque particule est considérable et le blanc est *couvrant*, c'est-à-dire qu'il ne laisse pas apercevoir la couleur du fond sur lequel il est appliqué.

Le pouvoir couvrant est d'autant plus grand que la couche de matière nécessaire pour arriver à ce résultat est plus mince.

La modification de vitesse des rayons lumineux qui est, comme nous venons de le mettre en évidence, un des principaux facteurs du pouvoir couvrant, est d'autant plus grande que la différence entre les indices de réfraction des particules et du milieu qui les tient en suspension est plus élevée.

C'est ainsi que le carbonate de chaux, le blanc de Meudon, par exemple, couvre bien lorsqu'il est étalé en poudre sèche : un trait de craie sur un tableau noir couvre parfaitement, car la différence de vitesse de la lumière dans le carbonate de chaux et l'air qui l'environne est très grande.

Si l'on délaie le blanc de Meudon avec de l'eau et qu'on étale cette pâte sur un fond sombre on constate qu'il ne couvre pas en cet état, tant que l'eau n'est pas évaporée, tant que la dessiccation n'est pas complète.

En effet la différence des indices de réfraction du carbonate de chaux et de l'eau qui le baigne n'est pas considérable (donc peu de réflexions lumineuses et pas de propriétés couvrantes). Au séchage par évaporation, l'air remplace partout l'eau dans la couche et le pouvoir couvrant apparaît. Aussi ce blanc est-il fréquemment employé dans le badigeon et dans la fresque ; dans ce dernier cas on fait quelquefois usage du blanc de perles préparé avec des perles défectueuses et de la nacre de perles. Au contraire, broie-t-on à l'huile ce carbonate ? La peinture préparée de cette façon n'a aucun pouvoir couvrant : c'est que dans ce cas, comme nous le verrons plus loin, l'huile en séchant ne s'évapore pas comme l'eau du mélange précédent, elle se transforme en un produit solide et la vitesse de propagation de la lumière dans ce produit est à peu près la même que celle dans le carbonate de chaux ; il s'ensuit donc une faible variation de vitesse, d'où peu de réflexions lumineuses et pas de pouvoir couvrant.

Emploie-t-on le blanc de perles avec de la gomme ou de la gélatine ou toute autre masse liante soluble dans l'eau, de façon qu'après évaporation de celle-ci il reste un résidu agglutinant ? On se rapproche du cas de la peinture à l'huile et le pouvoir couvrant s'affaiblit. Brücke évalue le rapport de vitesse de la lumière dans la gomme arabique et dans le blanc de perles à $\frac{100}{109}$. Entre ce même blanc et un vernis copal il estime le rapport à $\frac{100}{106}$. Dans ce dernier cas le pouvoir couvrant est très faible, plus faible que pour la gomme arabique. On est donc obligé, lorsqu'on veut peindre à l'huile, d'employer des corps propageant plus lentement la lumière de façon à obtenir une grande différence de vitesse lumineuse dans l'huile séchée et le produit ; on prend des corps à indice de réfraction très élevé, notamment la céruse qui possède de par ces propriétés un bon pouvoir couvrant. Au contraire le blanc de zinc présente un pouvoir couvrant plus faible, car la lumière y circule plus rapidement que dans la céruse, le rapport entre les vitesses dans l'huile sèche et dans ce blanc est plus voisin de l'unité.

De cette étude nous pouvons tirer les quelques enseignements suivants :

Le pouvoir couvrant d'un corps est inversement proportionnel à l'épaisseur de la couche nécessaire pour masquer la teinte noire d'un fond sur lequel on l'applique.

Il ne faut pas confondre ce pouvoir couvrant avec la quantité de produit nécessaire pour peindre l'unité de surface, pour couvrir une surface de un mètre carré par exemple. Ch. Coffignier appelle celui-ci : *pouvoir couvrant en surface* et réserve à l'autre le nom de *pouvoir couvrant par opacité*.

Le pouvoir couvrant, pour le blanc, dépendra d'une part de la nature du corps employé, de son degré de finesse et d'autre part de l'agglutinant qui l'environne, de telle sorte qu'un produit pourra couvrir parfaitement employé seul, à l'eau ou à la caséine et pas du tout employé à l'huile.

Si le pouvoir couvrant n'est pas parfait et ce cas se présente presque toujours, le blanc prendra une teinte qui dépendra, pour un même fond, de l'épaisseur de la couche, de la grosseur et du nombre des particules (1) et aussi bien entendu de la couleur du fond. Si ce fond est sombre la nuance bleutera, si le fond est blanc, la teinte tirera vers l'orange.

C'est pourquoi la nuance des couleurs varie selon la quantité de blanc qu'on y mélange ; les tons dégradés ne sont pas tout à fait de même nuance ; plus il y a de blanc, plus l'écart est important.

Luminosité. — Eclat.

La teinte d'une couleur de nuance déterminée varie avec le plus ou moins de transparence du pigment employé.

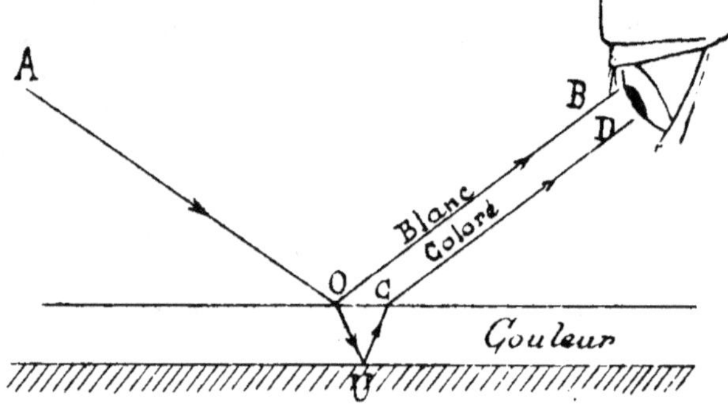

Fig. 12. — Marche des rayons dans une couche colorée.

(1) L'influence de la grosseur des particules est mise en évidence par l'expérience suivante due à M. P. Compan.

Dans une cuve à faces parallèles on met de l'eau distillée gommée saturée d'hydrogène sulfuré.

Si l'on ajoute une dissolution d'azotate de plomb il se produit un précipité de sulfure de plomb. La couleur d'un milieu trouble de cette nature, à la lumière transmise, varie du gris au rouge vif, elle est d'autant plus rouge que la dissolution de nitrate de plomb employée est plus étendue.

Supposons un pigment coloré appliqué sur un fond blanc et considérons de quoi se compose la lumière qui nous est renvoyée par ce pigment.

Le faisceau de lumière AO rencontrant la couche de couleur subit à sa surface une réflexion partielle, une partie de la lumière *blanche* est renvoyée vers notre œil en OB (fig. 12).

Une autre portion des rayons lumineux pénètre dans la couche colorée en se réfractant légèrement ; contre le support blanc en U il y a réflexion et la lumière vient ressortir en CD. Mais dans ce double trajet à l'intérieur de la couleur, du pigment coloré, certaines radiations ont été absorbées et il ne s'échappe en CD que les radiations qui constituent justement la nuance colorée du pigment. De sorte que notre œil reçoit de la lumière blanche OB et de la lumière colorée CD qui se mélangent sur la rétine. Si le corps est très opaque, il y aura beaucoup de lumière blanche réfléchie et peu de lumière colorée produite par les rayons selon OUCD, la couleur sera claire. Si au contraire le corps est peu opaque, très translucide, il pénétrera beaucoup de rayons en OUCD et il y aura peu de lumière blanche réfléchie, la couleur sera plus intense, mais moins lumineuse, elle aura plus de velouté.

Si l'on veut réaliser une surface renvoyant peu de lumière blanche, on la rend artificiellement transparente en appliquant une couche de vernis.

Au contraire pour avoir beaucoup de lumière réfléchie et par cela une grande luminosité, on emploie une couleur très couvrante ou bien on mélange la couleur avec un blanc très couvrant : car nous savons qu'un tel pigment renvoie de la lumière blanche quoique n'étant pas absolument opaque.

Si l'opacité était très grande, il n'y aurait plus du tout de rayons lumineux pénétrants, la lumière serait totalement réfléchie et la sensation éprouvée par notre œil serait uniquement celle du blanc ; on aurait beaucoup de luminosité, mais pas de couleur.

Il existe des corps qui possèdent la précieuse propriété de renvoyer, de réfléchir en lumière colorée, toute la lumière blanche qui les frappe.

Ce sont les métaux polis et notamment l'or et le cuivre. La couleur d'un métal poli est celle de son éclat, il s'y produit donc des colorations à la fois très lumineuses et très intenses.

On peut utiliser le pouvoir fortement réfléchissant de l'argent poli à la production de colorations vives et lumineuses en le recouvrant d'un vernis coloré très transparent ; la lumière, étant donné son double passage à travers le vernis et la forte réflexion sur la surface métallique, donne des colorations très intenses et d'une grande clarté. C'est sur cette propriété que repose la fabrication de l'émail transparent et dans un ordre moins artistique, la confection des capsules métalliques colorées ; dans ce dernier cas l'étain est le métal réflecteur et la coloration est fournie par un vernis très transparent coloré par des couleurs d'aniline très vives.

La magnifique coloration de l'or poli présente à son maximum d'éclat le *ton chaud* du jaune. Sa luminosité est celle des objets saillants éclairés par un vif soleil ; l'or produit donc dans son emploi un effet de saillie considérable. C'est à cette propriété qu'est dû l'usage d'entourer les tableaux peints à l'huile d'un cadre doré ou comportant au moins près de la peinture un filet doré. Le cadre se détache fortement du fond et l'on a l'illusion de voir réellement le sujet peint au travers de l'ouverture formée par le cadre.

Si le métal n'est pas poli, il réfléchit de la lumière plus ou moins diffuse, il perd de son éclat et devient mat.

S'il est mis en poudre très fine, il perd tout à fait ces propriétés. Ainsi l'argent finement précipité paraît gris noirâtre et ne recouvre son éclat métallique que par un polissage qui soude l'une à l'autre les particules métalliques.

C'est pourquoi les *couleurs bronze* doivent être composées avec des paillettes de métaux ou d'alliages en suspension dans l'huile, de façon que le métal soit le moins divisé possible et que les parties métalliques s'enchevêtrent à plat, lors de l'application du produit.

Noir

La réflexion d'une certaine quantité de lumière blanche à la surface des pigments colorés, utile pour donner de la luminosité aux couleurs, devient au contraire nuisible quand on veut obtenir du noir.

En effet, un corps pour être noir au sens absolu du mot doit absorber intégralement toute la lumière incidente.

Cette condition n'est réalisée par aucun des pigments noirs, en poudre que la technique emploie et il faut ajouter à ceux-ci une couleur transparente, d'un brun très foncé, soit qu'on l'y incorpore directement, soit qu'on en recouvre la peinture. C'est ainsi que le bitume a été très employé par les maîtres de la peinture, il fournit des effets d'ombres d'une grande profondeur et d'un velouté merveilleux ; malheureusement la conservation des œuvres ainsi exécutées est mauvaise, le bitume coule et se rembrunit par le temps.

Certains pigments noirs, qui paraissent gris par suite de la réflexion d'une petite quantité de lumière blanche à leur surface présentent en outre une coloration soit brune soit rouge et produisent donc la sensation d'un gris brunâtre ou d'un gris rougeâtre.

Dans ce cas on y ajoute un pigment de couleur complémentaire, une couleur qui *éteint* le brun ou le rouge, c'est-à-dire du bleu de Prusse ou du vert. Le gris teinté passe ainsi au noir, car le mélange de la teinte du noir et de la complémentaire qu'on y ajoute fournit du gris, qui augmente d'intensité le gris initial et donne du noir.

D'une bien meilleure façon on peut produire des noirs très francs et très nourris en mélangeant du bleu, du rouge et du jaune, ou des couleurs libérant ces radiations en proportions égales : par exemple du vert, du violet et de l'orangé, ce n'est que par raison d'économie que l'on emploie les noirs commerciaux : noirs de fumée, d'ivoire, d'os, de vigne, etc., en les complémentant convenablement.

Tons rabattus.

Puisque les noirs commerciaux ne possèdent pas la nuance noir franc, il s'ensuit que par leur incorporation aux couleurs franches on n'obtient pas les couleurs rabattues correspondantes, car la nuance du noir intervient pour sa part dans le mélange. Pour avoir des couleurs rabattues, il est préférable, lorsque l'on connaît bien les lois du coloris, d'opérer par mélange de couleurs en associant la couleur à rabattre à une couleur capable de l'éteindre en partie ou à d'autres capables de s'éteindre mutuellement et de donner du gris.

C'est ainsi qu'un mélange de vert et de violet ou d'orangé et de bleu en excès donnera du bleu rabattu. Au contraire si l'orangé prédomine on obtient du brun, c'est-à-dire de l'orangé rabattu.

On pourrait obtenir le même brun avec un orangé plus rouge et du vert ou avec un orangé plus jaune et du violet.

Emploi des couleurs.

Outre l'emploi artistique qui en est fait pour reproduire les colorations et les jeux de lumière de la nature, les couleurs servent en plus grande quantité encore dans l'industrie et le bâtiment où elles sont utilisées dans un but ornemental : en outre on joint le plus souvent l'utile à l'agréable et l'on emploie les couleurs non seulement dans un but décoratif, mais surtout comme moyen de préservation, pour les surfaces sur lesquelles on les applique, contre les intempéries et l'action nuisible de l'air, seulement, dans ce cas, sauf de rares exceptions, les couleurs ne peuvent s'employer seules.

Il y a lieu de distinguer, au point de vue technique, les deux usages : décoration ou emploi purement artistique et préservation.

Dans le premier cas, ce qui importe avant tout, c'est le rendu de l'exécution ou l'effet décoratif produit, et alors on emploie les couleurs en poudre à peine agglomérées comme dans le cas du *pastel*, ou simplement délayées à l'eau ou la gomme, comme dans l'*aquarelle* et la *gouache*; dans le premier genre le pigment coloré se trouvant peu lié au support il est nécessaire de fixer la couleur par un vernis spécial dénommé *fixatif*. Lorsqu'on désire une conservation très grande de l'œuvre, on emploie les couleurs avec l'adjonction d'un agglutinant ayant pour but de les maintenir sur le support sur lequel on les applique, c'est ce moyen qui est mis en œuvre dans la peinture à l'huile, à fresque, à la cire, etc. Dans ces procédés la couleur est tout, l'adjuvant agglutinant est accessoire et varie avec chaque genre. Au contraire, lorsque l'on a en vue avant tout la protection de la surface sur laquelle on applique le produit, l'agglutinant devient la matière principale, c'est lui qui protège réellement, la couleur n'est souvent qu'un accessoire décoratif. Il est cependant quelques exceptions et l'on peut à ce sujet citer le graphite ou mine de plomb, qui s'emploie seul et protège parfaitement les métaux sans addition d'aucune autre substance.

Lorsque l'on mélange les couleurs avec un agglutinant, soit pour fixer ces couleurs, soit surtout pour la préservation des surfaces que l'on veut enduire, on emploie ce que l'on nomme une *peinture* (1).

Souvent en outre on recouvre les surfaces ainsi peintes d'une couche transparente destinée à donner du brillant et du velouté aux teintes produites, les produits utilisés pour cet usage sont les *vernis* ; lorsqu'ils sont convenablement choisis, ils augmentent aussi la conservation de la peinture, non seulement en la préservant de l'action de l'air et des intempéries ; mais aussi en empêchant par leur dureté les érosions accidentelles.

II. — LES PEINTURES ET VERNIS

Une peinture est formée d'une couleur mélangée avec un agglutinant.

A ce dernier on demande d'être suffisamment fluide pour pouvoir être employé au pinceau, mais en outre de sécher, de durcir peu à peu et d'offrir une grande durée à cet état.

Si l'on a en vue seulement un effet artistique, il suffit qu'il reste après dessiccation une quantité de substance telle que la couleur soit fixée.

Aquarelle.

Dans l'aquarelle les couleurs broyées à l'eau sont détrempées à l'eau gommée : lors du séchage, l'eau s'évapore et il reste une légère couche de gomme ; en outre l'artiste opérant sur un fond blanc de papier non encollé dans lequel les couleurs pénètrent, il se produit une sorte de teinture mécanique qui les fixe parfaitement.

Les couleurs pour cet usage sont livrées à l'état sec mélangées à la gomme et agglomérées ; pour l'emploi il suffit de les délayer dans l'eau.

Les couleurs *moites* sont préparées de même mais reçoivent en outre une addition de glycérine qui les empêche de sécher,

---

(1) Ici encore le mot manque de précision. Peinture signifie aussi bien l'œuvre produite, le travail fait que la préparation employée.

qui maintient les pains dans un état de moiteur constant. Par exemple, on emploie les quantités suivantes pour une couleur jaune :

Jaune	80 parties
Glycérine	15 —
Eau gommeuse à 50 % de gomme arabique	15 —
Eau pour le broyage de la couleur . . .	10 —

Guache.

Contrairement à ce qui a lieu dans l'aquarelle, la guache n'utilise pas le fond blanc du support pour l'obtention d'effets de blanc et de lumière et pour les tons clairs : l'artiste travaille par superposition de teintes *courantes*, le fond peut être quelconque, même noir. Il s'ensuit que les couleurs doivent être additionnées, pour les nuances claires, d'un blanc bien couvrant.

On emploiera, par exemple :

Laque rouge	100
Blanc d'argent	200
Solution gommeuse à 50 %	100
Eau pour le broyage de la couleur	40

La quantité de gomme doit être suffisante pour fixer la couleur, mais pas assez abondante pour produire des effets de brillant qui sont peu appréciés.

Fresque.

Ce genre de peinture, le plus anciennement connu, consiste à recouvrir le mur ou la surface à décorer d'un enduit frais, composé de mortier de chaux et de sable fin. Lorsque la masse molle commence à prendre de la consistance on y applique les couleurs qui pénètrent dans l'intérieur de l'enduit et se trouvent solidement incorporées lors de la prise complète du mortier. Dans ce procédé les couleurs subissent le contact de la chaux, composé caustique et doivent être choisies en conséquence, de même que dans le procédé suivant.

Peinture à la chaux

Ce procédé de peinture ne comporte pas d'agglutinant ajouté, il est basé sur la transformation par l'acide carbonique de l'air, de l'hydrate de chaux en carbonate de chaux.

La matière blanche couvrante est donc dans ce procédé constituée en réalité par du carbonate de chaux, bien qu'on n'en emploie pas en nature.

La chaux a la propriété de former avec l'eau un hydrate assez soluble, cet hydrate se prépare en versant un peu d'eau sur la chaux vive qui à son contact *foisonne* et *s'éteint*.

Pour l'emploi on se sert non pas seulement de la solution de l'hydrate, mais on ajoute à cette solution un excès de chaux hydratée en suspension, mélange que l'on nomme « *lait de chaux* ». Ce mélange auquel on donne la teinte voulue est appliqué sur les surfaces à enduire. A cet état humide il ne couvre pas du tout, pour les raisons que nous avons indiquées dans le chapitre précédent. Au fur et à mesure de la dessiccation, l'eau s'évapore, la chaux hydratée donne déjà une légère couleur blanche ; puis l'action de l'acide carbonique de l'air se faisant sentir, la propriété couvrante se développe peu à peu, en même temps que l'adhérence devient meilleure par suite de la formation de calcaire artificiel. Somme toute ce genre de peinture peut être assimilé à la préparation synthétique d'une légère couche de moellon calcaire à la surface du corps à recouvrir. Pour donner plus de solidité on additionne quelquefois le lait de chaux d'alun qui précipite du sulfate de chaux et de l'alumine. La palette que permet la peinture à la chaux n'est pas très étendue, car le nombre de couleurs qui résistent à l'action caustique de la chaux n'est pas considérable. (Voir 2ᵉ partie.)

Peinture en détrempe, badigeons

Dans ce mode de travail on emploie comme couleur blanche le *blanc de Meudon ou blanc d'Espagne*, c'est-à-dire du carbonate de chaux qui constitue la matière couvrante ; pour produire les différentes teintes on ajoute diverses couleurs et la substance agglutinante est la colle de peau ou plus souvent la gélatine.

DESALME et PIERRON. Couleurs, Peintures, Vernis. 2

Par exemple pour une détrempe commune on emploie pour chaque kilogramme de blanc d'Espagne :

400 à 500cc d'eau et après deux à trois heures d'abandon, pour bien détremper le blanc on ajoute à chaud :

0k500 de colle de peau (1) qui a été gonflée dans l'eau froide puis retirée et chauffée doucement jusqu'à complète liquéfaction.

D'une façon générale on peut nuancer avec une couleur quelconque ; quand la teinte est faite et qu'elle a été broyée à l'eau il suffit de la détremper à la colle.

Il faut avoir soin d'éviter un excès de colle qui ferait écailler la peinture ; d'autre part si cette dose de colle est trop faible la couleur n'est pas fixée et s'enlève par un frottement léger. Un moyen grossier mais assez exact de s'assurer si la détrempe est bien préparée consiste à la faire couler du bout de la brosse ; elle doit *filer*, si elle y reste attachée ou coule en gouttes, c'est qu'il n'y a pas assez de colle.

L'industrie fournit maintenant pour les teintes blanches des mélanges secs de couleur et de colle tout préparés, appelés *Blancs fixes*, qu'il suffit de délayer dans l'eau chaude ou froide (blancs fixes à chaud ou à froid). On trouve abondamment dans le commerce ces blancs à l'état de pâte ferme, sous le nom de *blanc gélatineux* qu'il suffit de délayer dans l'eau pour l'emploi.

Peintures à la caséine.

La caséine est une substance qui est contenue dans le lait et dans le fromage.

Cette substance a la propriété de s'unir aux bases chimiques pour former des sels dont les propriétés sont différentes suivant la nature de la base employée.

Les sels alcalins de la caséine, c'est-à-dire les combinaisons de cette substance avec la soude, le potasse et l'ammoniaque sont solubles dans l'eau.

Les sels formés avec les bases alcalino-terreuses c'est-à-dire la chaux, la baryte et la strontiane sont des substances inso-

---

(1) On peut remplacer cette colle par une dissolution de colle-gélatine dans son poids d'eau, que l'on incorpore chaude dans la couleur broyée à l'eau.

lubles dans l'eau, en outre ce sont des composés très durs,
beaucoup plus que la caséine elle-même.

On peut réaliser des peintures avec la caséine de deux
façons :

Une méthode de peinture est basée sur ce que la combinaison de caséine et d'ammoniaque se décompose en abandonnant l'ammoniaque, qui se volatilise, mettant ainsi en
liberté la caséine.

En employant le sel ammoniacal de la caséine qui est
soluble dans l'eau on peut y incorporer par mélange une couleur déjà broyée à l'eau. Après l'emploi, à la dessiccation,
l'ammoniaque se volatilisant il reste la caséine qui retient la
couleur et la fixe ; cette couche ainsi produite est devenue
insoluble dans l'eau pure.

On peut opérer d'une autre façon :

La combinaison de la caséine et de la chaux fournit un
produit très dur et insoluble dans l'eau ; mais cette combinaison qui ne s'opère qu'en solution, ne se fait pas instantanément, elle demande un certain temps. Si donc on mélange
dans l'eau de la caséine, de la chaux hydratée et une couleur
on obtiendra une pâte, une peinture que l'on aura le temps
d'étendre, d'appliquer avant que la combinaison de caséine et
de chaux ne s'opère et ne durcisse le mélange.

C'est sur cette propriété que sont basées les diverses peintures à l'eau que l'industrie a récemment mises dans le commerce, sous forme de poudres qu'il suffit de délayer dans
l'eau.

Voici quelques exemples de formules :

Caséine en poudre	7
Chaux éteinte	20
Blanc fixe, carbonate de chaux ou kaolin . . .	100
Dextrine	8
Poudre de savon	8

(Bessier, Brevet franç. 337.723).

Dans cette formule simplement donnée à titre d'exemple,
seules les trois premières substances sont utiles pour la couche
de peinture ; la dextrine et la poudre de savon sont ajoutées
probablement pour donner du corps à la peinture et faciliter
l'emploi.

Enfin, la caséine, comme toutes les substances albuminoïdes et par conséquent aussi la gélatine et l'albumine, a la

propriété de se combiner avec la formaldéhyde pour engendrer des combinaisons souples, élastiques et complètement insolubles dans l'eau.

La combinaison avec la formaldéhyde ne se produit pas instantanément elle est assez lente et progressive, aussi a-t-on tiré profit de cette propriété pour préparer par ce moyen des peintures donnant des couches très solides. Voici un exemple d'une telle préparation :

Caséine .	20
Ammoniaque .	1
Eau .	170
Aldéhyde formique .	2,5
Sulfate de baryte, carbonate de chaux ou kaolin	100 à 200
Bioxalate de potasse .	2
Huile.	25
Eau .	50

D'après Coffignier (1).

Dans cette formule on ne s'explique pas bien la présence simultanée de l'ammoniaque et du bioxalate de potasse ; une formule rationnelle serait obtenue en ajoutant à la caséine de l'ammoniaque pour la dissoudre, du blanc pour couvrir, de l'eau pour délayer le mélange et *au moment de l'emploi seulement*, un excès d'aldéhyde formique (car cette dernière réagit également sur l'ammoniaque) pour insolubiliser complètement la caséine.

Ce genre de peinture à la caséine et aldéhyde formique offre l'inconvénient de ne pouvoir se préparer d'avance. En employant, au lieu de cette aldéhyde, un de ses polymères solides, ou une de ses combinaisons, stable à sec, dissociable à l'eau, on remédierait à cet inconvénient et pourrait préparer des peintures d'une très grande solidité et qui auraient une grande importance industrielle ; car l'on obtiendrait ainsi des peintures très solides où l'on pourrait employer des blancs qui, très couvrants par ce procédé, le sont très peu à l'huile : le kaolin, le sulfate de baryte et le carbonate de chaux.

Au procédé de peinture à la caséine on peut rattacher la *peinture au lait*, la *peinture à l'œuf* et la *peinture à l'albumine*.

Peinture au lait. — La caséine est contenue abondamment dans le lait. C'est elle qui constitue la masse coagulée

____

(1) *Nouveau Manuel du fabricant de couleurs.*

obtenue en caillant le lait, on peut employer ce dernier liquide à sa place et se servir par exemple de :

Lait écrémé. . . . . , ... 2 litres
Chaux éteinte . . . . 0 kg., 200
Blanc d'Espagne . . . . 1 kg., 000

Si l'on veut obtenir un brillant, car les peintures à la caséine sont toujours mates, on ajoutera en émulsion de l'huile de lin ou un résinate obtenu par l'adjonction de chaux et de résine ou de la poix de Bourgogne ou même les deux ; dans ce cas on obtient la peinture au *lait résineux.*

Peinture à l'albumine. — L'albumine est une matière colloïdale analogue à la caséine, elle est contenue abondamment dans le blanc d'œuf.

Comme pour la caséine, ses sels alcalins sont solubles dans l'eau, tandis que les sels des bases alcalino-terreuses, par exemple, sa combinaison avec la chaux, sont insolubles dans ce liquide ; par conséquent, l'albumine peut être complètement substituée à la caséine dans les formules précédentes.

Néanmoins son usage est très peu répandu à cause de son prix plus élevé et de sa trop rapide altération : l'albumine se putréfie avec la plus grande facilité à l'état de dissolution, ce qui empêche la bonne conservation des peintures préparées trop longtemps d'avance.

L'albumine s'emploie surtout dans un genre d'aquarelle spécial, pour appliquer des couleurs à l'eau sur les surfaces de gélatine des épreuves photographiques que l'on désire colorier, ce qui permet à la couleur d'adhérer en formant une légère couche très transparente, car l'albumine a la propriété de donner un enduit extrèmement transparent. Il est bien évident que, pour préparer une telle couleur, on peut tout aussi bien broyer la couleur à l'eau (on choisit le pigment le plus translucide possible) et la détremper ensuite avec du blanc d'œuf bien limpide.

Peinture à l'œuf. — Ce procédé est très ancien et tombé en désuétude : pour le pratiquer on broie les couleurs à l'eau et on les détrempe avec des jaunes d'œufs frais émulsionnés à l'eau froide. On y adjoignait quelquefois du blanc d'œuf (albumine) pour augmenter la transparence et même des vernis ou de la cire (1).

(1) Vibert, *La Science de la peinture,* p. 242.
Desalme et Pierron. Couleurs, Peintures, Vernis.   2.

Ce procédé donne des enduits d'une grande solidité : Vibert signale des peintures du moyen âge ayant résisté plusieurs siècles sur des murs humides.

Etant donné les constituants des produits employés, ce procédé est une variante mixte de la méthode à la caséine et à l'albumine. Si l'on voulait réaliser un pareil genre de peinture, il suffirait d'employer ces deux produits.

Peinture au chlorure de zinc.

Si l'on ajoute de l'oxyde de zinc à une solution concentrée de chlorure de zinc (à 58° Baumé) on constate que le mélange s'épaissit puis se prend, il s'est formé un sel peu soluble : l'oxychlorure de zinc.

On conçoit donc que l'on puisse teinter un tel mélange avant qu'il ne soit pris et l'appliquer comme une peinture. Ce procédé est peu employé car la peinture doit être préparée au moment même de l'emploi absolument comme pour le plâtre. On a bien essayé de retarder la prise de l'oxychlorure de zinc en ajoutant différents sels, notamment les tartrates alcalins, mais malgré cela l'emploi en est encore difficile.

Peinture aux silicates.

Les silicates alcalins, en dissolution concentrée sont des liquides épais ; par évaporation de l'eau, au séchage, il se produit un enduit vitreux. Cette propriété a été mise à profit par Fuchs dès 1820 pour rendre ininflammable le bois et les tissus. On peut également tirer parti de cette propriété pour confectionner des peintures et l'on choisit dans ce but le silicate de potasse, car celui de soude donne des enduits qui deviennent efflorescents à l'air.

Le silicate de potasse concentré mélangé à des poudres colorées donne des peintures qui fournissent des enduits brillants lorsqu'ils sont employés sur un corps non poreux.

Appliquées sur pierre calcaire ces peintures présentent une dureté extraordinaire, car le silicate se combine au calcaire en fournissant du silicate de chaux très dur et insoluble. C'est ce que l'on nomme la *silicatisation* découverte par Kuhlmann. Actuellement, au lieu de silicate on emploie de préférence, pour durcir la pierre, les fluosilicates, en particulier le fluosilicate double d'aluminium et de fer ; c'est ce qu'on appelle la *fluatation* (*Kessler*). *Kuhlmann* a proposé de combiner les deux méthodes et de recouvrir une peinture au silicate d'une couche d'acide fluosilicique ; on a en outre proposé pour le même objet l'acide phosphorique (Dalemagne).

On emploie les dissolutions commerciales de silicate de potasse auxquelles on ajoute la couleur choisie et que l'on étend convenablement ; la couche obtenue par dessiccation se combine en partie par sa face inférieure avec la pierre sur laquelle on l'applique ; la surface, au contact de l'air, subit l'influence de l'acide carbonique de l'atmosphère ; elle se décompose avec production de silice libre et la peinture devient ainsi complètement insoluble dans l'eau et d'une très grande adhérence. Le silicate de potasse étant un sel très alcalin, on ne peut employer avec lui que des couleurs résistant bien aux alcalis ; plus le silicate est additionné de poudre colorée, plus la couche est mate.

Peintures à la cire et à l'encaustique.

Ces deux genres de peinture consistent à appliquer des mélanges de couleur et de cire ou d'encaustique, à les fixer en approchant de la surface sèche un réchaud qui ramollit et fond légèrement la cire ; par refroidissement les couleurs sont ainsi fortement maintenues. Ce procédé extrêmement ancien a été abandonné vers le ive siècle.

III. — LA PEINTURE A L'HUILE

Ce genre de peinture, d'origine moins ancienne que le dernier, ne remonte pas au delà du moyen âge ; on l'attribue à Van Eyck dit Jean de Bruges : ce qui est certain, c'est que s'il ne l'a pas inventé, lui et son frère l'ont rendu pratique et l'ont fait connaître.

Ce procédé est basé sur la propriété qu'ont certaines huiles dites *siccatives* de sécher à l'air en donnant des enduits transparents, élastiques, assez durs et d'une bonne conservation ;

par conséquent ces huiles constituent un excellent agglutinant pour la fixation des couleurs et un remarquable préservatif contre les intempéries.

En outre, comme nous le verrons plus loin, le séchage ne s'opère bien qu'autant que la surface de contact avec l'air est grande, d'où il s'ensuit que la peinture préparée d'avance ne peut se prendre spontanément et se conserve très longtemps. Si l'on rappelle sa parfaite imperméabilité à l'eau, sa facilité d'emploi de par sa consistance spéciale et le bas prix des huiles siccatives, on s'explique que ce procédé soit si répandu.

Composition.— La peinture à l'huile se prépare en broyant aussi fin que possible la couleur à employer avec de l'huile, puis on ajoute encore de l'huile en quantité suffisante et comme la pâte ainsi produite est trop épaisse et donnerait une couche trop forte qui sécherait mal, on dilue le mélange avec un dissolvant volatil qui s'évaporera après l'application et aura donné la fluidité voulue à la peinture ; il joue le rôle de l'eau en excès employée dans les genres de peintures précédentes.

Comme huile on se sert d'*huile d'œillette* et d'*huile de lin*, plus souvent de cette dernière. Comme dissolvant on emploie *l'essence de térébenthine, l'essence de pétrole* (white sprit), les *benzines*. Les couleurs les plus variées sont utilisées dans ce mode de peinture, nous les décrirons dans la deuxième partie de ce ouvrage ainsi que les procédés de broyage et de préparation des peintures à l'huile.

Siccativité.— Le séchage des huiles siccatives (œillette et lin) n'est pas très rapide et demande plusieurs jours ; pendant ce temps la peinture encore molle aurait le temps de fixer toutes les poussières ; l'emploi de la peinture à l'huile n'a été possible que parce qu'on a trouvé que certaines substances ajoutées à l'huile ont la propriété de hâter le séchage de la peinture ; ces substances s'appellent des *siccatifs*, elles augmentent la siccativité des huiles.

Dans les peintures que nous avons étudiées : à la chaux, à la colle, à la caséine, à l'albumine, au silicate, la couche ne devient sèche qu'après complète évaporation de l'eau ; d'où il s'ensuit que cette couche est bien moins épaisse une fois sèche que lorsqu'on vient de l'appliquer, on ne peut donc réaliser, à chaque couche, qu'une très faible épaisseur d'enduit.

Au contraire si l'on examine une couche de peinture à l'huile pure on constate que l'épaisseur est la même à l'état frais ou à l'état de parfaite siccité ; au séchage il ne s'est rien évaporé.

Expériences de Chevreul. — Comment s'opère donc ce séchage ?

C'est ce que Chevreul a étudié d'une façon complète et avec une grande sagacité.

Il a étudié à ce sujet l'huile siccative la plus employée : l'huile de lin.

Tout d'abord il a voulu rechercher quel est le composant de l'air qui intervient dans le séchage de l'huile de lin ; pour cela il a plongé quatre peintures fraîches identiques, d'une part à l'air libre, d'autre part dans l'air, dans l'oxygène, et dans l'acide carbonique en vases fermés. Il a constaté qu'à l'air confiné la peinture sèche très peu ; c'est cette propriété qui permet la longue conservation de la peinture sous une légère couche d'eau, en ne brisant pas la légère pellicule qui se forme à la surface de la peinture submergée.

La peinture sèche bien plus vite dans l'oxygène pur qu'à l'air libre et pas du tout dans l'acide carbonique. La dessiccation de l'huile est donc produite par l'*oxygène* de l'air, par une *oxydation*.

Cela est encore vérifié par ce fait que dans l'air confiné de l'expérience précédente on constate qu'il n'y a plus d'oxygène, il n'y reste plus que l'azote.

Si l'huile absorbe l'oxygène il doit s'ensuivre une augmentation de poids: c'est ce que Chevreul a vérifié.

Non seulement en séchant l'huile ne perd rien ; mais elle augmente de poids. L'expression « sécher » appliquée à l'huile est plutôt impropre car l'idée de séchage implique généralement le départ de quelque chose pour obtenir un résidu sec.

La rapidité du séchage de l'huile de lin et des peintures varie fortement avec la température ; lente à froid, l'action est beaucoup plus rapide à chaud ; en été qu'en hiver ; mais en outre cette vitesse de dessiccation est variable avec les corps incorporés dans l'huile pour composer la peinture.

Influence du blanc. — Chevreul a mélangé à l'huile de lin pour faire des peintures blanches : 1º de la céruse, 2º du blanc de zinc, 3º du blanc d'antimoine ; il a étalé ces trois peintures l'une à côté de l'autre sur une même surface qu'il a enduite aussi, comparativement, d'huile de lin sans aucune addition. Il a constaté que la peinture à la céruse est sèche la première, ensuite vient celle au blanc de zinc ; la couche d'huile est sèche peu de temps après cette peinture et enfin celle au blanc d'antimoine sèche longtemps après toutes les autres.

Il s'ensuit que les divers blancs ajoutés à l'huile de lin ont une influence capitale sur le séchage.

Dans le cas de la céruse, le séchage a été activé. Il ne l'a presque pas été lorsqu'on a employé le blanc de zinc. Il a été retardé avec le blanc d'antimoine. De même qu'il y a des corps activant la siccativité de l'huile, de même il y en a qui semblent la retarder.

Influence du support. — En ajoutant de nouvelles couches de la même peinture sur celles déjà sèches, Chevreul a fait cette remarque : les dernières couches ont séché plus vite que la première.

Les couches de peinture paraisssent donc, en servant de support aux autres, exercer un effet siccatif sur ces dernières.

Les surfaces à peindre ont-elles une influence analogue sur la siccativité ? Pour éclaircir ce point Chevreul a exécuté les expériences suivantes :

Il a étalé sur des surfaces différentes, des couches : 1° d'huile de lin ; 2° d'huile de lin et céruse ; 3° d'huile de lin et de blanc de zinc.

Il a d'abord constaté que l'huile de lin sèche plus vite sur le sapin que sur le peuplier, et plus vite sur ce dernier que sur le chêne.

Sur le sapin, la 3e couche a mis quatre jours à sécher au lieu de huit pour la seconde et seize pour la première ; là encore on constate l'influence *siccative de l'huile sèche* sur les couches fraîches qu'on y dépose.

Quant à la première couche elle pénètre complètement, elle est *embue* par les corps *poreux*, ce qui la soustrait dans une certaine mesure à l'action siccative de l'oxygène atmosphérique.

Sur les métaux et les corps non poreux on constate les résultats suivants en appliquant des couches d'huile de lin ordinaire et de mélanges faits avec l'huile de lin et la céruse, l'huile de lin et le blanc de zinc :

Les différentes couches de peinture, appliquées sur ces corps non poreux, ont été sèches dans des temps différents :

SUR :	HUILE DE LIN			TOTAL	HUILE DE LIN ET CÉRUSE			TOTAL	HUILE DE LIN et blanc de zinc			TOTAL
	1re couche	2e couche	3e couche		1re couche	2e couche	3e couche		1re couche	2e couche	3e couche	
	jours	jours	jours	jours	jours	jours	jours	jours	jours	jours	jours	jours
Verre........	3	6	4	13	3	2	2	7	4	3	3	10
Cuivre	5	7	5	17	2	2	2	6	2	4	4	10
Laiton.	2	5	5	12	2	2	2	6	3	4	3	10
Zinc........	3	5	5	13	3	2	2	7	4	3	3	10
Fer.........	3	6	4	13	3	2	2	7	3	4	3	10
Plomb	1	5	3	9	1	2	2	5	1	4	4	9

De ce tableau on peut tirer les conclusions suivantes :

D'abord la confirmation de l'action siccative énergique de la céruse sur l'huile de lin : séchage en 7 jours pour les 3 couches sur verre, au lieu de 13.

Ensuite l'action légèrement siccative de l'oxyde de zinc moindre que celle de la céruse, mais néanmoins très nette.

Les surfaces n'étant pas poreuses, la première couche a séché normalement ; la durée de dessiccation est sensiblement la même pour les peintures appliquées sur le verre ou les différents métaux, sauf dans le cas du cuivre qui paraît anti-siccatif pour l'huile de lin seule et pour le plomb, qui accélère la siccativation et cette influence se fait sentir surtout sur la *première couche*, celle qui est en contact direct avec le métal.

L'*Essence*. — Dans les peintures, à part bien entendu la couleur (la teinte) on emploie, outre l'huile et le blanc, un éclaircissant, un diluant que l'on ajoute pour diminuer la viscosité de la peinture et en faciliter l'application. On se sert généralement pour cet usage d'*essence de térébenthine*.

Ce liquide a-t-il une influence sur le séchage de la peinture ?

C'est à quoi répondent les essais, groupés dans le tableau suivant, effectués sur des plaques de verre de façon à éliminer l'influence due à la porosité. Les temps de séchage ont été de :

	HUILE DE LIN	HUILE DE LIN 2 parties ESSENCE 1 partie	HUILE DE LIN 1 partie BLANC DE ZINC 1 partie	HUILE DE LIN 2 parties ESSENCE 1 partie BLANC DE ZINC 3 parties
1re couche .	7 jours	5 jours	3 jours	2 jours
2e couche. .	11 —	9 —	4 —	2 —
3e couche .	7 —	6 —	4 —	2 —
Durée totale	25 jours	20 jours	11 jours	6 jours

L'essence de térébenthine a donc un pouvoir siccativant et cette action se manifeste bien plus sur la peinture au blanc de zinc que sur l'huile seule.

Siccativation.

Nous savons par tout ce qui précède que la céruse, le blanc de zinc et l'essence de térébenthine sont siccatifs pour l'huile de lin, c'est-à-dire augmentent la rapidité de son séchage.

D'autre part nous savons également que la température exerce aussi une action siccative. En combinant les deux on peut augmenter considérablement le pouvoir siccatif : depuis longtemps on sait siccativer l'huile *en la chauffant avec de la céruse*. D'autres corps peuvent aussi être employés, notamment la litharge, divers sels de plomb et les oxydes de manganèse.

Les huiles traitées à la litharge s'appellent huiles *lithargées*, celles qui ont été soumises à l'action des oxydes de manganèse se dénomment huiles *manganésées*.

Dans les procédés de siccativation dont il est question, par chauffage de l'huile et d'un oxyde de plomb ou de manganèse quelle part revient à l'action seule de la chaleur ?

Si l'on fait bouillir (1) l'huile de lin pendant trois heures et

____

(1) C'est-à-dire si l'on chauffe l'huile jusqu'à ce qu'elle dégage de temps en temps des bulles de gaz.

que l'on compare le produit obtenu à l'huile de lin primitive on trouve les différences suivantes :

	A Huile de lin pure.	B Huile de lin bouillie 3 heures.
La 1re couche étendue sur bois de chêne a séché en. . . .	99 jours	41 jours
La 2e couche . . .	6 —	4 —
La 3e — . . .	3 —	4 —
	108 jours	49 jours

Donc la seule application de la chaleur à l'huile de lin a eu pour effet d'augmenter sa siccativité.

L'huile de lin bouillie avec $\frac{1}{10}$ de litharge pendant trois heures est bien plus siccative que si elle eût été chauffée seule, car :

La 1re couche a séché en	2 jours
La 2e — —	3 —
La 3e — —	2 —
	7 jours

Ce qui prouve que la chaleur n'est pas seule à agir et que son action combinée avec la litharge conduit à une plus grande siccativité.

Les résultats sont sensiblement les mêmes si l'on emploie le peroxyde de manganèse.

En faisant bouillir l'huile de lin seule pendant cinq heures au lieu de trois heures, on constate que le produit est moins siccatif que l'huile de lin chauffée trois heures et si l'on continue la durée de chauffe, on remarque que l'huile devient plus visqueuse et *guère plus siccative* que l'huile crue. Si l'on emploie ce procédé de siccativation il faut donc déterminer rigoureusement le temps de chauffe.

Une température même beaucoup plus basse agit favorablement sur la siccativité. De l'huile de lin maintenue seulement à 70-80° pendant six heures est plus siccative que l'huile non chauffée :

Avec l'huile crue :

La 1re couche (sur verre) a séché en	6 jours
La 2e — — —	6 —
La 3e — — —	5 —
	17 jours

Avec la même huile chauffée à 70-80° :

La 1re couche (sur verre) a séché en . . . . 4 jours
La 2e   —   —   —   . . . 5 —
La 3e   —   —   —   . . . 5 —
                                              14 jours

En y ajoutant du bioxyde de manganèse on obtient une siccativité plus grande :
Huile de lin chauffée à 70-80° avec 10 0/0 MnO².

La 1re couche (sur verre) a séché en . . . 1/2 jour
La 2e   —   —   —   . . . 4 —
La 3e   —   —   —   . . . 2 —
                                              6 jours 1/2

Si l'on avait chauffé au bouillon l'huile et le bioxyde on aurait obtenu un moins bon résultat :
Huile de lin chauffée au bouillon avec 10 0/0 MnO²

La 1re couche sur verre a séché en. . . . . 2 jours
La 2e   —   —   —   . . . . 4 —
La 3e   —   —   —   . . . . 4 —
                                              10 jours

Donc pour siccativer l'huile de lin avec la litharge ou le bioxyde de manganèse il y a intérêt à ne pas dépasser une température d'environ 80° ; il est inutile et même nuisible de porter l'huile au bouillon.

On obtient par ce procédé des huiles séchant très rapidement et que l'on emploie comme siccatifs en les ajoutant à l'huile de lin; mais chose tout à fait imprévue, le mélange d'une huile de lin manganésée comme ci-dessus, avec de l'huile de lin crue *sèche beaucoup plus vite que l'huile manganésée elle-même*. Le pouvoir siccatif du mélange obtenu par addition du 1/2 d'huile manganésée, sèche *4 fois* plus vite que celle-ci, ce qui a fait dire à Chevreul « que si l'industrie, au lieu d'avoir commencé par chercher à augmenter le pouvoir siccatif de l'huile de lin pure eût commencé par chercher à augmenter le pouvoir siccatif de l'huile manganésée, on aurait été conduit, en voyant le pouvoir siccatif de celle-ci augmenter par l'addition de l'huile de lin pure, à qualifier cette dernière de *siccatif*!! »

Ceci nous montre que de même que la température de l'huile ne doit pas être portée trop haut pour avoir un maximum de siccativité, il importe aussi que la quantité d'huile manganésée réelle ne soit pas trop élevée.

Puisque l'huile de lin sèche par suite d'un phénomène d'oxydation à l'air, une action préalable de l'air confère-t-elle une plus grande siccativité à l'huile? Cette question a été également étudiée par Chevreul qui a soumis de l'huile de lin seule ou mélangée à l'essence de térébenthine à l'action de l'air et de la lumière pendant soixante jours. Par comparaison avec de l'huile de lin non traitée, il a constaté que le pouvoir siccatif devient très grand dans ces conditions, aussi grand même que celui de l'huile manganésée avec l'avantage supplémentaire que l'huile se décolore; et dès 1851 il recommandait l'emploi d'une huile exposée à la lumière et à l'air pour la peinture en couleurs claires et notamment avec le blanc de zinc, qui donne ainsi son maximum de blancheur.

En résumé, à part quelques exceptions concernant les nuances foncées, une peinture à l'huile se compose :

1o d'huile de lin comme agglutinant ;

2o d'un blanc additionné plus ou moins d'une couleur pour donner la teinte ;

3o d'un diluant, l'essence de térébenthine qui a pour effet de rendre la pâte plus fluide ;

4o d'un siccatif solide ou liquide.

Nous avons étudié en détail les propriétés de chacun de ces composants au point de vue de la rapidité de séchage ; on peut les résumer ainsi :

L'huile sèche par un phénomène d'oxydation.

Les blancs ajoutés activent sa dessiccation, la céruse plus que le blanc de zinc.

Certaines matières (litharge, oxyde de manganèse, plomb métallique) et certains agents physiques (température, air, lumière) augmentent la siccativité de l'huile.

L'essence de térébenthine, outre son rôle de diluant, contribue à augmenter la siccativité de la peinture.

Le pouvoir siccatif de la céruse se manifestant à la température ordinaire, justifie l'emploi ancien et généralisé de ce blanc. Mais si l'on emploie des huiles additionnées de siccatifs, l'avantage de la céruse sur le blanc de zinc au point de vue de la siccativité disparaît. Les peintures faites par mélange d'huile siccative et de céruse ou de blanc de zinc sèchent dans des temps égaux.

Influence de l'essence sur le brillant. — L'essence de térébenthine, outre son action sur la siccativité de l'huile, exerce une influence sur l'état final de la couche de peinture : elle agit sur sa stabilité et son aspect.

Si la peinture doit être mate, la proportion d'essence doit être d'autant plus élevée qu'on désire plus de matité.

Si la peinture doit être très solide et ni mate ni vernie, c'est-à-dire doit seulement posséder un léger glacis, il faut réduire la proportion de l'essence par rapport à l'huile, au minimum compatible avec un bon emploi au pinceau ; car *l'huile est le principe de la stabilité de la couche de peinture.*

Etude chimique de la siccativation

Dans le chapitre précédent nous avons vu que l'huile de lin seule ou employée en peinture se transforme plus ou moins rapidement, suivant les conditions de température et d'aération et suivant aussi le composé ajouté, en une masse sèche, élastique.

C'est cette dernière qui est destinée à préserver la surface de l'action de l'air et des intempéries, il faut donc qu'elle soit solide et imperméable. Suivant le mode de traitement que l'huile a subi, cette couche a plus ou moins de solidité, comme nous le verrons plus loin. Il est alors important d'étudier le processus de la transformation chimique de l'huile en cette substance sèche.

De quoi se compose l'huile de lin ?

En général les huiles sont des éthers, des combinaisons d'acides gras et de glycérine.

Lorsqu'on les traite par un alcali ou un oxyde soit alcalino-terreux (chaux, baryte), soit métallique (oxydes de manganèse, de plomb, etc.), on décompose l'huile ; l'acide gras forme un sel avec la base et la glycérine est déplacée et mise en liberté.

C'est sur ce principe qu'est basée la fabrication des savons, des bougies et de l'emplâtre pharmaceutique.

L'huile de lin, quoique de constitution analogue, se distingue des autres huiles par sa *siccativité.*

Voici sa composition d'après Fahrion :

Insaponifiable	0,8
Acides palmitique et myristique	8,0
Acide oléique	17,5
Acide linolique . . . . : .	26,0
Acide linolénique	10,0
Acide isolinolénique	33,5
Reste de glycérine $C^3 H^5$	4,2
	100,00

M. Haller a, depuis, signalé la présence d'une quantité appréciable d'acide stéarique et d'un peu d'acide arachique. Quoi qu'il en soit l'huile de lin est constituée par les glycérides de différents acides gras, parmi lesquels le chimiste distingue deux espèces : 1o les acides *gras saturés* $C^{14} H^{24} O^2$, auxquels appartiennent l'acide myristique $C^{14} H^{28} O^2$, l'acide stéarique $C^{18} H^{36} O^2$ et l'acide palmitique $C^{16} H^{32} O^2$; 2o les acides gras *non saturés* auxquels appartiennent tous les autres. Ces derniers se différencient des premiers en ce qu'ils comportent dans leur chaîne des doubles liaisons : $CH = CH$, correspondant à des atomes de carbone non saturés. Ces doubles liaisons sont plus ou moins abondantes : l'acide oléique $C^{18} H^{34} O^2$ n'en comporte qu'une ; l'acide linoléique $C^{18} H^{32} O^2$ en renferme deux ; l'acide linolénique et l'acide isolinolénique $C^{18} H^{30} O^2$ en contiennent trois.

L'acide oléique existe également dans d'autres huiles ou graisses qui ne sont pas siccatives ; il n'est donc pas caractéristique de la propriété siccative de l'huile de lin, qui est due, sans aucun doute, à la présence des acides linoléique, linolénique et isolinolénique spéciaux à cette huile, c'est-à-dire à des acides gras contenant deux ou trois doubles liaisons, correspondant à quatre ou six atomes de carbone non saturés, ayant des valences non satisfaites et par conséquent capables de fixer d'autres atomes.

Le séchage de l'huile de lin a lieu, comme nous l'avons vu (1), par absorption d'oxygène et comme dans cette réaction le poids augmente, l'oxygène absorbé n'est donc pas utilisé pour une combustion partielle du produit, mais est fixé par *addition* et il est tout naturel de penser que cet oxygène vient *saturer les doubles liaisons.*

____

(1) Page 33.

C'est ce que démontre l'étude chimique de la linoxine, elle indique que ce produit *ne comporte plus de doubles liaisons*.

Nous avons déjà indiqué que l'on constate expérimentalement le séchage plus rapide de l'huile de lin ayant été préalablement agitée au contact de l'air ou quand elle est mélangée à l'essence de térébenthine ou encore lorsqu'elle est additionnée de substances minérales dénommées *siccatifs*. L'effet est considérablement accru lorsque ces trois conditions sont réunies.

Pour l'essence de térébenthine la chose s'explique si l'on considère qu'au contact de ce liquide l'oxygène atmosphérique paraît être rendu *plus actif*.

On sait qu'une dissolution aqueuse de carmin d'indigo se décolore à l'air (par oxydation) quand elle est additionnée d'un peu d'essence de térébenthine. L'oxygène de l'air, qui n'agit pas sur cette couleur, la détruit au contraire dans ces conditions.

Bien qu'on ait prétendu à la formation d'ozone au contact de l'essence de térébenthine, ce n'est pas une transformation de ce genre qui est en cause, car dans l'expérience précédente si l'on mesure la teneur en oxygène de l'air employé, on constate que le volume d'oxygène absorbé est le double de celui qui est nécessaire pour décolorer l'indigo.

Il y a donc eu aussi de l'oxygène fixé sur l'essence de térébenthine et c'est à la combinaison qui en résulte qu'est dû le phénomène de décoloration.

Si nous nous reportons au mélange essence de térébenthine et huile de lin, nous pourrons raisonner de même ; l'essence de térébenthine détermine l'oxydation de l'huile en absorbant elle-même de l'oxygène.

Ces phénomènes d'oxydation dus à l'essence de térébenthine ont été étudiés notamment par Bach (1) et C. Engler et J. Weisberg (2).

Ces auteurs ont montré que dans ces conditions l'essence de térébenthine ou plus exactement le *pinène* $C^{10}H^{16}$, hydrocarbure *non saturé* qui la compose en presque totalité, se transforme au contact de l'air en un *peroxyde*, par absorption de deux atomes d'oxygène qui se fixent sur la double liaison ; le

(1) *C. R. Acad. des Sciences*, *124*, 951.
(2) *Ber. der deutsch. chem. Gesell.*, *33*, 1090.

composé formé : R — O — O — R est très instable et agit à la façon de l'eau oxygénée H — O — O — H en abandonnant au corps oxydable que l'on nomme *accepteur* un atome d'oxygène et en se transformant en composé saturé stable :

R — O — R.

Cette propriété de former des peroxydes est partagée par un assez grand nombre de corps organiques : l'amylène, le triméthyl-éthylène, l'hexylène, hydrocarbures non saturés, forment des peroxydes. Certains corps aldéhydiques possèdent les mêmes propriétés : on connaît le peroxyde d'acétyle :

$$CH^3 — CO — O$$
$$| \quad \text{le peroxyde de benzaldéhyde } C^6H^5 — C \Big\langle{}^{O}_{O}$$
$$CH^3 — CO — O \quad \text{(acide perbenzoïque)} \quad | \atop OH$$

composés préparés à l'état de pureté et doués de propriétés oxydantes énergiques (1).

Les acides gras non saturés eux-mêmes peuvent donner des peroxydes.

S'ils ne possèdent qu'une *seule double liaison*, par exemple dans le cas de l'acide oléique, le peroxyde ne se forme pas au contact de l'air, l'huile *n'est pas siccative;* mais néanmoins cet acide gras est capable de donner un composé suroxygéné lorsqu'on le traite par l'ozone, comme l'ont montré MM. Molinari et Soncini (2) ainsi que MM. Harries et Thieme (3). L'ozonide de l'acide oléique (4) possède la constitution :

$$CH^3(CH^2)^7CH \quad — \quad CH(CH^2)^7 — CO^2H$$
$$| \qquad\qquad | $$
$$O — O — O$$

Les acides gras non saturés possédant *plusieurs doubles liaisons* ont la propriété de former des peroxydes au contact de l'air. Ces peroxydes réagissent ensuite sur l'huile elle-même

(1) Les peroxydes se décèlent avec les 3 réactions : acide titanique qui donne dans SO^4H^2 une coloration bleue ; acide hypovanadique qui donne coloration rouge brun dans SO^4H^2 ; $Cr^2O^7K^2$ et aniline avec un peu d'acide oxalique qui donnent une coloration rose violacé.

(2) *Ber. der deutsch. chem. Gesells.* **39**, 2735.

(3) *Ber. der deutsch. chem. Gesells.* **39**, 2844.

(4) L'absorption d'ozone est générale pour tous les acides gras possédant des doubles liaisons et constitue une nouvelle constante des huiles : le *chiffre d'ozone.*

qui joue le rôle d'accepteur et la dessiccation de l'huile s'opère ainsi assez rapidement dès qu'il y a formation d'une quantité appréciable de peroxyde.

Si l'on ajoute à l'huile des composés gras non siccatifs, ils sèchent également quoique non siccatifs; *l'oxydation a lieu par entraînement*, les corps ajoutés jouent le rôle d'accepteurs et s'oxydent à la manière du carmin d'indigo au contact de la térébenthine et de l'air. Cela explique comment l'huile de lin qui contient cependant une assez forte proportion d'acides gras saturés, sèche néanmoins à fond, alors que ces mêmes acides gras saturés ne sèchent pas seuls.

Pendant le processus d'oxydation tous les corps organiques ajoutés dans une peinture participent à l'oxydation, *même le support*. Il est notoirement connu que les toiles sur lesquelles on peint directement sont « *brûlées* » par la peinture et qu'on isole toujours celle-ci de celle-là, au moyen d'un enduit spécial.

Les couleurs elles-mêmes n'échappent pas à cette action et sont soumises à une oxydation énergique lorsqu'on les emploie à l'huile. Il est donc nécessaire qu'elles soient le moins sensibles possible à cette action, surtout qu'elles soient *complètement insolubles* dans le mélange huile et essence.

Les couleurs doivent, pour être solides, non seulement résister à l'action de la lumière solaire, mais encore à l'action oxydante qui se manifeste au séchage de la peinture.

Un exemple entre tous montrera l'attention spéciale qu'on doit porter à ces considérations :

L'indigo, couleur organique naturelle, que l'on fabrique maintenant artificiellement, est beaucoup employé en teinture à cause de sa très grande résistance à l'action oxydante de la lumière.

Il devrait alors, en peinture, constituer une couleur particulièrement robuste.

Si l'on chauffe vers 90° de l'indigo avec l'huile de lin, on obtient une rapide dissolution de cette couleur; à froid, elle présente une teinte vert sombre. Cette solution filtrée exposée à l'air *se décolore rapidement*.

L'indigo a donc été détruit; il a joué le rôle d'accepteur parce qu'il était en dissolution au sein d'une masse renfermant des peroxydes organiques. Comme toutes les couleurs organiques sont oxydables, pour pouvoir les employer en peinture, il faudra les rendre *complètement insolubles* dans l'huile en les transformant en *laques* analogues à la laque de garance.

D'une façon générale les corps énumérés plus haut et que Engler et Wohler nomment *autooxydateurs*, oxydent les matières qui leur sont mélangées (*accepteurs*) en se transformant en peroxydes qui cèdent à celles-ci l'une des deux molécules d'oxygène absorbées et gardent l'autre.

Ces autooxydateurs s'oxydent et entraînent par cela l'oxydation des substances qui les contiennent.

Pour l'oxydation d'un poids déterminé de substance (accepteur) il est nécessaire de mettre en œuvre une quantité correspondante d'autooxydateur.

Appelant A l'autooxydateur,

B l'accepteur,

la réaction peut s'écrire (1) :

$$A \longrightarrow A{<}{\overset{O}{\underset{O}{\mid}}} \quad \text{(transformation en peroxyde)}$$

$$A{<}{\overset{O}{\underset{O}{\mid}}} + B \longrightarrow AO + BO \quad \text{(oxydation proprement dite)}$$

L'autooxydateur s'oxyde de même que l'accepteur en fournissant un composé stable ne pouvant par conséquent plus servir à la production de peroxyde; pour continuer l'oxydation il faut une nouvelle quantité d'autooxydateur, ce qui nécessite un rapport défini entre les deux substances.

C'est pourquoi une huile de lin peut encore sécher convenablement si on lui ajoute des huiles non siccatives ou d'autres composés non siccatifs, mais seulement dans une certaine mesure compatible avec les considérations ci-dessus développées.

Enfin, certains sels de métaux, ou même certains métaux capables de former des oxydes ou des sels à deux degrés différents d'oxydation, mis en contact avec l'huile de lin lui confèrent une siccativité très grande.

Le plomb et le manganèse manifestent ces propriétés d'une façon spécialement énergique : ajoutés sous forme de sels solubles dans l'huile (résinate, oléate, linoléate) ou mis en

---

(1) ENGLER et WOHLER (*Zeit. anorg. Chem.*, **29**, 1-21).

contact avec elle sous formes d'oxydes, ils lui confèrent une aptitude à l'oxydation tout à fait remarquable. Dans le premier cas ils jouent le rôle d'autooxydateurs ; dans le second, il y a saponification partielle d'une partie de l'huile avec formation du sel manganeux ou plombique des acides gras de l'huile qui jouent ensuite le rôle d'autooxydateurs, comme dans le cas précédent.

Le processus d'oxydation au moyen d'un autooxydateur de ce genre peut s'écrire ainsi en appelant :

A l'autooxydateur,

B l'accepteur,

$$A \longrightarrow A\!\!<\!\!\begin{matrix}O\\|\\O\end{matrix}$$

$$A\!\!<\!\!\begin{matrix}O\\|\\O\end{matrix} + B \longrightarrow A + 2BO$$

Ici l'autooxydateur ne participe pas à l'oxydation finale, il cède tout l'oxygène qu'il a fixé et recommence son action en servant de navette entre l'oxygène atmosphérique et l'accepteur.

Il n'est pas nécessaire d'en avoir une quantité importante en œuvre, une proportion qui peut être très minime suffit.

Déjà en 1883, M. Ach. Livache avait indiqué que le manganèse est un siccatif plus actif que le plomb.

Depuis, les travaux de M. Bertrand ont montré le rôle important que les sels de manganèse jouent dans une foule d'oxydations soit artificielles, soit naturelles ; ils coexistent dans les *ferments oxydants*, ce qui leur a fait donner le nom de *ferments minéraux*. Des *traces* d'un sel de manganèse ajoutées à un mélange de corps oxydable et de corps oxydant déterminent ou accélèrent notablement la réaction (1).

Le composé de manganèse, en outre de son action comme

(1) A. VILLIERS. *Bull. Soc. chim.*, (3) *17*, 675.
Cette action se met en évidence par une remarquable expérience : Si l'on mélange poids égaux d'acide oxalique, d'acide chlorhydrique à 25 0/0 et d'acide azotique dilué et que l'on chauffe il ne se fait pas de dégagement gazeux, mais si on ajoute une trace d'un sel de manganèse, du sulfate, par exemple, la réaction se développe en quelques instants et marche même à froid ; elle peut durer très longtemps en produisant un dégagement gazeux d'acide carbonique analogue à celui d'une fermentation.

autooxydateur sur l'huile de lin, favorise la formation de peroxydes organiques et accélère l'oxydation produite par ceux-ci ; il en suffit pour cela d'une trace infinitésimale et l'huile ainsi traitée peut être considérée comme pratiquement exempte de composés minéraux et notamment ne se colore pas en brun à l'air. Seulement, comme l'a montré M. Bertrand (1), la nature de l'acide qui forme le sel de manganèse a une influence considérable sur l'intensité du phénomène.

En résumé, le séchage de l'huile de lin s'opère par transformation au contact de l'air, des glycérides d'acides gras non saturés, à plusieurs doubles liaisons, en peroxydes qui oxydent complètement l'huile. Cette réaction est très lente.

En ajoutant de l'essence de térébenthine à l'huile, l'action est plus rapide car cette essence donne facilement à l'air un peroxyde qui oxyde complètement et rapidement le mélange.

Enfin l'addition d'un sel de manganèse augmente encore la rapidité et l'énergie de la réaction :

1º En agissant comme ferment minéral lorsqu'on l'emploie à l'état de traces en présence d'un corps se transformant facilement en peroxyde organique, tel que l'essence de térébenthine ;

2º En agissant directement sur l'huile comme autooxydateur lorsqu'on l'emploie à doses plus élevées et dans ce cas il partage cette propriété avec les sels de plomb.

Les *radiations lumineuses* agissent favorablement sur la formation des peroxydes, c'est pour cela que l'huile de lin sèche plus rapidement à la lumière solaire : sa siccativité augmente. Si l'on compare l'influence des diverses radiations qui accompagnent ou composent la lumière solaire, ainsi que nous l'avons déjà montré, on constate que les radiations à courte longueur d'onde, les *rayons ultra violets* possèdent une action extrêmement intense. De l'huile de lin soumise à l'action de ces rayons sera donc siccativée énergiquement.

Quel que soit le procédé employé, il se ramène toujours à provoquer au sein de l'huile de lin ou des mélanges en contenant, la formation de peroxydes organiques.

Il est possible, bien entendu, d'ajouter directement les peroxydes organiques que l'on peut préparer par des moyens chimiques et l'on obtient de cette façon des huiles très siccatives ne contenant pas trace de matières minérales.

(1) *Bull. Soc. chim.*, (3) *17*, 753.

DEUXIÈME PARTIE

I. — FABRICATION DES COULEURS

I. — CONSIDÉRATIONS GÉNÉRALES

Les différentes couleurs employées en peinture sont constituées soit par des composés appartenant au règne minéral, soit par des matières organiques, soit par des produits appartenant à ces deux catégories de corps.

En outre dans chacun de ces cas, elles peuvent être soit d'origine naturelle, soit fabriquées artificiellement.

Les composés minéraux employés comme couleurs appartiennent à de nombreuses espèces chimiques, oxydes, sulfures, carbonates, sulfates, chromates, etc., le plus généralement à base de métaux lourds ou alcalino-terreux.

Les composés organiques dont on se sert comme couleurs sont extraits du règne végétal, ou sont fabriqués synthétiquement et pris parmi certaines couleurs d'aniline ; quelle que soit leur origine, ils subissent un traitement approprié pour être transformés en couleurs pour la peinture et les produits ainsi obtenus portent un nom particulier : on les nomme *laques* ou *couleurs laquées*.

En général tout corps coloré peut être employé comme couleur pour la peinture, à condition :

1° Qu'il soit insoluble dans l'eau,

2° Qu'il soit insoluble (ou très peu soluble) dans l'huile,

3º Qu'il soit couvrant,

4º Qu'il soit stable à la lumière, c'est-à-dire qu'il n'ait pas sa nuance modifiée par cet agent,

5º Et enfin qu'il ait une certaine résistance à l'oxydation.

Couleurs minérales

Couleurs naturelles

Lorsqu'on emploie des composés minéraux naturels, on doit d'abord les concasser, les trier et les laver (débourbage).

Ensuite, pour leur donner un pouvoir couvrant suffisant, il faut les pulvériser et les broyer en poudre très fine ; cette poudre mise en suspension dans l'eau se dépose plus ou moins vite suivant la finesse plus ou moins grande des grains qui la composent, ce qui permet un classement des qualités.

Lorsque le produit est très dur et inaltérable à la chaleur, il est chauffé à haute température, au rouge, puis en le projetant dans l'eau froide, on « l'étonne ». Sous l'influence de la brusque variation de température, il se produit un éclatement des molécules et l'on obtient une poudre déjà très fine, dont on termine le broyage mécaniquement.

Couleurs artificielles

Si l'on prépare artificiellement les couleurs minérales, on peut opérer de deux façons :

1º Par voie sèche,

2º Par voie humide.

D'importantes couleurs sont préparées par la première méthode qui opère généralement à température assez élevée ;

Le blanc de zinc, l'outremer, le minium, le vermillon, etc., sont obtenus ainsi.

La seconde méthode est celle qui fournit le plus grand nombre de couleurs et doit être employée, lorsqu'on le peut, de préférence à la première ; elle est habituellement basée sur la précipitation de combinaisons chimiques, qui sont ainsi obtenues dans un état de division extraordinairement grand.

Généralement la précipitation des couleurs se produit à température peu élevée au sein de grandes masses d'eau.

Les produits minéraux obtenus par ce procédé satisfont particulièrement bien aux trois premières conditions que nous avons posées.

1° De par leur mode d'obtention, ils sont insolubles dans l'eau.

2° Ils sont insolubles dans l'huile à froid, de par leur composition minérale.

3° Ils sont généralement couvrants, car les composés employés ont des indices de réfraction assez élevés et leur ténuité est très grande.

La stabilité à la lumière est plus ou moins satisfaisante et varie beaucoup d'une couleur à l'autre; d'une façon générale elle n'est pas aussi bonne qu'on a coutume de l'admettre, à part quelques exceptions assez peu nombreuses.

C'est ainsi que le jaune de chrome, le bleu de Prusse, le cinabre, le vermillon sont fortement modifiés par l'action de la lumière.

Quant aux autres agents atmosphériques, l'hydrogène sulfuré notamment, qui existe fréquemment dans les villes et partout où l'on emploie le gaz, il agit énergiquement sur tous les sels de plomb, par conséquent la céruse, le minium, la mine orange, le jaune de chrome, etc. subissent son action et noircissent en donnant du sulfure de plomb.

Couleurs organiques. — Laques.

Les matières colorantes empruntées soit aux produits végétaux naturels, soit aux couleurs d'aniline, ne peuvent pas servir à la peinture à l'huile dans l'état où on les obtient.

En effet, elles sont dans la plupart des cas solubles à l'eau ; celles qui n'offrent pas cette propriété sont solubles à l'huile, à part de rares exceptions, et par conséquent inutilisables en peinture.

On remédie à ces inconvénients en réalisant des combinaisons des matières colorantes avec des métaux ou des sels métalliques, combinaisons insolubles dans l'eau et dans l'huile que l'on nomme *laques*.

Le principal reproche que l'on a fait aux premiers produits de ce nom qui ont été lancés dans le commerce, produits cependant d'une très grande vivacité de nuance, est le peu de résistance qu'ils présentent à l'action de la lumière, leur décoloration rapide sous l'influence oxydante de cet agent, et de fait, certains de ces produits étaient véritablement d'une fugacité inouïe. Il en est résulté un discrédit profond pour ce genre de composés, en tant que couleurs à l'huile.

Lorsque l'on consentait à les employer on avait soin de les associer à un support minéral teinté et de ne profiter de leur fraîcheur que pour *remonter* la couleur. Notamment les rouges minéraux ternes, tels que le minium, la mine orange et même l'ocre rouge, sont souvent remontés au moyen de couleurs d'aniline et fournissent des *rouges vermillonnés*. Ce genre de couleurs se nomme *couleurs laquées*. Les couleurs d'aniline, qui leur donnent un plus grand éclat, peuvent ensuite se ternir, disparaître même après l'emploi ; la matière minérale qui leur sert de support conserve sa teinte, moins belle il est vrai, mais en tout cas la couleur ne passe pas complètement.

Et cependant il est possible d'obtenir des couleurs très solides au moyen de colorants organiques, plus solides même que bien des couleurs minérales ; il suffit pour s'en convaincre de considérer la laque de garance employée depuis longtemps en peinture artistique et qui constitue le rouge le plus solide que l'on connaisse.

Le Dr A. Eibner, dans son étude sur l'emploi des colorants de houille comme couleurs à l'huile (1), après avoir montré le peu de résistance à la lumière du cinabre et des jaunes de chrome déjà modifiés au bout de 18 à 20 jours, du brun Florentin aussi peu solide, du jaune de cadmium altéré après deux mois, du minium qui est déjà noirci au bout de cinq mois, etc., fait ressortir la grande solidité de diverses laques convenablement préparées. C'est ainsi que la laque d'alizarine est restée complètement inaltérée après 27 mois d'insolation.

Les laques de vert à la chaux ont été à peine modifiées au bout de 22 mois.

Les laques de jaune de quinoléine présentaient toute leur

(1) *Chem. Zeitung,* 1907, p. 1267 et suivantes.

pureté de nuance après 3 mois d'insolation, se montrant en cela plus solides que les jaunes de chrome et de cadmium.

Enfin les laques rouges et jaunes préparées avec les matières colorantes récemment mises dans le commerce ont résisté pendant un à deux ans sans présenter aucun assombrissement de nuance.

Le peu de résistance des laques préparées il y a quelques années tenait surtout au mauvais choix et des matières colorantes employées et du mode de laquage.

Les colorants très vifs de la série du triphénylméthane étaient employés à cause de leur grand rendement joint à leur fraîcheur de ton et ces colorants, la plupart basiques (fuchsine, vert malachite, etc.) étaient précipités de leurs solutions dans l'eau au moyen d'une dissolution de tannin. Le tannate en résultant est bien insoluble dans l'eau ; mais *son insolubilité dans l'huile n'est pas assez complète* ; ce tannate est une matière complètement organique et à ce titre légèrement soluble dans l'huile.

Si l'on joint à cela la sensibilité de ces colorants à l'oxydation, on conçoit que lors du séchage de l'huile ils se trouvent oxydés par entraînement ; la lumière fait le reste, leur destruction est très rapide.

Il faut donc au contraire 1° choisir des matières colorantes peu sensibles à l'oxydation ; et la série des azoïques est à cet égard très robuste, 2° les rendre complètement insolubles dans l'huile ; à cela on arrive très facilement en introduisant dans leur molécule des radicaux métalliques, ce qui donne des laques comparables à celles de garance. Il faut donc employer des azoïques possédant un groupe sulfoné et un groupe hydroxylé qui combinés au calcium ou au baryum donneront des produits à la fois insolubles dans l'eau et dans l'huile.

Le laquage de tels composés est très simple, il suffit de les précipiter par le chlorure de baryum sur le support choisi, sulfate de baryte ou kaolin.

Pour certains colorants possédant des groupes hydroxylés en ortho de la liaison azoïque, on les fait bouillir avec de la chaux à laquelle ils se combinent en donnant des laques de même nature que celle d'alizarine.

Pour l'emploi à l'eau ou à la colle, la difficulté est moins grande et l'on peut s'adresser à toute espèce de colorant ou de mode de laquage, il suffit que la couleur résiste un peu à la lumière ; c'est pourquoi la palette des couleurs pour papiers peints est bien plus variée et bien plus abondante que celle des couleurs pour peinture à l'huile.

Le mode de laquage peut même être tout particulièrement simple : on peut tirer parti de la propriété que possèdent certaines substances minérales d'absorber les matières colorantes et surtout les colorants basiques. Parmi ces corps minéraux, on peut citer : la silice précipitée ou sous toutes ses formes, la terre d'infusoires, la terre de Sienne, la terre tripolitaine, le talc, la terre de Cassel, la terre d'Ombrie, la terre de pipe, le kaolin, la serpentine, le China-clay, l'oxyde de fer, l'oxyde de chrome, l'alumine hydratée, la bauxite, l'ocre jaune, etc.

Dans ce cas le procédé de laquage consiste simplement à mettre la substance minérale en contact avec une dissolution de la matière colorante qui se fixe par un phénomène de teinture. On emploie généralement de 2 à 3 % de colorant.

Étant donné que l'on tiendra compte pour le cas particulier des laques devant servir dans la peinture à l'huile, des données que nous venons d'indiquer, on peut résumer ainsi les procédés de laquage des colorants de la houille : ceux-ci pouvant se diviser en trois grandes catégories :

a) Les colorants solubles basiques (ceux qui forment des sels avec les acides, dont la matière organique joue le rôle de base);

b) Les colorants solubles acides (ceux qui forment des sels avec les alcalis);

c) Les colorants insolubles.

A chacune de ces catégories correspond un mode de laquage particulier.

a) Les colorants solubles basiques se laquent :

1° Par teinture directe du support;

2° Par précipitation au moyen du tannin sur le support choisi.

b) Les colorants solubles acides se laquent :

1° Par précipitation au moyen du chlorure de baryum sur le support choisi ; comme très souvent ce substratum est du sulfate de baryte, on précipite en même temps ce dernier en augmentant la dose de chlorure de baryum de la quantité nécessaire pour la formation du sulfate de baryte et en ajoutant, à la dissolution colorée, du sulfate de soude en quantité voulue pour faire la double décomposition.

2° Certains colorants acides contenant du brome ou de de l'iode, tels que les éosines, les érythrosines, etc., sont précipités à l'état de sel de plomb, au moyen d'acétate de plomb ou d'un sel de plomb soluble.

c) Les colorants insolubles sont fabriqués en présence du support, de la charge, de sorte que leur procédé de laquage est leur procédé même de préparation ; c'est ainsi que l'on produit entre autres les rouges de paranitraniline.

Souvent on ajoute à la liqueur de précipitation un peu de caséine, de savon ou de sulforicinate de soude qui ont pour but de donner du brillant.

Enfin depuis quelque temps, pour éviter au fabricant de couleurs la préparation de certains colorants insolubles, l'industrie des matières colorantes livre au commerce des couleurs en pâte qu'il suffit de mêler à une bouillie de sulfate de baryte ou d'une charge quelconque pour obtenir une laque rouge (lithol, etc.).

II. — MATÉRIEL

Les couleurs fabriquées par voie sèche sont peu nombreuses, mais d'une grande importance ; elles nécessitent dans chaque cas particulier un matériel spécial qui sera décrit pour chaque couleur.

En outre beaucoup de ces couleurs, ainsi que les produits naturels, nécessitent une pulvérisation et sont soumises à une lixiviation méthodique, dans des appareils identiques à ceux employés dans la préparation des couleurs par précipitation.

La fabrication de ces dernières couleurs comporte en général six opérations :

1º Dissolution de matières,
2º Précipitation,
3º Lavage,
4º Filtrage,
5º Séchage,
6º Pulvérisation,

A chacune de ces opérations correspond un matériel particulier.

L'atelier doit être à plusieurs étages (fig. 13) ; si l'on ne peut recourir à cette disposition on sera obligé de surélever cer-

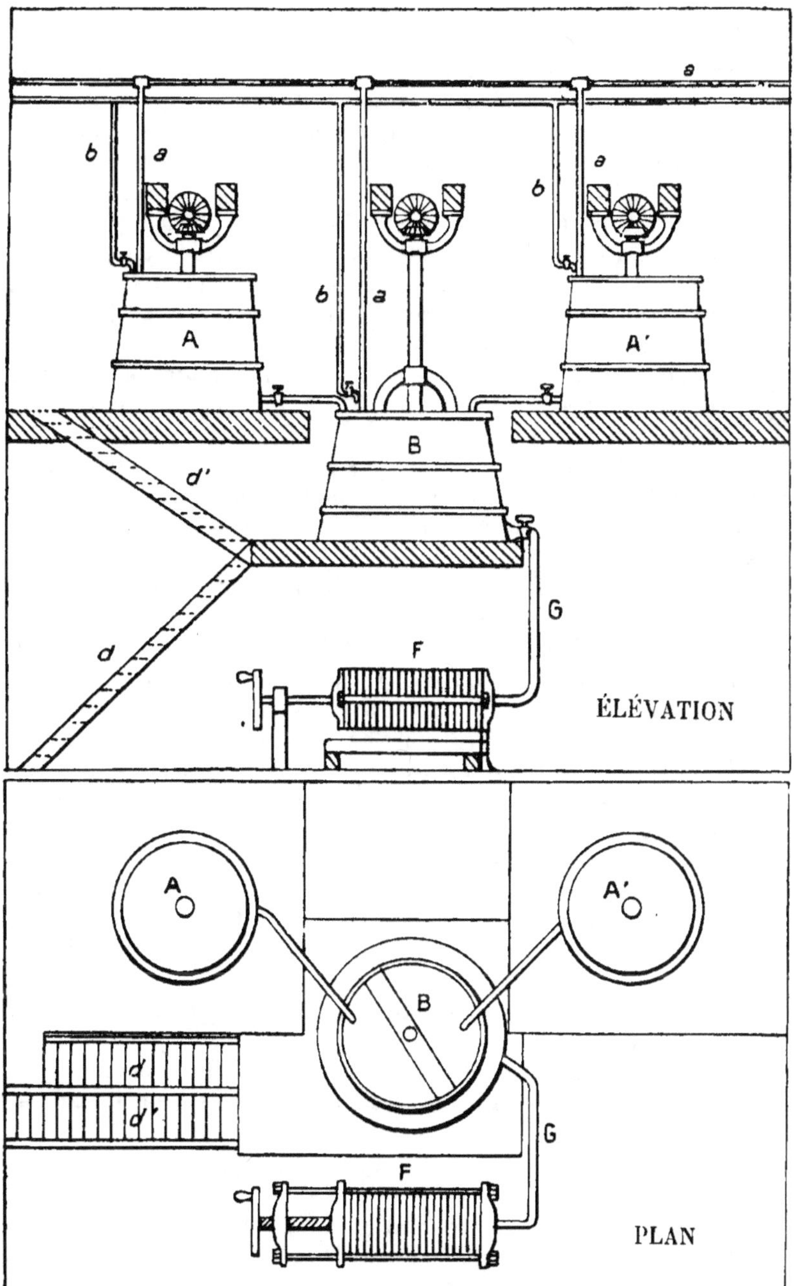

Fig. 13. — Atelier de fabrication de couleurs par voie humide.

taines cuves sur des bâtis spéciaux. Une double canalisation conduit partout où il en est besoin l'eau et la vapeur.

DISSOLUTION — Au deuxième étage se trouvent les cuves à dissolutions pouvant être chauffées à la vapeur soit directement par barbotage, soit par serpentin sec.

Ces cuves, d'une contenance variable, sont pourvues d'agitateurs mécaniques : à leur partie inférieure elles sont munies d'une tubulure fermée par un robinet, un tampon ou tout autre dispositif ; elles peuvent ainsi se déverser dans les cuves inférieures, où s'effectue la précipitation.

PRÉCIPITATION. — Ces cuves placées au premier étage sont également munies d'appareils d'agitation et d'un dispositif de chauffage à la vapeur.

Elles sont d'une contenance plus grande que les précédentes, variant de 1000 à 6000 litres et plus. C'est dans ces cuves que l'on effectue les réactions en y déversant le contenu des cuves supérieures.

LAVAGE. — Le lavage s'effectue également dans ces mêmes cuves ou dans des cuves analogues qui comportent aussi une tubulure inférieure de vidange. La décantation des eaux est effectuée soit par un siphonnage, soit par des robinets placés à différentes hauteurs.

FILTRATION. — La filtration s'opère soit dans des filtres de toile, soit dans des filtres-presses placés en contre-bas, c'est-à-dire au rez-de-chaussée. Lorsque la filtration est facile, la pression exercée par le liquide lui-même suffit pour actionner le filtre-presse. En cas contraire l'adjonction d'une pompe de refoulement est nécessaire et dans ce cas on peut placer les appareils de filtration au même étage que les cuves de précipitation et l'atelier peut ne comporter qu'un premier étage pour les cuves de dissolution.

Les appareils de séchage sont placés au même plan que les appareils de filtration.

Enfin des monte-charges desservent les différents étages et des chariots ou des wagonnets sur rails assurent le transport des produits.

Cuves

Les cuves sont généralement en bois ; elles sont de formes cylindriques ou plus souvent troncoïdales ; les douves sont maintenues par de solides cercles en fer forgé, en deux parties, dont le serrage s'effectue au moyen de deux boulons.

Lorsqu'on n'a pas à craindre l'augmentation du volume
d'eau on chauffe directement le liquide par barbotage de vapeur, un simple tuyau plongeur conduit la vapeur dans le
liquide et celle-ci est complètement utilisée. Quand on ne
veut pas que le volume du liquide augmente, on chauffe au
moyen d'un serpentin en cuivre ou en plomb placé au fond de
la cuve; un robinet à l'entrée du tuyau règle l'échauffement.

Fig. 14. — Cuve à agitateur.

L'agitation est réalisée au moyen d'un axe vertical en bois
ou en métal muni de bras.

Cet agitateur est mis en mouvement au moyen d'une roue
dentée et d'un pignon d'angle, commandé par une courroie.
Les chicanes en bois placées dans la cuve forcent les veines
liquides à se briser, ce qui assure un brassage énergique de
la masse.

La fig. 14 représente une de ces cuves. Les dimensions
seules différencient les cuves de dissolution de celles affectées
à la précipitation.

Filtrage de l'eau

La préparation des couleurs par voie humide met en œuvre de grandes quantités d'eau pour la dissolution et la précipitation des couleurs, en outre il est nécessaire de faire des lavages pour éliminer les sels résiduaires produits dans la double décomposition, ce qui nécessite encore l'emploi d'une grande quantité d'eau, de sorte que très souvent une couleur exige pour sa préparation plus de 1000 fois son poids d'eau.

Cette eau est éliminée par décantation ou par filtration, de telle sorte qu'elle abandonne au produit toutes ses impuretés, le souillant considérablement si elle n'est pas absolument limpide.

Il est donc de toute nécessité de ne travailler qu'avec des eaux *parfaitement filtrées* et pour en être absolument sûr de munir la canalisation d'eau de l'usine d'un appareil de filtration à grand débit. De nombreux modèles de ces appareils existent sur le marché.

Appareils de filtration

Comme nous l'avons déjà indiqué, pour de petites quantités de produit filtrant bien, il suffit d'employer des poches en tissus de coton, de différentes contenances, variant de 20 à 150 litres.

Lorsque le produit filtre difficilement ou lorsqu'on met en œuvre de grandes quantités de matière, il est absolument nécessaire d'employer le filtre-presse.

Filtre-presse. — Le filtre-presse se compose de boîtes parallélipipédiques en fonte ou en bois, formées chacune d'un cadre recouvert sur ses deux grandes faces soit d'une tôle perforée, soit d'un treillage, soit d'une planche percée de rainures sur laquelle on place une toile filtrante.

Un grand nombre de boîtes semblables constituent le filtre-presse et chacune est séparée de l'autre par un cadre de plus ou moins grande épaisseur; une vis de serrage assujettit tout le système et les toiles dépassant légèrement font joint entre les cadres qui constituent ainsi des cavités communiquant ensemble par un dispositif spécial de trous convenablement placés.

Le liquide est envoyé sous pression dans les cadres, filtre à travers les toiles qui recouvrent les deux parois et abandon-

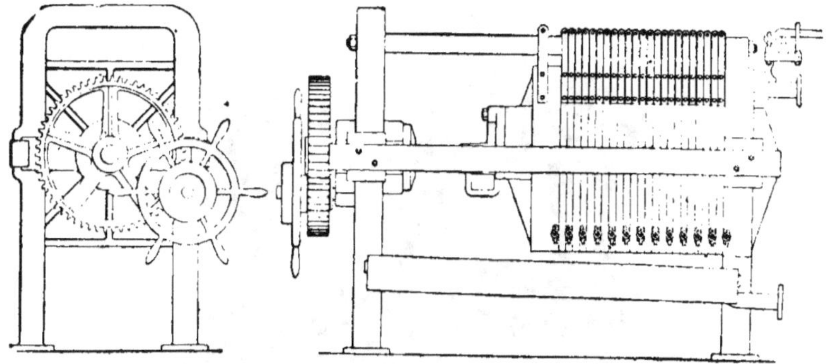

Fig. 15. — Schéma d'un filtre-presse.

nant sa partie solide, s'écoule dans l'intérieur des boîtes qui le laissent échapper par un robinet placé à leur partie inférieure.

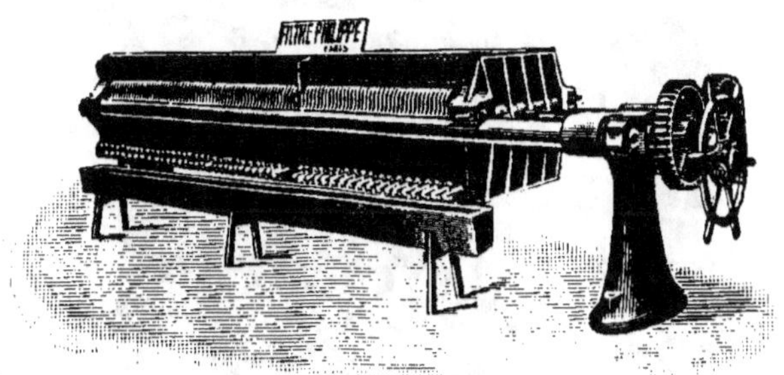

Fig. 16. — Filtre-presse.

En desserrant la vis, les cadres redeviennent libres et il suffit alors d'en retirer le produit solide aggloméré dans leur cavité.

Turbines. — Enfin dans quelques cas spéciaux au lieu de passer les produits au filtre-presse on les égoutte simplement sur des poches en toile résistante et l'on enlève ensuite la plus grande partie de l'eau par la force centrifuge, au moyen d'une turbine ou essoreuse (fig. 17) dans le panier de laquelle on introduit les poches serrées à leur partie supérieure au moyen d'un lien.

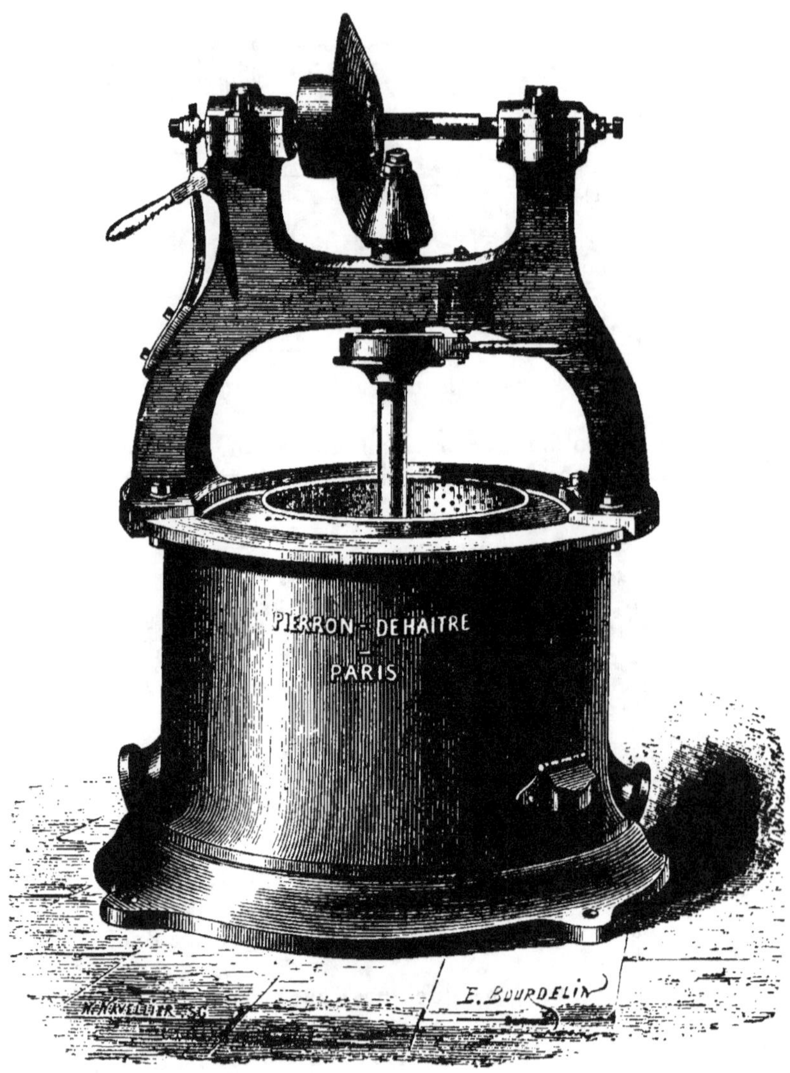

Fig. 17. — Turbine ou essoreuse.

Appareils de séchage

Certaines couleurs sont peu sensibles à l'action de la chaleur ; on peut donc les sécher sans précautions entre 60° et 100°, suivant les cas. Quelques-unes très robustes peuvent impunément être portées à des températures de 300° et même plus.

Enfin quelques couleurs sont sensibles à l'action de la chaleur et leur séchage ne peut guère s'effectuer au dessus de 40°.

Dans ce dernier cas, l'opération, d'une longueur fastidieuse, peut être considérablement écourtée par l'emploi du vide.

Il s'ensuit donc que, suivant les divers cas, on peut employer :

L'étuve classique ;

Les appareils automatiques à haute température ;

Les appareils automatiques à température moyenne :

Les appareils de dessiccation dans le vide, à basse température.

ÉTUVES. — L'antique et classique étuve se compose d'une chambre dans laquelle circule de l'air chaud.

Le produit à sécher est mis sur des claies qui sont placées sur des étagères occupant le pourtour de la pièce.

Le chauffage est effectué, soit par la vapeur, soit par les gaz d'un foyer extérieur, gaz qui circulent dans une tuyauterie occupant la partie inférieure de l'étuve. Une prise d'air extérieur se fait par des ouvertures réglables situées à la partie inférieure ; la sortie de l'air saturé d'humidité a lieu par des ouvertures placées à la partie supérieure.

La température est réglée convenablement au moyen d'un chauffage plus ou moins énergique.

Ce genre d'étuve possède un mauvais rendement et la main-d'œuvre pour le chargement, l'entrée, la sortie des claies et l'enlèvement du produit est considérable ; le travail en est très pénible ; par contre, le prix d'installation est relativement bas.

Il existe un certain nombre d'appareils mécaniques et continus qui offrent une bien meilleure utilisation de la chaleur et même sont actionnés par des chaleurs perdues, vapeurs d'échappement, eau chaude, etc.

Séchoirs. Appareils automatiques à haute température. — Ces appareils d'un rendement élevé fonctionnent avec des gaz chauds au-dessus de 200°.

Ils comportent une circulation soit continue, soit intermittente du produit à l'inverse du courant de gaz chauds.

DESALME et PIERRON, Couleurs, Peintures, Vernis. 4

Nous décrivons, à titre d'exemple, l'appareil Huillard.

La figure 18 représente une coupe verticale de l'appareil. Son principe est le suivant :

On amène, au moyen d'un organe convenable (chaîne à godets, transporteur, vis sans fin, etc.), la matière à sécher à la partie supérieure d'une tour circulaire *A* et on l'introduit avec un dispositif *B* évitant les rentrées d'air, sur le contour extérieur d'un plateau perforé *C*, où des palettes *p*, tournant avec un arbre *D* situé dans l'axe de la tour, la poussent graduellement au centre du plateau, dans un tuyau *E* évasé vers le bas, fixé au plateau *C*. La matière vient alors reposer sur la plateforme d'un tronc de cône *G*, tournant avec l'axe ; elle s'accumule dans le tuyau jusqu'à une certaine hauteur, constituant un bouchage, et crée, sur le bas du bouchage, une charge grâce à laquelle elle est chassée à mesure, selon les parois du tronc de cône *G*, puis envoyée au contour extérieur du plateau suivant *C²* où les mêmes phénomènes se reproduisent.

Enfin, la matière sort, à la partie inférieure, sous l'action d'une palette fixe *H*, d'une manière automatique et continue.

On a donc créé, d'un étage à l'autre, un bouchage par lequel la matière pourra circuler, mais non les gaz. Ceux-ci introduits en *L*, à la base de l'appareil, montent jusqu'en *M*, à la partie supérieure, en traversant chacune des couches étalées, et donnent rapidement toute leur action.

Lorsque la matière a franchi le dernier plateau *C''*, elle tombe dans un dernier tuyau évasé *E''*, d'où elle est tirée automatiquement par le jeu de la palette fixe *H* et du plateau tournant *P* ; la hauteur du bouchon qui se maintient dans le tuyau *E''* dépend de l'éloignement de la palette *H*, par rapport à l'axe ; et on choisit cette hauteur de façon que la résistance opposée par le bouchon permette une rentrée d'air extérieur circulant à l'inverse de la matière séchée et susceptible de la refroidir jusqu'à une température convenable.

L'appareil comprend 3 plateaux perforés, son diamètre intérieur est de 2^m 20 et sa hauteur 7 mètres.

Les gaz de séchage sont empruntés aux générateurs avant leur entrée dans la cheminée.

La quantité d'eau pouvant être évaporée en 24 heures est de 35.000 kilogr.

Les gaz entrant à 220° par exemple sortent à 50°. La puissance nécessitée par le ventilateur est de 16 chevaux.

Séchoirs continus à température moyenne. — Un certain nom-

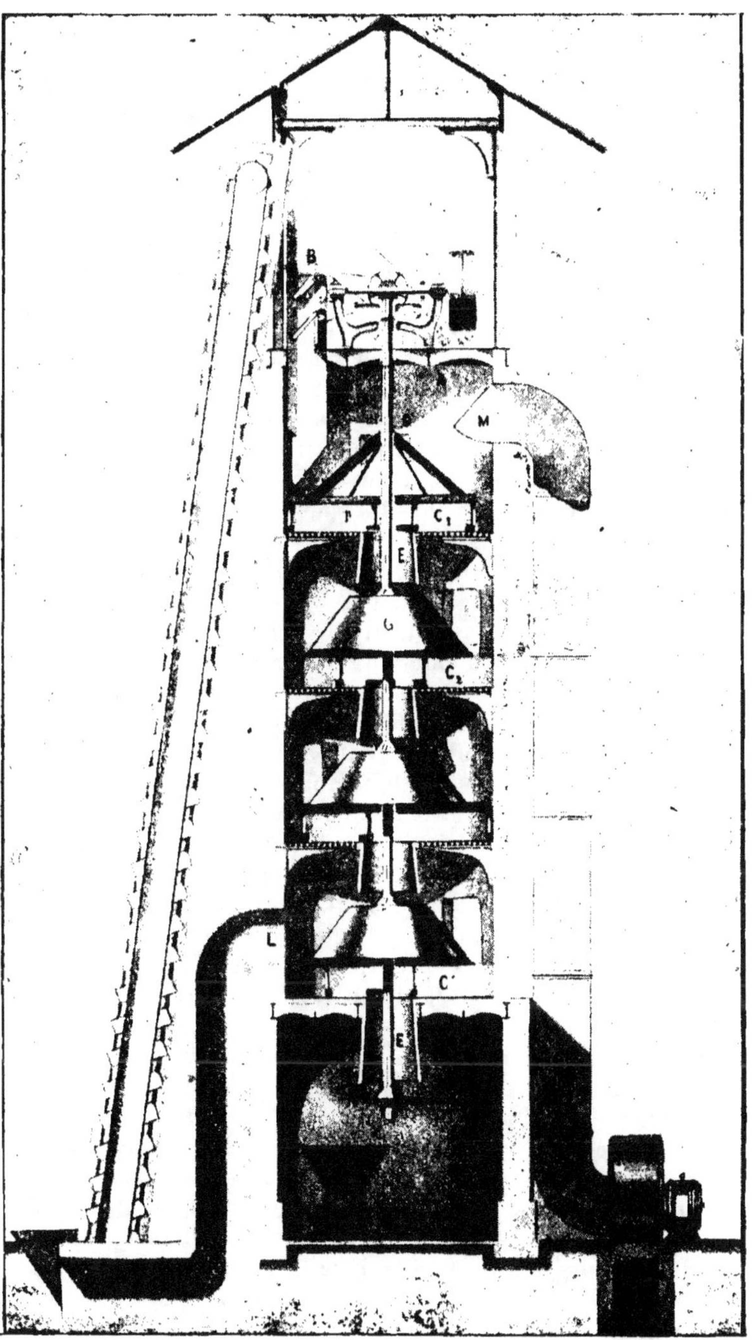

Fig. 18. — Coupe schématique de l'appareil Huillard.

bre d'appareils sont basés sur la circulation d'une toile sans fin, chargée automatiquement de produit, dans une série de chambres chaudes disposées en chicane. Par exemple dans l'appareil Huillard on emploie une toile métallique, de constitution spéciale qui pénètre, pour en ressortir, dans un bac qui contient la pâte à sécher. La toile ainsi garnie passe entre deux lèvres dont l'écartement est égal à l'épaisseur même de la toile ; puis elle s'élève verticalement dans l'étuve, tourne autour d'un second rouleau, et ainsi de suite. Un courant d'air chaud circule en sens contraire ; des cloisons légères l'obligent à parcourir tout le sécheur. Les diamètres des rouleaux sont choisis assez grands pour que le changement de la forme de la toile ne puisse pas la dégarnir. D'autre part, pour qu'il ne se produise aucun empâtement, les tambours supportent la toile par l'intermédiaire d'arêtes saillantes. De cette manière la toile n'est pas en contact avec des surfaces, mais avec le plus petit nombre possible de points pouvant assurer le support et le guidage. Elle se meut sans aucune tension et conserve sa régularité de marche. Comme les brins verticaux ont tous la même longueur, ils sont équilibrés, et il suffit d'un effort minime pour mettre l'appareil en marche.

Lorsque le produit est suffisamment sec, la toile passe dans un jeu de tringles en mouvement qui brisent la couche parallèlement aux spires et font tomber la plus grande partie de la matière. Le reste est détaché sur un gril à secousses. La fig. 20 montre une vue de ce séchoir (fig. 20, p. 66-67).

La puissance mécanique absorbée par l'appareil est très faible : il suffit de deux chevaux-vapeur pour actionner un séchoir travaillant 500 kgr. de céruse à l'heure.

Ce séchoir utilise des produits à l'état de pâte très fluide contenant de 50 à 90 0/0 d'eau suivant la nature des produits.

Chauffage des séchoirs. — La chaleur utilisée dans les séchoirs soit discontinus, soit automatiques et continus, est fournie, suivant les cas, par différents dispositifs.

Le plus économique, lorsque les produits à sécher ne craignent pas une température trop élevée est d'employer les gaz chauds perdus (gaz de générateurs, de fours, etc.).

Dans ce cas on peut employer le dispositif suivant (fig. 19).

Les générateurs sont en A, B, F et envoient, en temps ordinaire, leurs gaz à la cheminée H par le carneau ab. Au point M de ce carneau, on établit une dérivation avec registre de réglage r, amenant au sécheur la masse de gaz nécessaire :

un ventilateur V, qui agit en aspiration sur le sécheur L, assure le déplacement de cette masse et l'envoie par refoulement dans une cheminée spéciale, vers l'intérieur, ou bien dans la cheminée même des générateurs, ainsi que le représente la figure ; dans ce dernier cas, il y a mélange entre les

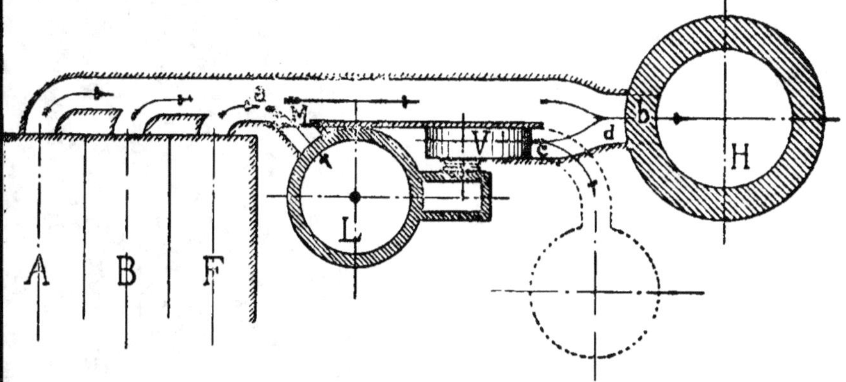

Fig. 19. — Chauffage au moyen de gaz chauds des générateurs.

A, B, F, générateurs. — a, b, m, carneaux. — r, registre. — L, séchoir.
V, ventilateur. — H, cheminée.

gaz humides et froids utilisés par le sécheur et les gaz chauds non utilisés ; la diminution de tirage causée par l'abaissement de température et la haute teneur en humidité des gaz mélangés, se trouve aisément compensée par l'effet de refoulement du ventilateur ; d'ailleurs, lorsqu'on cesse d'utiliser le sécheur, les gaz reprennent leur chemin direct a b et le tirage se rétablit.

Séchage par l'air chaud. — Les gaz, au lieu de passer directement sur le produit, peuvent être envoyés dans un échangeur de températures disposé sur le parcours a b et où l'on fait circuler l'air extérieur aspiré par le ventilateur V ; cet air chauffé sert au séchage et est rejeté au dehors saturé d'humidité.

Séchage par la vapeur. — Enfin on peut chauffer l'air devant servir au séchage en le faisant circuler dans un calorifère alimenté soit par la vapeur directe, soit par de la vapeur d'échappement.

Il est un cas où un chauffage de ce genre présente un grand intérêt : celui où on veut sécher à basse température une matière non susceptible d'abandonner, avec son humidité, des

Fig. 20 — Séchoir automatique

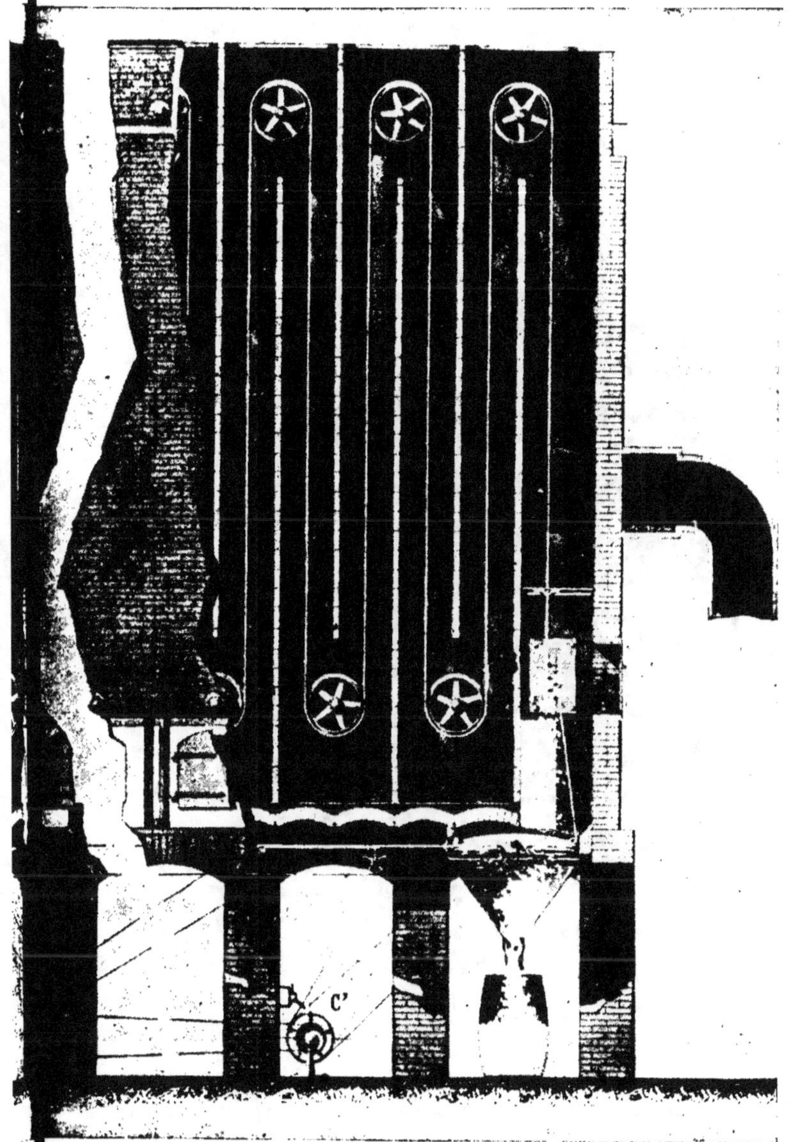

Alph. HUILLARD (Voy. p. 64).

principes odorants ou malsains. Dans ce cas, on chauffera de l'air sur un calorifère à vapeur, jusqu'à une température de 55° et on le fera sortir du séchoir à la température de 35° environ ; puis, par le ventilateur placé au delà, on pourra le distribuer pour servir au chauffage des différents locaux de l'usine.

Étuves à vide. — Ces appareils fournissent un séchage rapide à basse température, le point d'ébullition de l'eau

Fig. 21. — Étuve à vide.

s'abaissant avec la raréfaction de l'air ; en outre ils permettent d'éviter, pour certains produits sensibles, l'action de l'air à température élevée.

En principe ces appareils se composent d'un espace clos où l'on place le produit et dans lequel on fait le vide ; le chauffage est exclusivement fait à la vapeur. Il faut ici remarquer que l'absence d'air rend impossible tout chauffage par rayonnement ; celui-ci doit donc être fait exclusivement par conductibilité.

La disposition la plus fréquemment adoptée pour les petits et les moyens modèles est celle d'une grande armoire dont la porte est munie d'un joint de caoutchouc.

L'intérieur comporte des étagères très rapprochées semblables aux rayons d'une armoire et qui sont munies intérieurement d'une circulation de vapeur.

C'est sur elles que l'on place le produit contenu dans des cadres en métal ; une pompe fait le vide dans l'appareil et l'eau est éliminée soit directement par la pompe, soit au moyen d'un condenseur barométrique. Il existe différents modèles de ces appareils, depuis les plus petites jusqu'aux plus grandes dimensions (fig. 21).

Broyage.

Certaines couleurs naturelles se présentent sous la forme de morceaux très durs et nécessitent l'emploi de concasseurs ou de broyeurs puissants pour les réduire en poudre.

Les couleurs artificielles, surtout celles préparées par voie humide, sont beaucoup plus faciles à réduire en poudre et nécessitent une puissance bien moindre.

Pileries — Pour diviser les morceaux de matière très dure on fait usage de pileries mécaniques dans lesquelles le concassage est produit par la chute brusque d'un pilon très lourd élevé automatiquement au moyen d'une came.

Pour obtenir une charge aussi régulière que possible sur l'arbre moteur on accouple plusieurs pilons sur le même axe, chacun d'eux possédant son mortier distinct ; lorsqu'on emploie seulement deux pilons, on peut les faire travailler dans le même mortier.

Concasseurs. — Les concasseurs constituent un autre genre d'appareils permettant de fragmenter les gros morceaux de matière très dure.

L'un des plus employés est le concasseur *Blacke* ou concasseur à mâchoires ; il est à très grand débit. (Fig. 23 et 24.)

Deux mâchoires dentées ou lisses, en fonte durcie coulée en coquille en forment les parties essentielles. La mâchoire A est fixée contre la paroi du bâti. La mâchoire B est portée par le porte-mâchoires D qui oscille autour de son axe O' et reçoit un mouvement alternatif de l'axe O qui porte un excentrique agissant sur la bielle E et transmettant son mouvement par le levier brisé F G qui s'applique d'une part sur le porte-mâchoires D, d'autre part sur les coins J et K.

Ces derniers pouvant se relever ou s'abaisser à l'aide du boulon M. on peut faire varier l'écartement des mâchoires. Un ressort de rappel B est relié au porte-mâchoire D.

Ce concasseur extrêmement simple et rustique donne des morceaux de 25 à 70 millimètres. A l'écartement de 50 millimètres un appareil de 10 à 13 chevaux peut produire à l'heure 10 à 12 tonnes.

Les morceaux obtenus au moyen des appareils précédents, ou les matières obtenues directement sous une forme déjà très fragmentée, sont mis en poudre au moyen de broyeurs.

Ceux-ci sont de différents systèmes.

MEULES. — On emploie encore très souvent l'ancien *broyeur*

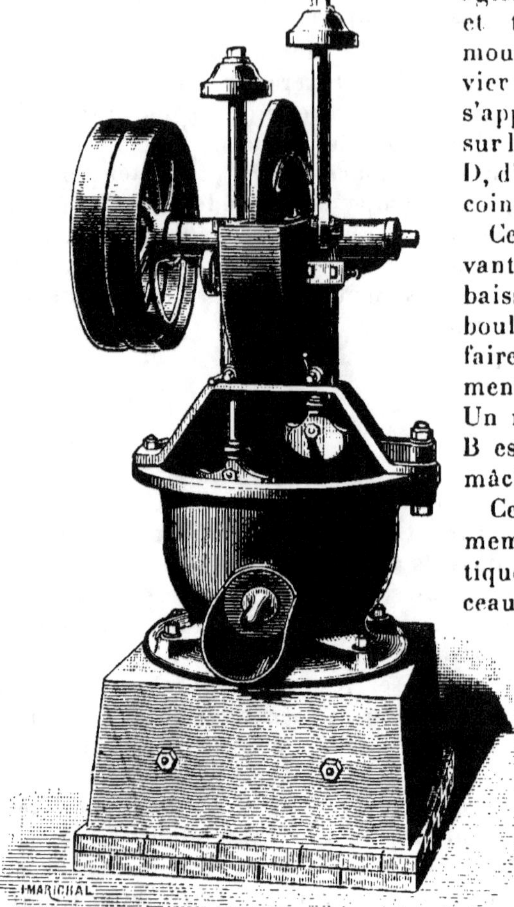

Fig. 22. — Pilerie à 2 pilons trépans dans le même mortier (Savy).

à meules en pierres dures de la Ferté-sous-Jouarre analogues
à celles employées en meunerie. La meule supérieure (meule
courante) tourne à 100 et 130 tours à la minute, la meule infé-

Fig. 23. — Concasseur Blacke.

rieure (meule gisante) est fixe ; dans d'autres systèmes au contraire la meule horizontale est courante.

Ces moulins peuvent être associés par deux en ligne ou par
trois en beffroi (fig. 25). Ces appareils exigent une grande
puissance et les meules doivent être rhabillées au bout de
peu de temps.

D'autres appareils sont basés sur la désagrégation des matières par percussion et constituent une sorte de pilerie à nombre considérable de pilons d'un faible poids et tombant d'une faible hauteur.

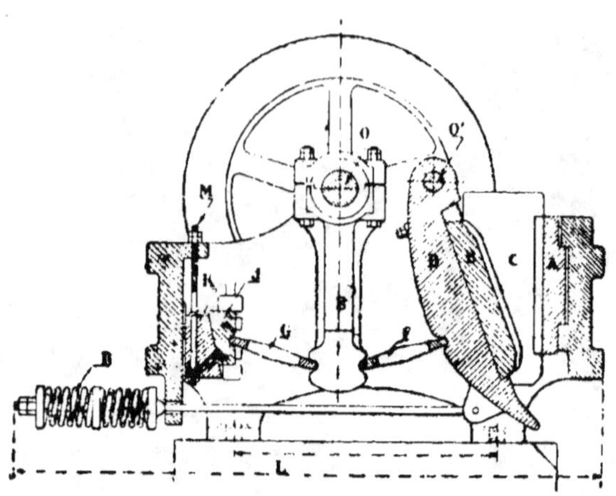

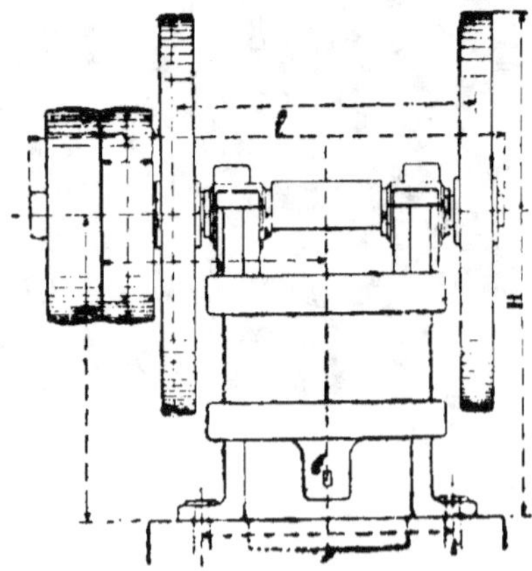

Fig. 24. — Concasseur Blacke.

BROYEURS. — Ces appareils se composent d'un tambour formé de deux disques en tôle ou en fonte, clavetés sur un même axe; ces disques sont reliés entre eux par des plaques courbes, perforées ou pleines, à surface plane ou ondulée, selon les différents systèmes et suivant que l'on désire un broyage plus ou moins énergique. (Fig. 28 et 29.)

Dans ce tambour sont placés des boulets de grosseurs différentes, en bronze ou en acier.

Lorsqu'on imprime un mouvement de rotation au tambour empli au quart de produit à pulvériser, les boulets et la matière subissent une série de chutes successives et les grains se trouvent pulvérisés par percussion. Lorsque le tambour com-

porte des tôles perforées, le produit est tamisé au fur et à
mesure de sa pulvérisation, la poudre s'échappe de l'appareil
et les refus retombent automatiquement dans le moulin pour

Fig. 25. — Moulin à meules dormantes supérieures. Disposition
en beffroi.

subir une nouvelle pulvérisation. Les figures 26 à 30 représentent différents modèles de ces broyeurs.

Enfin un modèle de broyeur très simple, qui peut également
servir de mélangeur, est constitué par un tambour en tôle
pleine, comportant un trou d'homme pour la charge et
renfermant des boulets d'acier de différentes grosseurs
(fig. 30).

Desalme et Piérron, Couleurs, Peintures, Vernis.   5

Fig. 26. — Broyeur à boulets.

Fig. 27. — Broyeur centrifuge.

On emplit à moitié de matière ce tambour, on ferme le trou d'homme par un couvercle, puis on met l'appareil en mouvement.

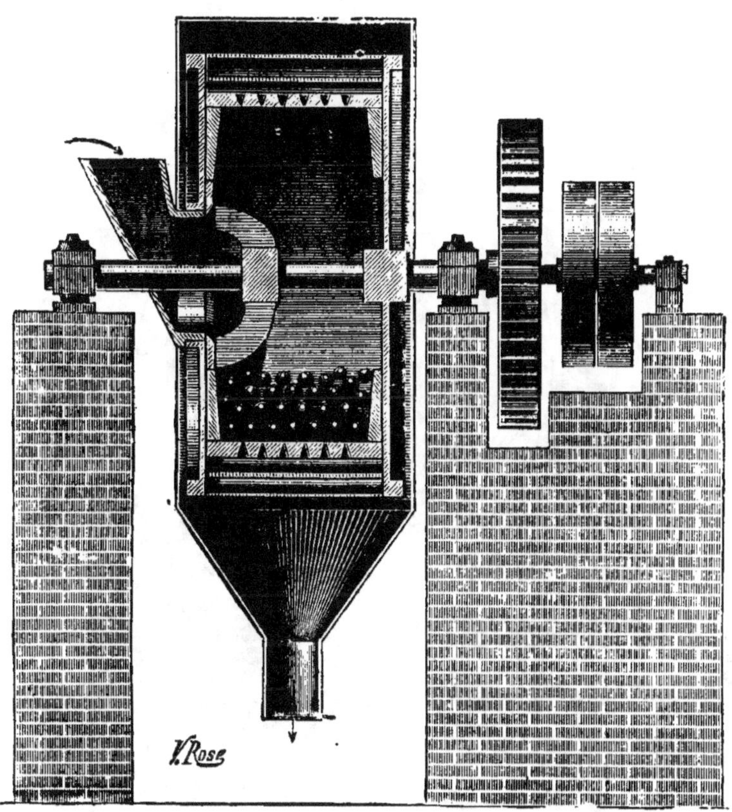

Fig. 28. — Broyeur Thivet-Hanctin.

La vidange s'opère en remplaçant le couvercle du trou d'homme par une tôle perforée, pendant la rotation la poudre s'écoule par les trous sans que les boulets puissent s'échapper.

Un appareil contenant 500 litres, chargé de 250 kgr. de boulets d'acier, ne nécessite qu'une puissance de 2 chevaux-vapeur.

Le tambour mesure 1^m.10 de diamètre sur 0^m,55 d'épaisseur.

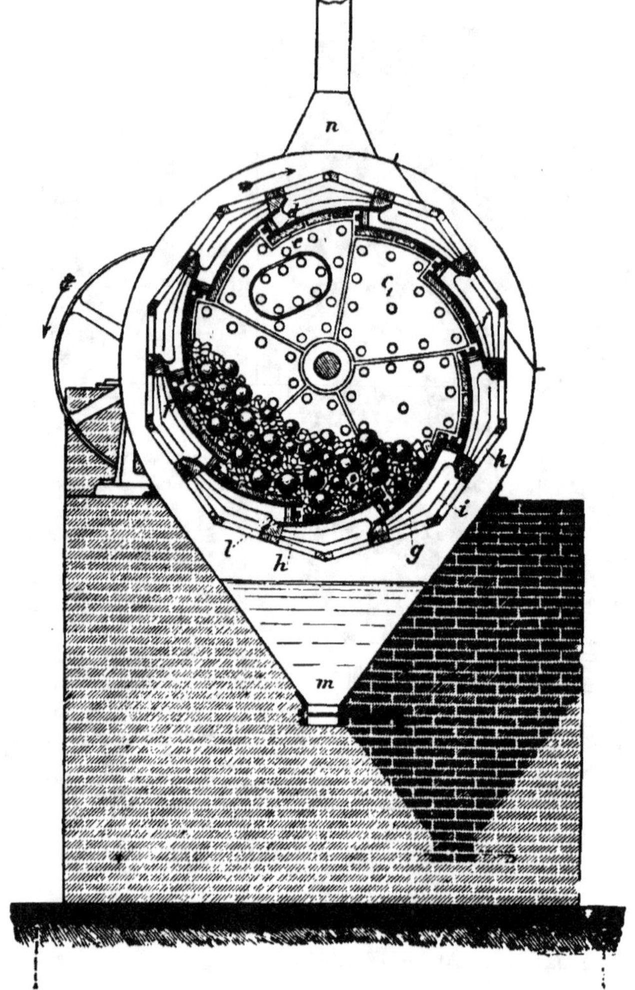

Fig. 29. — Broyeur Schmidt.

Fig. 30. — Broyeur à boulets.

Tamisage.

Quelle que soit la perfection des broyeurs employés, la poudre obtenue n'est pas de grosseur homogène ; il est indispensable, pour l'industrie des couleurs, de préparer des poudres impalpables.

Pour cela il est nécessaire de séparer tout ce qui n'est pas suffisamment ténu, par un passage au travers de toiles métalliques très fines. C'est le tamisage qui s'effectue très souvent à la main au moyen de tamis. Les refus sont broyés et tamisés à nouveau.

On peut effectuer mécaniquement ce travail au moyen de tamiseurs, machines constituées par des supports animés de

Fig. 31. — Tamiseuse.

brusques mouvements alternatifs et sur lesquels on fixe des tamis fermés.

Fig. 32. — Axe portant 6 tamis.

La fig. 31 représente une machine à deux tamis, on en fait également à huit tamis.

On peut imprimer un mouvement d'oscillation à un axe sur lequel on dispose des cages à tamis, en nombre aussi grand qu'on le désire (fig. 32).

Un autre modèle de machine à tamiser comporte un tamis fixe placé au fond d'une auge en bois ou en métal dans laquelle se déverse le produit.

Fig. 33. — Machine à tamiser.

Un certain nombre de brosses montées sur un arbre sont animées d'un mouvement de rotation et forcent la matière à passer à travers les mailles du tamis ; les petits grumeaux tendres sont pulvérisés et tamisés tandis que les résistances dures, ainsi que clous et autres déchets se réunissent au bout du tamis et peuvent être enlevés par une ouverture spéciale.

Cette machine débite beaucoup et demande une faible puissance ; un appareil produisant 1000 kil. de poudre à l'heure nécessite seulement une force de 1/2 cheval-vapeur.

Dans d'autres appareils, au lieu de forcer le produit dans

les mailles du tamis fixe, on fait vibrer ce tamis, la matière y pénétrant par son propre poids.

Le tamis plan est animé d'un mouvement alternatif, au moyen de bielles, le produit tamisé tombe dans un entonnoir terminé par un tuyau de descente ; ces appareils excellents pour la production d'une poudre grossière sont inférieurs au précédent pour l'obtention de poudres impalpables. Les figures 34 et 35 montrent deux appareils de ce genre.

Bluteries. — Enfin les tamis au lieu d'être plans peuvent être enroulés sous forme de prisme à 6 pans. Il suffit alors de

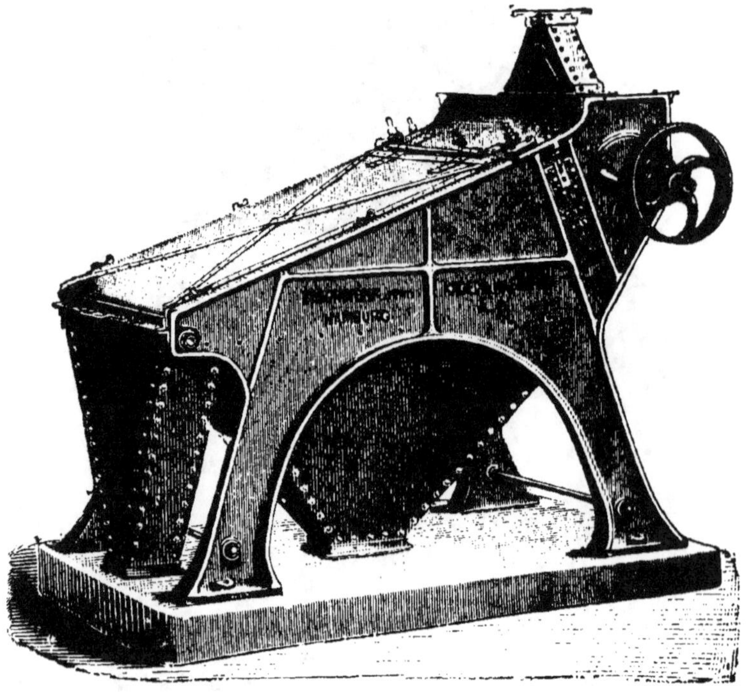

Fig. 34. — Bluterie à balançoire.

faire tourner ce tambour autour de son axe et de l'alimenter automatiquement de produit.

Ces appareils, dénommés *bluteries*, sont munis d'une caisse extérieure hermétiquement close, divisée en compartiments munis de tiroirs qui reçoivent les poudres blutées par ordre

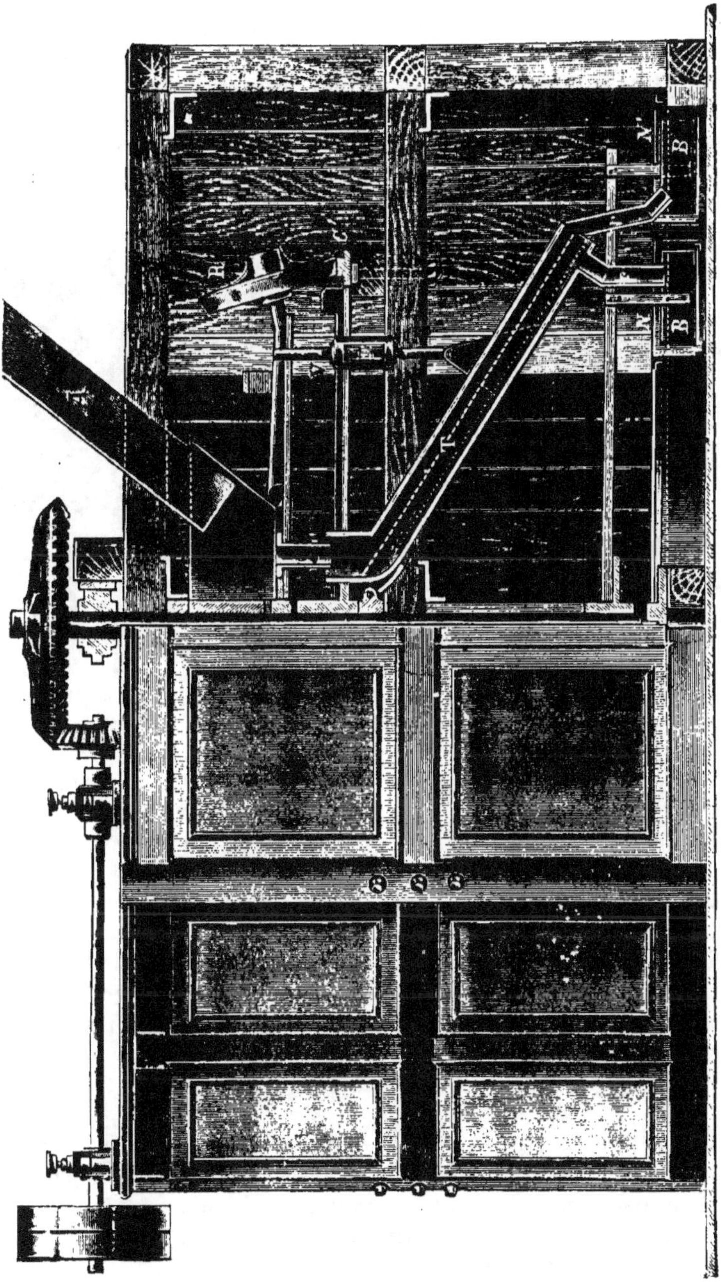

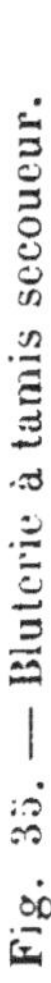

Fig. 35. — Bluterie à tamis secoueur.

de sélection, le dernier reçoit les refus. Le classement est produit par des mailles de différentes grosseurs et le produit circule à l'intérieur du tambour par suite de l'inclinaison de l'axe de ce dernier.

La fig. 36 représente un modèle de bluterie à brosse.

Cet appareil est formé d'un cylindre sur la surface duquel

Fig. 36. — Bluterie hélicoïdale à mouvement rotatif (Savy-Jean-jean).

est fixé, suivant un tracé hélicoïdal, un ruban de brosse. Ce cylindre est monté, au moyen de plateaux, sur un arbre tourillonné dans des paliers et recevant sa commande par une poulie clavetée à l'une de ses extrémités.

Le tamis cylindrique est animé d'un mouvement de rotation au moyen d'un système d'entraînement par friction.

Enfin, certains appareils comportent un tamis à la fois rotatif et vibreur, ainsi qu'un système de brosses, tel est le blutoir Morel qui se compose de deux tamis coniques renversés l'un par rapport à l'autre et animés d'un mouvement circulaire (4 à 5 tours par minute) et de fréquentes trépidations.

La matière distribuée au moyen d'une trémie sur le premier tamis est répartie au moyen de brosses. Le produit qui passe est soumis à un second tamisage dans le deuxième tamis. Un conduit évacue la poudre, un autre les grains trop volumineux qui sont ensuite reconduits aux broyeurs.

Dans ce système, les toiles se bouchent moins rapidement que dans les blutoirs ordinaires.

Au lieu de séparer les poudres au moyen d'un tamis, on

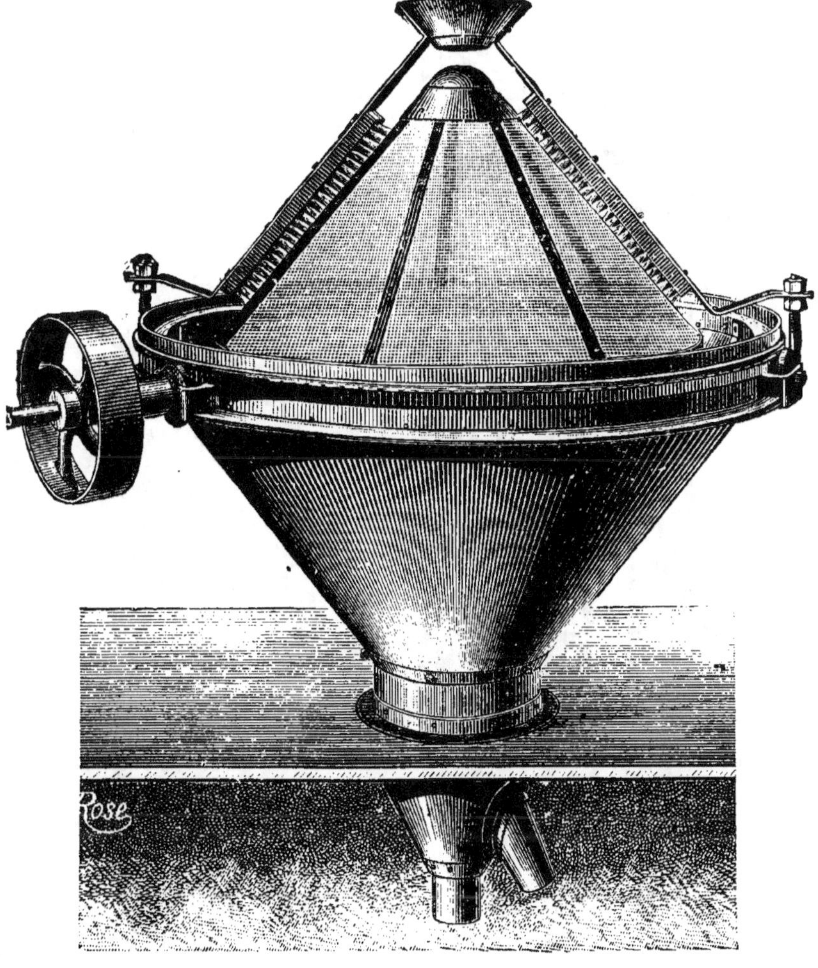

Fig. 37. — Blutoir Morel.

peut utiliser les *bluteurs à vent* dans lesquels les poussières sont entraînées par un courant d'air violent produit au moyen d'un ventilateur et se déposent ensuite suivant leur ténuité, les plus fines étant transportées le plus loin.

Enlèvement des poussières.

Dans tous les ateliers de broyage et de tamisage, il importe d'enlever les poussières plus ou moins nuisibles à la santé des ouvriers, poussières à tel point abondantes dans certains ateliers que l'atmosphère en est complétement opaque.

Fig. 38. — Filtre Beth.

Il est donc utile de munir chaque appareil de broyage ou de tamisage d'un aspirateur d'air, petit ventilateur qui rejette les poussières au dehors.

Il est préférable de placer sur le trajet de l'air aspiré un filtre qui retient les poussières et récupère une quantité de matière qui n'est pas négligeable, loin de là et qui est d'une qualité tout à fait supérieure par suite du blutage énergique qu'elle a subi.

Nous décrivons à titre d'exemple le filtre Beth. Ce filtre (fig. 38) se compose d'une caisse en bois ou en tôle dont l'intérieur est divisé en compartiments contenant des tuyaux ouverts à leur partie inférieure, fermés en haut par des couvercles en bois et accouplés deux par deux, maintenus par un ressort dans la position indiquée par la figure 38.

A la tête de la caisse se trouve un mécanisme pour le nettoyage automatique des tuyaux filtreurs et au pied, une trémie servant à l'évacuation des poussières recueillies.

Une conduite maîtresse verticale réunit par des tuyaux d'embranchement les ateliers ou machines à dépoussiérer ; elle débouche au bas du filtre.

Un aspirateur produit un courant d'air entre les machines et le filtre : on règle la violence de l'aspiration par des papillons placés dans les tuyaux d'embranchement, de façon à n'enlever que les poussières qui pourraient se répandre dans l'air, sans toucher au produit.

L'air poussiéreux abandonne ses particules de matière en suspension contre les parois et passant au travers des toiles filtrantes s'échappe à l'extérieur en traversant l'aspirateur.

Le mécanisme nettoyeur est actionné par une poulie qui fait marcher toutes les huit à dix minutes un arbre horizontal avec un appareil d'avancement.

Toutes les huit à dix minutes un clapet tournable se trouve fermé et l'aspiration cesse pour une paire de tuyaux au moment où a lieu ce changement, l'air extérieur se précipite par suite de la dépression existante dans les cabines des deux tuyaux en arrêt et traverse les toiles filtrantes en emportant les poussières déposées, ce nettoyage par pression contraire est encore favorisé par des secousses imprimées aux tuyaux. Les particules de produit tombent ainsi dans la trémie inférieure.

L'appareil réunit, dans certains modèles, jusqu'à vingt-quatre tuyaux filtreurs dans un seul collecteur, sans nettoyer plus d'une paire de tuyaux à la fois.

I. — COULEURS BLANCHES.

CÉRUSE

Les Grecs et les Romains connaissaient déjà la céruse, sa préparation a été exposée par Théophraste Cresius et Dioscoride : il paraît que non seulement elle servait en peinture et en médecine, mais que les dames romaines l'employaient comme fard. Elle fut fabriquée par les Arabes après la chute de l'empire romain, puis à Venise, à Krems, en Angleterre et en Allemagne.

Au point de vue chimique elle est constituée par du carbonate de plomb basique, combinaison intime de carbonate et d'hydrate de plomb ; en ce qui concerne sa préparation on sait que le procédé dit de Clichy fut publié par Thénard en 1801 et mis en pratique en 1809 par MM. Breschot et Lescure à Pontoise, puis appliqué en grand par M. Roard à Clichy.

Mulder et C. Hochstetter qui ont fait de nombreuses analyses des céruses fabriquées par les divers procédés ont trouvé que sa composition correspond à celle d'un carbonate basique de plomb hydraté : voici la composition moyenne de céruses de différentes provenances :

	Céruse Hollandaise	Céruse de Clichy	Céruse de Krems
Oxyde de plomb. . . .	84,82	86,02	86,25
Eau.	1,36	2,44	2,21
Acide carbonique . . .	14,45	11,45	11,37

Il est reconnu que le produit possédant le meilleur pouvoir couvrant a pour formule : $2PbCO_3Pb(OH)^2$, renfermant 11,36 % CO_2 2,33 % H_2O et 86,31 % PbO. La pratique a montré que les céruses différant sensiblement de ces proportions sont de qualité inférieure, on le vérifie notamment pour les céruses obtenues par précipitation, qui se rapprochent de la formule CO_3Pb.

Au point de vue physique, on constate que les produits à texture grenue ou cristalline sont les moins couvrants.

On a cherché à expliquer l'action remarquablement couvrante de la céruse. Stass, s'appuyant sur l'observation de Liebig que l'oxyde de plomb peut se dissoudre en notable proportion dans l'huile de lin, dit à ce sujet :

« Lorsqu'on vient à mélanger et à broyer ensuite de la céruse avec de l'huile, une partie de l'hydrate et de l'acétate de plomb qui y sont contenus se dissout d'abord. En abandonnant hors du contact de l'air la pâte à elle-même, une nouvelle et plus grande quantité d'oxyde de plomb se dissout. Aussi sait-on que la couleur au blanc de plomb conservée sous l'eau ou dans un vase fermé finit par poisser. On attribue généralement le poissement de la pâte au rancissement seul des corps gras, mais nous avons constaté que cet état gluant est dû principalement à la formation d'un savon de plomb qui se dissout dans l'huile.

« Quand on vient de délayer la pâte broyée dans une quantité d'huile convenable pour l'amener à l'état d'emploi, et qu'on applique ensuite la couleur sur une surface quelconque, elle se dessèche par l'air et l'enduit consiste essentiellement en carbonate de plomb, contenant un peu d'hydrate de plomb ; ces particules de carbonate de plomb corps blanc et opaque sont enveloppées, soudées même les unes aux autres au margarate de plomb, lui communiquent de l'opacité, de l'élasticité, et le linoléate surtout beaucoup d'imperméabilité. »

Il faut évidemment tenir compte que l'huile de lin véritable ne contient pas d'acide margarique d'une part et que l'acide linoléique se transforme à l'air en acide oxylinoléique, et en linoxine, mais il n'en reste pas moins là le germe d'une théorie qui a été reprise et développée par divers auteurs, notamment G. W. Wigner et R. H. Harland, lesquels admettent une combinaison entre l'hydrate de plomb et l'huile, l'oléohydrate ainsi formé dissolvant ensuite une grande partie du carbonate.

Le pouvoir couvrant considérable de la céruse broyée à l'huile s'explique parfaitement en considérant d'une part l'indice de réfraction très élevé du carbonate basique de plomb et d'autre part la parfaite émulsion formée par le produit en suspension dans la linoxine produite par le séchage de l'huile. Ces deux conditions réalisent un milieu trouble parfait (voir 1re partie, page 17), ce que l'on pouvait déjà pressentir dans la théorie de Stass lorsqu'il disait : « les particules de carbonate de plomb corps blanc et opaque *enveloppées* de margarate de plomb lui communiquent de l'opacité...... »

FABRICATION DE LA CÉRUSE

Pour obtenir de la céruse, ou plutôt une céruse, puisqu'il s'agit en l'espèce de toute une catégorie de corps différant de façon sensible non seulement par leurs caractères physiques (teinte, pouvoir couvrant, texture, densité, etc.), mais encore par leur composition chimique, il faut mettre en présence : de l'eau, de l'acide carbonique, un sel de plomb ou du plomb avec un acide capable de l'attaquer.

Les procédés employés appartiennent aux différentes méthodes suivantes :

1º Méthodes par fermentation ;
2º   —   chimiques diverses, par voie humide :

3º Méthodes par électrolyse ;
4º   —   par voie ignée.

Méthodes par fermentation. — Méthode hollandaise.

La plus ancienne méthode, celle qui donne la qualité la plus estimée en peinture à cause de son pouvoir couvrant est dite méthode hollandaise parce qu'elle fut employée tout d'abord sur une très grande échelle en Hollande ; à l'heure actuelle elle est appliquée partout avec quelques modifications. Elle consiste à faire une attaque *lente* du plomb par l'air et les acides (acétique et carbonique) provenant de la fermentation de matières organiques convenables, fermentation qui fournit en même temps la chaleur nécessaire à la réaction.

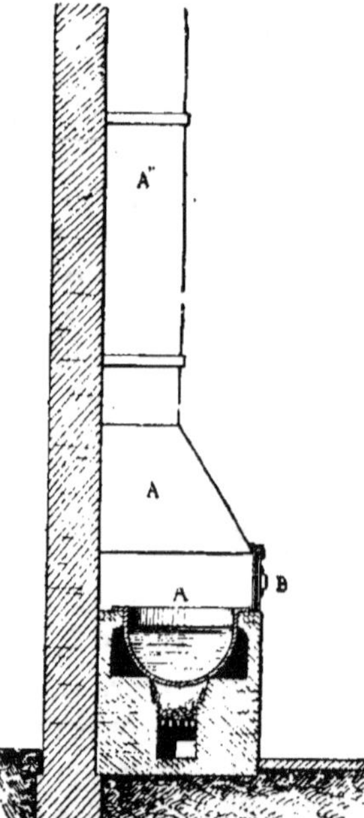

Fig. 39. — Chaudière à fusion.

On doit veiller avec soin à la qualité du plomb qui doit servir car si elle n'est pas convenablement choisie elle peut occasionner de sérieux ennuis dans le cours de la fabrication. Le plomb doit être débarrassé des traces de cuivre, fer et argent ; par contre les auteurs sont d'accord pour attribuer au bismuth une action favorable. Afin de permettre des comparaisons et de fixer les idées sur les qualités employées nous reproduisons ci-dessous un tableau donné par Beck dans le *Chemische Industrie* (n° 12 de 1907) se rapportant à des plombs doux de différentes provenances.

Préparation du plomb. — Le dispositif décrit par Payen a été adopté et plus ou moins modifié du reste par la majeure partie des usines. Le plomb est fondu dans une chaudière en fonte K, surmontée d'une hotte A reliée à une cheminée d'aspiration A'.

Dans certaines installations l'aspiration est maintenue abso-

COMPOSITION DU PLOMB DE DIFFÉRENTES PROVENANCES

	1	2	3	4	5	6	7	8	9	10	11	12	13	14	15
	BROMBACH	STOLBERG	STOLBERG	CALL	MECHERNICH	HOBOKEN	HOBOKEN	BELGIQUE	BROKEN HILL	MEXICO	ESCHWEILER	ESCHWEILER	AMÉRICAIN		
Plomb	99,9858	—	99,98711	99,9938	—	99,9929 / 99,9947	99,9919	99,98294	99,977844	99,990052	99,999848	—	—	—	—
Antimoine	0,0056	0,00558	0,00680	0,0030	0,00200 / 0,00320	0,0030 / 0,0042	0,0053	0,00423	0,008380	0,002498	0,000091	0,005899	0,00124	0,000963	0,00095
Arsenic	0,0003	—	0,00012	—	—	traces	—	0,00038	0,000167	0,000494	0,000014	—	—	—	—
Etain	—	—	—	—	—	—	—	—	0,002488	traces	0,000013	0,000634	—	—	—
Argent	0,0007	—	0,00080	0,0006	0,0005	0,0004 / 0,0006	0,006	—	traces	—	—	—	0,00015	—	—
Bismuth	—	0,00520	0,00075	—	—	0,0044 / 0,0048	0,008	0,00281	0,001445	0,004604	—	0,004363	0,40746	0,077160	0,0562
Cuivre	0,0004	traces	0,00050	—	—	—	0,007	0,00375	0,005736	0,000554	0,000028	0,002071	0,00092	0,00088	0,00208
Cadmium	—	0,00139	0,00175	—	—	—	—	0,00118	—	0,002250	—	—	—	—	—
Fer	0,0016	0,00089	0,00136	0,0014	0,00068 / 0,00072	0,0007 / 0,0009	0,0070	0,00266	0,003337	0,002267	0,000009	0,002470	0,00114	0,004434	0,03050
Cobalt. Nickel.	—	—	—	—	—	—	—	0,00092	0,000198	0,000205	traces	—	0,00173	0,000252	—
Zinc	0,0009	0,00429	0,00081	0,0042	traces	traces	traces	0,00413	0,000740	traces	—	—	0,00088	0,00050	0,00428

lument régulière au moyen d'un ventilateur qui renvoie les fumées dans des chambres de dépôt situées avant la cheminée.

Fig. 40. — Grille de plomb.

Une porte à fermeture hermétique empêche que les fumées se répandent dans l'atelier, elle n'est ouverte qu'au moment où le métal, étant fondu, doit être versé dans les lingotières de forme convenable, lames, grilles, fils, etc.

Le travail est rendu continu au moyen d'une table, tournant sur pivot, sur laquelle sont placés les moules à remplir, une fois le plomb coulé et figé ils sont enlevés par un aide, retournés et replacés sur la table (à moins qu'ils ne soient trop chauds), de manière à repasser devant l'ouvrier occupé au remplissage.

Mise en pots. — Les pots destinés à recevoir des lames ont la forme de creusets en terre vernissée et leurs dimensions sont : hauteur 0^{m}240, diamètre supérieur 0^{m}50, diamètre au fond 0^{m}100 ; ils portent en bb' un rebord annulaire ou des tasseaux en saillie faisant corps avec le pot permettant de maintenir les lames de plomb roulées en spirales. Dans la partie inférieure du pot on place un quart de litre de vinaigre ou d'acide pyroligneux dilué de manière à marquer 3 degrés Baumé ; toutefois quelques creusets placés aux coins et au milieu des fosses sont presque totalement remplis. Ce modèle est remplacé dans les usines, très nombreuses du reste, qui emploient le plomb en grilles, par des pots unis intérieurement et n'ayant que 0^{m}120 de hauteur environ.

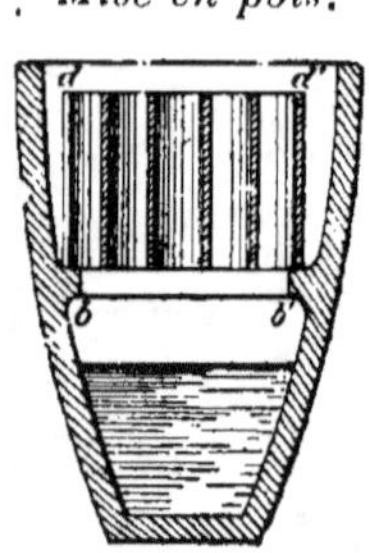

Fig. 41. — Coupe d'un pot.

Remplissage des fosses. — Le local dans lequel devra s'effectuer l'opération s'appelle fosse, loge ou chambre, selon les localités. Ces fosses sont bâties le plus souvent en maçonnerie résistante, leur section est rectangulaire. Les dimensions classiques de 4 mètres de côté à la base et la hauteur de 6 mètres sont modifiées dans certaines usines, elles atteignent

5,10 et même 15 mètres de longueur sur 5 mètres de largeur,
le fond est établi soit au niveau du sol soit en contrebas d'un
mètre environ.

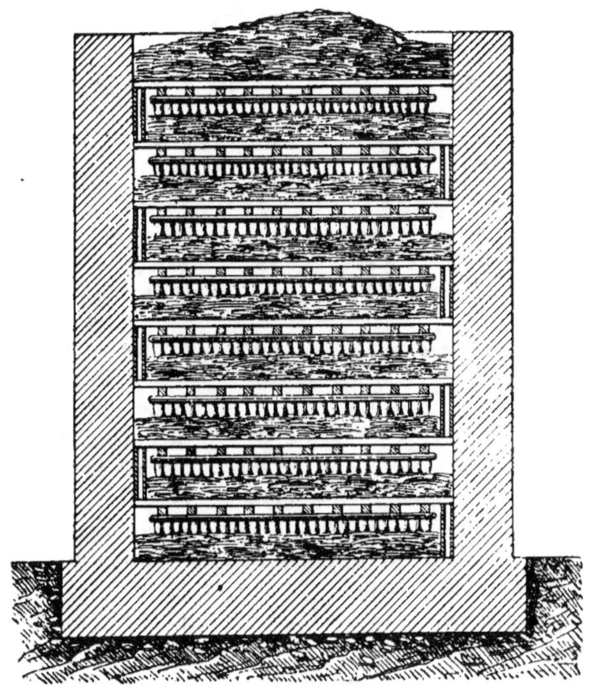

Fig. 42. — Fosse à céruse.

Dans de nombreuses usines le bâtiment qui abrite les fosses
comporte enfin au milieu une allée centrale et celles-ci sont
disposées de chaque côté de façon contiguë. Trois des parois
sont donc en maçonnerie et la quatrième est complètement
ouverte permettant ainsi un accès facile aux ouvriers occupés
au montage et au démontage.

Montage des fosses. — Le fond de chacune est d'abord revêtu d'un lit de fumier de 40 centimètres environ d'épaisseur, on y dispose des pots recouverts de 3 ou 4 rangées de
lames de pomb mises à plat; ces pots sont placés à 0 m 40
environ des parois de la fosse et cet espace est comblé avec
du fumier, en laissant toutefois au centre une véritable cheminée destinée au dégagement des vapeurs et sur les côtés

de petits conduits verticaux, permettant aux divers étages de communiquer ensemble et donnant passage à l'air qui vient de la partie inférieure de la fosse au moyen d'une ouverture située au niveau du sol et gagne progressivement les couches supérieures chargées de vapeurs ou gaz.

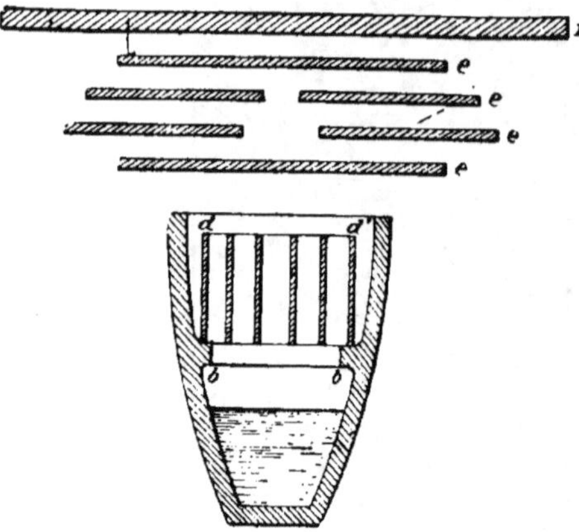

Fig. 43. — Montage d'un pot.

Les pots sont recouverts de lames de plomb posées à plat ou de disques ; dans le cas de grilles on en place cinq à six à plat au-dessus des pots ; enfin au-dessus on place des madriers servant de supports à un plancher couvrant la totalité de la surface des pots. On répartit une couche de fumier sur ce plancher, puis un lit de pots recouverts de plomb, des madriers, un nouveau plancher et ainsi de suite jusqu'à 50 ou 60 centimètres du sommet, à ce moment on termine par une couche de vieux fumier de cette hauteur. La face d'avant ayant permis aux ouvriers de procéder au montage est fermée et on laisse la réaction s'effectuer.

Pendant sa fermentation le fumier dégage de l'acide carbonique et l'action est accompagnée d'une production de chaleur qui provoque l'évaporation de l'acide acétique dilué, on se trouve donc posséder les éléments nécessaires à la réaction, toutefois il faut réunir les conditions les plus favorables pour obtenir une céruse de bonne qualité et un bon rendement.

Dans des conditions normales le cycle des réactions est vraisemblablement le suivant.

1) oxydation du plomb $4Pb + 4O = 4PbO$.

2) action de l'acide acétique.

$$4PbO + 2C^2H^4O^2 = Pb(C^2H^3O^2)^2, 2PbO + H^2O + PbO$$

3) L'acétate basique réagissant à son tour sur l'acide carbonique, l'eau et l'oxyde, donne l'acétate neutre et la céruse.

$$Pb\ (C^2H^3O^2),\ 2PbO + H^2O + 2CO^2 + PbO = Pb\ (C^2H^3O^2)^2$$
$$+ 2CO^3Pb,\ Pb\ (OH)^2$$

toutefois des irrégularités de montage, une circulation peu active dans une partie de la fosse et trop active dans l'autre, peuvent causer des irrégularités de marche... et de fabrication, c'est ainsi qu'on explique la coloration rougeâtre observée parfois et qui serait due à la formation d'un sous-oxyde de plomb se combinant à l'oxyde.

La température intérieure des chambres peut varier de 60° à 70° pendant 3 semaines ou un mois et le technicien chargé de la surveillance de l'opération doit régler le tirage de la cheminée centrale et la marche générale, de manière à ne laisser partir que de la vapeur d'eau sans produits acétiques. Au bout d'un mois le tirage central est coupé car la température va en décroissant. Les méthodes de contrôle absolu, température en de nombreux points, analyse des gaz, etc. autrement précises que l'odeur, l'aspect des gaz, etc., n'ont été l'objet que de peu d'applications ; il est évident également que la question de pratique jouera toujours un grand rôle et que la marche en été où les fermentations sont très actives nécessite une surveillance beaucoup plus suivie que la marche d'hiver.

La qualité du fumier a aussi son importance et on évite de se servir de fumier de porc et d'animaux carnivores, à cause du dégagement d'hydrogène sulfuré beaucoup plus considérable qu'avec celui de cheval. D'après les fabricants, une légère proportion d'H^2S ne nuit pas à la blancheur du produit et augmenterait même son pouvoir couvrant, tandis qu'une forte proportion le noircirait.

Le procédé qui consiste à substituer la tannée au fumier a reçu de nombreuses applications et donne toujours une céruse parfaitement blanche, toutefois la fermentation est bien plus lente et l'opération dure 2 à 3 mois, tandis qu'avec le fumier elle demande 6 semaines.

Travail intensif. — Afin de réduire au minimum le prix de revient, on s'efforce d'obtenir le plus possible dans une fosse, ce qui du même coup réduit proportionnellement le prix de la main-d'œuvre. On s'arrange donc pour avoir le maximum de surface de contact entre l'acide et le plomb et on augmente le poids de plomb par mètre carré de surface et par mètre cube de fosse. G. Petit (1) indique que 40 à 60 % du plomb sont transformés en céruse, fournissant de 50 à 75 kgr. de céruse par 100 kgr. de plomb mis en œuvre.

Démontage des fosses. — C'est l'inverse de l'opération primitive, le fumier supérieur et le plancher sur lequel il était placé, une fois enlevé, on trouve le plomb en plaques ou grilles recouvert d'une couche plus ou moins épaisse de céruse sous forme d'écailles que l'on arrose d'eau de manière à éviter la production de poussière. Les ouvriers munis de gants en caoutchouc enlèvent les grilles et les mettent dans des boîtes, ou baquets qui sont roulés au moyen de wagonnets jusqu'à l'atelier d'épluchage ou de décapage.

Décapage. — Cette opération est effectuée mécaniquement, le plomb recouvert d'écailles passe entre des cylindres cannelés séparant la lame de plomb inattaquée, de la céruse.

L'appareil ci-dessous (fig. 44), classique, donne un aperçu de la manière dont le travail est réalisé. Les plombs sont déposés sur une toile sans fin mobile d f qui les amène entre des rouleaux cannelés $f f'$. La céruse concassée passe à travers le blutoir g et tombe par i dans un réservoir d'eau ; d'autre part le plomb non attaqué arrive au bout du blutoir

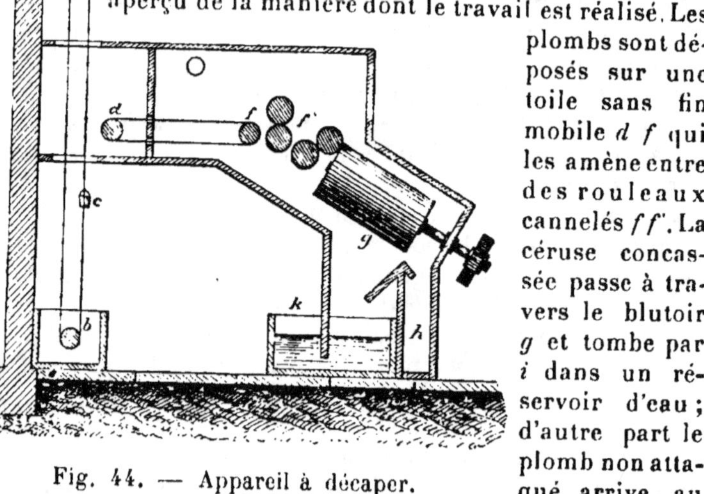

Fig. 44. — Appareil à décaper.

dans la caisse h où il est repris pour être remis en place ou fondu avec du neuf s'il n'a plus assez d'épaisseur.

La céruse blutée est déversée dans une trémie T (fig. 45) reliée par un conduit C animé de trépidations à une autre

(1) G. PETIT, *Céruse et blanc de zinc.*

trémie *t*, d'où elle tombe entre des cylindres cannelés *g*, les parties de plomb métallique tombent dans la partie P' au moyen d'une trémie *k*. La céruse purifiée ainsi retombe entre deux

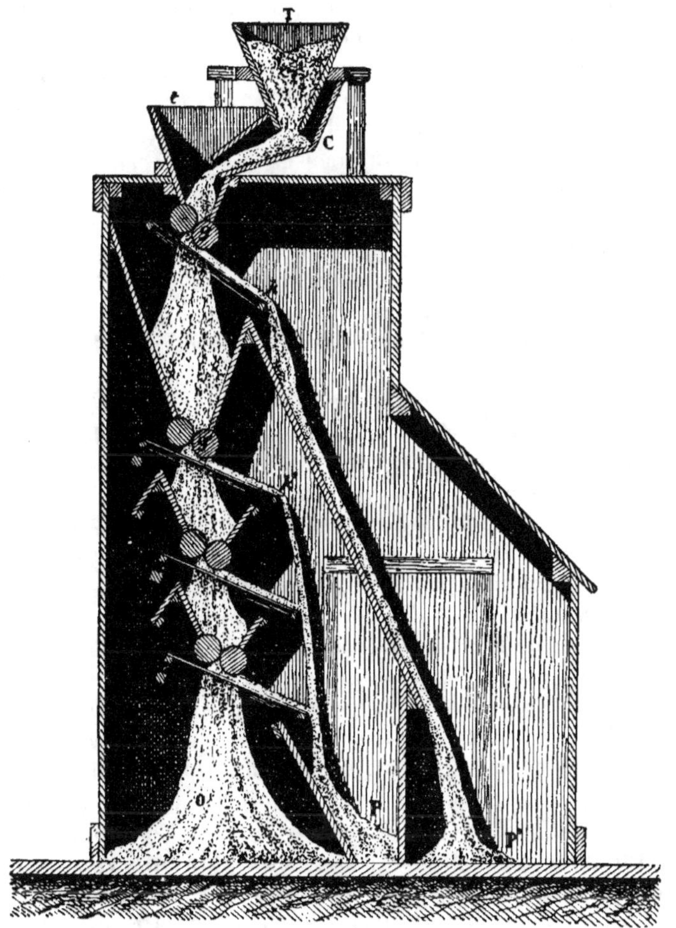

Fig. 45. — Séparation de la céruse.

autres paires de cylindres *g'* où un classement semblable a lieu. On arrive ainsi à obtenir en O de la céruse en poudre et en PP' du plomb (fig. 45).

La machine à décaper est reliée avec un ventilateur aspirateur qui enlève les poussières de céruse difficilement condensables, de manière à ce que les hommes qui la chargent ne puissent en absorber par les voies respiratoires, ces poussières vont dans des chambres de condensation.

Broyage à l'eau. — La céruse récoltée doit être réduite en poudre impalpable avant de pouvoir être livrée au commerce, on emploie dans ce but des meules en pierre analogues à celles usitées pour la mouture du blé. Les écailles provenant de la machine à décaper sont broyées à l'eau sous une première meule, la pâte obtenue passe sous une seconde, et ainsi de suite jusqu'à obtention du résultat désiré. — Certaines usines font subir le passage sur huit meules successives.

On a reconnu qu'il était indispensable d'établir au-dessus de la cavité des meules des aspirateurs chargés d'enlever les buées et les envoyer à l'extérieur.

La céruse peut être ensuite livrée au commerce à l'état sec ou broyée à l'huile.

Certaines industries (émailleries, faïenceries, etc.), les cuiseurs d'huiles et divers fabricants ou marchands de couleurs emploient la céruse à l'état sec. La pâte liquide sortant des meules est coulée dans des récipients et séchée.

Lorsqu'on veut livrer en pains, on fait la coulée dans des pots en terre de forme conique que l'on dispose sur les tablettes d'un séchoir à air libre, après quoi on passe à l'étuve. La plus grande partie de la céruse commerciale est toutefois livrée en poudre, la pâte est coulée dans des plats que l'on porte dans des étuves tenues à 80° environ, le séchage est opéré de façon méthodique et on fait agir un ventilateur de manière à évacuer l'air humide qui entraîne avec lui des composés de plomb. — Au séchoir automatique l'opération est plus rapide ; le produit bien sec doit être ensuite pulvérisé.

Broyage à l'huile de la céruse humide. — Cette opération a constitué un remarquable progrès au point de vue de l'hygiène dès qu'on a pu y procéder en incorporant au mélange de céruse et d'eau la quantité d'huile nécessaire qui se combine et forme une pâte tandis que l'eau monte et peut être décantée. Les différentes huiles ont des actions diverses. Halphen signale l'emploi d'un mélange de deux tiers d'huile d'œillette avec un tiers d'huile de lin.

Les appareils servant à faire le broyage à l'huile de la céruse sont décrits dans le chapitre « Broyage des couleurs ».

Propriétés de la céruse hollandaise. — D'une façon générale la céruse hollandaise est plus dense que celle obtenue par les autres procédés et il est reconnu que plus une céruse est dense, plus elle absorbe d'huile ; certains auteurs tels que Hartmann (Br. all. 141883) ont essayé de modifier la densité du blanc de plomb en le soumettant à l'action de la presse hydraulique. La pâte faite avec la céruse hollandaise contient 90 % de céruse sèche et 10 % d'huile, la densité du mélange est environ 4.

De nombreux essais ont été tentés dans le but de préparer le blanc de plomb par le procédé hollandais, mais d'une manière beaucoup plus rapide.

Procédé de Krems,

La fosse est remplacée par une chambre renfermant des caisses en bois goudronnées intérieurement ayant de 1 mètre à 1m50 de long, 0m35 à 0m40 de large et 0m30 à 0m35 de haut. Des lattes disposées en haut des caisses supportent de minces feuilles de plomb ne se touchant pas, le fond des caisses est couvert de marcs de fruits mélangés d'acide acétique. Selon leur grandeur les chambres renferment 100 à 150 caisses, et sont chauffées progressivement, la première semaine à 25°, la seconde à 38°, la troisième à 45° et la quatrième à 50° ; on laisse ensuite refroidir. Il faut environ six semaines pour l'ensemble des opérations. La céruse obtenue est de qualité remarquable.

On trouvera un peu plus loin une description de brevets pris sur la question et ayant pour objet de rendre la fabrication plus intense et plus économique.

Méthodes chimiques diverses par voie humide.

Dans ces méthodes le plomb employé sous forme de sel en solution est transformé en céruse par action de l'acide carbonique.

Procédé de Clichy.

Le procédé le plus ancien, dû à Thénard qui le proposa en 1801, a été appliqué d'abord à Pontoise par Breschot et Lescure et à Clichy par Roard, d'où son nom de procédé Clichy ou

DESALME et PIERRON, Couleurs, Peintures, Vernis.　　6

procédé français. Il utilise comme matière première plombique la litharge.

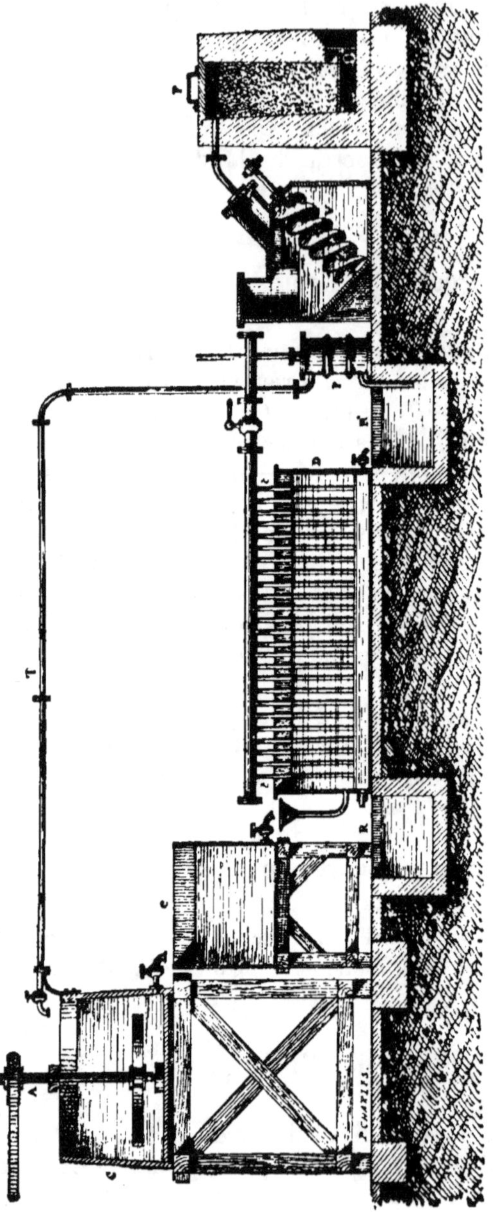

Fig. 46. — Fabrication de la céruse par le procédé de Clichy.

Dissolution de la litharge dans l'acide acétique. — La figure 46 donne le schéma du procédé. L'acide acétique étendu et froid est placé tout d'abord dans une cuve en bois goudronné C munie d'un agitateur A qui est mis en mouvement pendant que se fait l'addition de la litharge en poudre, une fois que la liqueur marque 17-18° B. on la fait couler dans un réservoir *e* où elle laisse déposer les matières non dissoutes (plomb, fer, cuivre, chlorure d'argent, etc.)

L'acétate basique de plomb en solution est ensuite décanté et doit être traité par l'acide carbonique de manière à précipiter la céruse et à récupérer l'acétate neutre qui reservira à dissoudre de la litharge, rendant ainsi l'opération continue.

Carbonatation. — Le récipient dans lequel s'effectue la carbonatation a beaucoup de surface et peu de profondeur (Payen indique 6 mètres de long, 3 de large, 0^m60 de haut ; rempli à 0^m50 il contient 9000 litres). Le couvercle livre passage à un faisceau de tubes verticaux soudés (800 environ) plongeant de 0^m33 dans la liqueur. Le gaz carbonique est refoulé par une conduite centrale dans ces tubes et barbote, déterminant la précipitation qui est ordinairement complète au bout de 12 heures ; on constate à mesure que l'opération s'avance un abaissement du degré Baumé. Après dépôt, le liquide clair surnageant le précipité est renvoyé au moyen d'une pompe P dans la cuve à dissolution de litharge et l'opération recommence.

Payen avait proposé de remplacer l'agitation dans la cuve centrale par une filtration sur de la litharge dans un filtre construit comme ceux à noir en grain, mais dans lequel ce produit serait remplacé par la litharge.

Le précipité est lavé, mélangé à trois reprises avec de l'eau, brassé, puis mis à déposer de manière à avoir un lavage convenable, les liquides récoltés rentrent en fabrication quand leur degré Baumé n'est pas trop bas, les plus faibles servent à des lavages méthodiques.

La céruse obtenue subit généralement une dessiccation préalable sur des récipients ou plaques en terre poreuse, on la divise ensuite en pains humides qui sont comprimés au moyen de pistons en bois. Elle est ensuite desséchée et mise sous forme commerciale suivant les mêmes méthodes que pour la céruse hollandaise.

Production de l'acide carbonique. — Le cadre de cet ouvrage ne nous permet pas de donner une description complète des procédés de préparation du gaz carbonique, on les trouvera dans les ouvrages spéciaux. On emploie l'un des moyens suivants :

Calcination du calcaire.
     — du carbonate de magnésie.
     — du bicarbonate de soude.
Combustion du coke ou matières hydrocarbonées.
Acide carbonique provenant des fermentations.

Propriétés de la céruse de Clichy. — Obtenue à froid de façon rapide et dans des solutions graduellement étendues, la céruse se présente en poudre plus fine, plus blanche, mais moins couvrante que celle due au procédé hollandais ; pour se transformer en pâte, elle absorbe 13 à 14 % de son poids sec.

Divers perfectionnements au procédé de Clichy ont été apportés par Pallu, qui ayant observé que les premières parties de la précipitation par CO_2 donnaient un produit de meilleure qualité que le reste, en conclut qu'il fallait agir en solution très concentrée et dans ce but il maintenait la concentration au fur et à mesure de la précipitation par des additions d'oxyde de plomb.

Ozouf appliquait le même principe en faisant arriver CO_2 dans une cuve arrosée de façon régulière par la solution d'acétate basique.

Nous donnons ci-après un certain nombre de procédés et brevets ayant pour but d'obtenir un blanc de plomb analogue à la céruse quoique plus économique ; comme on le verra la question a fait l'objet de nombreuses études dont certaines présentent un vif intérêt.

Une variante du procédé de Clichy a été employée en Angleterre, la litharge broyée avec 1 0/0 d'acétate de plomb dissous est soumise à l'action d'un courant d'acide carbonique. Le mélange mis dans des auges en schiste a sa surface renouvelée par l'action de rateaux.

MM. Benson et Gossage l'ont modifié de la façon suivante :

La litharge mélangée éventuellement de massicot est en poudre et mélangée avec l'acide acétique étendu aussi propre que possible ou avec de l'acétate neutre de plomb. La proportion d'acide acétique est faible (1/300e environ).

La pâte est étalée en couches minces sur des feuilles de plomb qui sont installées dans une grande chambre où l'on fait arriver de l'acide carbonique débarrassé des impuretés provenant de son mode de fabrication (goudrons, matières sulfurées, etc.) par passage dans plusieurs laveurs, les uns remplis de copeaux ou grenaille de plomb, les autres contenant de la grenaille dont la surface a été oxydée.

La surface de la pâte est renouvelée au moyen de rateaux pour faciliter l'absorption ; une fois carbonatée et bien blanche on incorpore une nouvelle quantité de litharge, puis on carbonate à nouveau. — Cette opération peut être faite 2 ou 3 fois, après quoi on sèche de la façon habituelle. La céruse ainsi obtenue est toutefois moins estimée que la qualité à la méthode hollandaise, elle est moins dense et absorbe 14 à 17 0/0 d'huile.

Procédé Benson-Wallner

La bouillie d'eau et de litharge additionnée de 1 0/0 d'acétate de plomb est carbonatée dans un cylindre horizontal mobile autour d'un axe.

Les brevets allemands (n°s 173.105 et 173.521) sont basés sur la dissolution de plomb dans l'acétate (éventuellement l'acide acétique) et la précipitation par CO_2, les deux opérations sous pression — Utilisé chez Heyl et Co à Charlottemburg il permettait de dissoudre 2000 kgr. de plomb brut en 3 heures dans un appareil de 16 mètres cubes et pouvant livrer la céruse en 24 heures. Le prix de revient suivant a été donné par A. Salmony dans le *Chemiker Zeitung* (1907, n° 77) pour une production de 4980 kgr. céruse par 24 heures.

4000 kgr. plomb à 35 marks	1400 m.
30 HP à 0m. 03 l'heure	21, 60
7 ouvriers à 5 marks	35
Amortissement de 70.000 mks en dix ans .	23, 40
Vapeur pour évaporation de l'acétate. .	5
Charbon pour CO_2	9
	1494 mks

Soit un prix de revient de 30 marks (37 fr. 50) les 100 kgr. de céruse obtenue ayant été de moindre valeur que la qualité courante, et utilisable seulement en partie; le procédé aurait été abandonné.

Brevets divers

V. J. Walton (br. all. 80389) établit des supports horizontaux sur lesquels reposent les tréteaux recevant les pots avec le plomb. Au-dessus des pots sont placées des tablettes portant les couches de tannée. Le tréteau est amené dans la chambre et enlevé au moyen de wagonnets disposés de façon à ce que le tréteau puisse être facilement déplacé. L'aménagement du système forme une canalisation en zig-zag et détermine une circulation de l'air provenant de conduits pratiqués dans la paroi.

W. Thompson (br. angl. 4056/1880) amène, au moyen d'un chariot, les plaques de plomb dans une chambre chauffée de 27° à 50° à la vapeur et au fond de laquelle se trouvent des auges alimentées d'acide acétique dilué. On peut introduire l'air et l'acide carbonique au moyen de tubes perforés disposés sur les côtés de la chambre. Le toit de la chambre est en verre, les vapeurs acétiques qui s'y condensent sont évacuées au dehors sans goutter sur la céruse formée.

E. V. Gardner (br. all. 36.319) introduit l'acide acétique, l'acide carbonique et l'air au moyen de jets de vapeur qui les pulvérisent et les mélangent.

A. J. Smith (br. all. 80903) prépare un acétate de plomb basique avec de l'acide acétique étendu ajouté à la céruse. Il y plonge le plomb à attaquer et en forme des piles avec des espaces vides permettant aux vapeurs acides de passer. Chaque jour on envoie dans la chambre de plomb qui les contient de l'air, de l'eau et des vapeurs acides suivies d'une aspersion du plomb avec la solution d'acétate basique.

Les frères Heyl et Co (br. all. 174 024) et A. Wultze (br. all. 173.105) envoient, au moyen d'un injecteur, l'acide carbonique sous pression dans un tuyau par lequel coule la solution plombique. Le mélange est passé au filtre presse qui permet de séparer la partie solide du liquide et un dispositif spécial permet de récupérer CO_2. Les auteurs ont essayé (br. all. 181.399) d'obtenir un précipité plus amorphe en envoyant le CO_2 sous forte pression et dans le minimum de temps. D'après M. Beck (*Chemische industrie*, 1907, n° 12) le procédé n'a pas donné les résultats attendus.

H. Bussing (dem. de br. all. 4507) précipite par CO_2 la solution plombique dans un récipient muni d'une vis d'Archimède qui enlève mécaniquement la céruse formée.

H. Kirberg (br. all. 27398) renouvelle constamment les surfaces à attaquer en agitant les plaques pour enlever la céruse formée. Une pluie d'eau abat les poussières nuisibles et lave également les plaques au moment de la vidange.

L. Brumlen (br. all. 1074) dispose le plomb en lames minces ou fils dans des récipients où l'on met de l'acide acétique peu de temps en contact. Une fois la couche superficielle oxydée on remet de l'acide acétique, et ainsi de suite, de manière à obtenir de l'acétate neutre ou basique de plomb après un certain nombre d'opérations. La solution placée avec du plomb dans une caisse oscillante, on fait arriver un courant de CO_2. La céruse résultant de la combinaison des éléments en présence se précipite et peut être séparée. La solution neutre peut rentrer en service.

Van den Hoff (br. all. 81590) utilise un récipient horizontal mobile où il met en contact du plomb en copeaux ou lames minces, avec de l'acide acétique et une solution alcoolique. Il y a formation d'acétate neutre et ensuite carbonatation.

Versepuy emploie aussi un cylindre horizontal mobile contenant des palettes et dans lequel une bouillie métallique et d'eau est soumise à l'action d'un courant d'air produit par un ventilateur. La carbonatation est effectuée par un courant de CO_2.

Gruneberg opère de façon analogue au point de vue mécanique. La bouillie est faite de plomb granulé et litharge; pendant la rotation on envoie de l'acide acétique et de l'acide carbonique.

J. A. de la Fontaine (br. all. 117.038) soumet des lames de plomb à l'action d'acide acétique, vapeur d'eau et CO_2 dans un trommel contenant des boules en biscuit.

Braunner dispose le plomb en lames dans des chambres où il envoie de l'air, des vapeurs acétiques et du CO_2.

L'Union Lead et Oil Cny. (br. all. 169.376) donne à son plomb la forme de ruban sans fin formé de filaments comme ceux obtenus en comprimant le plomb fondu à travers de fines ouvertures.

Major remplace les lames par de la grenaille qu'il dispose sur des tables dans des chambres maintenues à 50-60°.

F. M. Lyte (br. angl. 4491) a choisi, pour avoir une attaque facile, le plomb spongieux obtenu en précipitant un sel de plomb par le zinc.

Des procédés pour l'oxydation préalable au moyen d'oxygène de l'air, du plomb fondu et finement divisé ou granulé ont été proposés par de Rostaing, puis W. H. Rowley et Montgomery (br. américain n° 785.023). Un appareil à granuler et à sécher le blanc de plomb est décrit dans le brevet allemand 28322.

Le sous-oxyde Pb_2O a été employé par J.-C. Martin (br. all. 3550) en oxydant le plomb granulé dans une caisse percée de petits trous; le même composé a fait l'objet du procédé suivant :

Procédé G. Bischof

Il comprend les phases suivantes :

a) Oxydation du plomb métallique dans la chambre oxydante,

b) Pulvérisation des oxydes,

c) Réduction des bioxydes qui sont soumis à l'action de gaz réducteur à une température de 220-260° selon les réactions.

$$Pb_2O^3 + 2H^2 = Pb^2O + 2H^2O$$
$$2Pb^3O^4 + 5H^2 = 3Pb^2O + 5H^2O$$
$$2PbO^2 + 3H^2 = Pb^2O + 3H^2O$$
$$2PbO + H^2 = Pb^2O + H^2O$$

d) Hydratation du sous-oxyde sous l'action de l'air et de l'eau,

e) Carbonatation de l'hydrate obtenu en présence de sucre et d'acide acétique ou d'acétate de plomb au moyen de CO^2 comprimé.

L'acétate de plomb agit en l'occurrence comme agent catalytique et se trouve régénéré. La céruse obtenue est séparée au filtre-presse, lavée et obtenue sous forme de gâteaux à 15-20 0/0 d'eau qui sont traités par l'huile de lin comme il a été décrit d'autre part.

Une description très intéressante et très complète de l'usine de la Brimsdown Lead C° à Pondersend près de Londres a été donnée par M. A. Salmony dans le *Chemiker Zeitung* du 25 septembre 1907, mais d'après le même auteur et d'après M. Beck (1), le procédé n'aurait pas donné, aux points de vue qualité du produit et prix de revient, des résultats satisfaisants.

H. G. Blyt (br. all. 33.012) se sert d'oxyde de plomb provenant de coupellation, qu'il attaque par l'acétate de plomb. La dissolution coule dans un récipient situé au-dessous et dans lequel a lieu la précipitation par CO^2.

R. Matthews et J. Noad (br. all. 76.236) font digérer l'oxyde de plomb dans l'acide acétique additionné de glycérine et lors de la précipitation évitent un excès de CO^2.

Beaucoup d'autres réactions ont été préconisées pour amener le plomb sous forme soluble et ensuite le transformer en céruse.

(1) Beck, *Chemische Industrie*, 1907, n° 12.

E. R. Blundstone fait la dissolution dans l'acide lactique et la précipitation par CO_2.

J. S. Mac Arthur emploie un acétate alcalin et F. J. Corbett l'acétate de magnésium comme dissolvants de l'oxyde de plomb.

O. Eyckens fait agir les vapeurs nitreuses sur le plomb et précipite par CO_2 le nitrite formé mis en solution.

R. Haack (br. all. 133.425) se sert d'acétate d'ammoniaque pour dissoudre l'oxyde de plomb et précipite par le carbonate d'ammoniaque.

Crompton traite la litharge par l'acide nitrique et précipite à 60° la solution par CO_2.

Spence attaque les minerais ou résidus de plomb par des lessives alcalines caustiques, sépare la solution et la traite par CO_2.

Bronner fait agir la soude caustique sur le sulfate de plomb récemment précipité et obtient un sulfate basique qui chauffé avec une solution de carbonate de soude donne la céruse.

Rockenthien décompose le sulfate par la baryte hydratée, puis envoie CO_2.

Johann Nicolaus chauffe avec la soude caustique le carbonate de plomb que l'on obtient par double décomposition entre le carbonate de soude et' un sel de plomb (dans le procédé Zeitler ce sel est du sulfate).

Julius Lœwe fait agir un sel basique de plomb sur un carbonate de plomb obtenu par double décomposition.

Pattinson décompose le chlorure de plomb (provenant de l'attaque de la galène par HCl) par le carbonate de chaux. La mixture broyée, déposée, est décantée; la solution enlevée est remplacée par de l'eau. La céruse obtenue contient un peu de chlorure de plomb que l'on décompose par addition d'une petite quantité de carbonate de soude.

Procédés électrolytiques

Les efforts des inventeurs ont porté sur l'emploi de l'électricité de manière à éviter les poussières toxiques du plomb et obtenir la continuité du procédé, malheureusement les résultats obtenus ne sont pas encore satisfaisants pas plus au point de vue qualité qu'au point de vue économique.

Il s'agit donc de produire électrolytiquement les sels basiques, puis de les décomposer par CO_2.

L'emploi d'électrodes en plomb est le premier indiqué, mais de nombreux bains ont été essayés à commencer par l'acide nitrique ou les divers nitrates. Ces derniers ont été indiqués en présence de sel par Chaplin et Halloran (br. américain 675.555), un carbonate alcalin en solution sert pour la précipitation.

Blecker Tiblert (br. all. 54.542) emploie le nitrate de soude et le carbonate d'ammoniaque, ou le nitrate d'ammoniaque. La carbonatation est faite par CO_2.

Townsend (br. all. 172.939) met à l'anode une solution saline permettant la dissolution des électrodes en plomb et du carbonate ; la cathode est remplie de la même solution ou d'eau.

Ferranti et Haad font l'électrolyse avec de l'acétate d'ammoniaque. La liqueur plombique est additionnée d'ammoniaque et saturée de CO_2.

Chaplin (br. américain 836.177) prépare électrolytiquement l'oxychlorure de plomb qui, décomposé par un alcali caustique, donne un hydrate, une partie est traitée par CO_2, le reste contenant un excès d'alcali y est rajouté et sert à former le blanc de plomb.

Oettli (br. américain 771.024) dissout électrolytiquement des électrodes en plomb dans un électrolyte formé de sel ordinaire à 1 0/0 maintenu à 15°, la force électromotrice étant 5 volts et l'intensité 1 ampère par décimètre carré ; dans son brevet fr. 328.491, il remplace le sel par le sulfate de soude et opère sous 25 volts, avec 10 ampères par décimètre carré.

Procédés par voie ignée

Le procédé Mac Donald (br. all. 80.600 et 97.288) dans lequel un sous-sulfate de plomb était préparé par introduction d'air dans un bain de galène fondue, puis action de l'air ou de la vapeur d'eau sur les vapeurs blanches formées, avait donné de grandes espérances qui semblent abandonnées car plusieurs des usines installées ont cessé leur exploitation.

Le Board Trad (1901, p. 115), indique toutefois un produit de ce genre comme très en faveur aux Etats-Unis. La galène chauffée dans un four spécial donne des fumées blanches qui sont dirigées dans des tuyaux fortement chauffés où les parties les plus denses et les impuretés se déposent, les fumées blanches passent ensuite dans des tuyaux refroidisseurs où une purification nouvelle se fait par dépôt; la condensation du produit commercial a lieu au moyen de filtres en tissu textile qui le retiennent et d'où on le détache pour la mise en barils.

Propriétés. Usages de la céruse

La céruse est une couleur d'un blanc très pur et, comme nous l'avons déjà dit, possède un très grand pouvoir couvrant qui varie du reste avec les différents modes de préparation de ce produit.

Elle est siccative (voir 1re partie, page 34), donne des enduits solides et souples et mélangée aux autres couleurs elle n'en dénature pas la teinte, ce qui a permis de la considérer comme la base indispensable de la peinture à l'huile.

Néanmoins à côté de ces qualités elle présente de graves défauts : elle noircit sous l'influence des émanations sulfureuses qui existent presque partout dans les villes, partout où l'on emploie le gaz ; et surtout elle est d'une toxicité indiscutée. Son introduction dans l'organisme amène la grave affection connue sous le nom de *saturnisme* et cette introduction peut s'effectuer soit par l'estomac, soit par les voies respiratoires, par les muqueuses et même par la peau.

S'il est vrai qu'avec de multiples précautions les peintres peuvent se soustraire en partie à son contact, en n'employant que des produits broyés et en n'y touchant jamais qu'au moyen d'outils, ils ne peuvent éviter son ingestion en quantité très grande lors des grattages de vieilles peintures et de vieux enduits.

Cette pernicieuse propriété n'est pas particulière à la céruse ; *toutes les couleurs contenant du plomb la possèdent* ; les jaunes de chrome, le minium, la mine orange, les verts anglais, etc., etc. sont toxiques au même titre que la céruse.

Les peintres doivent donc se méfier également de ces couleurs, les mettre le moins possible en contact avec leurs mains ou leurs vêtements et surtout ne jamais porter à leurs lèvres leurs mains souillées, ils doivent également ne jamais rouler de cigarettes avec leurs doigts maculés de céruse ou de couleurs au plomb.

Analyse de la céruse.

La céruse est souvent additionnée de produits blancs de moindre valeur : le sulfate de baryte est le plus employé, **car** c'est celui qui diminue le moins le pouvoir couvrant de la céruse ; le *blanc de Hambourg*, le *blanc de Hollande* et le *blanc de Venise* en contiennent de 50 à 70 0/0.

Quelquefois on trouve la céruse additionnée de carbonate de chaux ou de baryte, de kaolin, de gypse, etc.

Le sulfate de plomb, le sulfate de baryte et celui de chaux ainsi que le kaolin sont insolubles dans l'acide nitrique alors que la céruse s'y dissout. Pour les évaluer on prend quelques grammes de céruse que l'on additionne d'acide azotique pur à 40° (8 parties), on ajoute de l'eau et l'on filtre à l'ébullition. Le précipité est lavé et pesé.

L'acide carbonique se dose en employant les appareils courants pour ce dosage et décomposant la céruse par l'acide azotique.

CÉRUSE DE MULHOUSE

Synonyme : *Sulfate de plomb.*

Ce produit est du sulfate de plomb obtenu comme résidu quand on traite le sulfate d'alumine ou l'alun par l'acétate de plomb en vue de fabriquer l'acétate d'alumine, qui est très employé dans la teinture et l'impression sur étoffes et notamment dans la région mulhousienne où l'on a essayé pour la première fois de le substituer à la céruse.

Le produit est purifié par de nombreux lavages à l'eau, puis filtré et séché.

C'est une poudre blanche d'aspect analogue à celui de la céruse, mais d'un pouvoir couvrant très inférieur.

Usages. — Il est employé comme charge dans un certain nombre de mélanges.

On l'utilise pour la confection du mastic Serbat ; pour cela on le mélange au bioxyde de manganèse et à l'huile de lin.

BLANC D'ARGENT

Synonyme : *Blanc léger.*

Ce produit est du carbonate de plomb préparé par double décomposition entre l'acétate de plomb et le carbonate de soude.

On dissout à chaud 5 kgr. d'acétate de plomb cristallisé dans 10 litres d'eau, et l'on verse cette solution dans le liquide bouillant obtenu au moyen de sel Solvay dans 10 litres d'eau.

Le produit est lavé soigneusement, puis égoutté ; lorsque la pâte est suffisamment épaisse, on la trochisque, puis elle est séchée à l'étuve.

Usages. — Ce produit est surtout employé par la peinture artistique et la peinture en décors.

BLANCS DIVERS A BASE DE PLOMB

Tungstate de plomb.

Précipité obtenu par le mélange de deux dissolutions, l'une de tungstate de soude, l'autre d'acétate de plomb.

Ce produit très blanc possède un pouvoir couvrant des plus remarquables qui l'a fait employer dans l'impression sur étoffes. Son prix élevé en empêche l'usage en peinture.

On a également proposé l'emploi de presque tous les sels de plomb blancs et insolubles, notamment : *l'antimonite de plomb, l'antimoniate de plomb, le sulfite de plomb,* etc., aucun de ces produits n'est entré dans la pratique.

BLANC DE ZINC

La préparation industrielle du blanc de zinc déjà entreprise en 1781 par Courtois, puis par Guyton de Morveau, en 1783, dans le but de soustraire les ouvriers cérusiers au fléau du saturnisme, n'eut aucun succès à cette époque, par suite du prix énorme de l'oxyde de zinc comparativement à celui de la céruse.

Ce fut seulement un demi-siècle plus tard que la question fut reprise : en 1842 par Rouquette, en 1844 par Mathieu, et en 1849 par Leclaire et Barruel qui purent enfin faire entrer ce produit dans la pratique et pour suppléer au manque de siccativité du blanc de zinc eurent l'idée de siccativer l'huile de lin avec de l'oxyde de manganèse et préparèrent ainsi des pâtes à l'huile de lin et au blanc de zinc, très siccatives, couvrantes et ne contenant pas de plomb. Ils crurent avoir ainsi résolu le problème du remplacement de la céruse : néanmoins leurs idées ne furent pas adoptées et c'est en qualité de rapporteur de la commission du blanc de zinc à l'Académie des Sciences que Chevreul publia sa magistrale étude sur la peinture à l'huile, le 8 juin 1850.

Depuis, la question est toujours d'actualité, après avoir été posée il y a plus d'un siècle.

Le blanc de zinc est composé par l'oxyde de zinc anhydre et sa formule est ZnO.

Il se prépare soit au moyen du zinc métallique, soit avec les minerais contenant ce métal.

Préparation par le zinc métallique.

Le zinc est introduit en saumons dans des *cornues* ayant la forme de cylindres aplatis, en terre réfractaire.

Les dimensions des cornues sont : 105 cm. de longueur — 32 cm. de largeur — 10 cm. de hauteur.

Chaque four comporte 2 rangées de 10 cornues ; un foyer, avec grille de 3 m. de longueur environ, permet de les porter au rouge blanc, de façon à vaporiser le zinc qu'un jet d'air préalablement chauffé à 300° enflamme à leur extrémité en produisant, par combustion, l'oxyde de zinc (fig. 47).

En avant des cornues sont disposés des coffres en tôle, ou *guérites,* munis de porte en fonte à gonds pour le passage de la cornue lors de son remplacement. Chaque guérite possède à la partie inférieure le canal d'arrivée d'air chaud pour la combustion du zinc, en haut un tuyau de tôle évacuant les vapeurs qui sont aspirées par la cheminée d'appel placée à l'extrémité de l'appareil.

Ces vapeurs circulent (fig. 47) dans des conduits coniques en terre réunissant toutes les cornues au conduit commun *dd,* par l'intermédiaire de tubes en tôle *d'*. Le conduit commun porte, à sa partie inférieure, des trémies par lesquelles les parties lourdes d'oxyde de zinc tombent dans des récipients spéciaux.

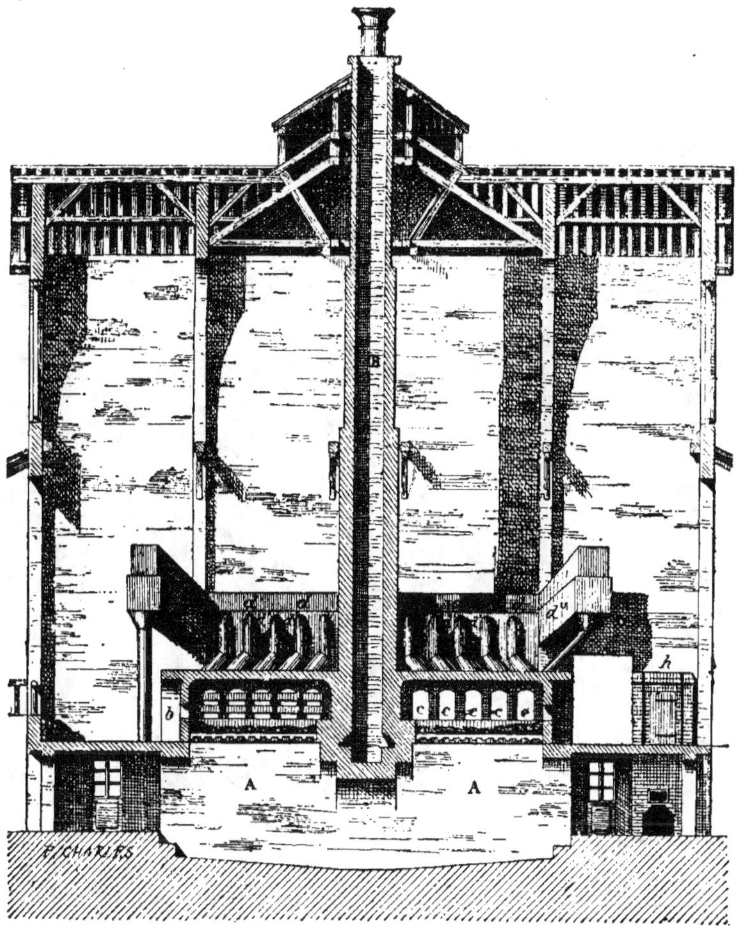

Fig. 47. — Four pour la fabrication du blanc de zinc.

Des conduits latéraux d'', également munis d'un dispositif de trémies et de récipients inférieurs, conduisent les vapeurs provenant du tuyau collecteur dd aux tubes réfrigérants disposés autour des chambres (fig. 48).

Ces tubes réfrigérants sont assemblés à angle aigu afin de

permettre le dépôt de l'oxyde tout en évitant son accumulation
sur les parois.

De l'appareil réfrigérant les vapeurs qui contiennent le
blanc de zinc non encore déposé pénètrent dans des chambres

Fig. 48. — Appareil de condensation pour le blanc de zinc.

en tôle où elles se détendent, en provoquant un nouveau dépôt d'oxyde ; finalement elles arrivent dans d'autres chambres
garnies de toiles en tissus de coton plucheux, disposées en
chicane (fig. 49), après lesquelles s'attachent les dernières
parties, les plus légères, de blanc de zinc.

Fig. 49. — Chambres tapissées.

Préparation par les minerais de zinc.

Wetherill est le créateur de cette méthode dans laquelle certains minerais de zinc, tels que la *Franklinite* (ZnO^4Fe^2) et la *Wilhelmite* (SiO^4Zn^2) ainsi que la Zincite (ZnO naturel) sont mélangés avec du charbon et chauffés; le zinc métallique produit par réduction du minerai se volatilise et se trouve oxydé dans l'appareil même.

Ce procédé, employé en Amérique, s'applique aux minerais à faible teneur.

L'oxyde de zinc produit en employant directement le minerai est loin de posséder la blancheur de celui obtenu par la combustion du métal ; en outre la densité de ce dernier blanc est notablement supérieure à celle du produit que donne directement le minerai. Cette méthode est donc très inférieure à la méthode précédente et nous ne la décrirons que succinctement.

Les opérations de réduction, volatilisation et oxydation s'effectuent dans un four spécial consistant en une voûte de plein cintre reposant sur deux pieds-droits. Au milieu se trouve une grille partageant le volume en deux parties égales par le milieu de la hauteur ; la partie supérieure est le foyer, celle au-dessous sert de cendrier. Cette grille est formée de plaques de fonte de 0 m. 03 d'épaisseur, perforées de trous coniques de diamètre inférieur $= 0$ m.025 ; le diamètre supérieur varie de 0 m. 0063 à 0 m. 010. La largeur des plaques est de 0m. 15, leur longueur est celle du fond (1 m. 05), elles occupent une largeur d'environ 1 m. 50 et sont soutenues par des sommiers formés de barres de fer assez étroites pour ne pas obstruer les ouvertures.

Le cendrier fermé par une porte de fonte est vidé seulement une fois par jour. On insuffle de l'air sur la grille au moyen d'orifices se trouvant dans les parois latérales du cendrier ; cet air est sous une pression de 5 à 10 millimètres d'eau.

Les vapeurs de zinc sont oxydées dans l'espace au-dessus de la charge qui recouvre la grille, espace où règne une température très élevée. Les gaz refroidis comme dans le procédé précédent sont conduits dans des chambres de condensation : quelquefois même, le refroidissement est à peine effectué. L'allumage se fait avec du combustible maigre : coke ou anthracite, que l'on jette sur la grille ; la quantité est environ de 40 à 45 0/0 du poids du minerai traité, ce dernier étant de 60 à 66 kgr. par mètre carré de surface de grille. On donne le vent et quand la couche est en ignition active, on y projette un mélange mouillé de minerai en grain et de charbon dans le rapport 2 à 1 ; la couche ne doit pas être trop épaisse, car on retrouverait du zinc dans les résidus même après 12 à 24 heures de marche.

La blende peut être transformée directement en blanc de zinc. En la grillant on obtient un mélange d'oxyde et de sulfate de zinc.

On peut ajouter un peu d'acide sulfurique pour dissoudre l'oxyde ou même du sulfate acide d'ammoniaque qui, d'après Ellershausen et Western, donne du sulfate de zinc avec formation de sulfate d'ammoniaque :

$$2(SO^4HAzH^4) + ZnO = SO^4(AzH^4)^2 + SO^4Zn + H^2O$$

La dissolution de sulfate de zinc, additionnée de la quantité strictement nécessaire d'ammoniaque abandonne l'oxyde de zinc ; l'ammoniaque est régénérée de sa solution par la chaux.

Signalons enfin que l'on a tenté de préparer électrolytiquement l'oxyde de zinc en électrolysant une dissolution soit d'eau légèrement acide, soit de sulfate de soude ou d'autres électrolytes et en se servant d'une plaque de zinc comme électrode positive. L'oxyde de zinc formé tombe au fond de la cuve.

Propriétés et usages

Le blanc de zinc quoique un peu moins couvrant et moins solide aux intempéries que la céruse présente néanmoins sur celle-ci l'avantage d'une stabilité complète aux émanations sulfureuses ; sa blancheur est parfaite.

Il se broie très souvent à l'huile d'œillette et comme il ne possède pas de propriétés siccatives on l'emploie soit avec des huiles siccatives, soit mélangé avec des produits siccatifs, et il convient tout particulièrement pour les peintures intérieures : 4 couches au blanc de zinc couvrent autant que 3 couches à la céruse ; d'autre part, un poids d'oxyde de zinc donné permet de peindre (de couvrir) une surface plus grande qu'avec le même poids de céruse, c'est ce qui a pu faire dire à certains auteurs que le blanc de zinc « couvre » plus que la céruse. Le pouvoir couvrant est dans ce cas mal interprété.

Analyse

L'humidité se dose en séchant quelques grammes à l'étuve ; elle ne doit pas dépasser 2 à 3 0/0.

Le zinc se dose en dissolvant dans un acide 1 gr. de blanc de zinc, évaporant à sec et reprenant par l'eau bouillante ; on peut alors continuer l'opération de différentes façons :

1º ajouter de l'acétate de soude et de l'acide acétique puis faire passer un courant d'hydrogène sulfuré et peser le sulfure de zinc après lavage et dessiccation (comme pour les lithopones) ;

2° précipiter par le carbonate de soude et peser l'oxyde de zinc obtenu par calcination du carbonate de zinc ; on a ainsi directement la quantité d'oxyde de zinc ;

3° par électrolyse.

SULFURE DE ZINC ET LITHOPONE

Le sulfure de zinc a été introduit récemment dans la technique des couleurs, cependant dès 1878 M. Lauth signalait, dans un rapport sur l'exposition universelle, tout l'intérêt que présente ce produit « d'un blanc très pur et d'un pouvoir couvrant considérable, supérieur même à celui de la céruse et du blanc de zinc, ne noircissant pas aux émanations sulfureuses, sans action sur les métaux et complètement inoffensif » (1).

Il a d'abord été livré au commerce en mélange avec de l'oxyde de zinc sous le nom de *silicate paint* ou additionné de sulfate de baryte ou de sulfate de chaux sous les dénominations de *Blanc anglais* — *Couleur sanitaire de Thomas Griffith, Blanc de Charlton* et plus récemment de *Lithopone*.

Le sulfure de zinc est actuellement employé soit seul, soit associé au sulfate de baryte et dans ce cas le produit, qui se nomme *lithopone*, n'est pas un simple mélange fait en broyant du sulfure de zinc et du sulfate de baryte ; mais un composé produit d'emblée par une réaction chimique que l'on règle de telle façon que la précipitation du sulfure de zinc soit accompagnée de la précipitation concomitante de sulfate de baryte et quelquefois de sulfate de chaux : il faut donc mettre en présence un sulfure alcalin ou alcalino-terreux, un sel de zinc, un sel de baryum et un sulfate.

Généralement on prend le sulfure sous la forme de sulfure de baryum et le zinc à l'état de sulfate ; ces deux sels renferment les quatre éléments nécessaires à la réaction qui est dans ce cas la suivante :

$$BaS + SO^4Zn = \underbrace{ZnS + SO^4Ba}_{\text{lithopone}}$$

Au contraire si l'on ne met pas en présence simultanée un

(1) Ch. Coffignier, *Revue de Chimie Industrielle*, 1905.

sulfate et un sel de baryum dans la réaction, on obtient non plus du lithopone, mais du sulfure de zinc seul :

$$BaS + ZnCl^2 = ZnS + BaCl^2$$
$$Na^2S + SO^4 Zn = SO^4Na^2 + ZnS$$

Donc pour la production du sulfure de zinc on emploiera du chlorure de zinc, si l'on veut travailler avec du sulfure de baryum et au contraire du sulfure de sodium si l'on doit employer du sulfate de zinc.

SULFURE DE ZINC

Le sulfure de zinc employé en peinture doit être produit sous la forme la plus ténue et la plus blanche possible. La voie humide est la seule qui puisse être employée et l'on produit le sulfure de zinc artificiel, sous sa forme hydratée, par précipitation d'un sel de zinc soluble au moyen d'une solution de sulfure alcalin. (Le sulfure de baryum ou de calcium n'est employé que dans le cas du lithopone.)

Le zinc peut donner deux sortes de sels solubles, des sels où il joue le rôle de base et des composés dans lesquels il remplit l'office d'un acide.

Les sels solubles employés sont :

Le sulfate (SO^4Zn) et le chlorure de zinc $(ZnCl^2)$ comme sels de la première catégorie

Le zincate d'ammoniaque $Zn\begin{matrix}OAzH^4\\OAzH^4\end{matrix}$ et le zincate de soude $Zn\begin{matrix}ONa\\ONa\end{matrix}$ comme sels de la deuxième catégorie.

Les équations de formation dans les deux cas sont les suivantes :

1º $$ZnSO^4 + Na^2S + H^2O = ZnS,H^2O + SO^4Na^2$$
et

2º $$Zn\begin{matrix}ONa\\ONa\end{matrix} + Na^2S + 3H^2O = ZnS,H^2O + 4NaOH$$

La première méthode donne comme résidu du sulfate de soude sans valeur ; la seconde, au contraire, donne comme sous-produit de la soude caustique, aussi c'est sur ce dernier principe que sont basées les méthodes industrielles.

Le zincate alcalin peut être produit de deux façons :

1º Par dissolution de l'oxyde de zinc dans un alcali ;

2º Par dissolution du zinc métallique dans la soude caustique.

Dans le premier cas, au lieu d'oxyde de zinc pur on peut employer un minerai oxydé ou le produit du grillage de la blende ou même un minerai carbonaté (calamine), ces produits sont traités par une solution alcaline, par exemple une dissolution d'ammoniaque (1).

Le liquide clair traité par le sulfure de sodium produit du sulfure de zinc qui se dépose et qui est ensuite lavé à fond et séché.

La solution filtrée, saturée par la soude caustique, donne de l'ammoniaque qui est distillée et récupérée tandis que la lessive restante est chauffée au four pour reproduire du sulfure de sodium.

Un autre procédé repose sur la dissolution du zinc métallique dans la soude caustique (2).

Dans cette opération il se produit de l'hydrogène et du zincate de soude :

$$Zn + 2NaOH = Zn\!<^{ONa}_{ONa} + H^2$$

La dissolution est ensuite précipitée par du sulfure de sodium, il se forme du sulfure de zinc et de la soude caustique.

$$Zn(ONa)^2 + Na^2S + 2H^2O = ZnS + 4NaOH$$

La réaction s'effectue dans un récipient clos A (fig. 50) dont le contenu est constamment remué ; au fond se trouve un tamis, divisé en cloisons q r, de façon à éviter la précipitation du sulfure de zinc sur le zinc en grenailles employé, celui-ci étant retenu et le sulfure se déposant au fond.

Il ne faut jamais un excès de sulfure de sodium. Pour cela l'hydrogène produit dans l'attaque du zinc par la soude caustique se dégage par un tuyau g et vient agir sur l'eau du régulateur (fig. 52) contenue dans le compartiment 1 : en montant dans le tuyau 5 elle agit sur le flotteur 4 qui ferme la soupape m, laquelle intercepte la communication entre le vase V renfermant le sulfure de sodium et l'appareil à réaction.

Cette manœuvre se fait avec l'aide de la tige 2 et du levier

(1) Bermont, Brevet allemand 145.926.
(2) H. Stucklé, Brevets français 353.480 et 353.496.

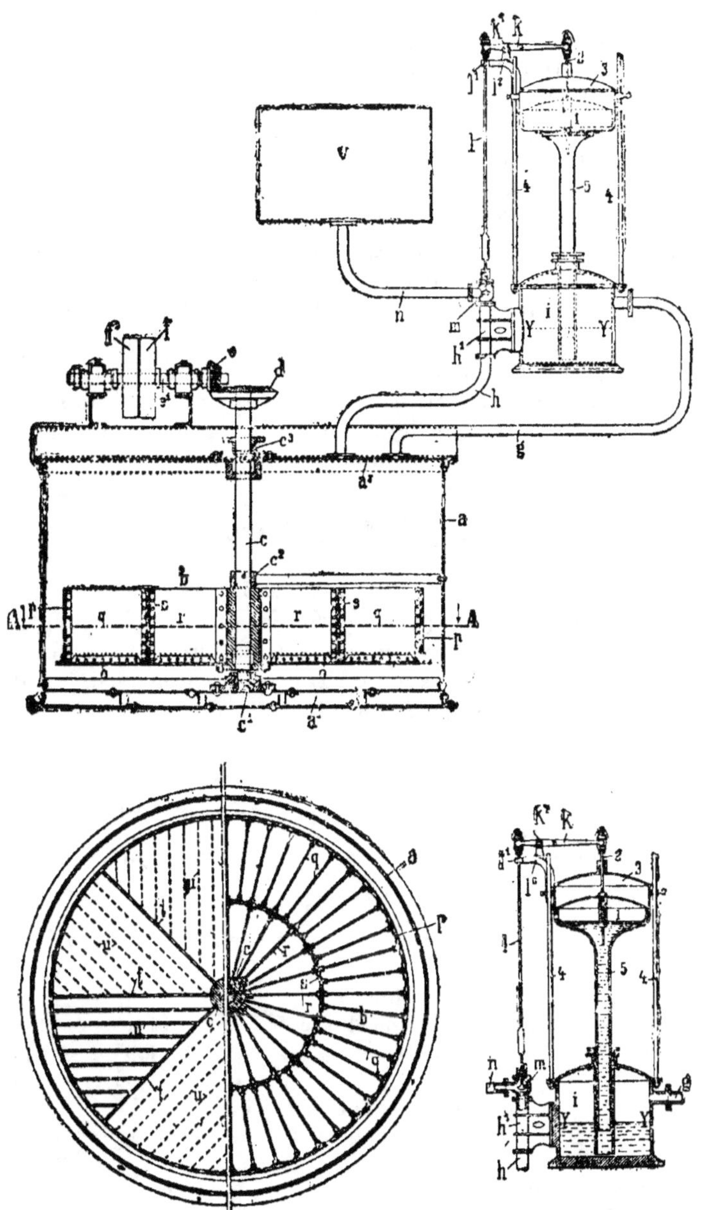

Fig. 50, 51, 52. — Appareils pour la production du sulfure de zinc.
(Procédé Stucklé).

K qui oscillant sur son axe K' abaisse la tige l et applique la soupape sur son siège.

Lorsque le dégagement d'hydrogène cesse, la pression sur la nappe d'eau $y - y$ diminue, le flotteur, descend, et le sulfure de sodium coule à nouveau.

L'appareil étant chauffé à la vapeur, la soude produite dans la réaction du sulfure de sodium sur le zincate attaque le zinc granulé, dégage de l'hydrogène qui agit sur le régulateur et arrête l'arrivée du sulfure, et ainsi de suite.

Quelle que soit la méthode employée pour le produire, le sulfure de zinc est obtenu sous sa forme hydratée, on le chauffe pour éliminer une partie de son eau ; mais sans dépasser de beaucoup la température de 150°, car maintenu longtemps au rouge, il se transformerait en sulfure anhydre qui, au lieu d'être blanc, *possède une nuance jaunâtre*

Propriétés et usages.

Le sulfure de zinc est une poudre fine, très onctueuse, d'un blanc éclatant ; sa composition correspond sensiblement à la formule $4ZnS,H^2O$. Les produits commerciaux renferment très souvent un peu d'oxyde de zinc et quelques sels solubles provenant d'un lavage incomplet. M. Ch. Coffignier en a donné les analyses suivantes :

Humidité	1.84
Extrait aqueux	1,04
Oxyde de zinc	1,60
Sulfure de zinc	94,96
	99,44

	a	b
ZnS	81,44	80,78
ZnO sol. dans l'acide acétique	1,60	1,24
ZnO insoluble dans l'acide acétique	11,15	11,52
Humidité	1,54	1,56
Extrait aqueux	1,04	1,08
Eau combinée au sulfure de zinc	3,78	3,74
	100,55	99,92

Les échantillons analysés ont été fabriqués par le procédé au zinc, soude caustique et sulfure de sodium ; il n'est donc pas étonnant que ces produits contiennent une notable proportion de zinc sous la forme hydroxylée, le sulfure formé étant en contact pendant un temps assez long avec de la soude caustique en plus ou moins grand excès.

Le sulfure de zinc se broie bien à l'huile en donnant une fort belle pâte ; il couvre au moins aussi bien que la céruse, il est même admis qu'il couvre plus ; il exerce sur les peintures une action siccative qui, sans être aussi élevée que celle de la céruse, n'en est pas moins très marquée. Il est inaltérable à l'air et aux émanations sulfureuses et se montre très supérieur au blanc de zinc sous le rapport pouvoir couvrant et siccativité. Comme c'est un sulfure, il faut éviter de le mélanger aux couleurs sensibles au soufre ; son emploi est donc incompatible avec celui des couleurs au plomb. De même il ne faut pas l'additionner d'huile cuite au plomb ou de siccatifs à base de plomb. Le prix du sulfure de zinc étant assez élevé, on emploie cette couleur sous sa forme chargée, avec du sulfate de baryte et quelquefois du sulfate de chaux, c'est-à-dire sous forme de *lithopone*.

LITHOPONE

Ce produit s'obtient en précipitant une solution de sulfate de zinc par du sulfure de baryum. Pour les marques riches on additionne le sulfate de zinc de chlorure de zinc ; pour les marques inférieures on y ajoute, en outre, du sulfate de soude.

Le sulfate de zinc se prépare par dissolution de l'oxyde de zinc, du carbonate de zinc ou des minerais de zinc grillés, dans l'acide sulfurique à 50° Bé que l'on étend d'eau, ou par dissolution du zinc métallique dans ce même acide. Dans tous les cas on obtient un sulfate plus ou moins impur d'où l'on doit séparer les métaux dont les sulfures sont colorés, notamment le fer ; pour cela on peroxyde complètement la liqueur par de l'hypochlorite de soude et l'on ajoute un peu de soude caustique, puis l'on abandonne assez longtemps le liquide au contact de l'oxyde de zinc formé ; dans ces conditions l'élimination du fer et du cuivre est complète.

On peut aussi traiter la solution légèrement acide par un excès de zinc et des lames de fer ; on sépare ainsi le cuivre, l'arsenic et le cadmium (Brevet fr. 309.164 de 1907) ; le fer, le cobalt et le nickel sont séparés ensuite comme ci-dessus par l'hypochlorite alcalin.

La préparation du chlorure de zinc s'opère en employant l'acide chlorhydrique au lieu d'acide sulfurique.

On procède à la purification en peroxydant la dissolution au moyen de chlorure de chaux, employé en quantité suffisante, puis en ajoutant un lait de carbonate de chaux fraîchement précipité. Un contact prolongé avec ce produit élimine tous les métaux nuisibles.

La préparation du sulfure de baryum s'opère par la réduction du sulfate de baryte (spath pesant, barytine) au moyen de charbon.

Pour cela, on fait des agglomérés au moyen du mélange de sulfate de baryte et de charbon en excès, auquel on incorpore un goudron et cette masse comprimée est chauffée à température élevée, au rouge, dans un four à réverbère où l'on maintient une atmosphère réductrice.

La masse qui contient outre le sulfure de baryum (80 à 85 0/0) du charbon en excès et du sulfate de baryte inattaqué, est épuisée méthodiquement par l'eau dans des appareils spéciaux, à l'abri du contact de l'air et finalement on obtient une dissolution de sulfure de baryum qui est dépouillée par décantation ou filtration de ses impuretés insolubles.

Outre le sulfure de baryum cette dissolution contient de l'hydrate de baryte et du sulfhydrate de baryum, produits par dissociation de la dissolution de sulfure. Cette dissociation est d'autant plus importante que les liqueurs de sulfure sont moins concentrées.

$$2\,BaS + 2\,H^2O = Ba\!<^{OH}_{OH} + Ba\!<^{SH}_{SH}$$

En travail courant, la quantité de ces deux produits est relativement minime, quelques centièmes ; néanmoins il s'ensuit la précipitation d'un peu d'oxyde de zinc dans la préparation du lithopone.

Les solutions de sulfure de baryum sont très altérables à l'air, doivent être utilisées rapidement et manipulées à l'abri de l'air.

Les diverses proportions de sulfate de zinc, de chlorure de zinc, de sulfate de soude et de sulfure de baryum à mettre en présence varient suivant la qualité du lithopone à obtenir ; le sulfure de zinc pur étant plus couvrant que le sulfate de baryte, la qualité du lithopone dépendra de sa richesse en sulfure de zinc et *c'est sur cette base que s'opèrent les transactions commerciales*.

Le lithopone se vend sous cinq qualités différentes :

1º *Cachet vert*, contenant 33 à 34 0/0 de ZnS.
2º *Cachet rouge*, contenant 29 à 30 0/0 de ZnS.
3º *Cachet blanc*, contenant 25 à 26 0/0 de ZnS.
4º *Cachet bleu*, contenant 21 à 22 0/0 de ZnS.
5º *Cachet jaune*, contenant 14 à 15 0/0 de ZnS.

En outre il existe des qualités riches à 40 et 45 0/0 de ZnS.
La réaction :

$$SO^4Zn + BaS = ZnS + SO^4Ba$$

donne un produit contenant 29,4 0/0 de ZnS et fournit la marque *cachet rouge* ; pour l'obtenir on doit mettre en œuvre la dissolution de sulfate, provenant de 100 k. de zinc, avec une solution renfermant 260 k. de sulfure de baryum.

En précipitant par le sulfure de baryum un mélange de sulfate et de chlorure de zinc on peut obtenir des lithopones contenant presque 45,4 0/0 de sulfure de zinc, l'équation de formation pour cette teneur est la suivante :

$$ZnSO^4 + ZnCl^2 + 2BaS = 2ZnS + BaSO^4 + BaCl^2$$

Si l'on employait exclusivement le chlorure de zinc on obtiendrait du sulfure de zinc pur :

$$ZnCl^2 + BaS = BaCl^2 + ZnS$$

Au contraire, en augmentant la quantité de sulfate de zinc, et ajoutant au mélange une dissolution de sulfate de soude, on obtient des produits plus chargés.

C'est ainsi que l'équation de formation du lithopone *cachet blanc* est la suivante :

$$5ZnSO^4 + Na^2SO^4 + 6BaS = 5ZnS + 6BaSO^4 + Na^2S$$

ce qui exige 100 parties de sulfate de soude cristallisé et 300 parties de sulfure de baryum pour 100 parties de zinc métallique dissoutes à l'état de sulfate.

Le lithopone *cachet bleu* est formé d'après l'équation

$$2ZnSO^4 + Na^2SO^4 + 3BaS = 2ZnS + 3BaSO^4 + Na^2S$$

Dans ces deux dernières réactions il y a production de sulfure de sodium.

Dans la préparation du lithopone *cachet jaune*, on évite cette perte de sulfure alcalin en mettant en œuvre : du sulfate de zinc, du sulfate de soude, du chlorure de baryum et du sulfure de baryum.

$$3ZnSO^4 + 4Na^2SO^4 + 3BaS + 4BaCl^2 = ZnS + 7BaSO^4 + 8NaCl$$

On emploie pour 100 parties de zinc dissous à l'état de sulfate : 284 parties de sulfate de soude calciné ; 260 parties de sulfure de baryum et 490 parties de chlorure de baryum cristallisé.

Les diverses marques de lithopone ne diffèrent pas seulement par leur teneur plus ou moins grande en sulfure de zinc, mais aussi par leur aspect et leur degré de blancheur dépendant de la pureté des matières premières employées ; les qualités inférieures sont souvent d'un blanc tirant plus ou moins fortement vers le jaune et plus ou moins pointillé de gris ; en outre elles contiennent souvent de l'oxyde de fer, un peu d'alumine et même des particules de charbon.

Quelle que soit la qualité de lithopone préparé, la précipitation opérée, on lave le produit très soigneusement, puis on le sèche.

Pour obtenir un blanc très onctueux et ne fonçant pas à la longue, on incorpore avant la dessiccation 0,5 à 1 0/0 de magnésie fraîchement calcinée et du sel marin ; dans le cas de la formule « cachet rouge » il suffirait de ne pas laver à fond.

Le produit est ensuite chauffé à une température assez élevée puis projeté dans l'eau froide pendant qu'il est très chaud, de façon à le réduire en poudre fine. On le sèche encore, puis on le broie.

Il est important de ne pas maintenir trop longtemps le lithopone à une température trop élevée, car le sulfure de zinc qu'il contient ne doit pas être complètement déshydraté, autrement il prendrait une coloration jaunâtre très préjudiciable à la qualité de la couleur.

Propriétés et usages

Le lithopone bien préparé est une poudre blanche, très fine très stable aux émanations sulfureuses et se broyant très bien à l'huile dont elle prend 12 à 15 0/0, en donnant une pâte onctueuse. Son pouvoir couvrant est satisfaisant et sa solidité, moindre que celle du blanc de zinc, est néanmoins acceptable. Cependant cette couleur offre souvent le grave défaut de prendre une coloration grise sous l'influence de la lumière solaire ; cette coloration qui disparaît dans l'obscurité dépend d'une cause non encore élucidée ; on a préconisé différents moyens d'y remédier, entre autres M. W. Ostwald (Brevet français 364.713) a proposé d'ajouter au lithopone des alcalins à la dose de 10 0/0 environ.

Le bas prix du lithopone, qui varie suivant les marques entre 20 et 30 francs les 100 kgr. a favorisé l'emploi de ce produit dont la consommation est très importante en peinture : à part quelques marques spéciales il doit être utilisé de préférence à l'intérieur, car ainsi que nous l'avons déjà indiqué, il devient gris sous l'influence de la lumière solaire. Bien entendu les peintures obtenues sont moins solides que celles à la céruse ou au blanc de zinc, mais elles sont satisfaisantes étant donné leur prix de revient.

Analyse.

Comme nous l'avons déjà mentionné le lithopone contient, outre le sulfure de zinc et le sulfate de baryte, de l'oxyde de zinc en petite quantité et des traces de sels solubles. M. Ch. Coffignier y admet en outre la présence d'oxysulfure de zinc.

Les produits commerciaux sont vendus à la teneur en sulfure de zinc et l'essai s'effectue de la façon suivante :

2 gr. de lithopone sont additionnés de 10 cc. d'acide chlorhydrique pur ; le mélange est chauffé au bain-marie jusqu'à cessation complète de l'odeur d'hydrogène sulfuré ; on étend d'eau et lave par décantation jusqu'à ce que les eaux ne soient plus acides. La dissolution filtrée est additionnée de sulfhydrate d'ammoniaque et le sulfure de zinc précipité est recueilli sur un filtre, lavé à fond et pesé après séchage. Son poids multiplié par 50 donne le 0/0 en ZnS.

M. Coffignier indique le mode de dosage suivant pour la détermination des différents éléments qui composent le produit commercial :

1º *Humidité*. — Sur 5 gr. à l'étuve à 110º dans une capsule en platine ;

2º *Extrait aqueux*, en épuisant les 5 grammes qui ont servi au dosage de l'humidité par l'eau tiède jusqu'au moment où le liquide filtré ne précipite plus ni par le nitrate d'argent, ni par le chlorure de baryum ;

3º *Zinc à l'état de sulfure*, en attaquant 1 gr. 5 de lithopone, préalablement traité pendant une demi-heure par 100 cc. d'acide chlorhydrique au bain-marie, en présence de quelques grains de chlorate de potasse. On étend d'eau chaude, ajoute 2 à 3 cc. d'acide sulfurique, filtre et reçoit le liquide clair dans une capsule en porcelaine de 500 cc. On lave jusqu'au moment où les eaux ne sont plus acides. Le zinc est précipité par le carbonate de soude, à l'ébullition ; on calcine pour faire la pesée du précipité à l'état d'oxyde de zinc et on transforme par le calcul en sulfure :

4o *Zinc à l'état d'oxyde*, en dosant le zinc comme il vient d'être dit, mais sur un lithopone ne contenant plus d'extrait aqueux. La différence entre les deux dosages donne le zinc à l'état d'oxyde, que le traitement à l'acide acétique avait éliminé ;

5o *Sulfate de baryte*, en incinérant et pesant le résidu d'une des deux attaques. Le dosage en double est recommandable.

Voici quelques analyses publiées par M. Ch. Coffignier :

Types à 20/22 0/0 de sulfure de zinc.

	E		A	
	1	2	1	2
Humidité	»	0,18	»	0,12
Extrait aqueux	»	0,32	»	0,24
Oxyde de zinc.	»	1,50	»	1,53
Sulfure de zinc	21,40	19,34	25,40	23,40
Sulfate de baryte. . . .	78,63	78,63	74,40	74,40
	100,03	99,97	99,80	99,69

Types à 26 0/0 de sulfure de zinc.

	E	
	1	2
Humidité	»	0,30
Extrait aqueux	»	0,34
Oxyde de zinc.	»	1,34
Sulfure de zinc . . .	26,74	24,90
Sulfate de baryte. . . .	73,22	73,22
	99,96	100,40

Types à 29/30 0/0 de sulfure de zinc.

	C		G	
	1	2	1	2
Humidité	»	0,14	»	0,18
Extrait aqueux	»	0,28	»	0,14
Oxyde de zinc.	»	1,46	»	2,95
Sulfure de zinc	30,50	28,68	31,05	27,05
Sulfate de baryte. . . .	69,10	69,10	69,54	69,54
	99,60	99,66	100,59	99,86

Types à 33/34 0/0 de sulfure de zinc.

	A		C	
	1	2	1	2
Humidité	»	0,04	»	0,20
Extrait aqueux	»	0,08	»	0,20
Oxyde de zinc.	»	1,98	»	0,59
Sulfure de zinc	34,60	32,01	37,12	36,40
Sulfate de baryte.	66,00	66,00	62,73	62,73
	100,60	100,11	99,85	100,12

	D (1)	
	1	2
Humidité	»	0,08
Extrait aqueux	»	0,54
Oxyde de zinc.	»	0,65
Sulfure de zinc.	20,47	19,40
Sulfate de baryte. . . .	79,20	79,20
	99,67	99,87

Types à grande richesse.

	A à 40 0/0.		A à 45 0/0.		A à 50 0/0.	
	1	2	1	2	1	2
Humidité	»	0,20	»	0,18	»	0,10
Extrait aqueux . ..	»	0,24	»	0,34	»	0,56
Oxyde de zinc . .	»	2,00	»	2,00	»	2,40
Sulfure de zinc. .	41,27	38,80	45,11	42.37	50,36	47,52
Sulfate de baryte .	58,35	58,35	54,83	54,83	49,14	49,14
	99,62	99,59	99,94	99,72	99,50	99,72

Blancs divers, genre lithopone.

Enfin pour terminer l'étude de cette catégorie de blancs, ajoutons qu'on a proposé de précipiter le lithopone ou le sulfure de zinc sur du carbonate de chaux, du sulfate de chaux ou de la magnésie. Dans ce cas, on ajoute du chlorure de calcium au sulfate de zinc et le chlorure de zinc formé, d'après la réaction :

$$ZnSO^4 + CaCl^2 = SO^4Ca + ZnCl^2$$

reçoit le sulfure de baryum. On calcine, lave et pulvérise (demande de Brevet allemand G. 20.257.)

(1) Cet échantillon marqué 33/34 0/0 a été certainement mal pris. Il rentre dans les types 20/22 0/0.

$$ZnCl^2 + BaS = BaCl^2 + ZnS$$

On peut également ajouter encore du sulfate de soude qui précipite le chlorure de baryum et fournit du sulfate de baryte.

De même on peut remplacer le sulfure de baryum par du sulfure de sodium ; dans ce cas la réaction est la suivante :

$$SO^4Zn + CaCl^2 + Na^2S = SO^4Ca + ZnS + SO^4Na^2$$

On termine le traitement comme d'habitude par une légère calcination, projection dans l'eau froide, puis séchage.

Les produits ainsi préparés, à base de sulfate de chaux, se nomment *sulfopones*.

Dans un autre ordre d'idées on a proposé un mélange de sulfite de baryum et de sulfure de zinc ou d'oxyde de zinc.

Un tel mélange se prépare en précipitant du sulfite de zinc par du sulfure de baryum ou de la baryte (demande de brevet allemand B. 42.236).

BLANC DE BARYTE

Synonymes : *Sulfate de baryte, baryte, spath pesant, barytine, blanc fixe.*

Ce blanc s'obtient soit en broyant le sulfate de baryte naturel, soit en précipitant un sel de baryum par un sulfate alcalin.

Il s'en faut de beaucoup que les qualités des produits obtenus soient semblables, le second procédé fournit des blancs d'un pouvoir couvrant très supérieur à celui du sulfate naturel broyé et du reste la valeur commerciale du produit artificiel est beaucoup plus grande.

1° Sulfate de baryte naturel. — Cette matière existe abondamment dans le sol à l'état de spath pesant de densité variant de 4,35 à 4,58. On l'exploite industriellement un peu partout, surtout en Belgique et en Auvergne : On opère un triage afin d'éliminer les parties coloriées et le produit blanc est finement broyé. La poudre est ensuite malaxée à l'eau qui par repos abandonne d'abord les grains les plus grossiers, puis ensuite la poudre qui se dépose d'autant moins rapidement qu'elle est plus fine. En décantant le lait ainsi formé, au moment voulu, on obtient une masse pâteuse qui, séchée, se transforme en une poudre d'un blanc éclatant.

2° Sulfate de baryte artificiel (blanc fixe). — Ce produit se prépare par double décomposition au moyen d'un sel de baryum soluble et d'un sulfate alcalin ; on emploie généralement le chlorure de baryum et le sulfate de soude calciné ordinaire.

$$BaCl^2 + SO^4Na^2 = 2NaCl + SO^4Ba$$

Etant formé par précipitation chimique, à l'état complètement amorphe, il possède une finesse extrême, qui lui confère un pouvoir couvrant beaucoup plus grand que celui du sulfate de baryte naturel. Et ce pouvoir couvrant qu'il est d'usage de considérer comme faible est assez satisfaisant : du reste le sulfate de baryte constitue bien souvent la majeure partie et quelquefois même les 95 0/0 de laques ou de couleurs que la pratique considère comme suffisamment couvrantes, ce qui n'est certes pas entièrement dû aux quelques pour cent de matière colorante ajoutée, mais bien au sulfate de baryte lui-même ; à la condition bien entendu qu'il soit artificiel, c'est-à-dire produit par double décomposition.

Préparé spécialement son prix de revient serait assez élevé ; on l'obtient comme sous-produit résiduel dans certaines industries et notamment dans la fabrication de l'eau oxygénée au moyen du bioxyde de baryum.

Propriétés et usage

C'est un produit absolument inoffensif et complètement inaltérable. Il est employé à la fabrication des laques, et bien souvent on le forme dans la préparation même de la laque ; il sert de charge à de nombreuses couleurs à l'huile, on pourrait presque dire à toutes.

Les papiers peints en absorbent de grandes quantités ainsi que la fabrication des papiers couchés.

Pour différencier le sulfate de baryte artificiel du naturel, un simple examen microscopique suffit, la différence de structure est considérable, le sulfate artificiel est totalement amorphe, tandis que le produit naturel broyé montre des cristaux brisés.

BLANC MINÉRAL

Ce blanc est du sulfate de chaux hydraté $SO^4Ca, 2H^2O$. En calcinant le gypse ou pierre à plâtre, on lui fait perdre son eau de cristallisation et le produit finement moulu constitue ce qu'on appelle le plâtre. Ce produit au contact de l'air humide reprend de l'eau et redonne le sulfate de chaux hydraté $SO^4Ca, 2H^2O$ en poudre fine qui est quelquefois employé sous le nom de blanc minéral ; on l'utilise surtout comme charge, notamment dans certains jaunes de chrome ; il entre aussi dans la composition de quelques siccatifs en poudre.

BLANC DE MEUDON

Synonymes : *Carbonate de chaux, blanc de Bougival, blanc de Troyes, blanc d'Espagne.*

Ce produit est de la craie fine ; il est habituellement moulé en pains. C'est une couleur fort employée à l'eau, en détrempe, à la colle, etc. ; le blanc gélatineux est à base de carbonate de chaux. Le pouvoir couvrant de ce blanc est excellent dans ce mode d'emploi, pour les raisons que nous avons données dans la 1re partie ; il n'existe pas en peinture à l'huile.

Le blanc de Meudon malaxé avec l'huile de lin constitue le *mastic des vitriers.*

CHAUX

Le carbonate de chaux brut ou pierre à chaux, soumis à l'action d'une haute température, se transforme en chaux ou oxyde de calcium CaO, corps très avide d'eau et qui se combine avec elle en dégageant une grande quantité de chaleur. Si on emploie peu d'eau, on obtient une masse presque sèche que l'on nomme *chaux éteinte.* Si l'eau a été ajoutée en plus grande abondance, on obtient une bouillie plus ou moins claire appelée *lait de chaux* et qui sert au badigeonnage, après addition de couleurs, s'il y a lieu. Comme nous l'avons indiqué (voir la première partie) au contact de l'air la chaux se transforme en carbonate de chaux.

On augmente la solidité de l'enduit en ajoutant au lait de chaux de l'alun, qui, à son contact, précipite de l'alumine.

BLANC D'ANTIMOINE

Nous indiquons ce produit pour mémoire car il n'est guère employé en peinture.

Le sulfure d'antimoine chauffé et soumis à l'action de la vapeur d'eau donne un sulfate qui se dissocie immédiatement

en gaz acide sulfureux et *oxyde d'antimoine* qui constitue le
blanc d'antimoine.

On a aussi proposé comme blanc d'antimoine l'oxychlorure
de ce métal préparé en dissociant par un grand volume d'eau
le chlorure d'antimoine.

KAOLIN

Ce composé blanc et onctueux est un silicate d'alumine naturel que l'on trouve en abondance en France, dans la Haute-
Vienne et l'Allier; il est employé pour la fabrication de la
porcelaine.

On l'utilise dans l'industrie des couleurs comme charge et
comme support de laques.

TALC

Synonymes : *Stéatite, craie de Briançon, pierre à savon.*

Ce silicate de magnésie hydraté naturel, existe abondamment dans la nature, il est très friable, se met bien en poudre,
est employé dans cèrtaines charges et dans quelques laques ;
il possède une adhérence, un brillant et une onctuosité remarquables, qui le font employer dans la préparation des
crayons pastels.

BLANC DE SILICE

Ce produit est de la silice anhydre produite par calcination au rouge de certaines variétés de silice hydratées, pendant que la matière est encore au rouge on la projette dans
l'eau froide où elle se pulvérise par la contraction moléculaire
intense qu'elle subit.

Cette matière est employée comme succédané du sulfate de
baryte, dans les charges et notamment dans certaines laques
pour la peinture ; c'est une substance absolument inaltérable
et d'une innocuité absolue.

Quelquefois la silice hydratée et notamment le kieselguhr
(terre d'infusoires) est employée comme charge de couleurs
très communes, lorsqu'on veut beaucoup de légèreté et un très
bas prix.

II. — COULEURS JAUNES

JAUNE DE CHROME

Synonymes : *Jaune royal, jaune nouveau, jaune américain, jaune aladin, jaune soufre, jaune de Leipzig, jaune impérial, jaune de chrome Spooner, jaune de chrome jonquille.*

Le principe colorant de tous ces produits est constitué par un composé bien déterminé, le *chromate de plomb*; dans ces différentes couleurs il est plus ou moins mélangé de sulfate de plomb et l'addition de ce dernier produit est nécessaire pour les nuances claires et jaune verdâtre. En outre certains jaunes de chrome contiennent du sulfate de baryte ou du sulfate de chaux.

Les matières premières employées sont :

1º Les bichromates ou les chromates alcalins ;

2º Les sels de plomb solubles ou insolubles.

Comme bichromate alcalin, bien que tous les auteurs aient donné leurs formules avec emploi de bichromate de potasse, c'est au *bichromate de soude* qu'il faudra s'adresser industriellement ; ce dernier produit offrant le double avantage d'un prix moins élevé et d'une solubilité bien plus grande.

Lorsque l'on voudra employer le *chromate neutre* de soude, on additionnera la dissolution de bichromate de soude d'une quantité de carbonate de soude correspondant à l'équation.

$$Cr^2O^7Na^2 + CO^3Na^2 = 2CrO^4Na^2 + CO^2 \text{ (1)}$$

Comme sels de plomb on peut employer :

1º L'acétate neutre de plomb ;

2º L'acétate basique de plomb ;

3º Le nitrate de plomb ;

4º La céruse ;

5º L'oxychlorure de plomb ;

6º Le sulfate de plomb.

(1) Le bichromate de potasse ne contient pas d'eau de cristallisation.

Le bichromate de soude cristallisé renferme $2H^2O$.

Les poids moléculaires sensiblement égaux de ces deux produits permettent leur remplacement, poids pour poids.

Le chromate neutre de potasse cristallise anhydre tandis que le chromate neutre de soude cristallisé renferme $10H^2O$.

L'emploi des sels insolubles de plomb et en particulier du sulfate n'est avantageux que lorsqu'on dispose de ce produit comme résidu. En pratique il est préférable de s'adresser à un sel de plomb soluble et par conséquent d'employer les acétates et surtout le nitrate de plomb.

D'une façon générale il importe d'opérer en solutions très étendues; l'emploi de solutions trop concentrées conduit à l'obtention d'un précipité soyeux et trop orangé, en outre il est très recommandable d'employer un léger excès de sel de plomb.

Le bichromate de soude peut être considéré comme une combinaison de chromate neutre de soude et d'acide chromique.

Pour faire convenablement la double décomposition, avec les sels de plomb, on pourra opérer de deux façons :

1º Transformer le bichromate en chromate neutre par saturation au moyen de carbonate de soude et ensuite précipiter le jaune de chrome par addition d'un sel *neutre* de plomb.

2º Précipiter par le bichromate de soude un sel de plomb *basique* c'est-à-dire contenant un excès d'oxyde de plomb ou du carbonate de plomb qui saturera l'acide chromique en excès du bichromate.

Cette dernière façon de procéder est de beaucoup la plus délicate, car le chromate de plomb *jaune,* en présence d'un excès d'oxyde, se transforme en chromate basique de plomb *orangé,* comme nous le verrons plus loin; pour éviter tout déboire, il est donc nécessaire de ne pas avoir excès d'oxyde de plomb et de verser la solution plombique dans celle du bichromate. Ces règles générales posées nous allons passer rapidement en revue les divers procédés employés.

Procédé à l'acétate neutre de plomb.

L'acétate de plomb se prépare en dissolvant la litharge dans de l'acide acétique ou du vinaigre fort ou encore en exposant à l'air des plaques de plomb métallique arrosées de vinaigre.

Enfin si l'on dispose de sulfate de plomb résiduaire, on peut le transformer en acétate, en le mélangeant avec une dissolution d'acétate de chaux; la réaction est la suivante :

$$(C^2H^3O^2)^2Ca + SO^4Pb = SO^4Ca + (C^2H^3O^2)^2Pb$$

Cette réaction est totale à froid ; à chaud elle est instantanée.

On emploie la quantité d'acétate de chaux correspondant à 90 kgr. d'acétate de chaux cristallisé pur pour 100 kgr. de plomb.

Dans la solution de 130 kgr. d'acétate de plomb dans 1000 litres d'eau on introduit la dissolution de chromate de soude préparée avec 50 kgr. de bichromate de soude cristallisé, 15 kgr. de carbonate de soude sec dans 1500 litres d'eau.

Comme nous l'avons déjà indiqué, les jaunes de chrome sont plus ou moins additionnés de sulfate de chaux ou de sulfate de plomb.

Le sulfate de chaux est ajouté en nature dans le chromate précipité; on ne peut procéder ainsi pour le sulfate de plomb et l'on obtient un produit bien plus clair, bien plus éclatant en ajoutant dans la solution du chromate, du sulfate de soude; en augmentant bien entendu d'autant la quantité de sel de plomb mise en œuvre.

> 196 kgr. Acétate de plomb cristallisé;
> 50 — Bichromate de soude cristallisé ordinaire;
> 13 — Carbonate de soude sec.
> 55 — Sulfate de soude cristallisé.

La nuance du jaune de plomb obtenu sera d'autant plus claire et vive que la quantité de sulfate de plomb formée sera plus grande et en outre pour les nuances les plus jaunes on indique d'employer un excès d'acide chromique, c'est-à-dire qu'on devra se servir d'une quantité plus faible de carbonate pour la saturation du bichromate. C'est ce procédé à l'acétate de plomb et au chromate de soude avec excès léger d'acide chromique qui fournit les jaunes de chrome les plus verdâtres et les plus résistants à la lumière.

Dans certains cas on a même conseillé non seulement de ne pas saturer le bichromate de soude, mais de l'additionner d'acide sulfurique et le mélange acide chromique et sulfate de soude ainsi formé est ajouté au sel de plomb.

Le jaune obtenu serait dans ce cas tout particulièrement léger, couvrant; mais le rendement s'en ressent et l'on peut, avec du soin et des solutions convenables, tout aussi bien obtenir un pareil produit avec la formule indiquée plus haut beaucoup plus économique.

Si au lieu d'employer l'acétate de plomb cristallisé, on partait de la litharge, on remplacerait dans la formule précédente l'acétate de plomb cristallisé par la dissolution de :

                120 kgr. litharge
dans   170 —   acide acétique à 8º Baumé et
               1000 litres d'eau.

Procédé à l'azotate de plomb

L'azotate ou nitrate de plomb se prépare en dissolvant la litharge dans l'acide azotique.

Pour 225 kgr. de litharge on emploiera :
250 —   d'acide nitrique à 36º Baumé.

Il est peut-être au moins aussi avantageux de se procurer le nitrate de plomb dans le commerce, car il constitue un sous-produit du traitement du minium pour l'obtention du peroxyde de plomb.

Voici trois formules de préparations conduisant la première et la seconde à un produit très jaune clair, la troisième à un produit à peine plus orangé.

On coule la solution de :

34 kgr. nitrate de plomb,
600 litres d'eau,

dans la solution de :

15 kgr. bichromate de soude,
400 litres d'eau,
10 kgr. sulfate de chaux.

On peut modifier cette formule en employant les quantités suivantes :

50 kgr. nitrate de plomb cristallisé,
15 —   bichromate de soude,
15 —   sulfate de soude.

Enfin on obtiendra un rendement supérieur et un produit tout aussi beau avec la formule suivante qui a l'avantage de ne pas donner d'acide nitrique libre qui favorise la tourne du jaune de chrome.

50 kgr. nitrate de plomb cristallisé
15 —   bichromate de soude saturé par
5 —   carbonate de soude Solvay
15 —   sulfate de soude.

Procédé à l'acétate basique de plomb

La litharge peut se dissoudre dans l'acétate de plomb en formant des acétates de plomb basiques $(C^2H^3O^2)^2Pb,PbO$ et $(C^2H^3O^2)^2Pb,2PbO$ sous-acétate de plomb commercial.

Ce dernier, qui convient particulièrement à la préparation des orangés de chrome, ne peut être avantageusement employé pour la fabrication des jaunes; il contient une molécule de PbO en trop; pour l'usage, il faudra l'additionner d'acétate neutre, d'acide nitrique ou bien encore d'acide sulfurique en quantité telle qu'il y ait saturation de la litharge en excès; industriellement on emploie l'acide sulfurique qui produit le sulfate de plomb nécessaire à la charge.

On prépare l'acétate bibasique

$$(C^2H^3O^2)^2Pb, PbO$$

en chauffant   22 kgr. de litharge dans

<blockquote>
38   —   d'acétate de plomb cristallisé dissous dans
200 litres d'eau.
</blockquote>

Après complète disparition de la litharge, on coule la pâte obtenue dans

<blockquote>
30 kgr. bichromate de soude
1500 litres d'eau.
</blockquote>

Dans cette formule il ne faut jamais neutraliser le bichromate de soude, car on obtiendrait un jaune de chrome basique, c'est-à-dire un orangé; l'équation de formation est la suivante :

$$(C^2H^3O^2)^2Pb, PbO + Cr^2O^7Na^2 = 2Cr^2O^4Pb + 2C^2H^3O^2Na$$

L'oxyde de plomb dissous est juste en quantité suffisante pour saturer l'acide chromique libre du bichromate.

Il faut avoir soin également de ne pas verser le bichromate dans l'acétate basique de plomb, la nuance du produit obtenu serait moins jaune.

En outre on ajoute soit du sulfate de chaux, soit du sulfate de soude ou de l'acide sulfurique pour précipiter du sulfate de plomb et l'on emploie

<blockquote>
22 kgr. de litharge
38   —   d'acétate de plomb cristallisé
</blockquote>

15 kgr. bichromate de soude
15 — sulfate de soude cristallisé
7 — acide sulfurique à 53° Baumé.

Ces trois derniers produits étant dissous ensemble on y fait tomber la dissolution plombique.

La formule suivante qui met en œuvre un acétate basique avec excès de litharge donne des résultats très avantageux car elle emploie une très faible quantité d'acide acétique.

On introduit de la litharge broyée à l'eau dans de l'acide acétique à 30 0/0 et chauffé vers 80° ; en agitant sans cesse, on obtient ainsi une pâte qui est diluée avec de l'eau acidulée au moyen d'acide sulfurique, puis additionnée ensuite du bichromate de soude.

On emploiera les quantités suivantes :

60 kgr. litharge en poudre très fine préalablement broyée à l'eau
42 — acide acétique à 30 0/0
10 litres acide sulfurique à 53° Baumé
15 kgr. bichromate de soude
eau pour un volume total de 1500 litres.

Le produit obtenu correspond à la composition

$$CrO^4Pb + SO^4Pb$$

Procédé à la céruse

Ce procédé est fort peu employé, il consiste à dissoudre la céruse, complètement ou incomplètement, dans l'acide azotique ; dans le premier cas on précipite par du chromate de soude ; dans le second, directement par le bichromate ; on accompagne toujours la précipitation d'une formation concomitante de sulfate de plomb, en ajoutant un sulfate alcalin à la dissolution du bichromate.

Procédé à l'oxychlorure de plomb.

La litharge, triturée avec une solution concentrée de sel marin, se transforme en un mélange d'oxychlorures de plomb, depuis $PbCl^2 3PbO$, jusqu'à $PbCl^2 7PbO$, ce dernier étant d'une belle couleur jaune (voir jaune minéral). Il suffit de laver à fond pour éliminer l'alcali formé.

On peut se servir de l'oxychlorure ainsi produit en le faisant réagir sur le bichromate de potasse ou de soude ; mais comme il comporte un trop grand excès de litharge qui donnerait naissance à de l'orange, on ajoute une certaine quantité d'acide nitrique ; par exemple, on emploie :

Oxychlorure de plomb 100
Acide nitrique à 40° Bé 44
Bichromate 24
Acide sulfurique à 66° 8

Procédé au sulfate de plomb.

Nous avons déjà indiqué comment on peut transformer le sulfate de plomb en acétate de plomb et dans ce cas on termine la préparation comme nous l'avons décrit. On peut aussi mettre en suspension dans l'eau le sulfate de plomb très finement broyé et le traiter par une dissolution de chromate de soude, obtenue au moyen de bichromate de soude saturé par du carbonate de soude ; pour obtenir un jaune pur, on doit éviter un excès de chromate ; en outre pour avoir une teinte claire, il faut du sulfate de plomb dans la couleur, c'est pourquoi on ne met pas la quantité théoriquement nécessaire de chromate, et on laisse ainsi une plus ou moins grande quantité de sulfate de plomb inattaqué. M. Weber (1) recommande en outre l'adjonction d'un acide organique (acétique, citrique, tartrique), ou du sel d'ammoniaque correspondant; il indique les trois formules suivantes :

	I	II	III
Sulfate de plomb.	100	100	100
Bichromate	24	36	45
Carbonate de soude	8,75	13	16
Ammoniaque à 24 % . . .	1,00	1,5	2
Acide acétique à 30 %. . .	5	7,5	10

(1) *Mon. Scient. Quesneville,* 1891, p. 1187.

L'ammoniaque est ajoutée à l'acide acétique, puis on l'incorpore à la dissolution de chromate obtenue en saturant le bichromate et le tout est ajouté au sulfate de plomb en suspension dans l'eau.

Nous avons remarqué que l'addition de tartrate d'ammoniaque convient tout particulièrement bien ; son action peut s'expliquer par la propriété bien connue qu'offrent les solutions de ce sel de dissoudre le sulfate de plomb. On favorise la réaction en incorporant le sulfate de plomb à la dissolution concentrée du tartrate et l'on continue le broyage en ajoutant la dissolution du chromate neutre assez concentrée. La masse est ensuite coulée dans un grand volume d'eau.

Propriétés.

Leur composition, mélange de chromate de plomb et de sulfate de plomb, confère aux jaunes de chrome tous les inconvénients des sels de plomb : noircissement rapide par l'hydrogène sulfuré et surtout une très grande toxicité, encore exaltée par la présence du chrome. Les jaunes de chrome sont donc des couleurs extrêmement vénéneuses. Ils ont l'avantage d'être très couvrants, cela tient à l'indice de réfraction très élevé (2,50) que possède le chromate de plomb et permet de les mélanger avec de grandes quantités de charge. Les jaunes de chrome ont une solidité à la lumière qui est loin d'être parfaite. Employés à l'huile ils offrent la propriété d'être siccatifs.

Sous le nom de *jaune de Cologne* on désigne un jaune de chrome chargé au sulfate de chaux et renfermant, suivant M. Boutron :

Sulfate de chaux (gypse ou plâtre) . .	60 parties
Sulfate de plomb	16 —
Chromate de plomb	25 —

Analyse du jaune de chrome.

L'essai d'un jaune de chrome comporte l'évaluation de la quantité de chromate de plomb et la recherche de la nature de la charge.

On traite 0 gr. 5 de jaune par 10 à 15 cc. de lessive de potasse à 10 0/0, on ajoute 10 cc. d'eau distillée et porte quelque temps à l'ébullition. Le plomb entre en dissolution

$$PbCrO^4 + 4KOH = Pb(OK)^2 + CrO^4K^2 + 2H^2O$$

On ajoute, sans filtrer, de l'acide nitrique ; le plombite formé est transformé en nitrate, on lave à l'eau bouillante et le résidu représente le *sulfate de baryte* qui existait dans le jaune.

Le *sulfate de plomb* peut être recherché au moyen d'une dissolution concentrée d'hyposulfite de soude qui dissout le sulfate de plomb à l'exclusion du reste.

Le *chromate de plomb* réel est dosé par son pouvoir oxydant ; on ajoute le jaune à une solution d'iodure de potassium acidulée par de l'acide chlorhydrique pur, étendu d'eau ; on agite fréquemment et laisse digérer un quart d'heure ; l'iode mis en liberté est titré à l'hyposulfite de soude.

Pour déterminer le *sulfate de chaux*, on attaque 1 gr. de jaune par 100 cc. d'acide chlorhydrique à 1/20 à une douce chaleur. Dans cette solution on dose l'acide sulfurique par addition de chlorure de baryum.

Le *carbonate de chaux* est obtenu en dosant la chaux dans cette même liqueur, et retranchant du chiffre trouvé la chaux combinée au sulfate de chaux ; on vérifie en mesurant l'acide carbonique dégagé lors de l'attaque par l'acide chlorhydrique.

Usages.

La peinture à l'huile consomme de très grandes quantités de jaune de chrome. Les belles qualités s'emploient en peinture artistique, dans la carrosserie et la décoration. Le bâtiment consomme surtout les qualités ordinaires. Enfin la préparation des verts anglais en absorbe également des quantités importantes.

CHROMES ORANGES

Synonymes : *Rouge de chrome, vermillon de chrome, pâle orange, chrome jonquille.*

La coloration des produits ainsi dénommés est due au chromate basique de plomb

$$CrO^4Pb + Pb(OH)^2$$

que l'on peut obtenir en faisant agir les alcalis caustiques sur le chromate de plomb neutre ou jaune de chrome.

Il est nécessaire que l'alcali soit en solution assez concentrée, autrement l'attaque du chromate de plomb ne se ferait qu'en très faible proportion. D'autre part, un excès d'alcali désagrège complètement le chromate de plomb en fournissant de l'oxyde de plomb qui entre en dissolution dans l'excès de soude et de chromate de soude. Il faut donc régler convenablement la quantité et la concentration de la lessive de soude que l'on choisit généralement entre 9° et 10° Baumé. La réaction opérée dans ces conditions donne un rendement de 73 0/0 et a lieu suivant l'équation :

$$2PbCrO^4 + 2NaOH = Pb(OH)^2CrO^4Pb + CrO^4Na^2$$

on met en œuvre les quantités qui correspondent moléculairement à cette équation, c'est-à-dire 100 kgr. de lessive de soude à 9° B⁴ pour 50 kgr. de chromate de plomb pur, ce qui fournit 42 kgr. d'orange pur. Comme on le voit, il y a formation d'une molécule de chromate de soude qui se trouve éliminée par les eaux de lavage.

Si l'on emploie comme point de départ le jaune de chrome clair, c'est-à-dire le mélange chromate de plomb et sulfate de plomb, il n'y a pas d'acide chromique perdu, car le chromate réagit sur le sulfate de plomb :

$$PbCrO^4PbSO^4 + 2NaOH = PbCrO^4Pb(OH)^2 + SO^4Na^2$$

seulement, dans ce cas, il ne faut plus employer que 55 kgr. de soude à 9° B⁴ par 50 kgr. d'un tel jaune de chrome et l'on obtient 45 kgr. de chrome orange pur.

Ce procédé est assez économique et fournit des chromes oranges très denses et fort beaux.

On peut, au lieu de basifier le chromate de plomb, préparer directement un chromate de plomb basique.

Pour cela il suffit de précipiter par un chromate neutre ou acide, un sel de plomb *basique*, généralement l'acétate basique de plomb ou sous-acétate.

En employant du chromate de soude, obtenu par saturation du bichromate de soude par le carbonate de soude, il faut partir de l'acétate de plomb monobasique :

$$(C^2H^3O^2)^2Pb,Pb(OH)^2$$

qui fournit ainsi le chromate basique de plomb :

$$(C^2H^3O^2)^2Pb(Pb(OH)^2 + CrO^4Na^2 = 2C^2H^3O^2Na$$
$$+ CrO^4Pb,Pb(OH)^2.$$

Si, au contraire, on emploie le bichromate de soude non sa-

turé, il faut mettre en œuvre de l'acétate de plomb tribasique

$$(C^2H^3O^2)^2Pb,3[Pb(OH)^2]$$

Il y a saturation, par une molécule d'oxyde de plomb, de
l'acide chromique en excès dans le bichromate

$$(C^2H^3O^2)^2Pb,3[Pb(OH)^2] + Cr^2O^7Na^2 = 2C^2H^3O^2Na$$
$$+ 2[CrO^4PbPb(OH)^2] + H^2O$$

L'opération se conduit comme dans le cas de la préparation
du jaune de chrome en augmentant simplement la quantité
de litharge employée pour la préparation de l'acétate basique.

Par exemple, on peut précipiter la dissolution d'acétate
basique suivante :

    44 kgr. litharge ou massicot
    38 — acétate de plomb cristallisé
    100 litres d'eau
par 30 kgr. de bichromate de soude dissous dans
    1500 litres d'eau.

Ou bien, on peut couler dans l'acétate basique préparé avec :

    22 kgr. de litharge
    38 — acécate de plomb cristallisé
    200 litres d'eau,

le chromate neutre obtenu par l'emploi de

    30 kgr. bichromate de soude par
    10 — de sel de soude Solvay.
    1000 litres d'eau.

Etant donné que le chromate basique de plomb est presque
rouge, que le chromate neutre est jaune et que le mélange de
chromate et de sulfate de plomb est jaune verdâtre, on peut
obtenir toutes les nuances d'orangé en réglant les formules de
préparations pour obtenir soit l'un de ces corps, soit leur mélange en proportions variables.

Au lieu d'acétate basique de plomb on peut aussi employer
le chlorure basique de plomb (jaune minéral) que l'on traite
directement par le bichromate.

Les rouges de chrome ont les mêmes propriétés que les
jaunes de chrome, les procédés employés pour leur analyse
sont les mêmes.

JAUNES DE CADMIUM — JAUNE BRILLANT

Les différentes marques de jaune de cadmium sont constituées toutes par le sulfure de cadmium répondant à la composition centésimale CdS.

Fabrication. — La préparation de ce produit se fait en précipitant un sel de cadmium soit par l'hydrogène sulfuré, soit par un sulfure alcalin ou alcalino-terreux.

Suivant que cette précipitation a lieu en milieu neutre, alcalin, ou acide, la nuance du produit obtenu varie considérablement.

De même la quantité et la nature de l'acide composant le sel influent considérablement sur la coloration du sulfure obtenu.

La température également joue un très grand rôle.

D'après Buchner (1) si l'on fait passer un courant d'hydrogène sulfuré dans une dissolution neutre de sulfate de cadmium on obtient d'abord un trouble couleur soufre bientôt suivi du dépôt d'un précipité *jaune citron*.

Lorsqu'environ la moitié du métal se trouve être précipitée, on obtient ensuite un sulfure de *couleur rougeâtre*.

Si la solution du sel de cadmium est *chaude* ou *très acide* le sulfure obtenu est *jaune minium*.

Dans une solution neutre de nitrate de cadmium, l'hydrogène sulfuré produit un sulfure jaune légèrement terne, tandis que le chlorure neutre de cadmium donne dans les mêmes conditions un sulfure plus jaune et plus pur. Les sels à acides organiques donnent des nuances *brunes*.

En outre les sulfures de cadmium jaunes sont transformés dans la modification orangé-rouge par chauffage, ainsi que sous l'action des alcalis, des acides ou même de certains sels neutres tels que les chlorures.

En résumé on connaît deux variétés de sulfure de cadmium : une *jaune* et une *orange,* toutes les autres sont des mélanges de ces deux produits qui ne diffèrent pas par leur composition centésimale, mais présentent des états moléculaires spéciaux ; on admet généralement qu'ils représentent des états de condensation différents de la molécule CdS, c'est-à-dire des polymères $(CdS)^3$ et $(CdS)^4$.

En tenant compte des données précédentes, et en faisant

(1) *Chem. Zeit.,* 1887.

varier la nature du sel de cadmium, son acidité et sa température, on peut obtenir toutes les nuances commerciales comprenant 10 tons gradués dans chacune des nuances : paille, citron, clair, foncé et rouge.

Propriétés — Usages

Les jaunes de cadmium sont très vifs et bien couvrants. Leur stabilité à la lumière est bonne et les émanations d'hydrogène sulfuré sont sans action sur cette couleur qui en outre est inoffensive.

Comme le jaune de cadmium contient du soufre il faut éviter de le mélanger aux sels de plomb qui noirciraient à son contact et par conséquent ne jamais l'employer avec la céruse. Son prix élevé en limite l'emploi à la peinture artistique qui en fait grand usage.

ORPIMENT

Synonymes : *Orpin, réalgar, jaune royal.*

Cette couleur est du trisulfure d'arsenic As^2S^3 que l'on obtient en chauffant dans un creuset surmonté d'un autre creuset renversé, un mélange de 1 kgr. de fleur de soufre et 2 kgr. d'acide arsénieux en poudre.

Le sulfure d'arsenic se condense par refroidissement dans le creuset supérieur.

On peut aussi préparer une variété d'orpin jaune très clair en précipitant par de l'acide sulfurique une dissolution de sulfoarsénite de baryum, ce dernier étant produit par ébullition du sulfure de baryum et de l'orpin ordinaire. Dans cette préparation, le sulfure d'arsenic se trouve chargé du sulfate de baryte produit dans la décomposition du sulfoarsénite de baryum par l'acide sulfurique.

Propriétés. — Usages.

Produit très vénéneux, peu employé en peinture. Encore en usage en mégisserie pour l'épilage des peaux.

JAUNE D'OUTREMER

Cette couleur n'a rien de commun avec les outremers, bien que son nom paraisse l'indiquer ; c'est du chromate de baryum CrO⁴Ba, dont la préparation est des plus simples.

Elle consiste à précipiter une solution de chlorure de baryum par une dissolution de chromate neutre de soude.

Il ne faudrait pas employer le bichromate de potasse ou de soude, car il se produirait, outre le chromate de baryum, de l'acide chromique libre qui serait perdu.

On commence donc par saturer le bichromate de potasse ou de soude par le carbonate de soude et l'on emploie :

    Bichromate de potasse ou de soude . . .   10 kgr.
    Carbonate de soude. . . . .   4 kgr.
    Eau. . . . .   100 litres

Cette dissolution à 80° est coulée dans la suivante :

    Chlorure de baryum cristallisé . . . . .   17 kgr.
    Eau . . . .   100 litres.

Le précipité lavé plusieurs fois par décantation est séché.

Propriétés. — Usages.

Cette couleur est de solidité moyenne, elle couvre assez bien. Elle offre le défaut d'être plutôt vénéneuse. On peut l'employer à l'eau ou à l'huile ; c'est une couleur solide à la chaux.

JAUNE DE STRONTIANE

Chromate de strontium CrO⁴Sr préparé comme celui de baryum dont il a les propriétés.

CHROMATE DE CHAUX

Se prépare comme le précédent ; couvre mal, très peu employé.

JAUNE DE STEINBUHL

C'est un chromate double de chaux et de potassium obtenu en saturant le bichromate de potasse par la chaux, puis carbonatant la chaux en excès au moyen d'un courant d'acide carbonique. Couleur inemployée.

JAUNE SIDÉRIN

On désigne ainsi des chromates ferriques obtenus en faisant bouillir une dissolution concentrée de chlorure de fer avec une solution chaude et saturée de bichromate de potasse. Après une longue ébullition, il se forme un précipité. On obtient ainsi un très faible rendement.

M. Haagen (D. R. P. 140.135) fait agir des combinaisons ferriques (perchlorure de fer ou sulfate ferrique) sur l'acide chromique ou ses sels en solution alcaline, avec addition d'alcalis ou de terres alcalines, pendant ou après la précipitation.

Il obtient ainsi des combinaisons doubles, basiques, analogues à l'alun de fer dans lequel l'acide sulfurique serait remplacé en tout ou partie par l'acide chromique.

Par ce procédé, tout le chrome est précipité et il en reste à peine 1 0/0 en solution.

La couleur préparée au moyen du sulfate ferrique a pour composition :

K^2O	19,05
SO^3	3,09
CrO^3	40,58
Fe^2O^3	25
H^2O	12,27
	99,99

elle répond à la formule :

$$4(K^2O.2CrO^3)3Fe^2O^3,SO^3 + 14H^2O$$

La précipitation du sulfate ferrique par le bichromate de potasse additionné de carbonate de potasse a lieu suivant l'équation :

$$3[Fe^2(SO^4)^3] + 4Cr^2O^7K^2 + 8CO^3K^2 + 14H^2O =$$
$$\underbrace{1200 \text{ p.}} \quad \underbrace{1176 \text{ p.}} \quad \underbrace{1104 \text{ p.}}$$
$$\underbrace{4(K^2O,2CrO^3)\,3Fe^2O^3SO^3\,14H^2O} + \underbrace{8SO^4K^2} + \underbrace{8CO^2}$$
$$1988 \qquad\qquad 1392 \qquad 352$$

Si l'on emploie le perchlorure de fer et que l'on additionne le bichromate de potasse de carbonate de chaux, on obtient un jaune de constitution

K^2O	13,89
Cr^2O^3	39,60
Fe^2O^3	39,44
H^2O	7,09

c'est-à-dire :

$$3(Cr^2O^7K^2)\,5Fe^2O^3 2CrO^3 + 8H^2O$$

Propriétés. — Usages.

Couleur solide, non vénéneuse, employée en aquarelle, à l'huile et en détrempe.

Par mélange avec le bleu de Prusse, elle donne de jolis verts moins vénéneux que les verts anglais.

JAUNE MINÉRAL

Synonymes : *Jaune de Cassel, jaune de Vérone, jaune de Turner, jaune de Paris.*

La composition de ce produit, sans être absolument fixe, correspond toujours à un oxychlorure de plomb plus ou moins basique, de formule moyenne $PbCl^2,5PbO$.

On l'obtient en fondant ensemble un mélange de massicot ou de litharge et de chlorure de sodium ou d'ammonium.

Par exemple on soumet à l'action de la chaleur :

Massicot . . . . 10 parties
Sel ammoniac . . . . 1 —

Il se dégage de l'ammoniaque et il reste une masse jaune que l'on coule et que l'on broie après refroidissement.

Propriétés. — Usages.

C'est une couleur vénéneuse, assez solide, couvrant bien et pouvant s'employer à l'eau, à la chaux ou à l'huile.

JAUNE PAILLE MINÉRAL.

Cette couleur, souvent substituée à la précédente, est un sulfate de plomb basique que l'on obtient en chauffant un mélange de sulfate de plomb et de litharge pulvérisée. Lorsque la masse est fondue, on la coule et le produit est pulvérisé.

La nuance de ce produit varie suivant la quantité de litharge employée. Cette couleur couvre bien, mais, comme la précédente, elle est toxique et noircit par l'hydrogène sulfuré.

TURBITH MINÉRAL

Synonymes : *Jaune minéral, précipité jaune.*

C'est un sulfate basique de mercure dont la formule est

$HgSO^4 2Hg^2O$ et qui est obtenu en décomposant par l'eau le sulfate de mercure.

Cette couleur très vive, couvrant bien, est peu stable, très vénéneuse et d'un prix élevé.

OR MUSSIF.

Synonymes : *Or mosaïque, sulfure d'étain.*

C'est le bisulfure SnS^2 que l'on prépare en chauffant un mélange d'amalgame d'étain composé de 12 parties d'étain et 6 de mercure, avec 7 parties de soufre en poudre et 6 de sel ammoniac.

Ce chauffage se fait dans des matras, au bain de sable.

On peut se passer de mercure et chauffer un mélange de soufre (1 partie) et d'oxyde d'étain (2 parties).

Couleur peu solide, vénéneuse, employée à l'huile comme bronze.

JAUNE D'ANTIMOINE

Synonymes : *Jaune de Mérimée, jaune minéral surfin.*

Cette couleur est constituée par de l'antimoniate de plomb accompagné d'oxychlorure de plomb.

Pour la préparer, on fond avec du nitrate de potasse un mélange d'antimoine, d'un sel de plomb et de chlorure de sodium.

Comme sel de plomb, on emploie la céruse, le minium ou la litharge :

	JAUNE CLAIR		JAUNE FONCÉ	
Antimoine	10	10	6	5
Céruse	4	8	10	»
Minium	»	»	»	12
Sel marin	4	4	4	10
Nitrate de potasse. . . .	1	1	1	1

La fusion s'opère en chauffant ces produits au rouge cerise pendant une heure.

La masse obtenue coulée dans l'eau est broyée, lavée, tamisée et séchée.

Cette couleur est employée surtout en peinture d'art.

Mérimée l'obtenait en fondant :

Litharge 16
Sel ammoniac 1
Antimoniate de bismuth 0,125

Dans ce cas la couleur obtenue est un mélange d'antimoniate de plomb, d'oxychlorure de plomb et d'oxychlorure de bismuth.

JAUNE DE NAPLES

Cette couleur est, comme la précédente, de l'antimoniate de plomb contenant un excès d'oxyde de plomb, et souvent aussi de l'oxychlorure de plomb.

On peut l'obtenir en grillant un mélange d'acide antimonieux Sb^2O^3 (oxyde d'antimoine) avec un léger excès de litharge.

Différentes formules de préparation ont été proposées ; elles mettent toutes en présence :

a) de l'antimoine ou un de ses sels ;

b) du plomb ou un de ses sels ;

c) un oxydant lorsqu'on emploie les métaux non oxydés au préalable ;

d) quelquefois du chlorhydrate d'ammoniaque ou du chlorure de sodium.

Ainsi on peut chauffer au rouge :

Alliage d'imprimerie usagé. . . . . . 2 parties
   (alliage de plomb et d'antimoine)
Nitrate de potasse . . . . 3 —
Sel marin . . . . 6 —

JAUNE DE ZINC

Synonyme : *Jaune bouton d'or*.

Ces jaunes sont toujours constitués par des chromates basiques de zinc, variant comme constitution depuis $ZnCrO^4$, ZnO jusqu'à $ZnCrO^4$, $2ZnO$ et contenant toujours de l'eau, depuis $1H^2O$ jusqu'à $3H^2O$.

En outre le produit commercial renferme toujours un excès d'oxyde de zinc ou de carbonate de zinc.

La tendance à la formation du chromate basique de zinc est telle qu'en traitant 3 molécules de sulfate de zinc par 1 molécule de chromate neutre de potasse il se produit, non le chromate neutre de zinc, mais le chromate basique CrO^4Zn, ZnO, H^2O.

Ce produit a été lancé dans le commerce par MM. Leclaire et Barruel qui le préparaient de la façon suivante :

A la dissolution aqueuse de 287 kgr. de sulfate de zinc pur, on ajoute une dissolution de carbonate de soude renfermant 26 kgr. 5 de sel Solvay, puis on introduit la dissolution de chromate alcalin préparée au moyen de

>   110 kgr. de bichromate de potasse
>   104 — 5 de carbonate de soude.

Le précipité est séparé des eaux qui surnagent, lesquelles évaporées et traitées à nouveau par du carbonate de soude redonnent encore du précipité jaune.

Dans cette préparation, on peut employer avantageusement le bichromate de soude au lieu de bichromate de potasse.

Il n'en est pas de même dans la méthode suivante employée industriellement et qui fournit un jaune dit *jaune de zinc acide* qui est un sel double, un chromate double de zinc et de potassium.

$$(CrO^4Zn)^3Cr^2O^7K^2$$

Cette préparation met en œuvre du blanc de zinc, de l'acide sulfurique et du bichromate de potasse et les proportions employées varient suivant que l'on veut produire des jaunes destinés à préparer des verts de zinc qui, broyés à l'huile, seront bleuâtres ou bien au contraire verts francs.

Les proportions à employer sont, pour chacun des cas :

	I	II
Oxyde de zinc	50^k	50^k
Acide sulfurique 66°	21^k	23^k
Bichromate de potasse	48^k	50^k

Le blanc de zinc est soigneusement malaxé à l'eau puis additionné de l'acide sulfurique préalablement dilué dans l'eau et on introduit, une ou deux heures après, la dissolution du bichromate de potasse ; l'agitation est maintenue jusqu'à complète formation de la matière colorante.

Il ne faut pas donner plus de deux lavages au produit, car il se perd à chaque fois une quantité de chrome appréciable.

Enfin il est possible d'obtenir des jaunes de zinc d'une très grande vivacité et d'une belle nuance soufre, rivalisant avec les meilleurs jaunes de chrome en opérant de la façon suivante qui permet l'emploi avantageux du chromate de soude.

Dans très peu d'eau on dissout grossièrement 20 kgr. de bichromate de soude, puis on ajoute 10 litres d'acide sulfurique à 53° B⁴.

Il se met en liberté une solution concentrée d'acide chromique et la dissolution du bichromate a lieu, de ce fait, très rapidement. A cette dissolution *froide* on ajoute quelques fragments de glace, et dans un malaxeur en granit, on l'incorpore à 20 kgr. de blanc de zinc.

Lorsque le mélange est homogène, on y ajoute peu à peu de l'eau jusqu'à bouillie claire, et l'on coule dans une cuve où le produit est lavé deux fois par décantation. Le principal tour de main consiste à ne pas laisser trop élever la température et à travailler avec une solution concentrée d'acide chromique ; ce n'est que lorsque la combinaison est réalisée que l'on peut la diluer.

Propriétés. — Usages.

Les jaunes de zinc ne couvrent peut-être pas aussi bien que les jaunes de chrome, mais ils ne noircissent pas aux émanations sulfureuses, ils résistent mieux à la lumière et surtout sont beaucoup moins vénéneux. Néanmoins leur innocuité n'est pas absolue, en raison du chrome qu'ils contiennent. Ils sont employés en très grande quantité pour la préparation des verts de zinc.

OCRES JAUNES

Synonymes : *Jaune d'ocre, ocre de rue, terre de montagne, terres jaunes, ocres de fer, ocres d'or.*

Ce sont des argiles ou des silicates d'alumine plus ou moins complexes, colorés par de l'hydrate ferrique ; on les rencontre abondamment en France, notamment dans l'Yonne où ils sont exploités à l'aide de puits et de galeries.

Le minerai subit une série de traitements : broyage, lavage, décantation et classement méthodique par finesse de poudre, ce qui constitue les diverses marques d'ocres : sans médaille, qualité ordinaire, 1ʳᵉ qualité, qualité supérieure.

La composition chimique de diverses ocres est donnée par les analyses ci-dessous :

	A	B	C	D
Argile	60	58	62	40
Fe^2O^3	35	34	26	46,4
Eau combinée et humidité.	5	7	12	13

TERRE DE SIENNE

Synonyme : *Terre d'Italie.*

Ce sont des ocres spéciales d'une coloration jaune brun de ton très chaud.

On en trouve dans les Ardennes, mais les variétés provenant d'Italie sont plus appréciées et sont employées en peinture artistique.

Comme toutes les couleurs à base d'hydrate ferrique, l'action de la chaleur les fait virer au brun rouge et l'on obtient ainsi la *terre de Sienne brûlée.*

Outre l'hydrate ferrique, les terres de Sienne contiennent de l'oxyde de manganèse.

Les analyses suivantes dues à Hurst donnent la composition de terres de Sienne d'Italie.

	I	II
Eau hygroscopique.	17,55	12,40
Eau combinée.	9,00	9,40
Sesquioxyde de fer.	45,82	59,695
Bioxyde de manganèse.	1,19	1,465
Sesquioxyde d'alumine.	2,84	7,265
Carbonate de chaux.	0,96	4,460
Silice.	22,65	5,016
Magnésie.	»	traces

JAUNE DE MARS

Synonyme : *Jaune d'or.*

La coloration des ocres jaunes étant due à l'hydrate ferrique, on a préparé artificiellement une couleur connue sous le nom de jaune de Mars et qui est constituée par de l'alumine et de l'hydrate ferrique.

Le principe de cette préparation consiste à précipiter un

mélange d'alun et de sulfate de fer par la quantité nécessaire de soude ou de chaux, puis de peroxyder à l'air l'hydrate ferreux ainsi obtenu mélangé d'alumine.

On en modifie la teinte par une calcination plus ou moins prolongée.

Au lieu de peroxyder à l'air l'hydrate ferreux, on peut employer le chlorate de potasse et précipiter un mélange de ce sel et de sulfate ferreux par du carbonate de soude à une température de 50 à 60°. Après lavage du précipité, on ajoute une solution d'alun dont on précipite l'alumine par addition de carbonate de soude. On fait un nouveau lavage, puis le précipité est séché.

GOMME-GUTTE

C'est une gomme résine exotique produite par différents végétaux, notamment le *Guttafera vera* et le *Cambogia gutta*.

Elle fournit, avec l'eau, une émulsion d'une très belle couleur jaune : cette propriété la fait employer comme couleur pour l'aquarelle.

LAQUES JAUNES
Laques au moyen de colorants végétaux

Ces laques se préparent en précipitant par l'alun, puis par le carbonate de soude, le liquide obtenu par ébullition de l'eau avec la plante, ou mieux, une solution aqueuse de l'extrait commercial.

On peut employer les diverses substances tinctoriales suivantes :

Le *quercitron*, écorce broyée du *Quercus nigra* de la famille des Amantacées, dont les substances actives sont la quercétine et l'acide quercitannique.

Les *bois jaunes* provenant de diverses variétés de Morus tinctoria (old fustic) de la famille des Urticées : Bois de Cuba, de Tampico, du Brésil, de Saint-Domingue, Macaraïbo, Porto-Rico, Jamaïque et Pernambouc, qui contiennent comme substances colorantes : Le *morin* et l'acide morintannique.

La *gaude* (Reseda luteola), cultivée en France, Allemagne et Angleterre.

Les laques obtenues au moyen de ces différents produits ont des nuances jaunes assez belles, mais sont maintenant peu employées : on leur substitue les laques d'aniline ; elles peuvent, du reste, être facilement remontées au moyen des matières colorantes basiques, car leurs substances colorantes sont constituées par des principes tannants qui précipitent ces dernières.

LAQUES DE GRAINE DE PERSE

Ces laques s'obtiennent en précipitant par le sel d'étain ou l'alumine les dissolutions obtenues par épuisement à l'eau des graines.

Ces dernières sont les baies desséchées de *nerpruns* ou *rhamnus* croissant en Perse, en Asie Mineure, Turquie, Espagne, Italie et même dans le midi de la France.

Laque jaune clair.

Dans 1000 litres d'eau, dissoudre :

30 kgr. d'extrait de graines de Perse à 10° Bé

puis laquer par :

6 kgr. de sel d'étain.

Laver trois fois avec 200 litres d'eau chaque fois.

Laque jaune foncé.

Employer :

300 litres d'eau,
30 kgr. d'extrait de graines de Perse a 10° Baumé,
9 kgr. de sel d'étain.

Laque orangé.

50 kgr. d'extrait de graines à 10° Baumé,
20 kgr. de sel d'étain.

Dissoudre l'un dans l'autre, chauffer à 50°, ajouter 300 litres d'eau, laisser déposer et laver.

Stil de grains.

On appelle de ce nom une laque de graines de Perse obtenue sur alumine.

Les graines sont décoctionnées à l'eau, ou bien on dissout

l'extrait commercial dans l'eau, puis on ajoute une dissolution d'alun et on introduit une bouillie faite en délayant dans l'eau de la craie pulvérisée ou mieux du carbonate de chaux précipité.

Le précipité formé entraîne toute la matière colorante qui est recueillie et moulée en pains.

JAUNE INDIEN

Le jaune indien est constitué par de l'euxanthate de magnésie.

L'acide euxanthique

$$HO - C^6H^3 < \begin{matrix} CO \\ O \end{matrix} > C^6H^3O(CHOH)^5CO^2H$$

étant lui-même une combinaison d'acide glucosique :

$$CO^2H(CHOH)^4CH^2OH$$

et d'euxanthone

$$HO\, C^6H^3 < \begin{matrix} CO \\ O \end{matrix} > C^6H^3OH$$

Cette constitution a été vérifiée par la synthèse qu'en ont faite Carl Neuberg et Wilhelm Neumann (1) au moyen des deux composants. La synthèse de l'euxanthone a été réalisée à partir de son noyau la diphénylène-cétone ou xanthone :

$$C^6H^5 < \begin{matrix} CO \\ O \end{matrix} > C^6H^5$$

D'après Graebe, le jaune indien du commerce contient :

Acide euxanthique .	72.3	70,9	64,3	59,3	33 à 34
Euxanthone. . .		1,12	2,8	7,6	34
Magnésium . . .	5,35	4,80	4,85	5,60	3,7
Calcium	1,75	2,43	2,61	3,33	3,7

Le jaune indien provient du Thibet et de l'Inde où il se fabrique par fermentation putride des feuilles de mango.

C'est une couleur d'un prix élevé uniquement employée en peinture artistique.

Laques au moyen de couleurs d'aniline

On emploie le plus fréquemment les colorants suivants : jaune de quinoléine, jaune de Chine ; jaune naphtol

(1) *Zeitschrift für physiolog. Chemie*, *44*, 144.

(jaune OS — jaune acide); citronine (jaune indien) jaune M, etc.. ce qui permet de préparer toute la gamme des jaunes.

Les nuances jaune clair les plus pures s'obtiennent avec le *jaune de quinoléine*.

On emploie :

> 5 kgr. de jaune en solution dans 600 litres d'eau qui sont ajoutés dans
> 15 kgr. sulfate de baryte en suspension dans
> 12 — d'alun et
> 200 litres d'eau,

puis on ajoute une dissolution de :

> 3 kgr. carbonate de soude dans
> 60 litres d'eau

et enfin la solution de

> 15 kgr. chlorure de baryum dans
> 300 litres d'eau.

La laque est lavée trois fois avec 200 litres d'eau, puis filtrée et séchée.

Le *jaune OS* ou *jaune de naphtol* s'emploie de la même façon et fournit une laque jaune de chrome moyen.

La *citronine* donne des laques remplaçant complètement le jaune indien naturel.

Le colorant peu soluble est précipité par l'alumine ou mieux le sulfate d'alumine et le carbonate de soude.

On emploie :

> 50 kgr. sulfate de baryte émulsionné dans
> 5 — carbonate de soude
> 300 litres d'eau

on ajoute :

> 5 kgr. de citronine dissoute dans
> 500 litres d'eau

puis on laque par

> 5 kgr. chlorure de baryum dans 100 litres d'eau
> 10 — sulfate d'alumine dans 100 litres d'eau.

Ces deux dernières dissolutions sont ajoutées l'une après l'autre.

On lave deux fois avec 300 litres d'eau, puis on filtre et sèche le produit à basse température.

III. — COULEURS ROUGES

VERMILLON

Ce produit est constitué par une variété de sulfure mercurique HgS.

En opérant la combinaison du soufre et du mercure on obtient le sulfure de mercure sous deux modifications allotropiques : une variété noire appelée aussi *Ethiops minéral* et une variété rouge qui constitue le *vermillon*.

Le sulfure de mercure noir peut être transformé en sulfure rouge et cette propriété est mise à profit dans la préparation industrielle du vermillon.

Le sulfure de mercure rouge se trouve à l'état naturel en masses compactes brun rougeâtre et dans ce cas on le nomme *cinabre*; convenablement broyé et réduit en poudre très fine, sa couleur rouge s'avive et sous cette forme il s'appelle *vermillon*. Industriellement on obtient un produit d'un plus grand éclat en le préparant synthétiquement.

Cette couleur est connue depuis la plus haute antiquité et les Chinois ont acquis une réputation dans sa préparation.

Actuellement les divers pays d'Europe et notamment la France produisent d'aussi beaux vermillons que la Chine.

On désigne dans le commerce les différentes variétés sous le nom de vermillons chinois, français, allemands, anglais, etc.

Fabrication.

On emploie soit la voie sèche, soit la voie humide.

Préparation par voie sèche.

Ce procédé est basé sur la transformation du sulfure noir de mercure en sulfure rouge au moyen de la chaleur.

On prépare d'abord le sulfure noir ou Ethiops minéral en combinant à chaud du soufre en excès et du mercure :

150 parties de soufre sont fondues dans un creuset et on y ajoute, en agitant, 950 parties de mercure puis le mélange est coulé et abandonné au refroidissement.

Le sulfure noir ainsi obtenu est concassé et placé dans des

matras de verre à longs cols (par portions de 400 à 500 grammes) et on chauffe au bain de sable à une température voisine du rouge : l'excès de soufre distille et brûle à la sortie des matras tandis que le sulfure noir se sublime, dans cette opération il se transforme et vient cristalliser dans le col du matras sous la forme de *cinabre*. Ce dernier convenablement broyé fournit le *vermillon*.

Tel est le procédé fondamental de la préparation par voie ignée ; on a décrit des procédés chinois, hollandais, etc., qui n'en diffèrent que par quelques détails.

C'est ainsi que M. Tuckert a décrit un procédé hollandais dans lequel on fond le mélange de soufre et de mercure dans une chaudière plate en fer ; l'éthiops en résultant est sublimé dans des pots en terre réfractaire, obturés à leur partie supérieure par une plaque de fonte.

Il paraît qu'en Chine on sublime le sulfure de mercure noir dans une chaudière en fer dont la partie supérieure est remplie de fragments de porcelaine sur lesquels vient se sublimer le cinabre.

A Idria, le sulfure mercurique noir est produit à froid en mélangeant dans des tonneaux tournant autour d'un axe : 150 parties de soufre et 800 parties de mercure.

La poudre brune en résultant est ensuite chauffée dans des cylindres munis d'allonges où se dépose le cinabre, qui dans les parties les plus éloignées du cylindre est mélangé du soufre en excès volatilisé avec lui et dont on le sépare par un nouveau traitement.

La préparation du vermillon par voie sèche peut donc se résumer en ceci :

1° Préparation du sulfure noir de mercure ou éthiops minéral ;

2° Transformation du sulfure noir en *cinabre* par sublimation au moyen de la chaleur ;

3° Production du *vermillon* par broyage du cinabre.

Préparation par voie humide.

Ce procédé, de même que le précédent, comporte d'abord la préparation du sulfure de mercure noir ; la transformation de ce dernier en sulfure rouge ou vermillon a lieu ensuite par digestion avec une dissolution de polysulfures alcalins.

Par conséquent, on prépare d'abord l'éthiops minéral que

l'on pulvérise et que l'on met en contact soit avec une dissolution de polysulfures, soit avec les éléments nécessaires pour l'engendrer. Le sulfure noir peut être produit soit par union directe à basse température du soufre et du mercure, soit par précipitation d'un sel mercurique au moyen de l'hydrogène sulfuré ou du sulfhydrate d'ammoniaque.

On peut même mettre en présence ensemble tous les éléments capables de former le sulfure noir et le polysulfure, c'est-à-dire du soufre, du mercure et de la soude ou de la potasse, ou encore employer du soufre, du mercure et du polysulfure de sodium ou d'ammonium.

C'est ainsi qu'un procédé très ancien et qui a fait ses preuves, consiste à broyer 114 parties de soufre et 300 parties de mercure qu'on chauffe ensuite à 50° environ avec 75 parties de potasse ou de soude caustique et 400 parties d'eau : on maintient cette température jusqu'à ce que la masse ait pris une belle couleur rouge.

Dans cette opération la quantité de soufre est considérable par rapport au mercure, de sorte qu'après la formation du sulfure noir, il reste encore du soufre libre qui réagit à 50° sur la soude ou la potasse, en donnant un polysulfure :

$$6NaOH + 8S = S^2O^3Na^2 + 2Na^2S^3 + 3H^2O$$

Les deux formules suivantes sont des variantes de cette méthode et peuvent conduire à de bons résultats :

	Brunner		Jacquelin	
Mercure	100 parties		100	parties
Soufre	38	—	33,3	—
Potasse	25	—	22,2	—
Eau.	150	—	33,3	—

Au lieu de produire le polysulfure par l'action du soufre sur la lessive alcaline, on peut le préparer directement en dissolvant du soufre dans du sulfure de sodium et cette méthode est très recommandable, car actuellement le sulfure de sodium est un produit que l'industrie fabrique en très grande quantité et à très bon compte.

La formule indiquée par Firmenich peut être avantageusement employée :

Mercure.	5 kgr.
Soufre	2 —
Pentasulfure de potassium en solution .	4 litres 500.

L'auteur prépare sa dissolution de polysulfure en faisant bouillir dans 3 parties 1/2 d'eau, avec 15 parties de soufre, le sulfure obtenu par la réduction de 20 parties de sulfate de potassium au moyen du charbon.

Au bout de 3 à 4 heures, le mercure est transformé en une poudre brune ; on laisse refroidir jusqu'à 50° et l'on maintient cette température quelques jours.

Quand la nuance du vermillon est atteinte, on lave à la soude pour éliminer l'excès de soufre.

Le procédé Gautier Bouchard est basé sur l'emploi d'un polysulfure d'ammonium de densité 1,034, obtenu par dissolution du soufre dans du sulfhydrate d'ammoniaque.

On agite 7 à 8 heures, puis on maintient à 50° :

Mercure . . . . 5 kgr.
Soufre . . . . 1 —
Solution de polysulfure d'ammonium d = 1,034 2 litres.

Dans tous ces procédés le sulfure de mercure noir est formé par union directe du soufre et du mercure.

On peut également le préparer et cela à l'état de poudre très fine, facilement transformable en vermillon, en traitant un sel mercurique soit par l'hydrogène sulfuré, soit plus avantageusement par le sulfure de sodium, puis en mettant ensuite le sulfure noir obtenu à l'état de pâte, en contact avec une dissolution de polysulfure de sodium à + 50°.

On peut même traiter directement le sel mercurique (azotate ou chlorure) par une dissolution de trisulfure de sodium employée en excès et maintenir au bain-marie à + 50° jusqu'à transformation totale en vermillon.

Le produit est ensuite lavé avec une dissolution de monosulfure de sodium pour éliminer le soufre qui pourrait souiller le vermillon, puis un lavage à l'eau suivi d'un séchage termine l'opération.

Tel est le principe de la méthode actuelle de préparation du vermillon.

M. L. Raab a indiqué la préparation du sulfure noir de mercure en faisant bouillir du calomel en poudre fine avec une solution d'hyposulfite de soude (1) ; le produit ainsi obtenu est transformé ensuite en vermillon par le polysulfure de potassium (foré de soufre).

(1) *Journal de Pharmacie et de Chimie*, 4e série, tome XXI.

Signalons en outre la possibilité d'obtenir le vermillon en faisant agir un excès d'hyposulfite de soude sur un mélange de chlorure mercureux (calomel) et de sulfate de zinc, à une température de $+ 50^{\circ}$; les trois quarts du sulfure de mercure se déposent en vermillon (1).

Enfin on a proposé une préparation, par électrolyse de la solution suivante :

Eau	100
Azotate d'ammoniaque	8
Azotate de soude	8
Sulfure de sodium	8
Soufre	8

Le pôle positif est constitué par des plaques rondes de fer de 15 cm. de diamètre recouvertes de mercure ; au fond du vase est une lame de cuivre recouverte de fer galvanisé, qui constitue l'électrode négative.

Propriétés — Usages

Le vermillon préparé par voie humide a beaucoup plus d'éclat que celui préparé par voie sèche ; mais en revanche il est moins stable à la lumière.

C'est une couleur très vénéneuse qui est encore employée dans l'aquarelle et la peinture à l'huile. Elle a beaucoup d'éclat, couvre admirablement, mais est d'une solidité à la lumière tout à fait médiocre. En outre elle est sensible aux émanations sulfureuses qui la font noircir.

On prépare actuellement des vermillons factices, laques d'anilines tout aussi brillantes, plus solides à la lumière, ne noircissant pas à l'hydrogène sulfuré et complètement inoffensives.

VERMILLON D'ANTIMOINE

Cette couleur est constituée par du trisulfure d'antimoine Sb^2S^3 d'après certains auteurs ; ou par un oxysulfure $2Sb^2S^3$ Sb^2O^3, suivant les autres.

(1) Fleck, *Journ. für. prakt. Chem.*, 99, 247.

Préparation.

On le prépare en faisant agir l'hyposulfite de soude en solution sur le chlorure d'antimoine à une température de 30° à 35° (Mathieu-Plessy).

Le précipité obtenu est lavé et séché.

Le chlorure d'antimoine peut se préparer soit par attaque du sulfure naturel par l'acide chlorhydrique et utilisation de l'hydrogène sulfuré produit; soit en grillant ce même sulfure, ce qui fournit de l'oxyde avec dégagement d'acide sulfureux. L'oxyde dissous dans l'acide chlorhydrique fournit le chlorure d'antimoine. Quant à l'acide sulfureux produit, on le dirige dans un lait de chaux qui donne ainsi du sulfite que l'on fait ensuite bouillir avec du soufre pour le transformer en hyposulfite de chaux; on fait agir cet hyposulfite sur le chlorure d'antimoine à 30-35°, puis à 50-55°, cette méthode combinée de grillage de la stibine et d'utilisation de l'acide sulfureux a été décrite en détail par S. Kopp (1).

Propriétés. — Usages.

Cette couleur constitue une poudre d'un beau rouge carmin velouté; elle n'est pas vénéneuse, elle est insensible aux émanations sulfureuses. Elle ne résiste pas à l'action caustique des alcalis, et sa solidité à la lumière est faible. Son prix de revient peu élevé la fait quelquefois employer en peinture à l'huile. Broyée à l'eau, elle manque d'éclat.

MINIUM

Synonymes : *Rouge de saturne, mine orange.*

Ce produit est une combinaison de bioxyde de plomb PbO^2 et de protoxyde PbO; il contient théoriquement deux molécules de protoxyde pour une de bioxyde et sa formule est

$$2PbO,PbO^2 = Pb^3O^4.$$

Cette couleur est très ancienne, elle était connue des Grecs et des Romains.

(1) *Bulletin de la Société de Mulhouse*, t. XXIX.

Préparation.

Tous les procédés employés se ramènent à une oxydation du protoxyde de plomb PbO que l'on emploie sous forme de *litharge* ou de *massicot*.

Cette oxydation s'effectue au moyen de l'air à haute température, c'est un véritable grillage oxydant.

Si l'on emploie de la céruse, on obtient un minium particulier que l'on nomme *mine-orange*.

Le massicot (oxyde de plomb non fondu) est obtenu par oxydation du plomb fondu au contact de l'air; il se produit ainsi à la surface une pellicule d'oxyde que l'on enlève à mesure qu'elle se forme et ce massicot brut obtenu est broyé à l'eau : par une lixiviation combinée à un filtrage sur toile métallique, on élimine soigneusement le *son* ou plomb métallique en excès. La poudre obtenue est séchée et soumise à l'oxydation.

Enfin l'oxyde de plomb est obtenu comme résidu, sous forme de litharge, dans la fabrication du nitrite de soude par le plomb ;

Le nitrate de soude est fondu au moyen de la chaleur et l'on y ajoute du plomb qui fond dans le mélange, un agitateur en mouvement assure un contact intime des deux produits. Le plomb s'oxyde aux dépens du nitrate de soude qui se réduit en nitrite de soude

$$Pb + AzO^3Na = PbO + AzO^2Na$$

on emploie un léger excès de plomb, c'est-à-dire environ trois parties de plomb pour une partie de nitrate.

La réaction terminée, la masse est coulée en plaques qui après refroidissement sont concassées et épuisées méthodiquement par l'eau, on obtient ainsi des solutions d'où le nitrate de soude est extrait par cristallisation.

La partie insoluble formée de litharge et de plomb est broyée à l'eau et traitée comme précédemment pour séparer le plomb. L'oxyde de plomb obtenu est séché et oxydé pour être transformé en minium qui, lorsqu'il a cette provenance, est souvent désigné commercialement sous le nom de *minium au nitrite*.

L'oxydation du massicot s'opère en présence d'un grand excès d'air à une température au-dessous du rouge sombre, vers 300° environ ; on doit éviter de fondre l'oxyde de plomb, ce qui diminuerait les surfaces de contact et ralentirait l'oxydation et cependant cette dernière est d'autant plus rapide que la température est plus élevée.

Pour effectuer cette opération différents appareils ont été proposés :

MÉTHODE ANGLAISE. — On opère l'oxydation sur la sole plate d'un four à réverbère qui est chauffé avec un gazogène. On a soin de travailler en flamme oxydante et de ringarder très souvent la masse.

PROCÉDÉ FRANÇAIS. — On opère à l'abri de la flamme, soit dans de grands moufles en terre réfractaire où l'on charge le minium, soit à l'étage supérieur d'un four, à la partie inférieure duquel on prépare le massicot par oxydation du plomb fondu (Usine de Portillon, près Tours); dans ce dernier cas le massicot purifié est placé dans des caisses rectangulaires en tôle, pouvant recevoir chacune 15 kilogrammes de matière.

D'une façon générale le minium brut est broyé et comme l'oxydation n'est pas complète on le remet au four une seconde et même une troisième fois, d'où le nom commercial de minium à un, deux, trois... six feux ; on peut encore plus simplement arriver au résultat en ringardant soigneusement et fréquemment la masse et en prolongeant la durée de l'oxydation.

Le minium est réduit en poudre fine et passé au blutoir.

La qualité d'un minium dépend non seulement de sa plus ou moins parfaite oxydation, mais aussi de la pureté du plomb employé.

Propriétés — Usages

C'est une poudre rouge-orangé très lourde ; sa densité varie entre 8 et 9 et la composition des produits du commerce s'éloigne assez de sa composition théorique.

Elle varie entre PbO^2, $2PbO$ et PbO^2, $5PbO$; on admet que la nuance est d'autant plus belle que la teneur en PbO^2 est plus grande.

Cette couleur couvre très bien, mais elle a les défauts des sels de plomb ; elle noircit par l'hydrogène sulfuré et elle est très vénéneuse.

On l'emploie en grande quantité dans la peinture à l'huile comme couche de fond, notamment sur les objets de fer qu'elle préserve bien de la rouille.

Analyse

On dose le plomb contenu dans le minium, à l'état de protoxyde et de bioxyde.

Le PbO^2 est insoluble dans l'acide azotique étendu : au contraire le protoxyde est entièrement soluble dans cet acide ; on peut donc ainsi déterminer les proportions respectives de PbO et PbO^2.

Le PbO^2 peut être dosé par le pouvoir oxydant du minium : on ajoute 5 gr. de produit dans une dissolution de 12 gr. d'iodure de potassium dans 200 cc. d'eau aditionnée d'acide acétique à 50 0/0.

On titre l'iode mis en liberté, par une solution d'hyposulfite de soude.

Le pouvoir oxydant peut être également déterminé par une dissolution de nitrite de soude (Szterkhers).

On attaque 5 gr. de minium par 100 cc. d'eau contenant 7 cc. d'acide nitrique, au bain-marie pendant 1/4 d'heure, puis on ajoute en remuant une solution de nitrite de soude jusqu'au moment où le précipité brunâtre a disparu, on dépasse légèrement et l'on titre l'excès de nitrite par une solution de permanganate, jusqu'à teinte rose persistante ; les réactions mises en œuvre sont les suivantes :

$$PbO^2, 2PbO + 4AzO^3H = 2(AzO^3)^2Pb + PbO^2 + 2H^2O$$
$$PbO^2 + 2AzO^3H + AzO^2Na = (AzO^3)^2Pb + AzO^3Na + H^2O$$

De la quantité de nitrite absorbée on déduit la quantité de peroxyde, sachant que 239 p. de PbO^2 correspondent à 69 parties de nitrite de soude.

Voici quelques résultats analytiques obtenus par M. Szterkhers avec cette méthode :

	Peroxyde	Minium vrai		Litharge non convertie
Minium théorique. , ...	34,8	100	0/0	0
Minium bon.	30	86	0/0	14
Minium moyen.	25	72	0/0	28
Minium pauvre	20	57,5	0/0	42,5
Litharge miniumisée	18	43	0/0	57
Litharge pure	0	0	0/0	100

ARSÉNIATE DE COBALT

Synonyme : *Chaux métallique.*

C'est un arséniate de cobalt $CO^3(AsO^4)^2$ que l'on obtient en chauffant, dans un creuset, l'arséniosulfure de cobalt ou cobalt gris (1 partie) et de la potasse (2 parties) en y ajoutant du sable.

L'arséniure ainsi produit est grillé à l'air en vue de sa transformation en arséniate.

On peut aussi oxyder directement le cobalt gris par l'acide azotique et la dissolution obtenue est précipitée, par la potasse, en fractionnant les précipités.

C'est une poudre rouge d'un prix assez bas, très solide, mais vénéneuse.

D'après M. Halphen cette couleur est employée en Angleterre dans la peinture à l'huile.

POURPRE DE LONDRES

On a signalé sous ce nom une couleur (1) constituée principalement par de l'arséniate et de l'arsénite de chaux, sur lesquels on a laqué un ponceau.

L'analyse de plusieurs échantillons donne les nombres suivants :

Eau (séchage à 100°)	de 1,87 à 4,07	0/0
Arsenic (en As^2O^3)	37 à 40	0/0
Oxyde de calcium	23,5 à 25	0/0
Matière organique	2,5 à 3	0/0

La composition du produit, outre la matière colorante, varie donc entre les formules

$$Ca^3 2(AsO^3) \qquad \text{et} \qquad Ca^3 2(AsO^4)$$

OXYDES DE FER

Synonymes : *Rouge d'Angleterre, rouge de Venise, colcothar, rouge de Prusse, rouge de Paris.*

Cette matière est constituée par de l'oxyde ferrique anhydre : Fe^2O^3.

(1) *Mon. Scientif.* 1901.

Préparation

Cet oxyde constitue le résidu de la calcination du sulfate ferreux lorsque l'on prépare l'acide sulfurique de Nordhausen.

Le sulfate ferreux $SO^4Fe,6\ H^2O$ (vitriol-vert) perd d'abord 5 molécules d'eau, lorsqu'on le dessèche sur des plaques de fonte ; ensuite on le pulvérise et on l'introduit dans des cornues où on le chauffe au rouge où il se décompose en acide.

Le résidu de la cornue est mis en poudre, lavé à l'eau et passé au tamis.

On peut aussi précipiter un sel ferrique par du carbonate de soude et calciner, à l'air, le précipité.

Propriétés — Usages.

Le colcothar est une poudre rouge très dure, d'une très grande stabilité et non vénéneuse, elle est très employée en peinture à l'huile.

Pour le brunissage des métaux on l'associe avec de la craie, de la terre pourrie et de l'huile.

On l'emploie, mélangé à l'émeri et incorporé à du suif comme *pâte à rasoir*.

Le *mastic des fontainiers* se compose de colcothar, de résine et de suif.

A cette couleur on peut rattacher le *rouge Vénitien* obtenu en précipitant le sulfate de fer (3 parties) par la chaux (1 partie) et calcinant ensuite le mélange de sulfate de chaux et d'oxyde ferrique.

Le *rouge Perkins* se prépare au moyen des scories silico-ferrugineuses que l'on traite par l'acide sulfurique et que l'on calcine au rouge ; on obtient ainsi un mélange de silice et d'oxyde de fer auquel on ajoute encore de la silice.

Enfin les divers hydrates ferreux obtenus comme résidus dans les différentes réactions effectuées dans l'industrie chimique minérale ou organique peuvent donner d'excellents *rouges de fer* lorsqu'ils sont soumis à la calcination en présence d'air.

La nuance du produit obtenu varie avec la pureté de l'hydrate ferreux employé et dépend aussi de la température de la calcination.

En général tous les *rouges* à base de fer ainsi obtenus sont à très bas prix et employés sur une grande échelle.

OCRES ROUGES

Dans la nature on trouve abondamment des argiles plus ou moins riches en oxyde de fer auquel elles doivent leur coloration.

C'est ainsi que l'*hématite rouge*, minerai de fer, composé d'oxyde de fer et d'argile, constitue une masse rouge assez vif, très tendre, laissant une trace rouge sur le papier ; elle est connue commercialement sous le nom de *sanguine*, dans l'industrie des couleurs.

D'une façon générale les argiles colorées par l'oxyde de fer se nomment des *ocres*.

Elles sont de couleur jaunâtre quand elles renferment de l'hydrate ferrique ; elles sont brunes quand il s'y trouve en outre de l'oxyde de manganèse.

Lorsqu'on calcine les ocres jaunes, l'*hydrate ferrique* perd son eau et se transforme en *oxyde ferrique* rouge, de sorte que la nuance de l'*ocre calcinée* vire au rouge.

C'est ainsi que sous le nom de *minium de fer* on désigne le produit obtenu par calcination d'une argile très ferrugineuse que l'on trouve abondamment dans les Ardennes, notamment à Villers-le-Tourneur ; cette argile de couleur jaune terne devient d'un rouge assez vif lorsqu'elle est chauffée.

La composition du produit calciné est la suivante :

```
Argile . . . . . . . . . . . . . . . . .  20
Oxyde ferrique . . . . . . . . . . . . .  73
Chaux. . . . . . . . . . . . . . . . . .   0,80
Perte par calcination . . . . . . . . .    6,00
                                          ______
                                          99,80
```

Le *minium de fer* qui peut être également obtenu par calcination d'autres ocres, à haute teneur en fer, est employé en abondance comme succédané du minium de plomb dans les peintures préservatrices de la rouille. Il présente sur ce dernier l'immense avantage d'être complètement inoffensif.

COULEURS ROUGES DIVERSES

Enfin, il convient de citer, comme couleurs rouges minérales, les produits suivants très peu employés :

RÉALGAR (rubis d'arsenic). — C'est un sulfure d'arsenic

As^{2}S^2 que l'on trouve à l'état naturel et que l'on peut préparer artificiellement en fondant 75 parties d'arsenic ou 64 parties d'acide arsénieux avec 32 parties de soufre.

Cette couleur rouge orangé est très peu solide.

Le produit naturel est beaucoup moins vénéneux que le
produit artificiel qui renferme souvent de l'acide arsénieux
libre; les Chinois font avec le réalgar naturel des vases où
ils laissent séjourner du jus de citron qu'ils boivent comme
purgatif; ils s'en servent également comme matière d'orne-
mentation.

POURPRE DE CASSIUS. — Ce produit découvert par Cassius,
de Leyde, en 1683, s'obtient en mélangeant une dissolution de
chlorure stanneux (sel d'étain) et de chlorure stannique, en
quantités égales et une dissolution de chlorure d'or. Le précipité d'un beau pourpre qui se forme dans ces conditions est
employé dans la miniature, la peinture sur verre et sur porcelaine.

CHROMATE D'ARGENT (rouge pourpre). — Poudre obtenue en
précipitant une solution de nitrate d'argent par une autre de
bichromate de potasse ou de soude ; sa composition est
(CrO^4)^{2}Ag^2, c'est un bichromate d'argent, employé en miniature.

LAQUES ROUGES

Nous comprenons sous cette rubrique, non seulement les
laques rouges proprement dites, mais aussi les laques d'orangés d'aniline qui donnent déjà presque la nuance du minium.

Ces laques d'aniline sont extrèmement employées, elles ont
un grand éclat, sont d'un prix très faible et possèdent une
assez grande solidité.

Cette solidité, qui est remarquable pour les laques d'alizarine et de garance, est un peu moins bonne pour les orangés
et les ponceaux, quoique depuis quelque temps on ait préparé des couleurs d'aniline donnant des laques de très grande
solidité en s'adressant aux dérivés azotiques provenant de
l'acide 2-1, naphtylamine sulfonique et du β naphtol (rouge
lithol) ou aux colorants azoïques ayant des groupements OH
en position ortho de la liaison azoïque ou dérivant des acides
ortho-amidobenzoïques ou oxynaphtoïques, colorants qui
offrent la propriété d'être des couleurs pour mordants, à la
façon de l'alizarine, donnant avec les oxydes métalliques des

laques très solides, de nuance variable avec la nature de l'oxyde employé.

Enfin, certains composés azoïques insolubles rouges peuvent être employés à condition de les préparer sur le support même, tels sont notamment les rouges de paranitraniline, nitrotoluidine, etc.

Pour les différentes nuances, de minium à vermillon, on emploie seuls ou en mélange les colorants d'aniline de la série des orangés et des ponceaux, tels que : orangé II Poirrier, orangé L, ponceau de 2 R à 6 R, ponceau 3 RS, ponceau JJ, orangé X (Mme Lyon^se), coccéines et crocéines de diverses marques. Orangé pour pigments et rouges pour laques P (Meister).

Tous ces colorants se laquent sur sulfate de baryte au moyen du chlorure de baryum.

Voici deux formules de laquage :

Formule n° 1.

Emulsionner :

> 50 kgr. de sulfate de baryte dans la dissolution de
> 10 kgr. de carbonate de soude dans
> 200 litres d'eau :

y ajouter la dissolution de

> 40 kgr. d'alun dans
> 800 litres d'eau chaude ;

introduire ensuite

> 15 kgr. de colorant dissout dans
> 500 à 1600 litres d'eau à 25° :

achever de laquer par addition de :

> 45 kgr. de chlorure de baryum dans
> 1000 litres d'eau.

Le liquide est décanté et la laque lavée trois fois avec 400 litres d'eau, puis séchée à 50°.

Formule n° 2.

Emulsionner :

> 25 kgr. de sulfate de baryte dans la dissolution de
> 15 kgr. de carbonate de soude   / dans 200 litres
> 9 kgr. de sulfate de soude cristallisé (d'eau.

y couler la dissolution de

> 15 kgr. de matière colorante dans
> 500 litres d'eau .

puis laquer en coulant la dissolution de

> 75 kgr. de chlorure de baryum dans
> 1500 litres d'eau.

La laque est lavée puis séchée à 50°.

Le rendement est le même que dans la précédente formule, mais le pouvoir couvrant est meilleur.

Les colorants azoïques insolubles se préparent directement en présence du support, il est donc inutile de les laquer.

On prépare de cette façon le rouge de paranitraniline et le rouge de nitrotoluidine.

Rouge de paranitraniline

On dissout

> 5 kgr. de paranitraniline dans
> 12 kgr. 500 d'acide chlorhydrique à 20° Baumé et
> 30 litres d'eau.

Cette dissolution reçoit ensuite la suivante :

> 2 kgr. 500 de nitrite de soude à 99 0/0
> 200 litres d'eau.

Le mélange est fait d'un seul coup en agitant soigneusement et la température est maintenue à 10° au maximum.

Le diazoïque de paranitraniline ainsi produit est coulé dans la solution froide de naphtol formé avec :

> 5 kgr. de β naphtol
> 5 — de lessive de soude caustique à 40° Beaumé
> 10 — de carbonate de soude sec
> 250 litres d'eau
> 3 kgr. d'huile pour rouge turc (sulforicinate de soude)

dissolution à laquelle on a préalablement ajouté

> 50 kgr. de sulfate de baryte

en agitant énergiquement pendant toute la durée de l'opération.

Rouge de nitrotoluidine

Se prépare comme ci-dessus en employant

> 5 kgr. 400 nitrotoluidine
> 11 litres 4 d'acide chlorhydrique à 20° Baumé
> 65 — d'eau froide

diazoter par :

>   2 kgr. 5 nitrite de soude.
>   25 litres d'eau.

Etendre le tout à 250 litres et couler dans :

>   5 kgr. β naptol
>   5 — soude caustique à 40° Baumé
>   5 — carbonate de soude calciné
>   3 — huile pour rouge turc
>   250 litres d'eau
>   50 kgr. sulfate de baryte.

Les rouges de paranitraniline et de nitrotoluidine sont très solides à l'eau et à la chaux, ils donnent à l'huile des nuances nourries et donnent de bons miniums factices.

Leur solidité est bonne et serait encore meilleure si l'on employait les sels métalliques des dérivés sulfonés correspondants, pour les raisons énumérées page 52.

Au lieu d'employer le sulfate de baryte seul, on peut le remplacer en tout ou partie par une couleur orangée à base de plomb, telle que le minium ou la mine-orange ; réalisant ainsi des couleurs laquées.

On réduira la proportion de matière colorante proportionnellement à l'intensité colorée donnée par le minium.

Miniums factices. Rouges vermillonnés.

En général les miniums factices se font en laquant sur sulfate de baryte additionné ou non de minium véritable, de l'orangé II et un peu de ponceau, ou un mélange d'orangé L et d'orangé II (Poirrier).

Les rouges vermillonnés sont obtenus avec les ponceaux 2R et 3RS et les rouges particulièrement vifs et pourprés se préparent au moyen de l'éosine ; ce dernier colorant possède un mode de laquage différent, il se précipite à l'état de sel de plomb.

On prépare un mélange d'alumine et de sulfate de baryte précipité au moyen de :

>   40 kgr. d'alun
>   10 — carbonate de soude
>   10 — chlorure de baryum.

Chaque sel dissous séparément puis mélangé ; le précipité est lavé 3 fois successivement avec

> 300 litres d'eau

on ajoute 50 kgr. de sulfate de baryte naturel pulvérisé puis, en agitant, la dissolution de :

> 12 kgr. d'éosine dans
> 600 litres d'eau

enfin on laque par :

> 18 kgr. d'acétate de plomb fondu (sucre de plomb)
> 200 litres d'eau.

Cette laque d'éosine peut être mélangée aux laques précédentes pour en bleuter la nuance et par un judicieux mélange de ces diverses laques, on réalise toute la gamme des rouges que l'on désigne commercialement sous le nom de : *rouge français, rouge américain, rouge gaulois, rouge universel, rouge charron, rouge rubis, rouge automobile, rouge solide, rouge corail, vermillon factice, laques anglaises, rouge romain,* etc.

Certaines de ces nuances peuvent également être fournies par les colorants genre lithol, ou les azoïques dérivant d'acide ortho-aminobenzoïque ou d'acide oxynaphtoïque. On laque ces colorants au moyen de chlorure de baryum :

> 5 kgr. de colorant (acide) en pâte :
> 5 kgr. de sulfate de soude calciné,

dans 300 litres d'eau
sont portés à l'ébullition, et on ajoute peu à peu

> 13 kgr. 200 de chlorure de baryum,
> 132 litres d'eau.

On lave et on filtre à froid.

Enfin, on peut précipiter la laque à l'état concentré en faisant bouillir 30 kgr. de la matière colorante (2.5 naphthylamine sulfonée diazotée et copulée sur β naphtol) avec 5 kgr. de chlorure de baryum et de l'eau, filtrant et séchant, puis broyant à sec avec 100 kgr. de sulfate de baryte naturel (Wülfing, Dahl et Cie).

LAQUES D'ALIZARINE

L'alizarine offre la propriété de former des précipités colorés avec différents oxydes métalliques et la nuance rouge vif est obtenue par l'action de l'alumine.

Le laquage consiste donc à combiner la matière colorante avec de l'alumine que l'on prépare en précipitant une solution d'alun par du carbonate de soude, on y ajoute du carbonate d'ammoniaque et du sulforicinate d'ammoniaque.

Voici les proportions à employer :

Alun	20 kgr.
Carbonate de soude	12 —
Carbonate d'ammoniaque	2 —
Sulforicinate	4 —

Les quantités d'alizarine à employer pour les différentes marques sont, pour les quantités ci-dessous :

1 kgr	pour la marque PC
2 —	— PF
4 —	— TF

On peut obtenir une laque très foncée, ce qui est difficile, au moyen de la garance, en dissolvant l'alizarine dans de l'aluminate de soude et précipitant par l'alun la solution obtenue.

L'opération se fait à l'ébullition qui est maintenue un quart d'heure.

On a également préconisé les quantités suivantes :

Phosphate de soude	75 kgr.
Carbonate de soude sec	20 —
Alizarine en pâte	35 —
Huile pour rouge turc	10 —
Acétate de chaux	5 —
Gelée d'alumine	80 —
Blanc fixe	20 —

Laque d'Alizarine grenat.

On opère par un procédé analogue au précédent, mais en employant comme mordant fixateur de l'oxyde de chrome. Pour cela, on ajoute l'alizarine dans une solution alcaline d'oxyde de chrome obtenue en dissolvant du sesquioxyde de chrome dans la soude caustique et précipitant ensuite par une solution aqueuse d'alun de chrome.

LAQUE DE GARANCE

La garance n'est employée que pour les couleurs fines, son laquage, analogue à celui de l'alizarine, comporte néanmoins de nombreux tours de mains, car cette matière colorante n'est pas l'unique constituant de l'alizarine.

On peut précipiter une solution d'alun et de matière colorante par du carbonate de soude.

On peut également, à la solution alunique de colorant ajouter de l'acétate ou du sous-acétate de plomb (Persoz) qui précipite du sulfate de plomb et donne de l'acétate d'alumine : en portant à l'ébullition le liquide filtré, la couleur se laque par suite de la production d'alumine par dissociation de l'acétate.

LAQUE CARMINÉE

Cette couleur est une laque de méthyldioxy-α-naphtoquinone, accompagnée d'impuretés.

La matière colorante oxyquinonique qui la forme, l'acide carminique, provient d'insectes dénommés *cochenilles* : Coccus cacti ; Coccus ilicis ; Coccus polonicus.

Les corps désséchés de ces petits insectes sont épuisés à l'eau bouillante, de préférence légèrement alcaline et la solution colorée obtenue est laquée par addition de carbonate de soude et d'alun.

La laque carminée est un rouge très vif, complètement inoffensif, de peu de solidité, utilisé en aquarelle ; on lui substitue très souvent les laques d'aniline de même nuance.

IV. — COULEURS BLEUES

OUTREMER

On emploie actuellement l'outremer artificiel. Le produit naturel était extrait autrefois du lapis-lazzuli ou pierre d'azur qu'on trouvait en Perse, en Sibérie et en Chine.

La production de l'outremer artificiel fut constatée en 1814 par Tassaert à Chauny, dans un four à soude Leblanc, puis par Kuhlmann à Lille, dans un four à sulfate. Ces produits obtenus accidentellement furent analysés par Vauquelin qui jugea qu'ils avaient la constitution de l'outremer naturel, indiquée par les analyses de Clément et Desormes. Vauquelin en conclut « la possibilité d'imiter la nature dans la production de cette précieuse couleur ».

En 1824 la Société d'Encouragement pour l'Industrie nationale créa un prix de 6000 francs à décerner à l'auteur d'un procédé industriel de fabrication de l'outremer artificiel, prix qui fut attribué en 1828 à J.-B. Guimet lorsqu'il publia la découverte qu'il avait faite, en juillet 1826, de l'outremer artificiel qu'il avait livré au commerce dès 1827.

De son côté Chr. Gmelin, de Tübingen, prépara de l'outremer artificiel en 1827 et publia en 1828 son procédé qui comportait plusieurs cuites, alors que celui de J.-B. Guimet s'opérait en une seule phase.

La première usine fut fondée en 1831 par Guimet à Fleurieu-sur-Saône ; depuis, d'autres fabriques se sont créées ; il en existe en ce moment quatre en France : L'usine Emile Guimet, à Fleurieu-sur-Saône (fondée en 1831) ; l'usine Deschamps frères, à Vieux-Jean-d'Heurs et à Renesson, Meuse (fondée en 1856) ; l'usine F. Richter, à Lille et l'usine Gaudrillet et Lefebvre à Dijon (fondée par Robelin).

En outre il existe onze fabriques d'outremer en Allemagne, trois en Angleterre, deux en Belgique, deux aux États-Unis. Les quatre fabriques françaises sont syndiquées et leur production est d'environ trois millions et demi de kilogrammes par an. La France exporte une quantité assez importante de bleu d'outremer.

Fabrication

Les formules de préparation sont nombreuses ; elles mettent toutes en œuvre : de la silice, de l'alumine, de la soude et du soufre et les matières premières employées sont :

1º le *kaolin* silicate d'alumine hydraté $Al^2Si^2H^4O^9$ qui apporte la silice et l'alumine ;

2º le *sulfate de soude* qui apporte la soude et par réduction se transforme transitoirement en sulfure de sodium ;

3º le *carbonate de soude* qui apporte la soude et sous l'influence du soufre donne également du sulfure de sodium ;

4º du *charbon* qui réduit le sulfate de soude (à la place de charbon on emploie souvent de la résine, du goudron ou d'autres matières organiques) ;

5º du *soufre* pour donner des polysulfures.

Certains procédés n'emploient pas de sulfate de soude, d'autres au contraire n'emploient pas de carbonate de soude, mais tous mettent en œuvre les autres matières et quelquefois de la silice en plus.

Lorsqu'on ne met en œuvre que du sulfate de soude, du kaolin et du charbon (*procédé dit indirect*), on chauffe à haute température dans des creusets, pendant 6 heures, le mélange :

Sulfate de soude calciné . . . . . . 100 parties
Kaolin . . . . 100 —
Charbon ou résine . . . . 17 —

Le produit obtenu est un *outremer vert* que l'on pulvérise et que l'on mélange finement avec de la fleur de soufre pour le soumettre ensuite à un nouveau chauffage qui donne alors l'outremer bleu, lequel est broyé à l'eau et traité comme il est indiqué plus loin.

Lorsque l'on emploie le carbonate de soude, on opère la préparation dans une seule cuite. Tout d'abord on prépare les mélanges indiqués dans le tableau suivant et qui sont bien pulvérisés.

	Guimet	Furstenan	Cross	Notelle et Corblet
Kaolin	37	32,2	77	30 à 40
Sulfate de soude calciné .	15	0,0	0,0	10 à 20
Carbonate de soude sec .	22	29,8	60	15 à 25
Soufre.	18	33,2	78	15 à 30
Charbon de bois. . . .	8	19,0	11	6 à 10
Colophane	0	19,0	0	6 à 10
Sulfure de sodium . .	0	0,0	3	»
Charbon	0	0,0	18	»

En outre on ajoute quelquefois de la silice sous forme de kieselguhr ou terre d'infusoires.

MM. Notelle et Corblet (Br. fr. 391.779 et 391.780, sept. 1908) ont préconisé l'addition de sulfate d'alumine, ou mieux d'alun sodique :

	1	2
Silicate d'alumine	35	30
Alun sodique	40	15
Sulfate de soude	»	10
Bicarbonate de soude	»	15
Soufre	7	19
Charbon	10	7
Colophane	8	4

Ce mélange est chauffé soit dans des moufles, soit dans des creusets, quelquefois même dans des sortes de cornues. Tous ces appareils sont en terre réfractaire compacte ; Curtius a proposé l'emploi de cylindres en fonte, mais le fer est toujours attaqué par le soufre, même en le protégeant par des plaques de terre réfractaire, comme l'a conseillé M. Wunder

Le chauffage a lieu dans un four où l'on empile moufles ou creusets au nombre de 200 à 500 et plus, suivant les dimensions du four ; chaque creuset renferme 15 à 20 kilos de produit, l'obturation est obtenue grossièrement par une tuile en terre réfractaire ; les fours varient de disposition et de grandeur suivant les usines.

Le four est chauffé *très lentement* jusqu'au rouge sombre, et l'on maintient cette température de 10 à 24 heures, suivant les mélanges employés, puis on chauffe ensuite au rouge clair jusqu'à complète transformation en bleu ; on se guide en prélevant des tàtes dans un creuset témoin.

A ce moment, on bouche toutes les ouvertures du four et l'on abandonne au refroidissement.

La conduite du four est, du reste, une question de pratique, la température, la durée de la chauffe varient avec les matériaux employés.

Le produit est retiré des creusets ou des moufles, les parties non complètement transformées sont éliminées par un triage soigneux à la main et le bon produit est concassé et lavé à l'eau sur filtre pour enlever toute la gangue soluble.

On le broie ensuite avec une grande quantité d'eau et on le lave encore à l'eau chaude ; après repos la partie liquide est décantée et la pâte est délayée dans beaucoup d'eau ; après un repos de quelques heures le liquide tenant l'outremer en suspension est soutiré dans une autre cuve où il dépose une partie du produit, on décante dans une troisième cuve où on l'abandonne encore plus longtemps, car la poudre qui s'y dépose est encore plus fine et ainsi de suite ; on obtient ainsi un classement méthodique des poudres par densité.

Les belles qualités de bleu d'outremer doivent être très fines et présenter un toucher onctueux.

Voici quelques détails sur le processus de l'opération :

En chauffant un mélange de kaolin, de soufre, de carbonate et de sulfate de soude, lorsque la température atteint le rouge, le soufre fond et donne avec la soude des polysulfures, puis en augmentant la chaleur, on voit sortir des creusets des flammes bleues, indices de la combustion du soufre se transformant en acide sulfureux : à ce moment le produit est *brun*.

En continuant le chauffage, les flammes cessent d'apparaître et si l'on retire un creuset du four, on constate qu'il est rempli d'une matière *verte*. En élevant encore la température, aux environs de $800°$, le *bleu* commence à se former. On active sa production en y projetant un oxydant, par exemple du chlorate de soude (Notelle et Corblet).

Si on continue le chauffage en laissant, comme précédemment, entrer de l'air en excès, le produit prend une nuance *violette*, puis *rouge* ou plutôt *rose* et enfin l'outremer devient *blanc*.

La succession des diverses colorations qui se produisent est donc la suivante :

Brun, — Vert, — Bleu, — Violet, — Rose, — Blanc.

L'outremer blanc est bien un terme ultime d'oxydation, car si on le chauffe à nouveau, après l'avoir mélangé à du charbon, suivant la quantité ajoutée de ce dernier corps, on obtient du rose, du violet, du bleu, du vert ou du brun, c'est-à-dire que, par réduction, on reproduit en sens inverse la succession des réactions. Si l'on remplace le charbon par un autre réducteur, on obtient les mêmes résultats. Ces faits indiquent donc que la marche de la coloration suit celle de l'oxydation.

La matière qui est retirée des creusets contient une partie insoluble, qui constitue la couleur proprement dite, et une partie soluble, la gangue.

Si l'on examine l'action des acides étendus sur les parties insolubles, on constate que les produits *brun* et *vert* dégagent, par l'acide chlorhydrique ou sulfurique étendus, de l'*hydrogène sulfuré*.

Le produit *bleu* dégage, dans les mêmes conditions, un mélange d'*hydrogène sulfuré* et d'*acide sulfureux*.

Les produits *rose et blanc* ne dégagent que de l'*acide sulfureux*.

D'autre part, la partie soluble contient des *polysulfures* dans le premier cas ; — du *sulfate de soude* et de l'*hyposulfite* de soude dans le second cas ; — des *sulfates seuls* dans le troisième cas avec en outre de l'alumine.

Ceci prouve bien que les diverses colorations se produisent par *oxydation progressive*, comme l'a montré M. E. Guimet qui, en outre, a déterminé le rôle de chacun des constituants du mélange et de l'air.

Oxygène. — D'après les considérations ci-dessus il joue un rôle capital dans la production de la couleur ; en son absence les sulfures ne peuvent former d'outremer ; il faut la présence d'hyposulfites pour la production d'une couleur *stable*.

Soufre. — Une quantité faible de soufre dans le mélange donne un bleu clair ; plus la dose est augmentée, plus le bleu devient foncé jusqu'à une limite au delà de laquelle l'excès de soufre se trouve éliminé par volatilisation ou oxydation en sulfate de soude.

Soude. — La proportion doit être de 20 0/0 environ, tout excès ajouté est transformé en sulfate en consommant inutilement du soufre.

Silice. — La proportion est sensiblement constante dans tous les outremers : 37 à 38 0/0 environ.

Alumine. — C'est de la quantité de ce produit dans le mélange primitif que dépend la nuance du bleu, de sorte que des variations dans la composition du kaolin employé entraînent des modifications de nuance.

L'outremer clair contient 8 0/0 de soufre, alors que l'outremer foncé en renferme 13 0/0, la variation des proportions d'alumine est moins grande; l'outremer clair contient 5 0 0 d'alumine en plus que l'outremer foncé.

M. Wunder recommande de chercher d'abord à réaliser l'outremer vert et pour cela il a établi les règles suivantes :

1º Protéger le mélange de l'accès de l'air :

2º Opérer avec un mélange riche en soufre ;

3º Chauffer doucement au début et longtemps pour que l'acide carbonique du carbonate de soude et l'oxyde de carbone résultant de la réduction puissent s'éliminer avant la réaction de la silice et de l'alumine sur le sulfate de soude.

Les gaz produits par la réaction :

$$Na^2CO^3 + 3S + C = Na^2S^3 + CO^2 + CO$$

occupent à la température de réaction un volume au moins 400 fois plus grand que celui du mélange ; il faut donc leur laisser le temps de s'éliminer.

En outre, le kaolin doit contenir de l'eau d'hydratation, mais pas en quantité trop élevée, ce qui nécessiterait une augmentation de la quantité de soufre.

La transformation du vert en bleu d'outremer s'opère quantitativement par l'action de l'air; les verts d'outremer pauvres en soufre exigent en outre l'action de l'acide sulfureux à 350º ou de l'acide sulfureux et de la vapeur d'eau à 250º.

Le bleu d'outremer peut être transformé en *violet d'outremer* dans certaines conditions, en perdant du sodium.

C'est le professeur Leykauf, de Nürnberg, qui a introduit dans le commerce le violet d'outremer. Pour le préparer, il chauffait l'outremer bleu avec du chlorure de calcium qui, sous l'influence de la chaleur, se dissocie en donnant de l'acide chlorhydrique qui réagit sur l'outremer bleu. Ensuite on chauffa le bleu d'outremer à 200º avec un mélange de sel ammoniac et de nitrate d'ammoniaque ; l'opération se faisait en creuset et l'on obtenait directement un beau violet.

Le sel ammoniac et le nitrate réagissent suivant l'équation :

$$2AzH^4Cl + 2AzH^4AzO^3 = Cl + 6H^2O + 5Az$$

Le chlore ainsi produit attaque le bleu d'outremer en lui enlevant du sodium et le transformant en violet.

D'après Wunder, la meilleure façon d'obtenir du violet pur consiste à faire réagir sur le bleu d'outremer un mélange de chlore, d'acide chlorhydrique et de vapeur d'eau (produit dans le four même par le chlorate de potasse et l'acide chlorhydrique) à une température de 150 à 170°.

Si la température s'abaisse au-dessous de 150°, le violet commence à se transformer en outremer rouge.

La production de cet *outremer rouge* se fait en laissant la température du four s'abaisser à 150°, lorsque le bleu est entièrement transformé en violet et en vaporisant de l'acide chlorhydrique (sans addition de chlore) sur la sole du four. Entre 150° et 130° le rouge se forme ; au-dessous de 120°, le rouge serait décomposé par les vapeurs d'acide chlorhydrique et d'eau.

Composition des divers outremers.

Le bleu d'outremer riche en silice et en soufre peut être considéré comme possédant la constitution : $Si^6Al^4Na^6S^4O^{20}$.

Lors de la transformation en violet, le bleu perd une de ses 6 molécules de sodium qui se trouve enlevée à l'état de NaCl ; pendant la préparation du rouge il y a encore 2 molécules de sodium qui sont éliminées.

Dans le tableau ci-dessous et dans le tableau page 183 nous résumons les données publiées sur ce sujet.

. Outremer pour sucre.

(Analyses de C. Prinsen-Geerligs)

	1	2	3	4	5	6	7	8	9
Couleur + 10 p. gypse.	bleu	violet	bleu	très pâle	très pâle	bleu	bleu	violet	bleu
Ac. silicique . . .	39,88	40,50	38,95	25,20	9,50	38,20	38,20	40,42	39,30
Alumine	27,84	26,90	28,80	19,20	6,00	28,33	28,36	25,96	26,20
Soude	17,97	16,30	16,57	10,29	3,74	16,32	17,44	17,85	17,70
Chaux	—	0,53	—	11,90	26,36	—	0,56	—	—
Soufre total . . .	17,20	13,81	13,80	16,08	18,82	13,71	12,97	13,42	14,53
Soufre à l'état de SO	—	0,27	—	8,50	15,16	0,50	0,44	0,46	0,23
Soufre — H²S	2,45	1,84	2,20	0,62	0,50	1,88	1,87	2,11	2,30
— — polysulf	10,70	11,70	11,60	6,96	3,16	11,33	10,66	10,85	12,00
Eau	0,80	0,94	1,58	0,98	1,47	1,66	1 37	4,40	4,60

Composition de divers outremers.

	Outremer vert (PHILIPP)	Outremer bleu pauvre en silice. (PHILIPP)	Outremer bleu riche en silice. (WUNDER)		Outremer violet (WUNDER)		Outremer rouge (WUNDER)		Bleu lumière (WUNDER)		Outremer argentique (HEUMANN)	
	$^0/_0$	$^0/_0$	$^0/_0$	composit.	$^0/_0$	composit.	$^0/_0$	composit.	$^0/_0$	composit.		$^0/_0$
Na	17,02	15,66	14,2	Na^6	11,7	Na^5	8,1	Na^3	11,9	Na^5	Sodium	1,07
Al	15,81	15,39	13,4	Al^4	13,1	Al^4	13,3	Al^4	13,4	Al^4	Alumine	9,1
Si	17,51	16,87	19,2	Si^6	19,4	Si^6	19,3	Si^6	19,7	Si^6	Silicium	10,09
S	7,91	5,69	15,3	S^4	13,3	S^4	15,2	S^4	12,7	S^4	Soufre	4,75
O			37,9	O^4	42,1	O^{25}	43,4	O^{25}	42,0	O^{25}		
H					0,38	H^3	0,72	H^5	0.62	H^5	H^2O	0,61
											argent	47,97
											Résidu d'alumine	0,81

Hoffmann a donné l'analyse suivante :

Silicium	18	18,20
Aluminium	16,11	16,10
Sodium	17,05	17,30
Soufre	8,4	8,40
Oxygène	40,80	40,00

Voici la composition d'un outremer bleu pur indiquée par MM. Hoffmann et Metzener (1) :

SiO^2	44,6 à 41 0/0
Al^2O^3	27,3
Sodium	13,9
Soufre	11

Propriétés. — Usages.

Le bleu d'outremer est assez résistant et complètement inoffensif, il est employé en grandes quantités pour l'azurage des papiers et du linge. Pour ce dernier usage le blanchissage le consomme aggloméré en boules ou en tablettes.

En peinture on l'emploie à l'eau et à l'huile ; son pouvoir couvrant est peu satisfaisant ; il en est de même du violet d'outremer. Quant au rouge d'outremer son manque de pouvoir couvrant en restreint l'emploi.

Le vert d'outremer couvre assez bien, mais son manque d'éclat lui fait préférer d'autres couleurs vertes.

BLEU DE PRUSSE

Synonymes : *Bleu de Berlin, Bleu de Paris, Bleu d'acier.*
Sous ces différents noms on désigne le ferrocyanure ferrique plus ou moins mélangé de matières étrangères.
Ce composé répond à la formule chimique

$$Fe^7(CAz)^{18}$$ c'est-à-dire $[Fe(CAz)^6]^3Fe^4$

plus un nombre variable de molécules d'eau suivant son mode de préparation.
Découvert en 1704 par Diesbach et Dippel de Berlin (d'où son nom de bleu de Prusse) sa fabrication fut décrite en 1724 par Woodward (Société royale de Londres) et depuis cette époque le principe de la fabrication n'a subi que certaines modifications de détail ; il consiste à précipiter du ferrocya-

(1) *Ber. d. deutsch. Chem. Gesellschaft*, 1905, p. 2482.

nure de potassium par du sulfate ferreux et à oxyder le précipité par l'action de l'air ou d'autres oxydants.

Fabrication.

Le procédé de préparation théoriquement plus simple qui
consiste à précipiter un sel ferrique tel que le perchlorure de
fer par du ferrocyanure de potassium est moins employé car
il ne fournit pas des produits aussi beaux que le précédent.

Les matières premières pour la préparation du bleu de
Prusse sont donc constituées par :

1o Un sel ferreux soit le chlorure, soit le sulfate ;

2o Le ferrocyanure de potassium ou de sodium commercial ou les matières épurantes du gaz ;

3o Un oxydant : chlorure de chaux. hypochlorite de soude,
chlorate de potasse, acide chromique, perchlorure de fer,
acide azotique, etc. Ces composés étant employés en présence
d'acide chlorhydrique, le véritable oxydant est le chlore et
toutes les substances en fournissant sont utilisables.

Le sel ferreux doit être choisi suivant la nature du sel oxydant que l'on se propose d'employer. Lorsqu'on fait usage de
chlorure de chaux et que l'on désire obtenir un bleu chargé,
on emploie le sulfate de fer, car au moment de l'oxydation il
se produit, par double décomposition, du sulfate de chaux
qui se dépose avec le bleu de Prusse.

Si l'on veut obtenir un bleu non chargé au moyen de ce
même oxydant, il faut employer le chlorure ferreux.

Quand on oxyde avec de l'hypochlorite de soude (Eau de
Javel) ou avec les autres oxydants, on emploie indifféremment
le chlorure ou le sulfate de fer.

Le sulfate de fer est un produit que l'on trouve à très bas
prix dans le commerce; nous n'en décrirons pas la fabrication. Le chlorure ferreux se prépare en dissolvant des débris
de fer (cercles de tonneaux. vieilles tôles, etc.) dans l'acide
chlorhydrique ordinaire étendu de son volume d'eau.

Il faut laisser constamment du fer en excès pour assurer la
complète saturation de l'acide et précipiter le cuivre, qui,
contenu dans la ferraille, aurait pu entrer en solution.

L'attaque terminée, le liquide est abandonné au repos dans
un autre récipient et décanté.

Le sulfate ferreux peut être dissous dans l'eau très légèrement acidulée par l'acide sulfurique et la solution décantée
est directement employée.

Le ferrocyanure de potassium ou de sodium est dissous dans l'eau de façon à obtenir une solution de 5 à 10 0/0, c'est-à-dire qu'on ajoute 100 kgr. du sel dans 1000 à 2000 litres d'eau.

Comme le bleu de Prusse doit être soumis à de nombreux lavages à l'eau et que l'on opère par décantation, il importe essentiellement d'obtenir un produit qui se dépose assez rapidement. Ce résultat dépend de la concentration des solutions qu'il faut choisir assez élevée pour le sel ferreux ; en outre on opère la précipitation en présence d'un excès de ferrocyanure de potassium en ajoutant la solution ferreuse dans le ferrocyanure. La nature physique du précipité dépend aussi de la température à laquelle on opère, et en effectuant la précipitation au bouillon, on obtient un produit déposant très bien.

Que l'on ait employé le sulfate ou le chlorure de fer pour l'obtention du ferrocyanure ferreux, la pâte obtenue est oxydée de différentes façons.

Lorsque l'on emploie le chlorure de chaux, on effectue l'oxydation dans la cuve même où le ferrocyanure ferreux a été précipité : on décante l'eau claire surnageante et l'on ajoute de l'acide chlorhydrique.

Si l'on a travaillé avec 100 kgr. de ferrocyanure, ce qui nécessite l'emploi d'une solution de chlorure ferreux obtenue en saturant par le fer 75 kgr. d'acide chlorhydrique à 21-22° Baumé, on ajoute au précipité 25 kgr. d'acide chlorhydrique et l'on porte le tout à l'ébullition au moyen d'un jet de vapeur barbotant dans le liquide. On ajoute ensuite de l'eau froide pour diluer le volume à 2000 litres et l'on introduit dans le mélange fortement agité un lait de chlorure de chaux jusqu'à ce que le liquide sente le chlore d'une façon persistante.

Dans cette opération deux précautions essentielles doivent retenir l'attention :

1° Le liquide doit *toujours rester fortement acide* ;

2° Il ne *faut pas* introduire *un excès de chlore*, car alors la nuance du bleu obtenu virerait au vert. Pour obtenir les belles marques rougeâtres, il importe de ne pas dépasser la dose d'oxydant, de la maintenir même un peu faible ; le séchage à l'air achèvera l'oxydation.

En tenant compte de ces données on pourra donc à volonté produire des bleus rougeâtres ou verdâtres et réaliser toutes les nuances, depuis le *bleu de Berlin* (1), variété à reflets très

____

(1) Une variété très pure, préparée par l'azotate ferrique et le

rougeâtres, jusqu'au *bleu d'acier* ou bleu Flore, variété de nuance plus bleu-verdâtre.

Pour obtenir des bleus à bas prix, on charge le bleu de Prusse avec des proportions importantes de sulfate de baryte (de 90 à 98 0/0) et ces produits se vendent en quantité considérable sous le nom de *bleus charrons* ; ils contiennent à peine de 2 à 6 0/0 de bleu de Prusse et même bien souvent ce dernier est remplacé en tout ou partie par une laque bleue.

L'addition du sulfate de baryte est effectuée dans la pâte de bleu lavée ; certains fabricants mélangent à sec dans des broyeurs du sulfate de baryte naturel, du bleu de Prusse en faible quantité, de l'outremer et une laque bleue semblable à celles décrites plus loin.

L'emploi du ferrocyanure de potassium ou du ferrocyanure de sodium est intéressant pour les fabriques disposant d'une place limitée et tenant à produire rapidement, mais quelques industriels préparent le bleu de Prusse en partant directement des matières épurantes du gaz.

Ces matières débarrassées du soufre au moyen des dissolvants usuels des corps et des sels ammoniacaux, par lavage, sont mélangées à la chaux grasse éteinte. Le mélange retourné plusieurs fois pour assurer l'homogénéité de la masse est épuisé par l'eau dans des cuves en bois munies de faux-fonds perforés, la circulation de liquide est effectuée de façon méthodique.

La solution de ferrocyanure de calcium ainsi préparée donne avec du chlorure ferrique un précipité de bleu de Prusse, on peut aussi la traiter par le chlorure ferreux et procéder à une oxydation subséquente.

Donath et Ornstein (Br. all. 110.097) ont préconisé une extraction directe du bleu de Prusse des masses épurantes du gaz. Un premier traitement par HCl dilué enlève l'oxyde de fer libre, après quoi le bleu de Prusse du mélange est extrait au moyen d'HCl concentré. Une addition d'eau le reprécipite du mélange.

La Deutsche continental Gaz Gesellschaft (Br. américain 712.726, 20 juin 1901), élimine d'abord par chauffage les sels ammoniacaux volatils de la masse épurante, un traitement par l'acide sulfurique transforme le sulfure de fer en sulfate,

---

ferrocyanure, se nomme Bleu de Paris (Pariser Blau) en Allemagne (Ladenbourg).

on sépare par filtration le sulfate d'ammonium formé et la boue est traitée par des agents d'oxydation

Propriétés. — Usages.

Lorsqu'il est bien sec et bien préparé le bleu de Prusse se présente en masse bleu foncé, sans odeur ni saveur, présentant des reflets cuivrés lorsqu'on le frotte ou qu'on le casse. Sa couleur qui est bleue à la lumière solaire paraît verdâtre à celle du gaz. Il est doué d'un énorme pouvoir colorant, mais ne possède qu'une solidité très relative, car les acides le décomposent plus ou moins vite selon leur concentration ; les composés alcalins l'attaquent énergiquement, en outre il est assez rapidement décoloré à la lumière solaire ; somme toute c'est donc une couleur médiocre, mais malgré cela extrêmement employée surtout pour la préparation des verts par mélange.

Il contient généralement 18 molécules d'eau qu'il est impossible d'éliminer sans provoquer une décomposition partielle du produit. Il est soluble dans le tartrate d'ammoniaque, l'acide oxalique, les ferrocyanures ; et aussi dans les solutions alcooliques d'acide ferrocyanhydrique.

L'acide chlorydrique concentré le dissout légèrement (Wyrouboff, les solutions alcooliques d'acide chlorhydrique le dissolvent plus abondamment (Coffignier).

Le bleu de Prusse n'est pas directement soluble dans l'huile de lin ; mais par cuisson prolongée de ces deux produits on obtient une huile brunâtre qui se colore à l'air en bleu verdâtre pendant le séchage. Cette propriété est mise à profit dans la préparation de vernis pour cuirs, afin de complémenter la nuance brune du noir de fumée et d'obtenir des noirs francs.

Ainsi qu'il est dit plus haut le bleu de Prusse chargé de sulfate de baryte se nomme *bleu charron* ; chargé d'amidon on l'appelle *bleu fécule* ; quand il contient du sulfate de baryte et du kaolin il prend le nom de *bleu minéral*.

Enfin préparé en solution légèrement ammoniacale il est connu sous le nom de *bleu Monthiers*.

Un bleu de Prusse particulier appelé *bleu d'antimoine* s'obtient en additionnant d'acide chlorhydrique une solution d'émétique (tartrate de potasse et d'antimoine), ce qui donne naissance à un précipité blanc. Ce précipité est mis en contact avec une dissolution de ferrocyanure de potassium et lavé plusieurs fois à l'acide chlorhydrique.

Analyse

Au point de vue qualitatif, on caractérise le bleu de Prusse en le traitant à chaud par un alcali, soude ou potasse.

Le bleu de Prusse se décolore, devient jaunâtre ; mais il ne faut pas s'en tenir là, car beaucoup de laques, ne résistant pas aux alcalis, fournissent la même réaction.

On filtre et la dissolution qui passe est acidulée, puis additionnée d'un sel ferrique, perchlorure de fer, par exemple, qui précipite à nouveau du bleu de Prusse ; car l'action de la soude ou de la potasse a eu pour résultat de reformer et de mettre en liberté du ferrocyanure de sodium ou de potassium.

Le dosage peut s'opérer en précipitant comme ci-dessus par un alcali, filtrant l'hydrate ferrique mis en liberté par la réaction

$$(\mathrm{FeCy^6})^3\mathrm{Fe^4} + 12\,\mathrm{NaOH} = 3\mathrm{FeCy^6Na^4} + 4\mathrm{Fe(OH)^3}$$

Le fer est dosé en dissolvant l'hydrate dans un acide, le ramenant à l'état de sel ferreux par un réducteur (zinc et acide) et titrant la solution au permanganate de potasse.

M. Ch. Coffignier recommande l'emploi de sa méthode de dissolution du bleu de Prusse au moyen d'alcool propylique et d'acide chlorhydrique :

On opère à chaud, on filtre, puis le bleu est précipité par addition d'eau distillée et pesé après séchage.

BLEU DE TURNBULL

Synonyme : *Bleu de France.*
Ce produit est du ferricyanure ferreux

$$[\mathrm{Fe(CAz)^6}]^2\mathrm{Fe^3}$$

que l'on prépare en précipitant une dissolution d'un sel ferreux employé en excès, par une solution de ferricyanure de potassium (prussiate rouge). Le produit est lavé et séché ; il renferme de l'eau de cristallisation dont on ne peut le débarrasser complètement par la chaleur sans décomposition. Sa teinte bleue est très belle, sa cassure est mordorée comme celle du bleu de Prusse ; il ne présente sur cette dernière couleur aucun avantage : son emploi est sensiblement nul.

BLEU ÉGYPTIEN

Synonymes : *Bleu cœruleum, bleu antique.*

Cette couleur, qui paraît abandonnée aujourd'hui, date de la plus haute antiquité : Théophraste dans son Traité des pierres indique que les Égyptiens savaient la produire ; Pline et Vitruve la signalent également et ce dernier en décrit même la préparation.

Davy, lorsqu'il fut envoyé par le prince régent d'Angleterre pour dérouler les manuscrits carbonisés de Pompéï et d'Herculanum, eut l'occasion de trouver cette couleur parmi les ruines et en fit l'analyse qualitative; il trouva les corps suivants : silice, soude, alumine, chaux et oxyde de cuivre.

20 ans plus tard, Darcet en fit la synthèse, mais tint ses procédés secrets; l'analyse de son produit faite par M. de Fontenay le montre formé de :

Silice	60,13
Chaux	17,21
Oxyde de cuivre	17,92
Fer et alumine	1,02
Soude	3,65
Magnésie	traces
	99,93

Un échantillon de bleu cœruléum, provenant des fouilles d'Autun, découvert dans la boutique d'un peintre romain, a donné à l'analyse :

Silice	70,25
CuO	16,44
Chaux	8,35
Fer et Al²O³	2,36
Soude	2,83
	100,23

Se basant sur ces données, M. de Fontenay a pu reproduire ce bleu au moyen du mélange suivant :

Sable blanc	70	parties.
Oxyde de cuivre	15	—
Craie	25	—
Carbonate de soude sec	6	—

Ce mélange, malaxé en boules, est fritté en le chauffant très lentement et progressivement jusqu'à 950° à 1000°, température qu'il ne faut pas dépasser, mais maintenir quelque temps ; la coloration se développe à la surface des boules et pénètre progressivement jusqu'au centre avec une très grande lenteur ; il faut répéter deux fois l'opération pour avoir toute la masse colorée. Le produit obtenu est tout à fait analogue au cœruleum, comme couleur, texture et parfaite inaltérabilité.

Cette couleur est, probablement, un silicate de chaux et de cuivre ($4SiO^2,CuO,CaO$).

BLEU DE MONTAGNE

Synonymes : *Malachite, Azurite. Bleu minéral, Chessislyte.*

C'est un sesquicarbonate de cuivre naturel que l'on trouve en Sibérie, en Hongrie et à Chessy, près de Lyon. Cette couleur brunit par l'hydrogène sulfuré et sa nuance vire au vert à la lumière. Elle est employée surtout à la chaux et à l'eau, ne convient pas à l'huile ; elle est vénéneuse.

CENDRES BLEUES

Synonyme : *Bleu de montagne artificiel.*

Ce produit est formé de carbonate basique de cuivre, de carbonate de chaux et de sulfate de chaux. Le meilleur produit vient d'Angleterre et le procédé de préparation est peu connu.

On précipite un sel de cuivre par un lait de chaux ; le précipité est malaxé avec une dissolution de carbonate de soude et ensuite agité avec une dissolution de sulfate de cuivre et de chlorhydrate d'ammoniaque.

En France, on le prépare en traitant une solution de sulfate de cuivre à 36° Bé (240 litres) par une dissolution de chlorure de calcium à 40° Bé. Il se précipite du sulfate de chaux et la liqueur surnageant, constituée par du chlorure de cuivre, reçoit un lait de chaux à 30 0/0 (85 kilogr). La liqueur qui surnage le précipité, après cette addition, ne doit plus donner de coloration bleue quand on ajoute de l'ammoniaque à une prise d'essai, ce qui serait le signe de la présence de cuivre non précipité et dans ce cas on rajouterait du lait de chaux jusqu'à précipitation totale.

Le carbonate basique de cuivre ainsi obtenu est additionné

d'un peu de chaux et malaxé avec une dissolution de potasse perlasse, puis on additionne la pâte d'une solution de sulfate de cuivre et de chlorhydrate d'ammoniaque jusqu'à ce qu'une prise d'essai filtrée montre dans les eaux la présence du cuivre, au moyen de la réaction à l'ammoniaque.

Après 4 à 5 jours de repos, on décante le liquide surnageant, on lave le précipité et on l'égoutte.

Ce produit se livre généralement en pâte. Pour l'avoir en poudre, il faut le sécher à très basse température.

Cette couleur s'emploie à l'eau ; elle est solide à la chaux, mais présente tous les inconvénients du bleu de montagne.

BLEU DE BRÊME

Synonymes : *Bleu Péligot, bleu d'oxyde de cuivre.*

Cette couleur inemployée est constituée par de l'oxyde de cuivre hydraté, précipité du sulfate de cuivre par la chaux, puis redissous dans l'ammoniaque et reprécipité par un alcali ; de cette façon on l'obtient de couleur bleue.

BLEUS DE COBALT

Bleu d'azur.

Synonymes : *Bleu de Smalt, bleu de Saxe, safre, bleu d'émail, verre de cobalt, bleu de Schneeberg, bleu d'Eschel.*

Ce produit est un verre à base de cobalt, c'est-à-dire un silicate double de cobalt et de potasse obtenu en faisant fondre au four de verrerie un mélange de sable (2 p.), de carbonate de potasse (1 partie) et d'une quantité variable d'arsénio-sulfure de cobalt préalablement grillé à l'air. Lorsque la masse est devenue liquide, on l'écume et on la fait couler en filet dans l'eau froide où elle se pulvérise ; on termine par un broyage à l'eau et on lévige pour classer les poudres.

C'est une couleur très solide et complètement inoffensive, mais d'un prix assez élevé, son pouvoir couvrant est trop faible pour en permettre l'emploi en peinture à l'huile.

Bleu Thénard.

Synonymes : *Outremer de Gahn, bleu de Leithener.*

Combinaison d'alumine et d'oxyde de cobalt obtenue en

précipitant un sel de cobalt par l'aluminate de soude ou par un mélange de carbonate de soude et d'alun.

On sèche et on calcine le précipité

Cette couleur peut s'employer à l'huile ou à l'eau.

LAQUES BLEUES

On consomme peu de laques d'aniline de cette couleur dans la peinture à l'huile ; cela tient, d'une part, à l'abondance, à la bonne qualité et au bon marché des couleurs bleues minérales; d'autre part, à l'absence de couleur organique donnant un bleu véritablement solide à la lumière et à l'action oxydante de l'huile, exception faite pourtant de l'*indanthrène* qui donne une laque d'une solidité parfaite, supérieure même à celle des laques d'alizarine, dont il est proche parent.

Le bleu de méthylène donne une excellente laque utilisable en papiers peints ; cette couleur est laquée au moyen de tanin sur support kaolin et sulfate de baryte. On met en œuvre:

    50 kgr. de sulfate de baryte ;
    50 —   de kaolin ;
    3   —   de colorant dissous dans 300 litres d'eau ;
    5   —   de tanin   )
    5   —   d'acétate de soude   ) dissous dans 200 litres d'eau.

Les bleus sulfonés de la série du triphénylméthane, c'est-à-dire les bleus alcalins (Mre Lyon^{se}) bleus Nicholson, bleus RS, 2RS, 3RS, BS (Poirrier), donnent des laques de nuances variables, suivant la marque employée, utilisables en peinture.

En outre les bleus cyanol fournissent des couleurs *solides à la chaux* de nuance très verdâtre et particulièrement aptes à la production de verts par mélange. Toutes ces matières colorantes se laquent par précipitation au chlorure de baryum.

Voici quelques formules donnant de bons résultats:

1. Préparer de l'hydrate d'alumine en précipitant :

    40 kgr. d'alun dissous dans 800 litres d'eau par
    10 —   de carbonate de soude en solution dans 200 litres d'eau.

Ajouter alors :

    10 à 15 kgr. de colorant dissous, dans 1500 litres d'eau,

puis peu à peu :

> 50 kgr. de sulfate de baryte, enfin
> 40 à 45 kgr. de chlorure de baryum dans 1000 litres d'eau
> à 30° C.

2. Dans 1000 à 1500 litres d'eau dissoudre :

> 10 kgr. de colorant

puis ajouter une dissolution de :

> 50 kgr. de sulfate de soude cristallisé dans
> 400 litres d'eau

enfin précipiter en versant la dissolution de :

> 110 kgr. de chlorure de baryum cristallisé dans
> 2000 litres d'eau.

3. Malaxer au broyeur :

> 100 kgr. de lithopone avec
> 6 — de sulfate de soude cristallisé dissous dans 50 litres
> d'eau,

y verser peu à peu :

> 4 à 5 kgr. de colorant dissous dans 150 litres d'eau, puis :
> 8 kgr. de chlorure de baryum cristallisé en solution dans
> 80 litres d'eau.

4. Dans :

> 100 litres d'eau, dissoudre
> 3 kgr. 500 sulfate de soude cristallisé
> 10 — carbonate de soude et ajouter
> 10 — sulfate de baryte

en agitant bien verser :

> 6 kgr. de bleu pur O (Poirrier) dissous dans
> 100 litres d'eau et 1 kgr. d'acide

puis couler la dissolution de :

> 30 kgr. chlorure de baryum dans
> 500 litres d'eau.

Filtrer et sécher à 50 - 60°.

V. — COULEURS VERTES

VERTS DE CUIVRE

Différents sels de cuivre possèdent une teinte verte qui les fait quelquefois employer comme couleur.

C'est ainsi qu'outre le carbonate de cuivre naturel CO^3Cu, $Cu(OH)^2$ *malachite* ou *vert de Montagne* employé en peinture artistique, on se sert quelquefois des produits suivants :

VERT MINÉRAL

Synonymes : *Vert de montagne artificiel, vert de Brunswick.*

C'est un carbonate de cuivre artificiel obtenu en précipitant une solution chaude de sulfate de cuivre par une dissolution de carbonate de soude.

VERT DE BRÊME

Synonyme : *Cendres vertes.*

C'est de l'oxyde de cuivre hydraté obtenu en précipitant du sulfate de cuivre en dissolution par une lessive de soude caustique plus ou moins carbonatée (la présence du CO^3Na^2 ne modifie pas la nuance).

M. Habich indique de préparer d'abord un chlorure de cuivre en attaquant ce métal par l'acide chlorhydrique naissant, on emploie :

Cuivre.	100 kgr.
Sel marin	60 —
Acide sulfurique étendu de 3 parties d'eau	30 —

On retourne fréquemment ce mélange pour que, au contact de l'air, le cuivre s'oxyde et entre en dissolution, puis cette pâte est additionnée de 100 kgr. de lessive de soude à 20° Baumé. Le précipité lavé est séché et pulvérisé finement.

VERDET

Synonymes : *Vert d'eau, vert de gris.*

Cette couleur est un acétate de cuivre plus ou moins basique obtenu en traitant le cuivre par de l'acide acétique au contact de l'air.

Dans le midi de la France on emploie du marc de vendange acétifié dans lequel on place des lames de cuivre. Au bout d'un contact de plusieurs semaines, ces plaques sont grattées pour en détacher le sel vert que l'on délaie dans l'eau. La bouillie obtenue, tamisée pour enlever les débris végétaux, est égouttée et séchée à l'air.

Souvent le verdet est additionné de charges variables, sulfate de baryte, sulfate de chaux ou kaolin et donne ainsi les différentes teintes du commerce.

Le *vert de Casselmann* s'obtient en précipitant à l'ébullition une dissolution de sulfate de cuivre par une autre d'acétate de soude.

VERT DE SCHEELE

Cette couleur est constituée par de l'arsénite de cuivre plus ou moins basique. On l'obtient en précipitant un sel de cuivre, par exemple la dissolution de sulfate suivante :

Sulfate de cuivre . . . . 1 kgr.
Eau . . . . 20 litres.

au moyen de la solution :

Acide arsénieux . . . . 0 cc. 320
Carbonate de soude . . . . 1 cc. 000

Le précipité vert est lavé et séché :

Le vert de Scheele correspond à l'un des deux arsénites de cuivre AsO^3CuH ou $(AsO^3)^2Cu^3$.

Il est très vénéneux ; on lui substitue quelquefois le vert de Schweinfurth, plus solide, mais aussi vénéneux.

VERT DE SCHWEINFURTH

Synonymes : *Vert de Leipzig, vert de Paris, vert impérial, vert royal, etc.*

Cette couleur est un acétoarsénite de cuivre de constitution :

$$CH^3 - CO - O \atop CH^3 - CO - O \Big> Cu, 3\, Cu\, As^2\, O^4$$

Sa découverte a été faite en 1712 par Rusz et Sattler à Schweinfurth en Bavière.

Préparation.

On peut :

1° Traiter du vert de gris (acétate de cuivre) par l'acide arsénieux (méthode de Liebig);

2° Précipiter un sel de cuivre soluble (sulfate ou chlorure) par de l'arsénite de soude et ajouter ensuite de l'acide acétique (procédé Maconnot).

Pour réaliser ce dernier procédé on fait bouillir 60 kgr. d'acide arsénieux, 80 kgr. de carbonate de soude et 500 litres d'eau. L'arsénite obtenu est ajouté à une dissolution aqueuse concentrée de 60 kgr. de sulfate de cuivre, en agitant continuellement. Le précipité verdâtre obtenu reçoit de l'acide acétique en quantité suffisante pour qu'il y en ait un assez grand excès. Au bout de quelques heures, il se produit un précipité complet de vert, cristallin, tandis que la liqueur surnageante est entièrement décolorée. On doit agiter lentement, mais ne jamais abandonner le liquide au repos, de façon à obtenir des cristaux très ténus afin de conserver à la couleur tout son éclat.

Propriétés. — Usages.

Couleur très vive, résistant bien à la chaleur et à la lumière, mais extrêmement vénéneuse, d'un emploi dangereux.

Ses propriétés toxiques sont mises à profit pour la préservation des bois et des carènes de navires, dans la préparation de *peintures sous-marines*, afin de détruire les infusoires et mollusques qui s'attachent aux coques des navires.

VERT DE NEUWIELD

Synonyme : *Vert Pickel.*

S'obtient en précipitant une dissolution de sulfate de cuivre (8 kgr.) dans l'eau chaude, par une solution d'acide arsénieux (4 kgr.), puis en ajoutant peu à peu un lait de chaux contenant 2 kgr. de chaux vive. Le précipité vert ainsi obtenu est lavé à froid, puis séché.

CENDRES VERTES

Si, dans la préparation précédente, au lieu d'ajouter la chaux en dernier, on sature d'abord de l'acide arsénieux (2 kgr.) par la chaux (1 kgr.) et que l'on précipite au moyen de cette dissolution d'arsénite de calcium, une solution de sulfate de cuivre (4 kgr.), on obtient un précipité formé d'arsénite de cuivre et de sulfate de chaux qui constitue cette couleur peu employée.

VERT MITIS

Synonymes : *Vert de Vienne, vert de Kirchberger.*

C'est de l'arséniate de cuivre obtenu par double décomposition entre une dissolution de sulfate de cuivre et une autre d'arséniate alcalin.

Par exemple, on emploie pour 20 parties de sulfate de cuivre en solution moyennement concentrée, 20 parties d'arséniate de potasse dans 100 parties d'eau.

Une variété de ce produit constitue le *Vert Paul Véronèse*, assez employé dans la peinture artistique.

VERT D'OXYDE DE CHROME

C'est du sesquioxyde de chrome Cr^2O^3.

On l'obtient, soit en calcinant le chromate d'ammonium ou le chromate de mercure, soit en réduisant un bichromate ou un chromate alcalin.

Au lieu de chromate d'ammonium, on peut employer un mélange de 3 parties de chromate de soude et 2 parties de sel ammoniac que l'on calcine dans un creuset, le produit est ensuite lavé plusieurs fois à l'eau.

La réduction du bichromate peut s'opérer soit par du soufre en égale proportion, au rouge dans un creuset de terre, soit en chauffant 4 parties de bichromate de potasse ou de soude avec 1 partie d'amidon ou de fécule.

Enfin on obtient dans une foule de préparations chimiques comportant une oxydation au bichromate, des sels de chrome résiduaires qui, convenablement traités par le carbonate de soude, donnent, après calcination et lavage, des verts d'oxyde de chrome à très bas prix et c'est là l'origine de la majorité des verts d'oxydes de chrome commerciaux.

VERT CASSELLI

Synonyme : *Vert de Casselli.*

C'est un oxyde de chrome obtenu en calcinant un mélange de :

Bichromate de potasse	10 kgr.
Sulfate de chaux.	3 —

Il se dégage de l'oxygène :

$$2Cr^2O^7K^2 + 2SO^4Ca = 2SO^4K^2 + 2CaO + 3O^2 + 2Cr^2O^3$$

Le produit de la calcination est traité par l'acide chlorhydrique pour éliminer la chaux, puis on termine par un lavage à l'eau qui élimine les sels solubles.

AUTRES VERTS D'OXYDE DE CHROME

Enfin, en précipitant un sel de chrome par de l'alumine en excès et calcinant le précipité ou calcinant directement un mélange d'oxyde de chrome et d'alumine, on obtient le *vert d'herbe de Salvetat.*

Si l'on ajoute au mélange, avant la calcination, du carbonate de cobalt, on obtient le *vert turquoise.*

VERT GUIGNET

Synonymes : *Vert émeraude, vert Pannetier, vert permanent, vert solide.*

C'est un hydrate de sesquioxyde de chrome déjà fabriqué par Pannetier au commencement du xixe siècle, par un procédé tenu secret. M. Guignet, après analyse, constata sa constitution et la présence de traces d'acide borique, il breveta en 1859 un procédé de fabrication au moyen de l'acide borique qui est actuellement employé.

Fabrication.

Dans des moufles en terre réfractaire chauffés à 400-450°, on introduit un mélange de 1 partie de bichromate de potasse et de 3 parties d'acide borique.

Il se forme des gâteaux boursouflés par suite du dégagement d'oxygène qui se produit pendant la calcination et l'on obtient une masse verte.

Il s'est formé un borate double de chrome et de potasse que l'eau bouillante décompose en borate acide de potasse soluble et en hydrate d'oxyde chromique $Cr^2O^3, 2H^2O$ insoluble.

Des eaux de lavage contenant l'acide borique on en extrait ce dernier qui retourne en fabrication.

Les équations de formation sont les suivantes :

1°) $\quad Cr^2O^7K^2 + 16Bo(OH)^3 = (Bo^4O^7)^3Cr^2 + Bo^4O^7K^2 + 24H^2O + 3O$

2°) $\quad (Bo^4O^7)^3Cr^2 + 20H^2O = 12Bo(OH)^3 + 2Cr^2O^3, 2H^2O$

Pour faciliter la pulvérisation du produit, on projette la masse sortant du four, encore à très haute température, dans de l'eau pour « étonner » le produit, cette eau se trouve en outre portée rapidement à l'ébullition et la deuxième réaction se produit.

Propriétés. — Usages.

Cette couleur, assez vive, présente la précieuse qualité d'être complètement inoffensive et inaltérable ; en outre, sa nuance ne varie pas à la lumière artificielle ; par contre, son pouvoir couvrant est faible. C'est une couleur très employée aussi bien à l'eau qu'à l'huile, malgré son prix assez élevé.

Lorsque le vert Guignet est additionné de jaune de zinc il se nomme *Vert Victoria*.

VERT MATHIEU-PLESSY

Synonymes : *Vert Dingler, vert Schnitzer, vert de chrome.*

C'est un phosphate de chrome, que l'on obtient mélangé de phosphate de chaux par double décomposition entre le bichromate de soude et le phosphate acide de chaux, en présence de sucre ou de cassonade agissant comme réducteur.

On emploie une solution au dixième environ et l'on fait bouillir jusqu'à ce que la masse soit d'un vert très vif ; le précipité filtré est lavé et séché.

On peut également précipiter le bichromate de potasse ou de soude par une dissolution de phosphate de soude (36 parties pour 15 de bichromate) et l'on peut ajouter comme réducteur de l'acide tartrique (6 parties) ou du sel de Seignette (tartrate de potasse et de soude).

Le phosphate de soude, fondu par la chaleur dans très peu d'eau, reçoit le mélange de bichromate et de tartrate finement pulvérisé ; la masse entre en effervescence, puis passe au jaune et lorsqu'elle est entièrement devenue verte on la traite par l'acide chlorhydrique, puis par l'eau bouillante.

Le phosphate de chrome ainsi préparé est spécialement dénommé vert Schnitzer.

VERT ARNAUDON

Cette couleur est constituée par du métaphosphate de chrome obtenu par l'action du phosphate d'ammoniaque (13 parties) sur le bichromate de potasse (15 parties).

Le mélange est chauffé à 180° jusqu'à ce que la matière soit devenue franchement verte. Le produit obtenu est épuisé par l'eau bouillante.

MANGANATE DE BARYTE

Synonymes : *Vert de Cassel, vert de Rosenstiehl.*

Le vert de Cassel est préparé en calcinant un mélange d'azotate de manganèse et d'azotate de baryum en y ajoutant une charge plus ou moins grande de sulfate de baryte.

Le vert Rosenstiehl s'obtient en projetant du bioxyde de manganèse finement pulvérisé dans de l'hydrate de baryte fondu par la chaleur. La masse verte obtenue est pulvérisée.

MM. Auger et Billy (1) concentrent de l'hydrate de baryte en solution jusqu'à pâte épaisse, puis ajoutent 5 parties (du poids de BaO) d'un mélange à parties égales de AzO^3K et AzO^3Na ; ensuite 1/4 de partie de MnO^4K. Par chauffage à 180°, la masse devient verte et après refroidissement un lavage élimine tous les sels solubles.

VERT DE COBALT

Synonymes : *Vert de Rinmann, vert de zinc.*

Fabrication.

On fait une pâte épaisse en broyant 15 parties de blanc de zinc avec une dissolution concentrée de 2 parties de nitrate de cobalt ou une quantité équivalente de sulfate de cobalt que l'on remplace même quelquefois par du phosphate.

La pâte obtenue est séchée à l'étuve, puis on la calcine au rouge sombre.

Propriétés. — Usages.

Cette couleur est considérée chimiquement comme un mélange de zincate et d'oxyde de cobalt contenant de 70 à 80 0/0 d'oxyde de zinc et de 12 à 20 0/0 d'oxyde de cobalt. Elle n'est pas vénéneuse, possède une belle nuance, peu altérable, mais c'est une couleur d'un prix élevé.

(1) *C. R. Ac. des Sciences, 138. 500.*

VERTS ANGLAIS

Synonyme : *Vert Milori*.

On désigne sous ce nom un mélange de jaune de chrome et de bleu de Prusse, chargé avec du sulfate de baryte.

Si l'on se reporte à la première partie de cet ouvrage, on verra que, pour obtenir par mélange une belle couleur verte, il faut employer un jaune le plus verdâtre possible et un bleu également très verdâtre.

Si le bleu ou le jaune étaient rougeâtres, la nuance serait peu vive, de ton rabattu.

Pour obtenir un beau produit, il faut donc mettre en œuvre un jaune de chrome contenant une molécule de sulfate de plomb et employer du bleu d'acier le plus verdâtre possible, d'une nuance qui ne serait pas marchande comme bleu et qu'il est facile d'obtenir, d'après les considérations que nous avons indiquées à propos de la préparation du bleu de Prusse.

En outre, les produits devront être extrêmement ténus et leur mélange le plus parfait possible.

Ces conditions sont réalisées soit en mélangeant les produits encore en pâte, soit en préparant le jaune de chrome au sein même du bleu de Prusse.

M. C. Weber a montré (1) que l'addition d'acide citrique dans la préparation du jaune de chrome, addition ayant pour effet d'empêcher de tourner le jaune obtenu, donne lieu à la formation d'une petite quantité de citrate de plomb et que c'est à ce dernier corps qu'il faut attribuer l'action favorable produite sur le phénomène de la *tourne* des jaunes de chrome.

Pour éviter complètement cet accident, il a formulé les conditions générales qu'il est nécessaire de réaliser :

1° Il faut produire le jaune en présence d'un excès de sel de plomb ;

2° Il faut donner naissance, simultanément avec le chromate, à un sel de plomb à *acide oxydable* ; ce sel doit être insoluble dans la liqueur acide résultant de la double décomposition.

3° Dans le cas où l'on emploierait, pour la précipitation, un sel de plomb dont l'acide libre serait capable de dissoudre le

(1) *Mon. Scientif.*, 1893, p. 27.

sel de plomb de l'acide oxydable, il faudrait opérer la double décomposition avec du chromate neutre et employer l'acide oxydable sous forme de sel alcalin.

Fabrication.

Industriellement, on s'adresse à l'acide ferrocyanhydrique ou plutôt à ses sels de sodium ou de potassium comme substance oxydable, ce qui permet de partir de l'azotate de plomb. Il suffira donc d'ajouter à la formule que nous avons donnée au chapitre jaune de chrome, une quantité suffisante de ferrocyanure de potassium et ce dernier sel joue encore un autre rôle, c'est un dissolvant du bleu de Prusse en pâte, de sorte que les verts obtenus sont particulièrement beaux, le mélange des deux produits étant alors absolument intime.

Comme acide organique, on peut également employer l'acide oxalique qui, en outre, dissout parfaitement le bleu de Prusse.

Les proportions indiquées par Vogel sont les suivantes :

Bleu de Paris	20 kgr.
Acide oxalique	2 —
Bichromate	40 —
Acétate de plomb.	100 —

Le vert préparé avec cette formule ne contient pas de sulfate de plomb et la beauté et les qualités des produits sont dues ici à la présence d'oxalate de plomb insoluble.

Si l'on emploie le bleu en pâte, on met en œuvre les quantités suivantes :

Bleu de Paris à 4 0/0 de substance sèche .	300 parties
Acide oxalique	2 —
Bichromate de potassium	18 —
Acétate de plomb	50 —

Si l'on emploie comme sel oxydable et comme dissolvant du bleu de Prusse le ferrocyanure de potassium, on prendra :

Bleu de Paris à 4 0/0 de substance sèche .	300 parties
Ferrocyanure de potassium	2,4 —
Bichromate de potassium.	18 —
Acétate de plomb	50 —

Le bleu est préalablement dissous à l'ébullition par ébullition avec le ferrocyanure.

Enfin, on obtient des résultats tout à fait remarquables en

remplaçant l'acide oxalique par l'oxalate d'ammoniaque qui dissout peut-être un peu moins facilement le bleu, mais réduit bien moins le bichromate et par suite donne un meilleur rendement :

Bleu de Paris (pâte à 4 0 0)	300 parties.
Oxalate d'ammoniaque	3 —
Bichromate de potassium	18 —
Acétate de plomb	50 —

Enfin on obtient des résultats tout particulièrement intéressants en faisant usage de sous-acétate de plomb (comme nous l'avons indiqué au chapitre jaune de chrome), d'acide oxalique et de ferrocyanure de potassium :

	1	2	3
Acétate de plomb	100	100	100
Litharge broyée à l'eau	50	50	50
Bichromate de potassium ou de sodium	50	50	50
Bleu de Prusse (sec)	25	50	100
Acide oxalique	4	7	15
Ferrocyanure de potassium	5,5	10	13

Les 3 formules ne diffèrent que par les quantités croissantes de bleu incorporé qui font bleuter la nuance proportionnellement.

L'acétate de plomb et la litharge sont mis à digérer pour la préparation du sous-acétate.

L'acide oxalique et le ferrocyanure sont dissous dans 300 litres d'eau bouillante et le bleu y est projeté peu à peu, en poudre très fine, tout en maintenant le bouillon.

Si le bleu est en pâte, on la délaie avec l'acide oxalique et le ferrocyanure.

On ajoute alors la solution de bichromate puis peu à peu, en agitant, le sous-acétate de plomb.

Le produit est lavé 3 fois par décantation.

Pour constituer les produits commerciaux, les verts ainsi obtenus sont chargés avec différentes matières notamment le sulfate de baryte; en outre on ajoute toujours un peu d'alumine que l'on forme au sein même du précipité avant le lavage.

La charge est ajoutée soit au cours de la précipitation, soit au produit terminé alors qu'il est encore en pâte.

La quantité de charge introduite est très variable et atteint souvent jusqu'à 1000 pour cent.

Les verts ainsi chargés constituent les *verts anglais* plus ou moins fins ou extra-fins.

Lorsqu'on y incorpore en outre des noirs ou des bruns qui en ternissent la nuance en les rendant plus olive, ils prennent le nom de *verts à voiture* ou *verts à wagon*, *verts russes*, etc.

Propriétés. — Usages.

Les verts anglais ont une solidité à la lumière très faible, cela tient à leur composition ; le bleu de Prusse est comme nous l'avons vu très sensible à l'action de la lumière et le jaune de chrome est lui-même peu solide.

Le pouvoir couvrant est bon, sauf pour les qualités trop chargées.

Malgré ces défauts la consommation de cette couleur est très grande à cause de son bas prix.

Analyse.

On y dose le jaune de chrome, le bleu de Prusse et la charge en opérant comme pour chaque corps isolément.

Pour le bleu M. Chenevier (1) emploie la méthode suivante :

Broyer 4 gr. de vert dans 10 cc. d'eau et 5 cc. d'acide chlorhydrique ; ajouter 20 cc. de sulfate ferreux à 20 0/0, broyer et abandonner 10 minutes.

Décomposer le bleu en ajoutant de la soude caustique à 36° Baumé et introduire le tout dans un ballon jaugé de 200 cc. Faire bouillir et compléter à 200 cc. avec de l'eau après refroidissement.

Prélever 100 cc. du liquide décanté, aciduler franchement par SO^4H^2 et titrer au permanganate à 1 gr. 2 par litre : 12 cc. 9 de la solution de MnO^4K équivalent à 0 gr. 25 de bleu de Prusse. Soit n le nombre de centimètres cubes trouvé, la teneur en bleu du vert analysé sera :

$$\frac{n \times 100 \times 0,25}{2 \times 12,9}$$

Voici quelques résultats indiqués par M. Coffignier.

(1) *Mon. Scientif.*, 1899, p. 526.

DESALME ET PIERRON. Couleurs, Peintures, Vernis. 12

	BLEU	JAUNE	SULFATE DE BARYTE
Vert anglais surfin nᵒ 1	2	5	93
Vert anglais surfin nᵒ 2	1,60	5,40	93
Vert anglais surfin nᵒ 3	1,30	5,70	93

Vert impérial

Bleu de Prusse	10
Jaune de chrome	4
Noir de charbon	7
Terre de Cassel	17
Sulfate de baryte	62

Vert wagon (Orléans)

Bleu de Prusse	770
Jaune de chrome	990
Noir de charbon	150
Terre de Cologne	115
Blanc de silice	8500

Verts à voitures lourds

	demi-fin	fin	surfin
Bleu de Prusse	10	10	10
Jaune de chrome	4	4	4
Noir de charbon	7	7	7
Terre de Cologne	17	17	17
Sulfate de baryte	120	62	40

Verts à voitures légers demi-fins

Bleu de Prusse	1	1	1	1
Jaune de chrome	0,4	0,4	0,8	1,2
Noir de charbon	0,7	1,2	1,2	0
Terre de Cassel	1,7	1,7	3,0	5
Blanc de silex	19	19	19	19

Verts à voitures légers surfins

Bleu de Prusse	3	3	3	3
Jaune de chrome	1,2	1,2	2,4	3,6
Noir de charbon	2,1	3,6	3,6	0
Terre de Cassel	5,1	5,1	9,6	15
Blanc de silex	19,5	19,5	19,5	19,5

VERTS DE ZINC

Ces produits, dont l'emploi se développe constamment, sont formés de mélanges de jaune de zinc et de bleu de Prusse.

Comme pour le cas des verts anglais, on doit préparer un jaune de zinc le plus verdâtre possible et employer du bleu de Prusse plutôt vert que rougeâtre.

On prépare d'abord le jaune de zinc en pâte, puis, sans le laver, on y ajoute en malaxant énergiquement, le bleu de Prusse que l'on peut préparer légèrement acide et incomplètement oxydé, car, ainsi que nous l'avons indiqué, lors de la préparation du jaune, il reste du chrome dans les eaux : du reste, même avec un bleu de Prusse normalement préparé, l'excès d'oxydant ainsi apporté n'est nullement nuisible, il donne au contraire un ton plus vif au vert.

Le vert étant produit, on lave une ou deux fois au maximum, par décantation et l'on sèche après avoir incorporé le plus souvent une charge de sulfate de baryte ou de sulfate de chaux.

Les nuances commerciales correspondent comme numérotage à celles des verts anglais.

Ces produits sont beaucoup moins toxiques que les verts anglais, puisqu'ils ne contiennent pas de plomb : mais il ne faut pas croire qu'ils sont d'une innocuité absolue, la présence du chrome dans leur molécule les rend également insalubres quoique à un bien moindre degré.

C'est pourquoi ils tendent à se substituer, pour tous les usages, aux verts anglais ; leur solidité est plutôt meilleure.

TERRE VERTE

Synonymes : *Terre de Vérone, vert de pierre.*

Sous ces noms, on désigne des argiles naturelles contenant du fer et que l'on trouve assez abondamment en France, Italie, Hongrie, Allemagne, etc.

Les terres brutes sont traitées à la façon des ocres.

Voici la composition d'une terre de Vérone, d'après Delesse :

Silice	51,21
Alumine	7,25
Oxyde ferreux	20,72

Magnésie	6 16
Soude	6,21
Bioxyde de manganèse	traces
Humidité	4,49

Ces argiles vertes donnent des couleurs très solides, mais totalement dépourvues d'éclat. Souvent on les remonte avec des couleurs d'aniline, c'est-à-dire que l'on se sert de certains de ces silicates naturels, de nuance vert terne, par exemple la *serpentine*, comme support de laques, ce qui produit, lorsqu'on emploie des verts d'aniline solides aux alcalis, des *couleurs laquées* susceptibles d'emploi comme *verts a la chaux*.

Laques vertes.

Les couleurs minérales vertes étant abondantes et d'un bas prix, on fabrique peu de laques vertes pour l'usage de la peinture.

En revanche, pour la fabrication des papiers peints, on en prépare de grandes quantités.

La plupart sont obtenues à l'aide de colorants soit basiques, soit acides.

C'est ainsi qu'en précipitant une solution de vert JEEE par son poids de tanin également en solution, sur 5 à 6 fois son poids de sulfate de baryte, ou sur une laque jaune déjà préparée, on obtient toute une gamme de verts.

On peut également employer le vert brillant.

Comme couleur acide, on peut employer le vert sulfo ou le vert acide B que l'on précipite par le chlorure de baryum.

Enfin, on peut produire des verts à très bas prix en malaxant une pâte d'un silicate naturel, tel que la serpentine, avec une solution de vert JEEE, sans addition d'aucun précipitant.

VI. — COULEURS VIOLETTES

Les teintes violettes se préparent le plus souvent par mélange de bleu et de rouge en suivant les règles que nous avons exposées dans la première partie de cet ouvrage : néanmoins il existe quelques couleurs violettes d'un usage assez répandu.

VIOLET DE NUREMBERG

Synonymes : *Violet minéral, violet de Leykauf, violet de Bourgogne.*

C'est un phosphate de manganèse spécial que Leykauf a obtenu en fondant un mélange de bioxyde de manganèse et d'acide phosphorique.

La masse est ensuite traitée par le chlorhydrate d'ammoniaque en dissolution, donne de l'oxyde de manganèse qui est séparé par filtration et le liquide est évaporé à sec, puis calciné et jeté dans l'eau qui sépare ainsi une poudre violette que l'on fait sécher. Suivant que le produit contient plus ou moins de fer, la nuance varie ; il contient en outre du phosphate d'ammoniaque.

Sous le nom de *Violet de Bourgogne*, on désigne un phosphate de manganèse identique au violet de Leykauf, mais préparé à l'usine Gaudrillet et Lefebvre à Dijon, par un procédé différent permettant sa production à un prix beaucoup moins élevé. L'analyse de ce produit, due à M. Pigeon, le montre constitué par le phosphate $PO^4Mn + PO^4H^2AzH^4$.

	Trouvé	Calculé d'après la formule
Phosphore.	23.42	23,40
Manganèse	23,26	20,75
Ammonium	6,38	6.79

C'est une couleur très vive, couvrant bien et d'une grande solidité.

VIOLET DE COBALT

Sous ce nom on emploie en peinture fine un phosphate de cobalt, quelquefois un phosphate double d'alumine et de cobalt que l'on obtient en précipitant une solution concentrée d'un sel de cobalt par du phosphate de soude. Une calcination du précipité avec ou sans addition d'alumine, développe la nuance du produit.

Cette couleur solide, couvrant bien, est d'un prix élevé qui en limite l'emploi à la peinture artistique.

VIOLET DE MARS

Cette couleur est obtenue en calcinant le jaune ou l'orangé de Mars à une température élevée. Elle est très résistante mais d'un faible éclat.

VIOLET D'OUTREMER

Voir p. 181.

LAQUES VIOLETTES

Les différents violets d'aniline peuvent fournir des laques très vives utilisables dans l'industrie des papiers peints.

On peut employer les diverses marques de violet de Paris, le violet cristallisé, etc.

On laque généralement sur mélange de kaolin et de sulfate de baryte, au moyen de tanin.

Il convient de saturer l'acide de la matière colorante soit par du carbonate de soude, soit par de l'acétate de soude.

A une pâte de :

    60 kgr. sulfate de baryte
    40 — kaolin

on ajoute la dissolution de :

    5 kgr. matière colorante dans 500 litres d'eau

puis on précipite au moyen d'une solution tiède de :

    7 kgr. 500 tanin et
    7 — 500 d'acétate de soude dans 300 litres d'eau.

On peut également employer les proportions de réactifs suivantes :

    60 kgr. sulfate de baryte
    40 — kaolin et
    5 — matière colorante
    7 — tanin
    1 — carbonate de soude.

VII. — COULEURS BRUNES

BRUNS VAN DYCK

Synonymes : *Brun de Suède, brun d'Angleterre, brun de Mars, rouge indien, rouge toscan.*

Sous ce nom, on désigne des couleurs composées en majeure partie d'oxyde ferrique anhydre, obtenues par calcination d'oxydes de fer produits par décomposition du sulfate ferreux, oxydes qui constituent le colcothar et qui calcinés à nouveau foncent leur nuance en donnant du brun-rouge.

On peut de même calciner les résidus de grillage des pyrites employées pour la fabrication de l'acide sulfurique.

Les ocres jaunes qui contiennent abondamment de l'hydrate ferrique sont également susceptibles d'être transformées en bruns Van Dyck par calcination ; dans ce cas, on le dénomme *Ombre* ou *terre d'Ombre calcinée.*

Enfin, certains hydrates de fer, résidus obtenus dans la réduction de produits nitrés organiques par la tournure de fer, convenablement calcinés, donnent des bruns Van Dyck de très bonne qualité et de tons très chauds.

Suivant que la calcination est plus ou moins prolongée, le ton varie du rouge au rouge violacé, et les produits obtenus se nomment *bruns de Mars.*

BRUN DE MANGANÈSE

Cette couleur est du bioxyde de manganèse obtenu soit par un broyage soigné du produit naturel, ce qui donne toujours des produits inférieurs, soit par précipitation d'un sel de manganèse, par exemple le chlorure, au moyen de la soude et oxydation du produit par l'hypochlorite de soude ou même tout simplement à l'air.

On peut, quand on se sert d'hypochlorite, précipiter directement par cette solution le chlorure de manganèse aqueux.

BRUN DE PRUSSE

Ce produit, obtenu en calcinant du bleu de Prusse à l'air, est formé de charbon très divisé, et de peroxyde de fer. Cette couleur est donc, comme les précédentes, très solide, mais un peu plus sombre.

BRUN DE FLORENCE

Synonymes : *Brun de Breslau, brun chimique.*

Ce brun, très rougeâtre, est du ferrocyanure de cuivre obtenu en précipitant une dissolution de sulfate de cuivre par une autre de ferrocyanure de potassium.

Le précipité est très difficile à laver, car il est colloïdal.

BRUNS DE CARBONE

Synonymes : *Brun d'ulmine, momie, bistre.*

Beaucoup de variétés de carbone, obtenues soit par levigations des suies de cheminées, soit par calcination de matières organiques, soit par traitement de ces mêmes matières au moyen d'alcalis caustiques, soit encore par pulvérisation de débris organiques (on assure même qu'on employait à cet usage des momies égyptiennes) fournissent des bruns très *fixes* et assez riches de ton.

SÉPIA

Cette couleur est d'origine animale, on la trouve dans la *poche à encre* de certains *céphalopodes* entre autres la *Sèche* (Sepia officinalis).

Cette poche est séchée au soleil, puis, après pulvérisation, elle est bouillie avec une dissolution de carbonate de potasse dans laquelle la couleur entre en solution. On la précipite par un acide, puis, après lavage, elle est filtrée et séchée.

Cette couleur, très solide, est utilisée surtout en aquarelle.

BITUME

Le bitume n'est pas une couleur mais plutôt une résine colorée (voir IIIe partie).

LAQUES BRUNES

Ces laques, peu employées en peinture, le sont davantage dans l'industrie des papiers peints.

On les prépare en précipitant convenablement une couleur d'aniline brune sur un support approprié.

Pour cela, on emploiera la chrysoïdine pour les bruns jaunâtres et le brun Bismarck (Mre L^se Mat. Col.) ou le brun JEE (Soc. Mat. Col. de St D.), pour les nuances foncées.

Par exemple, on peut mettre en œuvre les quantités suivantes :

    100 kgr. de sulfate de baryte et
    50 — de kaolin, comme support qui reçoivent la laque produite par :
    5 kgr. de matière colorante dissous dans 500 litres d'eau.
    7 — 500 de tanin
    7 — 500 d'acétate de soude } dissous dans 300 litres.

Enfin, un certain nombre de couleurs brunes minérales sont remontées par un laquage de colorants organiques et l'on obtient ainsi les *bruns d'Islande*, *de Suède*, *de Norwège*, *brun russe*, *brun Victoria*, etc., ce sont des couleurs laquées.

Dans ce cas, on se sert comme support de Bruns Van Dyck et d'ocres de fer ou de rouges de fer auxquels on ajoute du sulfate de baryte que l'on précipite dans le laquage ou que l'on introduit en nature.

Par exemple, on emploie :

    1. Brun Van Dyck ordinaire. . . . . . . 100 kgr.
    Sulfate de soude cristallisé . . . . . 100 —

que l'on dissout dans 600 litres d'eau.

    Ponceau RV . . . . 10 kgr.

en solution dans 600 litres d'eau, et l'on précipite en ajoutant

    Chlorure de baryum . . . . 150 kgr.

en solution à 15 0/0.

    2. Brun Van Dyck ordinaire. . . . . . 50 kgr.
    Sulfate de baryte . . . . 200 —
    Sulfate de soude . . . . 60 —
    Cérasine . . . . 10 —
    Chlorure de baryum . . . . 100 —

En général, tous les colorants d'aniline rouges employés pour laques peuvent servir à donner du reflet et du ton aux couleurs brunes minérales à bas prix.

VIII. — COULEURS NOIRES

NOIRS CONSTITUÉS PAR DU CARBONE

Nous distinguerons :
A. Noirs obtenus par broyage de produits naturels ;
B. Noirs obtenus par calcination ;
C. Noirs chimiques divers.

A. *NOIRS PRÉPARÉS PAR BROYAGE*

Le plus simple est évidemment celui qui résulte du broyage de la houille, mais il est d'un débouché insignifiant dans l'industrie des couleurs.

Dans le tarif des douanes françaises, on comprend, sous la dénomination de noir minéral naturel, une argile très fine et très noire, connue aussi sous le nom de noir de Grant ou de noir d'Angleterre.

B. *NOIRS PRÉPARÉS PAR CALCINATION*

Les produits qui permettent de les obtenir peuvent être des végétaux ou des produits animaux.

1° *Calcination de végétaux.*

Le *noir de charbon* résulte de la calcination du bois en vase clos. On lui donne la ténuité voulue par broyage convenable, mais sa teinte brunâtre le fait employer seulement pour la peinture commune.

Le *noir de pêche* est un produit dense résultant de la calcination de noyaux de pêches et d'autres fruits.

Le *noir de vigne* a une teinte bleuâtre très estimée, on l'obtient en partant des sarments de vigne, toutefois on les remplace souvent par du bois tendre (aune, osier, peuplier), le produit calciné est lavé à l'eau, parfois également à l'acide chlorhydrique. Il existe aussi des « pseudo » noirs de vigne préparés avec de la tourbe fibreuse. En mélange avec le blanc d'argent ce noir donne le gris d'argent.

Le *noir de liége* ou *noir d'Espagne* résulte de la calcination en vase clos des déchets de liège provenant des fabriques de bouchons.

Le *noir de lie* ou *de Francfort* a été longtemps préparé par calcinations des lies de vins dans des tubes métalliques chauffés, le produit en résultant, lavé à l'eau, puis à l'acide chlorhydrique, est une poudre extrêmement fine ayant une jolie teinte.

Actuellement on commence par faire un traitement de la lie par l'acide chlorhydrique dilué et chaud. Le résidu, séparé par filtration, donne par calcination un beau noir.

Signalons également le noir de fusain et le noir de hêtre préparés en calcinant ces végétaux.

2º *Noirs provenant de résidus de distillation.*

Quand on distille des schistes pour obtenir des huiles, on obtient comme sous-produit un résidu charbonneux que l'on recueille dans des étouffoirs où il se refroidit. Ce résidu noir intense, varie suivant les schistes traités.

On traite ainsi les bitumes de Boghead, d'Écosse ; les schistes allemands contiennent une très grande quantité de carbone, tandis que ceux de France sont moins riches et moins avantageux au point de vue du prix de revient.

NOIRS DE FUMÉE

Ils se forment dans la combustion de matières organiques hydrocarbonées en présence d'une quantité insuffisante d'air, autrement dit par une combustion incomplète. Dans ces conditions l'hydrogène seul est complètement brûlé, une partie du carbone échappe à la combustion et s'attache sur les parois de l'appareil dans lequel s'effectue l'opération. C'est ce qui a lieu, contre notre volonté, quand une lampe « file ».

On emploie naturellement des matières premières coûtant le moins cher possible : la résine, l'essence de térébenthine, les bois résineux, les résidus de la purification du pétrole brut, le brai provenant de la distillation du goudron de houille, les huiles végétales et animales, le pétrole brut, l'huile de résine.

Enfin depuis ces dernières années on fabrique également le noir d'acétylène.

Emploi des bois résineux.

Primitivement, l'installation comprenait une chambre de combustion en maçonnerie communiquant au moyen d'un canal en briques avec une chambre en bois ayant comme plafond une toile maintenue par une corde passant sur des poulies.

Les bois étaient allumés dans la première chambre où l'air n'était admis qu'en très faible quantité au moyen d'un registre (un excès aurait amené la combustion totale) les liquides engendrés (goudron et huile essentielle) étaient amenés par un conduit prenant sur le sol de la chambre jusqu'à un réservoir, et le noir se condensait contre les parois de la chambre et de la toile. On le faisait tomber en soulevant celle-ci de temps à autre, puis la laissant retomber, ce qui amenait la chute du noir.

Le produit obtenu, contenant des produits goudronneux, était soumis à une calcination dans des tubes de tôle épaisse, qui, une fois tout dégagement gazeux terminé, étaient lutés et abandonnés au refroidissement.

Avec le dispositif précédent la toile se laisse traverser par le noir le plus fin et le plus estimé, d'où pertes et augmentation du prix de revient : aussi a-t-on adopté des dispositifs plus perfectionnés. Pour opérer convenablement, il est nécessaire de réunir les conditions suivantes :

1° Travail continu ;

2° Condensation aussi parfaite que possible ;

3° Tirage réglable à volonté.

En vue d'un travail continu, le four communique avec deux chambres ; l'une travaille pendant que l'autre est en vidange et ces deux chambres sont reliées avec la cheminée. Pour un appareil débitant plus de 100 kgr. noir de fumée en 24 heures les deux chambres sont accolées et ont 10 mètres de large, 10 à 12 mètres de long et 3 mètres de haut.

On arrive aux meilleurs résultats au point de vue condensation en faisant parcourir aux fumées noires un trajet aussi long que possible ; aussi, indépendamment du conduit allant du four aux chambres, celles-ci sont munies de cloisons situées à 1 mètre environ l'une de l'autre de sorte que les gaz ont à parcourir une soixantaine de mètres avant d'atteindre la cheminée, les premières cloisons sont métalliques à cause de la chaleur, les autres peuvent être en bois.

Pour régler le tirage, les canaux allant à la cheminée sont munis de registres et la cheminée elle-même peut être en partie obturée au moyen d'un bouchon mobile, dont les mouvements d'ascension ou de descente sont produits par une chaîne passant sur des poulies. D'intéressants détails sur ces installations et sur la marche des opérations ont été donnés par Victor Schweizer dans son traité de la distillation des résines.

Le noir recueilli après refroidissement est classé suivant sa finesse, le plus éloigné du foyer est naturellement le plus fin. L'ouvrier qui fait la récolte doit être muni d'un appareil protégeant la bouche et le nez et par lequel on envoie de l'air extérieur, car la poussière si fine du noir est très irritante.

Emploi de la résine

Nous donnons (fig. 53) un des dispositifs ayant servi à la préparation du noir de résine.

La colophane est placée dans un récipient en fonte situé au dessus d'un foyer, de manière à la fondre et amorcer la combustion. Un registre placé devant le four permet de régler l'entrée de l'air de façon convenable pour réaliser une combustion incomplète. Trop d'air amènerait une destruction du noir, trop peu occasionnerait la formation d'huile de résine qui souillerait le produit. On suit la marche de l'opération au moyen d'une ouverture pratiquée dans le registre et fermée par une plaque de mica.

Les fumées sont amenées dans une grande chambre cylindrique en maçonnerie portant à sa partie supérieure un cône en tôle mobile ouvert à sa partie supérieure et donnant accès à la cheminée. Une fois l'opération terminée, on descend ce cône au moyen d'une corde passant sur une poulie ; en l'abaissant jusqu'au sol, on fait tomber le noir que les ouvriers ramassent ensuite en prenant les précautions indiquées précédemment.

Afin de rendre continue l'alimentation en colophane il est avantageux de remplacer la voûte du four par une marmite renfermant la résine, et munie d'une soupape à la partie inférieure. Au moyen d'un levier on peut ouvrir cette soupape quand il y a lieu de faire une nouvelle coulée de colophane. Pour que la production soit continue on doit avoir deux chambres à condensation.

L'introduction d'air se fait souvent comme dans les fours à combustion de soufre ou de pyrite, au moyen d'une caisse métallique dont le devant est coupé obliquement, une plaque

Fig. 53. — Préparation du noir de résine.

mobile suspendue à une tige métallique sur laquelle elle glisse latéralement permet de donner l'ouverture voulue.

La combustion de la poix, du brai, des résidus de distillation du pétrole se fait de façon analogue.

Emploi d'hydrocarbures liquides

Certains hydrocarbures ayant un point d'ébullition élevé et une viscosité trop grande ne peuvent être brûlés dans des lampes, on leur applique une méthode de combustion analogue à celle précédemment décrite.

Le liquide à brûler, l'huile de résine par exemple, est mis dans un récipient maintenu à température convenable par la chaleur de l'opération, ce qui diminue sa viscosité. Son écoulement a lieu par une soupape dont on règle l'ouverture de façon à ce qu'il s'effectue goutte à goutte par un tube circulaire muni de nombreux orifices minuscules. Ces gouttes tombent sur une plaque chauffée munie de petites cavités dans lesquelles se loge le liquide à brûler.

L'entrée d'air a lieu par une ouverture plus ou moins obturée, une plaque mue par une vis. Le coulage est le point le plus délicat, car si les gouttes tombent trop vite elles peuvent s'évaporer sans brûler et il y a distillation d'huile de résine. L'appareil est arrêté de temps à autre pour enlever le coke qui se forme dans l'opération.

La méthode est applicable aux carbures provenant du raffinage du pétrole brut, au pétrole brut, aux huiles de poisson, aux huiles végétales, etc., lorsque leurs prix sont très bas.

Noir de lampe par entraînement.

Dès qu'une huile est suffisamment liquide pour pouvoir brûler dans une lampe, elle peut servir à la préparation du noir par cette méthode.

Nous avons tous constaté qu'une lampe dont la mèche est montée trop haute et où il y a insuffisance d'air pour la quantité d'huile amenée, fume; l'industrie a utilisé cette observation et la fig. 54 montre le principe du dispositif employé.

La lampe, à niveau constant, porte un tube latéral muni d'une mèche en coton ou amiante, dont la partie supérieure est au niveau du liquide contenu dans la lampe. L'alimentation en huile à brûler se fait par un réservoir contenant l'hydrocarbure qui s'écoule par un tuyau dans un récipient en contre-bas dont l'air s'échappe par un second tuyau débouchant à la partie supérieure du réservoir.

Le liquide s'arrête de couler du réservoir supérieur au récipient lorsque l'orifice inférieur du tube d'air se trouve obturé par le liquide.

Lorsque la lampe brûle, le niveau du liquide baisse dans le récipient et le tube d'air se trouvant ainsi débouché permet l'arrivée d'air dans la partie supérieure du réservoir et, par conséquent aussi l'écoulement du liquide combustible jusqu'à ce que l'orifice inférieur du tube soit de nouveau obturé.

La mèche large et plate, en général, est située dans un cône ou un conduit dans lequel l'air est introduit par des ouvertures réglables à volonté, on observe la flamme par des regards en mica. Cette mèche peut être élevée ou abaissée au moyen d'un bouton, on l'élève peu d'abord, de manière à échauffer le tuyau en communication avec la chambre de condensation et on évite ainsi le dépôt de noir qui finirait par boucher le conduit ou retomberait sur la lampe.

Une fois ce tuyau échauffé, la mèche est montée et l'entrée d'air réglée de façon à ce qu'il y ait une flamme longue et fuligineuse. Un même réservoir alimente toute une série de lampes dont les produits sont dirigés dans les chambres de condensation.

Noir de lampe par dépôt.

Quand on examine la flamme d'une lampe, on reconnaît qu'elle offre trois zones : une inférieure, peu éclairante, due à la combustion de l'hydrogène qui est le plus facile à brûler, une zone intermédiaire, lumineuse, où des particules très fines de carbone sont portées à l'incandescence et une zone extérieure où ces particules éprouvent une combustion complète au contact de l'air.

Vient-on à refroidir la flamme en la faisant frapper contre le verre, contre un couteau ou une soucoupe, les particules de charbon se déposent à la surface de l'objet, la température abaissée par le contact du corps froid, étant devenue trop basse pour que leur combustion s'opère, on produit ainsi du noir de fumée.

Dans un système fréquemment employé, les fumées sont d'abord refroidies en passant autour d'un cylindre dans lequel circule un courant d'eau froide, le surplus non condensé

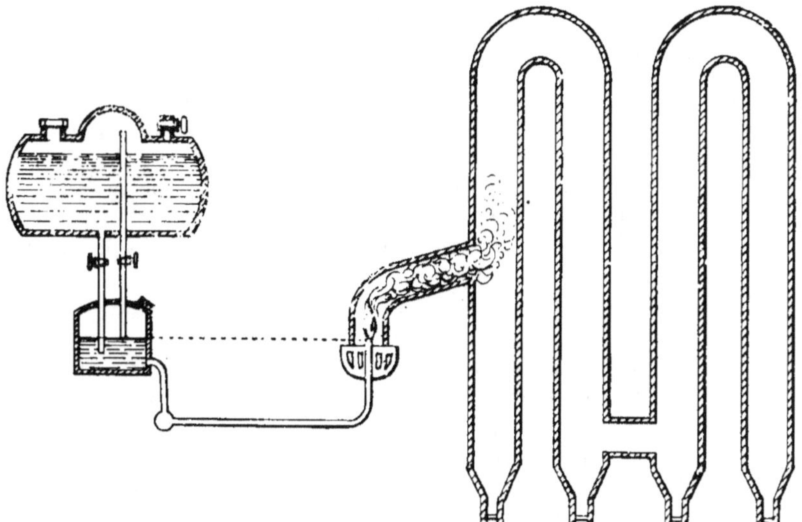

Fig. 54. — Production et condensation du noir de lampe.

Fig. 55. — Schéma d'un appareil pour la production du noir de
lampe par refroidissement de la flamme.

passant dans de gros tuyaux munis de sacs à leur partie inférieure en suivant une marche successivement ascendante et descendante. Le tirage est réglé au moyen d'un registre en queue du système par l'aspiration d'une cheminée ou d'un ventilateur, le noir est d'autant plus fin que le sac où il a été récolté est situé plus loin.

Il existe enfin des appareils dans lesquels les lampes sont situées immédiatement au-dessous du cylindre refroidisseur qui est soumis à un lent mouvement de rotation, le noir formé est enlevé au moyen d'une racle (fig. 55). La caisse dans laquelle se trouvent les lampes et le cylindre communique avec une chambre de condensation où le noir se dépose sur un tissu en flanelle. L'aspiration a lieu comme il a été dit plus haut, on contrôle la température de l'eau de refroidissement au moyen du thermomètre, ce qui permet de régler la vitesse de coulage. Dans d'autres systèmes on a remplacé le cylindre par un réservoir tournant horizontalement et sur la paroi inférieure duquel se dépose le noir.

Purification du noir de fumée.

Le noir de fumée est souillé par des produits goudronneux qui lui donnent une teinte brune, ces impuretés peuvent être éliminées par des moyens physiques ou chimiques.

Epuration physique. — On calcine le noir en vases clos de manière à détruire les produits huileux ou goudronneux.

Epuration chimique. — Après calcination, le noir est lavé à l'acide chlorhydrique étendu, puis à plusieurs reprises à l'eau.

Une autre méthode consiste à faire digérer le noir avec l'acide sulfurique pendant 24 heures, à le laver à l'eau et à terminer par un lavage faiblement ammoniacal.

Un procédé donnant de bons résultats est celui à la soude caustique

Un premier traitement à l'ébullition par la soude à 15 0/0 est suivi de repos et d'une décantation ; le produit obtenu est bouilli plusieurs fois avec de la soude à 5 0/0 après quoi on le lave complètement, le produit terminé ne doit pas, après séchage, se recouvrir d'une efflorescence blanche.

Les solutions sodiques peuvent être régénérées par calcination dans des chaudières de fonte ; une fois le mélange à siccité, les matières organiques brûlent ; le résidu de carbonate de soude repris par l'eau est traité par la chaux éteinte, la solution de soude caustique ainsi obtenue peut être employée à nouveau.

Le noir est étendu sur des toiles placées sur des cadres en bois et porté dans une étuve chauffée vers 40° (une plus haute température pourrait amener une inflammation). Une fois sec on l'emballe dans des récipients métalliques fermés hermétiquement.

Propriétés. — Le noir de fumée est inaltérable à l'air, à la lumière, insoluble dans les divers dissolvants, aussi est-il l'objet de nombreuses applications dans la peinture à l'huile ; en mélange avec les huiles, vernis, baumes, résines etc., il est la base des encres noires d'imprimerie, de lithographie et taille douce.

Le noir de fumée préparé avec l'huile de sésame, aggloméré avec une solution de gomme constitue l'encre de Chine.

3' Calcination de produits animaux

NOIR ANIMAL

Les os sont formés d'une partie minérale rigide, d'une partie organique azotée, l'osséine, susceptible de se transformer en gélatine par ébullition avec l'eau, et d'une partie organique graisseuse.

Quand on les soumet à la calcination, on obtient un résidu ayant la forme du produit primitif et composé du squelette minéral imprégné de charbon finement divisé.

Industriellement les os sont soumis à la série d'opérations suivantes :

a) *Triage.* — Les os sont débarrassés des morceaux de fer, de verre, de boîtes métalliques, des chiffons et détritus qui s'y rencontrent.

b) *Concassage.* — Dans cette opération les os passent entre les mâchoires d'un concasseur qui réduit les morceaux les plus gros en fragments plus menus. Ces concasseurs sont munis de dispositifs spéciaux permettant aux disques de s'écarter quand passent des morceaux trop durs ou des blocs métalliques.

c) *Dégraissage.* — La graisse contenue dans les os peut être extraite par ébullition avec l'eau ou traitement à la benzine.

d) *Calcination.* — Les os dégraissés sont empilés dans des

cornues verticales où ils sont fortement chauffés. La partie supérieure des cornues est reliée avec des appareils de condensation, ce qui permet de recueillir les produits ammoniacaux et goudronneux formés dans la distillation.

e) *Refroidissement*. — Sortant des cornues, le noir obtenu est mis à refroidir dans des étouffoirs hermétiquement clos.

f) *Broyage et tamisage*. — Le noir est introduit dans des appareils de broyage, d'où il est amené aux blutoirs qui le classent en numéros divers.

Les morceaux selon leur grosseur servent comme agents décolorants dans de nombreuses industries, les poudres sont employées pour les cirages et servent à différentes applications comme couleurs.

g) *Purification du noir*. — Le noir étant comme nous l'avons dit, constitué par un support minéral et du charbon, ce dernier peut être isolé par traitement à l'acide chlorhydrique qui dissout le phosphate de chaux et la magnésie, constituant la partie minérale. Après plusieurs lavages à l'eau pour l'enlèvement complet de l'acide, on pulvérise le noir et on sèche la poudre obtenue à l'étuve ou même à l'air. C'est une couleur impalpable d'un noir franc.

NOIR D'IVOIRE

En principe ce noir provient de la calcination des déchets provenant du travail de l'ivoire, mais le plus souvent on vend sous ce nom du noir d'os de première qualité. En mélange avec la céruse, il constitue la nuance gris perle.

On prépare également d'autres noirs par calcination de déchets de peau ou de sang, la quantité de matière minérale contenue étant très faible, il n'est pas nécessaire de procéder à un lavage chlorhydrique.

C. NOIRS CHIMIQUES DIVERS

On peut les classer en deux catégories : les noirs minéraux et les noirs organiques.

Noirs minéraux. — Ils sont préparés par calcination de composés minéraux comme leur nom l'indique.

Le *noir de Prusse* résulte de la calcination du bleu de Prusse à l'abri de l'air. Un produit analogue est égale-

ment préparé en prenant comme matière première le ferrocyanure de potassium ou certains résidus provenant de cette
fabrication. Après calcination en vase clos, le produit obtenu
est lavé à l'eau, puis à l'acide chlorhydrique.

Le *noir de Persoz* résulte de la décomposition à la chaleur
et en présence de l'air, du chromate tribasique de cuivre ou
d'un mélange de bichromate de potasse et d'azotate de cuivre.
On lave ensuite à l'acide chlorhydrique.

Enfin on peut préparer des oxydes de fer de couleur noire
ou noir-bleu dénommés *noirs de fer*.

D'après M. Wilfing (demande de brevet allemand W. 25.683)
on neutralise complètement par du fer métallique précipité
une dissolution de chlorure ferreux que l'on sature ensuite
aux deux tiers par de l'ammoniaque à 5° Bé ; la masse est
oxydée par un courant d'air jusqu'à ce qu'elle soit devenue
jaune ; on porte à l'ébullition, on ferme la marmite qui contient le produit, on enlève le reste de l'ammoniaque au moyen
d'une pompe à vide et on chauffe de nouveau jusqu'à ce que
la masse ait pris une coloration noire ; pour cela une pression
d'une atmosphère est largement suffisante. Finalement on
oxyde encore par un courant d'air, on ajoute un peu d'ammoniaque si cela est nécessaire, puis on filtre. Le produit
obtenu est noir-bleu, magnétique et constitué par de l'*oxyde
ferroso-ferrique*.

Noir organique. — C'est du noir d'aniline ; il résulte de
l'oxydation d'un sel d'aniline par l'acide chromique, le chlorate de cuivre, un sel de vanadium, etc. La poudre noire obtenue est insoluble dans les dissolvants usuels et d'une très
grande résistance aux divers agents chimiques ; elle a été
employée à la confection de certaines encres d'imprimerie.

IX. — BRONZES — COULEURS

Ce sont des alliages métalliques réduits en paillettes mi-
croscopiques et possédant, outre le reflet, des colorations assez
variées.

Depuis des temps très reculés on emploie l'or et l'argent
réduits en feuilles extrêmement minces et broyés à l'eau
gommée, sous le nom d'*or* ou d'*argent en coquilles*.

Les alliages employés, beaucoup moins chers que les métaux précieux, offrent une très grande variété de teintes et
sont constitués surtout par du cuivre et du zinc en propor-

tions variables, sauf les blancs que l'on produit avec de l'étain et du zinc ou du cuivre et de l'aluminium.

Le tableau ci-dessous donne la composition des différentes sortes.

Les alliages sont laminés et battus, à la façon de l'or, jusqu'à ce que l'on ait des feuilles très minces que l'on met en cahier ou que l'on pulvérise.

Cette pulvérisation se fait au moyen d'un pilon mécanique.

Les poudres obtenues sont classées suivant leur finesse en les entraînant par un courant d'air qui les dépose suivant leur poids, c'est-à-dire d'autant moins loin qu'elles sont plus grossières. Pour les rendre encore plus fines, on les broie avec de l'eau gommée, puis on les émulsionne dans l'eau ; les bronzes se déposent suivant leur finesse et après décantation du liquide on recueille les différentes couches.

Étant donné un alliage d'une composition donnée, on peut faire varier sa teinte par un chauffage convenable qui s'effectue soit à feu nu, soit au bain d'huile.

	CUIVRE	ZINC	FER	ÉTAIN	Aluminium
Bronze jaune pâle .	82,33	16,69	»		
— — foncé .	84,50	15,30	0,16		
— — rouge .	90	9,60	0,07		
— — orangé.	98,93	0,73	0,20		
— cuivre . . .	99,90	»	0,08		
— violet . . .	98 22	0,50	traces		
— vert . . .	84,32	15,02	0,30		
— blanc (argentan)	»	2,30	0,03	96,46	
Bronze d'aluminium	90	»	»	»	10

Les bronzes de couleurs ont un très grand éclat et sont de nuances très riches.

Ils s'emploient soit en feuilles, à la façon de l'or, en les appliquant sur des vernis spéciaux dénommés *mixtions* qui les fixent par leur adhésivité, soit en poudre avec des vernis maigres particuliers dénommés vernis à bronzer.

II. — BROYAGE DES COULEURS PEINTURES

1° COULEURS BROYÉES

Les couleurs se vendent non seulement en poudre impalpable, mais aussi *broyées*, soit *à l'huile* soit *à l'essence*.

La peinture en bâtiment emploie surtout les couleurs broyées à l'huile.

La carrosserie, au contraire, consomme de préférence les couleurs broyées à l'essence.

Dans les deux cas, on trouve l'avantage d'un mélange très homogène et d'un emploi facile.

Le *broyage à l'huile* comporte d'abord un mélange préalable de la couleur et de l'huile, ce mélange est réalisé par un *malaxage*.

Cette opération s'effectue au moyen d'appareils spéciaux comportant le plus généralement une cuve dans laquelle tournent deux palettes à des vitesses différentes. Les figures 56 et 57 montrent deux appareils malaxeurs de ce genre.

Le broyage proprement dit qui a pour but de donner la finesse au mélange c'est-à-dire d'écraser les grains qui peuvent exister et de réduire le tout à l'état de pâte absolument homogène s'opère par écrasement, laminage de la masse entre des cylindres de granit.

Les machines employées comportent généralement trois cylindres tournant très lentement et à des vitesses légèrement différentes ; le mélange est laminé entre les deux premiers cylindres et la matière entraînée sur le cylindre intermédiaire se trouve de nouveau broyée entre celui-ci et le troisième ; un couteau gratte la surface de ce dernier cylindre et recueille ainsi la pâte qui est repassée une seconde fois sur la machine.

Dans certains cas on broie directement la couleur sans passer par un malaxage préalable ; mais outre que la pâte est moins belle, elle exige une quantité d'huile plus grande.

Voici d'après M. Ch. Coffignier (1) les quantités d'huile nécessaires dans chaque cas pour 100 kgr. de couleur :

(1) *Nouveau Manuel du fabricant de couleurs*, 1908.

Fig. 56. — Malaxeur.

Fig. 57. — Malaxeur avec cuve renversée pour le déchargement
(Werner et Pfleiderer).

Fig. 58. — Broyeuse à couleurs à 3 cylindres horizontaux.

	MALAXAGE préalable	BROYAGE direct
Ocre jaune supérieure	37k à 40k	50k à 60k
Ocre jaune fine.	42k à 48k	50k à 54k
Ocre rouge supérieure	35k à 41k	48k à 60k
Ocre rouge fine.	38k à 43k	46k à 50k
Ocre noire supérieure.	63k	64k à 72k
Ocre noire fine.	50k	56k à 67k
Bleu charron fin	15k à 16k	15k à 17k
Vert anglais demi-fin.	14k	14k à 18k
Brun Van Dyck OR	»	25k à 30k
Mexico	»	45k à 50k
Outremer ordinaire	»	36k

Céruse	11 kgr. d'huile de lin
Blanc de zinc. . . .	20 à 25 kg. —
Blanc de zinc. . . .	25 à 30 kgr. d'huile de pavot
Sulfure de zinc . . .	25 kgr. d'huile de lin
Lithopone.	13 à 14 kgr. —

Sous le rapport de la quantité d'huile nécessaire pour le broyage, le blanc qui se rapproche le plus de la céruse est le lithopone.

Le sulfure de zinc, outre qu'il exige une plus grande consommation d'huile, présente de grandes difficultés au broyage qui doit s'effectuer avec des meules de granit spéciales.

Lorsque les couleurs sont toxiques le broyage peut s'effectuer avec la couleur mélangée d'eau, ce qui évite en outre le séchage ; c'est ainsi que l'on opère avec la céruse ; l'eau se sépare, est remplacée par l'huile et une simple décantation élimine l'eau.

Le *broyage à l'essence* s'effectue au moyen de broyeuses à trois cylindres, semblables aux précédentes, en remplaçant l'huile par l'essence.

L'opération est plus longue et l'usure des cylindres est plus rapide ; en outre l'essence de térébenthine étant en contact avec l'air en couches minces constamment remuées, il s'ensuit une très grande perte par évaporation.

Voici, d'après M. Ch. Coffignier, les quantités d'essence nécessaires pour le broyage de 100 kgr. de couleur.

Céruse	12 à 19 kgr.
Jaune de chrome pur n° 1 . . .	43 à 60 —
Jaune de chrome pur n° 2 . . .	38 à 50 —
Jaune de chrome pur n° 3 . . .	37 à 60 —
Jaune de chrome pur n° 4 . . .	32 à 50 —
Vert à filets surfin n° 1	75 kgr.
Vert à filets surfin n° 2	48 —
Vert à filets surfin n° 3	36 —
Vert à filets surfin n° 4	32 —
Vert à filets fin n° 1	31 —
Vert à filets fin n° 4	19 —
Noir d'ivoire colle d'or	80 à 117 kgr.
Noir d'ivoire n° 1	90 à 122 —
Noir d'ivoire n° 2	75 à 100 —
Vert de Londres n° 2	15 à 23 —
Bleu de Berlin	100 à 125 —

Fig. 59. — Broyeuse lourde à cylindres.

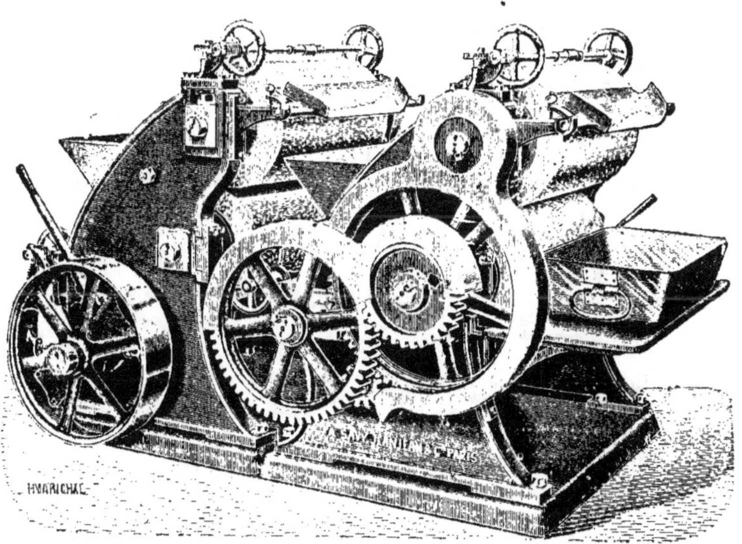

Fig. 60. — Broyeuse double.

Mexico	52 à 70 kgr.
Mine-Orange	16 à 20 —
Ombre brûlée qualité supérieure .	50 à 70 —

Dans le broyage du noir d'ivoire on ajoute toujours une quantité plus ou moins grande de vernis gras *colle d'or*.

En outre pour quelques usages très restreints, notamment la préparation des *couleurs pour aquarelles*, on broie les couleurs à l'eau : dans ce cas, pour éviter la dessiccation trop rapide des produits on y ajoute une petite quantité de glycérine.

2º PEINTURES

Peintures préparées.

Enfin on vend aussi des couleurs prêtes à l'emploi pour la peinture à l'huile : c'est-à-dire additionnées non seulement d'huile, mais encore d'essence et de siccatif.

Dans la première partie de cet ouvrage, nous avons indiqué quelle était la composition rationnelle d'une bonne peinture et comment il faut faire varier les proportions d'huile et d'essence pour obtenir une couche plus ou moins brillante.

Les siccatifs ajoutés le sont soit à l'état liquide, soit à l'état solide. Les premiers sont des huiles très cuites et très siccatives que l'on allonge de beaucoup de dissolvant (essence de térébenthine ou withe-sprit), les seconds sont des mélanges de sels de manganèse, sulfate, borate, etc., avec une charge généralement de gypse et quelquefois du blanc de zinc ; nous les décrirons dans la 3º partie de cet ouvrage.

Pour la préparation des peintures prêtes à l'emploi, on mélange les diverses matières en les broyant dans des moulins composés d'un entonnoir alimentant des disques taillés tournant l'un contre l'autre.

Voici quelques formules de peintures :

Blanc

Blanc de zinc broyé	4 kgr. »
Bleu de Prusse.	0 — 010
Essence	0 litre 700
Siccatif liquide	0 — 200

Gris perle

Céruse broyée.	4 kgr. »
Noir de fumée.	0 — 040

Bleu de Prusse. . . . . 0 kgr. 010
Essence . . . . 0 litre 800
Siccatif liquide. . . . . 0 — 200

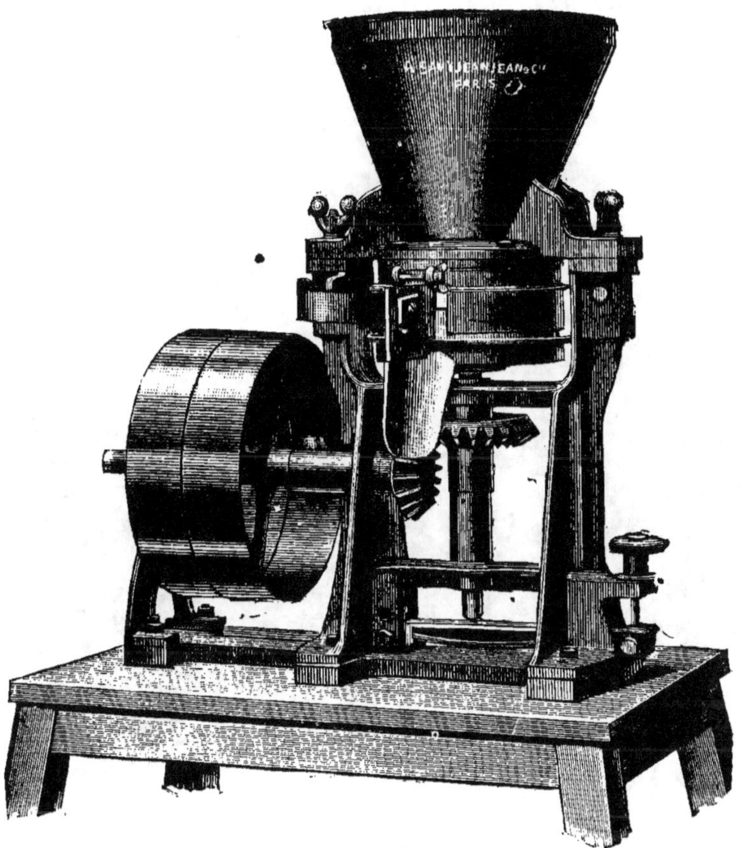

Fig. 61. — Moulin pour couleurs avec disques interchangeables
en porcelaine trempée.

Noyer

Céruse broyée. . . . . 2 kgr. »
Terre d'ombre. . . . . 0 — 400
Ocre rouge. . . . . 0 — 350
Huile de lin . . . . 0 — 700
Essence. . . . . 1 litre »

Pour les autres nuances il suffira de modifier légèrement
les formules ci-dessus en changeant les couleurs employées.

Peintures vernissées

Ce genre de peinture est obtenu par broyage des couleurs avec non plus de l'huile comme dans le cas précédent, mais un vernis préparé spécialement pour cet usage.

Les enduits obtenus au moyen de ces produits sont très durs et très brillants, en outre, comme ils contiennent le ver-

Fig. 62. — Broyeur mélangeur à boulets (Drais).

nis dans toute leur épaisseur, ils conservent leur éclat après de fréquents lavages. Cependant ils sont moins élastiques que les enduits obtenus au moyen de peinture suivie d'un vernissage, ce qui se traduit souvent pour certaines qualités de peintures vernissées par un craquelage de la couche.

La préparation de ces produits ne s'effectue pas dans des moulins, mais à l'aide de tambours spéciaux, sortes de broyeurs à boulets, doublés intérieurement de porcelaine et garnis de pierres de silex ou quelquefois de billes de porcelaine dure.

Afin d'obtenir un produit donnant des couches élastiques, on emploie un vernis contenant la plus grande quantité possible d'huile cuite sans oxydants et dénommé *stand'oli*.

On peut employer un vernis à l'huile crue et dans ce cas la siccativation est obtenue en introduisant dans le tambour les produits siccativants nécessaires, le plus généralement sous forme de poudre qui se trouve broyée et mélangée avec le vernis et le blanc, généralement du blanc de zinc additionné s'il y a lieu d'autres couleurs.

La préparation des peintures vernissées est des plus délicates ; les consommateurs savent parfaitement qu'il existe de sérieuses différences entre les produits qui leur sont offerts au point de vue qualité et durée. Alors que certains ont pu être employés avec succès pour d'importants travaux d'extérieur, revêtement de ponts en fer, etc., d'autres ne résistent que peu de temps, même dans des endroits bien protégés.

Dans la préparation de ces produits, il faut faire un choix judicieux des éléments constitutifs et éviter de se servir de produits susceptibles de réagir l'un sur l'autre (c'est ainsi qu'un vernis à base d'huile de résine, ne devra jamais être employé concurremment avec une couleur à base de plomb) ; d'autre part il ne faut pas qu'il y ait séparation entre les deux éléments et que par suite d'une trop grande différence de densité entre le milieu fluide et la couleur, celle-ci cesse d'être en suspension et se dépose.

Parmi les résines on emploie beaucoup la colophane dans les produits à bon marché. Les huiles jouent un rôle très important dans la fabrication de ces produits et les peintres ont parfaitement remarqué que dans la plupart des cas, les peintures vernissées donnant les meilleurs résultats sont les plus lentes à « sécher », ce qui montre que les huiles ayant servi à les préparer ont été peu cuites ou cuites sans oxydants. La variété de dissolvants applicables est aussi grande que pour les vernis proprement dits, aussi selon la qualité et le prix de revient à obtenir on choisit tantôt la térébenthine, tantôt la térébenthine artificielle, tantôt même la benzine.

Les peintures préparées ou les peintures vernissées sont mises en boîtes de différentes contenances, soit à la main, soit au moyen d'un appareil formé d'une cuve portant sur le côté un ou plusieurs pistons chargeurs que l'on rem-

plit et que l'on vide dans les boîtes, au moyen d'un levier.
On peut également emplir les tubes de couleur au moyen

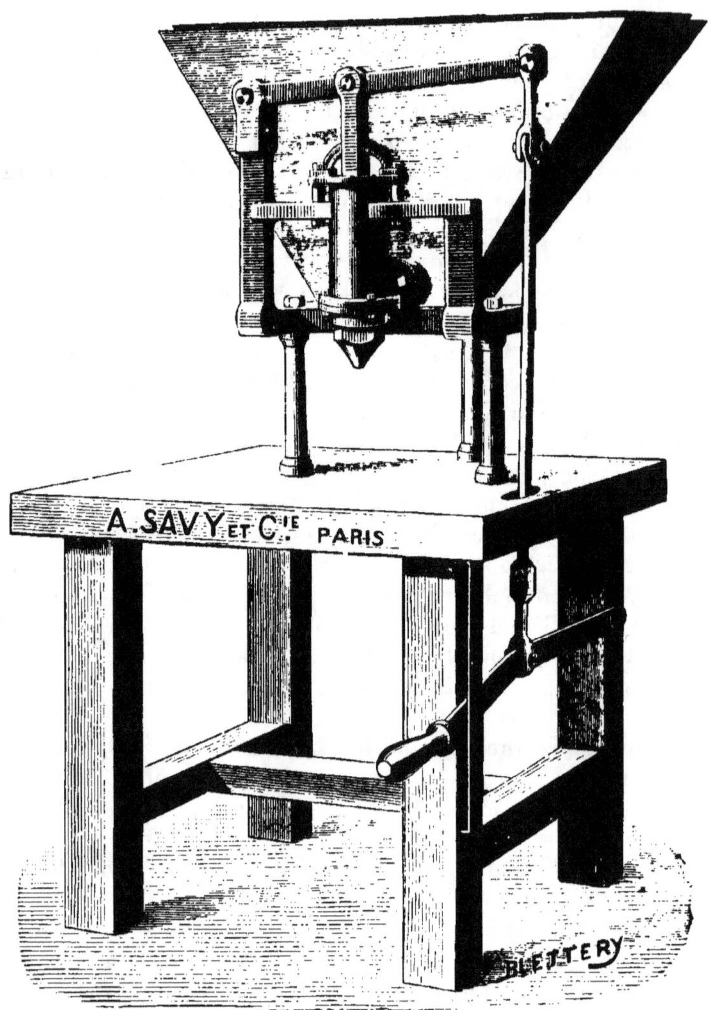

Fig. 63. — Machine à remplir les boîtes et les tubes de couleurs.

de cet appareil (fig. 63) dont il existe des modèles automatiques
à toile sans fin et arrêts alternatifs amenant méthodiquement
les boîtes sous les pistons chargeurs.

TROISIÈME PARTIE

I. — LES HUILES

Les huiles grasses, comme leur nom l'indique, tachent le papier en le rendant transparent ; presque toutes sont liquides à la température ordinaire, elles sont extraites des végétaux ou des animaux et désignées suivant leur provenance.

Les huiles grasses tirées du règne *végétal* se préparent le plus souvent avec les semences ; quelquefois cependant on les tire de la pulpe du fruit (comme dans l'olivier) et rarement des parties herbacées, ligneuses ou des racines. La plus intéressante au point de vue vernis est l'huile de lin, à cause de sa facile siccativation, sur laquelle nous reviendrons un peu plus loin.

Les huiles grasses *animales* proviennent de poissons (baleines, cachalots, morue, etc.) ou d'abatis d'animaux divers (bœuf, mouton, cheval, etc.).

La consommation de ces huiles, dans l'industrie des vernis, est extrèmement réduite.

PROCÉDÉS GÉNÉRAUX D'EXTRACTION

Extraction des huiles végétales. — Elle a lieu le plus souvent par pression ; après nettoyage préalable, les graines sont concassées sous des pilons ou des cylindres et réduites en pâte au moyen de meules, après quoi on les soumet à la pression. Selon la nature des semences et la qualité à obtenir, on

opère à des températures différentes. Quelques huiles se préparent à froid ; mais dans la majorité des cas on emploie des
presses hydrauliques à plaques métalliques chauffées par une

Fig. 64. — Presse hydraulique

circulation de vapeur, ce qui coagule l'albumine et les matières
mucilagineuses ; enfin quelques variétés de semences sont
traitées par l'eau chaude et exprimées dans des sacs.

Le résidu solide de l'expression, le *tourteau*, à nouveau
broyé et pressé, donne une huile de second choix. Après cette
opération, il contient souvent encore 10 à 15 0/0 d'huile que
l'on peut extraire au moyen de dissolvants appropriés (sulfure de carbone, benzine, tétrachlorure de carbone, etc.). Il
faut cependant remarquer que le tourteau, dans le premier
cas, peut s'employer pour la nourriture du bétail, tandis

que débarrassé complètement de l'huile il est uniquement bon pour l'engrais et n'a plus la même valeur.

Extraction des huiles animales. — Pour certaines graisses on procède à une torréfaction préalable, ensuite elles sont soumises à un traitement analogue à celui appliqué aux abatid'animaux. La matière est mise dans un réservoir d'eau dont le contenu est amené à l'ébullition ; sous l'influence de la chaleur, l'huile se réunit à la partie supérieure du liquide, on l'enlève par décantation.

Pour la préparation des *huiles de poisson* on fait usage soit du corps entier en vue d'applications industrielles, soit d'organes spéciaux, c'est ainsi que les véritables huiles médicinales proviennent de foies de poissons (morues, raies, etc.), et qu'on trouve en Russie une graisse obtenue avec les intestins de l'esturgeon et de poissons indigènes.

La méthode la plus ancienne était basée sur la fermentation ; les matières premières entassées dans des tonneaux étaient arrosées d'eau bouillante et brassées. Dans ces conditions le mélange fermentait peu à peu et l'huile venait se réunir au fur et à mesure de l'opération à la partie supérieure de la masse. Le produit obtenu étant de qualité défectueuse, on a établi de nouveaux procédés dans lesquels on active la rapidité de l'opération, diminuant ainsi la durée de l'action de l'air et les altérations de nature microbienne, sans toutefois opérer à trop haute température.

ÉPURATION DES HUILES

Les huiles brutes végétales obtenues comme il a été dit plus haut sont colorées, troubles et tiennent en suspension ou en dissolution des matières résineuses ou albumineuses (1) ; il y a donc lieu de les purifier. Les moyens employés sont d'ordre physique ou chimique.

Procédés physiques. — La filtration est le moyen qui se pré

---

(1) Kœhs a étudié deux dépôts d'huile de lin et a trouvé que leur composition était de :

    11,3 0/0 substance albuminoïde ;

     9,1 0/0 cendres ;

    80   0/0 linoxyne.

sente tout naturellement à l'esprit ; dans ce but, on fait usage de filtres contenant du charbon de bois, du noir animal, des noirs spéciaux, de la terre d'infusoires, des sciures provenant d'espèces d'arbres particulières ou même de mousses d'arbres.

A cette classe on peut rattacher le procéder Puscher dans lequel on incorpore à l'huile 3 0/0 de fécule de pommes de terre, la masse est ensuite chauffée jusqu'à commencement d'ébullition et transformation de la fécule en une poudre noire. En 25 minutes environ, la mousse formée au début tombe, l'ébullition devient régulière et après plusieurs heures de repos, l'huile est séparée du dépôt noirâtre rassemblé.

Procédés physico-chimiques. — L'élimination des composés albuminoïdes contenus dans l'huile de lin a été l'objet de nombreux brevets ; c'est ainsi qu'on a proposé de la chauffer en présence de beaucoup d'eau, ce qui provoque la coagulation d'une partie des impuretés pendant qu'une autre se dissout dans l'eau, toutefois le procédé n'est pas applicable à toutes les huiles ; Niegemann (br. all. 163056) procède de façon différente : il refroidit les huiles ; les matières albuminoïdes n'étant plus maintenues en dissolution se précipitent ; la température est ensuite élevée de façon que les matières albuminoïdes solidifiées puissent être séparées par filtration.

Stelling (Br. fr. 9225) imprègne des filtres en papier ou en lin avec des matières pouvant précipiter les impuretés par catalyse. Il indique comme substance à employer le borate de manganèse ; le papier traité par une solution à 5 0/0 de nitrate de manganèse est passé dans une solution de borax à 5 0/0, après ce traitement, le papier contient 0,1175 gr. de borate de manganèse par décimètre carré.

On peut employer également des sels de zinc ou de manganèse faiblement alcalins ou neutres, des acides faibles, des matières protéiques, etc.

Procédés chimiques. — Le plus classique est celui à l'acide sulfurique préconisé par Thénard ; l'huile est brassée avec 2 à 3 0/0 d'acide concentré, la masse verdit puis noircit ; après un repos suffisant (24 heures en général) on ajoute 2/3 de son volume d'eau chaude (75°), on agite jusqu'à apparence laiteuse, puis le tout est envoyé aux bacs à décantation. Une fois la séparation effectuée l'huile est filtrée à travers du coton, de la laine cardée, du sable de rivière, du son, etc. ou par agitation avec du tourteau pulvérisé sec suivie d'un dépôt ultérieur.

La chaux a été d'un usage courant; mais Niegemann critique son emploi pour la purification de l'huile de lin, à cause de la formation de linoléates solubles qui colorent l'huile lorsqu'on la chauffe, il préfère de beaucoup l'argile de Floride.

Nombreuses ont été les modifications proposées et il y a bien peu de produits qui n'aient été essayés dans ce but.

Signalons notamment le chlorure de zinc, le sulfate de fer, etc.; les réducteurs à l'état gazeux ou en solution; les hydrosulfites, dont l'emploi a été breveté par MM. A. Metz et Philipp L. Clarkson : 200 parties d'huile brute sont mélangées avec 600 litres d'eau froide tenant 20 parties d'hydrosulfite. On agite dans un récipient fermé pendant 32 heures; la couche huileuse est séparée par décantation et la partie émulsionnée dans l'eau peut être récupérée au moyen de l'éther de pétrole.

Les agents oxydants ont été surtout mis à contribution simultanément avec le procédé Thénard ou comme complément. Le barbotage d'air à travers l'huile est préconisé par C. Michaud.

Le mélange de chlorate de potasse et d'acide nitrique, celui de bichromate et d'acide sulfurique sont l'objet d'applications industrielles. Cette dernière méthode utilisée judicieusement donne du reste des résultats remarquables ; l'emploi d'acide chlorhydrique en présence du permanganate, du bichromate ou du peroxyde de manganèse est également très recommandé.

M. Effront a proposé de décolorer les huiles au moyen du peroxyde de chlore et M. Tédesco (Br. fr. 318.323) les traite par l'air chargé d'acide hypochloreux puis il laisse en contact 24 heures avec quelques millièmes d'hydrate de plomb ou de cobalt, ensuite il insuffle de l'air pendant 3 heures.

Parmi les oxydants organiques utilisés pour décolorer les huiles, signalons les peroxydes organiques (peroxyde de benzoyle par exemple) employés par la Vereinigten Chemischen Werke A. G. (Br. fr. 378.515).

HUILES SICCATIVES

Lorsque les huiles sont soumises un certain temps à l'action de l'air, elles subissent certaines modifications physiques et chimiques : les unes deviennent rances; les autres perdent leur fluidité, deviennent de plus en plus épaisses et forment une masse solide ; cette propriété a trouvé une application importante dans l'industrie des vernis, aussi donnerons-nous quelques détails sur la préparation des huiles douées de cette propriété.

Certaines huiles grasses sous l'influence de l'air, ou plus exactement de l'oxygène, principe actif en la circonstance, se transforment en une matière jaunàtre, transparente, formant à la surface de l'huile une pellicule qui ralentit l'action de l'air sur la couche sous-jacente. Les huiles possédant ces propriétés sont dites « siccatives ». Les principales sont les huiles de lin, de noix, d'œillette, de coton, de ricin, de belladone, de chanvre, de sapin, de pin, de raisin de madi, de soleil, de courge, de poisson, mais la plus employée est surtout la première, aussi l'examinerons-nous tout spécialement.

Dans la première partie de cet ouvrage nous avons indiqué le processus du séchage des huiles siccatives qui s'opère par un phénomène d'oxydation ; nous y renvoyons le lecteur.

Dans les huiles *siccativées* une petite portion de la matière, seulement, a subi l'oxydation. D'après Mulder l'action oxydante commencerait par la glycérine (qui n'existe plus dans les huiles oxydées) pour se continuer par les acides linolénique, isolinolénique, linoléique, ensuite l'acide oléique et les autres acides saturés seraient oxydés à leur tour. Le produit final d'oxydation constitue la linoxyne (anhydride d'acide oxylinoléique).

Sans être aussi rigoureusement scindée, il est incontestable que l'oxydation a lieu progressivement : tout d'abord il y a fixation d'oxygène sur les composés à deux doubles liaisons, avec formation de peroxydes, puis fixation à nouveau d'oxygène et oxydation par entraînement de tous les autres corps. La première partie du processus correspond à la siccativation, la seconde au séchage.

Cependant, l'oxydation plus ou moins profonde du produit pendant le séchage dépend évidemment de la première moitié du phénomène, de la formation de peroxydes en plus ou moins grande quantité et surtout de la plus ou moins grande abondance d'agents activants et de sels métalliques, de sorte que la qualité de la couche produite, de la linoxyne obtenue, dépend complètement de la façon dont a été conduite la siccativation et des matières qui ont été incorporées à l'huile pendant cette opération. Si l'on a trop ajouté de litharge, par exemple, il se forme des savons de plomb qui rendent la couche friable.

Un vernis ou une couleur, pour satisfaire aux qualités exigées des produits industriels, doit donc contenir l'huile siccative oxydée juste à point, avec la quantité minimum de siccatif; au contraire lorsque le point critique a été dépassé, après application et exposition prolongée à l'air, le produit est cassant, craquelé et ne remplit plus l'œuvre de protection et de décoration auquel il était destiné.

Nous ne pouvons abandonner la linoxyne, cet intéressant produit, sans signaler plusieurs de ses propriétés sur lesquelles nous aurons à revenir au sujet des décapants.

La linoxyne est souple et par suite elle est d'une application facile sur les corps solides; son insolubilité dans l'eau, voire même l'alcool et l'éther, explique qu'on puisse employer l'huile de lin cuite dans les travaux d'extérieur aussi bien que dans les travaux d'intérieur. Elle est saponifiable, quoique lentement par la potasse, ce qui justifie dans une certaine mesure le moyen classique d'enlevage des vieilles peintures par les alcalis, notamment la lessive de soude caustique (*potassium des peintres*).

M. A. Livache en soumettant la linoxyne à l'action des dissolvants (benzine, éther, térébenthine, acétone, éther acétique, sulfure de carbone) a été frappé de son analogie avec le caoutchouc :

« Tous deux se gonflent dans certains liquides en prenant « une transparence telle, qu'en prolongeant suffisamment « l'expérience, ils semblent se dissoudre ; mais en réalité sur « deux éléments constitutifs, un seul se dissout tandis que « l'autre élément se gonfle et se désagrège. Si l'on vient à « évaporer le liquide, l'élément solide dissout dans le liquide « qui baigne les fragments insolubles, agit comme un véritable « ble ciment pour les réunir et donner finalement une masse « feutrée élastique et continue. ».

Il prévoyait des applications industrielles résultant de ces propriétés ; elles se sont réalisées, car il existe à l'heure actuelle de nombreux décapants appliquant ces observations avec certaines modifications indiquées par la pratique et l'expérience.

Les diverses huiles siccatives ne s'oxydant pas avec la même rapidité, MM. Bauer et Hasura ont trouvé comme composants

244 — LES HUILES

des acides gras non saturés dans différentes huiles examinées (1) :

	ACIDE linolénique	ACIDE isolinolénique	ACIDE linoléique	ACIDE oléique
Huile de lin	15 %	65 %	15 %	5 %.
Chanvre. .	15 %		70	15
Noix. . .	13		80	7
Chenevis .	5		65	30
Coton . .	»	»	60	40

Ainsi que nous l'avons dit, plus une huile contient d'acides linolénique et isolinoléique plus elle a d'affinité pour l'oxygène et plus vite elle s'oxyde, tandis que l'acide oléique au contraire ne facilite pas la siccativation, il subit simplement l'oxydation par entraînement.

Passons maintenant aux applications pratiques des études exposées dans la 1re partie de cet ouvrage.

L'huile de lin s'oxyde bien à froid par simple exposition à l'air, mais industriellement il faut des procédés plus rapides.

Les diverses circonstances activant l'action oxydante sont :

1º L'augmentation de la surface de contact entre l'huile et l'oxygène ou l'agent oxydant ;

2º L'intensité ou la coloration de la lumière ;

3º La richesse du milieu en oxygène ;

4º L'action de la chaleur ;

5º La présence de métaux, de matières diverses ou de divers agents chimiques avec présence ou absence d'eau ;

6º La simultanéité de plusieurs des agents ci-dessus.

CUISSON ET SICCATIVATION DES HUILES.

Dans la majeure partie des cas les huiles entrant dans la composition des vernis ou des couleurs prêtes à l'emploi, ont

(1) Voir la composition des acides gras de l'huile de lin, donnée par W. Fahrim.

été soumises à des opérations déterminant un commencement d'oxydation, une modification dans leur composition ayant pour résultat de développer le pouvoir siccatif. Cette modification s'obtient par différents moyens :

Cuisson des huiles sans addition de composés métalliques ;
Cuisson en présence de plomb, d'oxydes ou de sels de plomb ;
— sels de manganèse ;
— substances diverses ;
Siccativation à la température ordinaire.

Dispositifs employés pour la préparation des huiles cuites.

L'action de la chaleur sur les huiles a été étudiée par Chevreul (1), qui notamment observa la siccativité beaucoup plus grande des huiles de lin après cuisson, toutefois pour obtenir des résultats avantageux et réguliers il importe de se placer toujours dans les mêmes conditions de travail au point de vue qualité des huiles, durée de l'action, température de chauffe et agitation du liquide.

La cuisson en présence d'eau préconisée par divers techniciens rend l'opération plus lente et les huiles cuites plus difficiles à clarifier, ce qui réduit d'une façon considérable l'application industrielle de ce procédé : toutefois il faut remarquer que le produit obtenu est incolore, et même en opérant à température ménagée à la fin de l'opération on peut l'obtenir très limpide.

Cuisson a feu nu. — La cuisson à feu nu a un grand avantage, celui de fournir rapidement le produit désiré : mais à côté de cela elle offre certains inconvénients contre lesquels il est utile d'être prémuni :

L'huile chauffée dégage des vapeurs irritantes, gênantes, sources de désagréments avec les voisins : ces vapeurs étant très inflammables il faut s'en débarrasser et prendre des précautions particulières pour le chauffage et contre l'incendie.

D'une manière générale l'huile est amenée à une température voisine de 150°, puis on y ajoute les produits siccatifs ; la contenance du récipient dans lequel on opère doit être suffi-

(1) Voir 1re partie.

samment grande pour éviter le débordement de l'huile dont le volume augmente sous l'influence simultanée de la chaleur et des réactions ; c'est une des raisons pour lesquelles on dessèche préalablement les substances à introduire, de manière

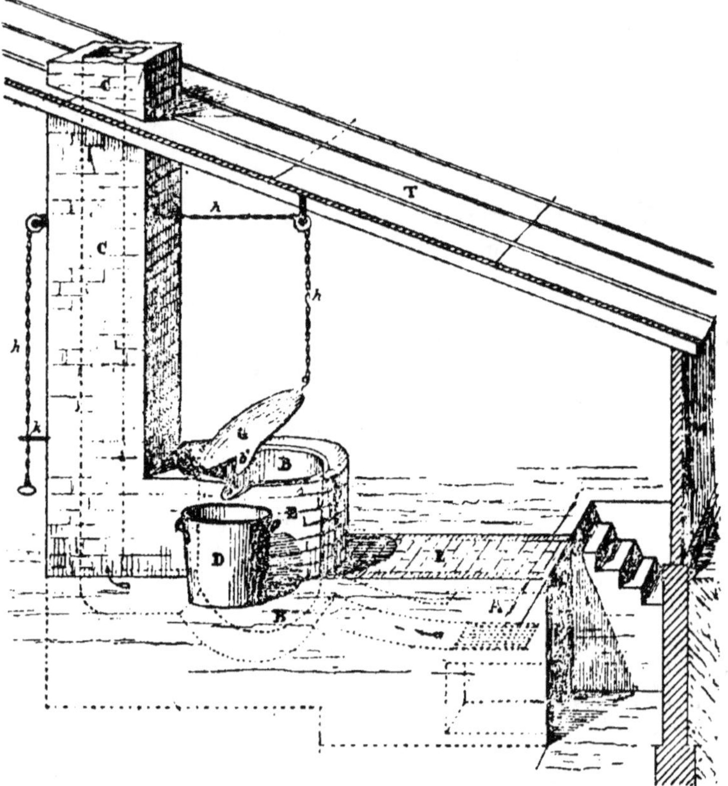

Fig. 65. — Appareil de cuisson à feu nu.

à éviter les bouillonnements que produirait la vapeur d'eau formée ; l'introduction des siccatifs pourrait cependant avoir lieu avant de commencer le chauffage.

Le dispositif de fabrication indiqué par Tripier Devaux n'a été que peu modifié :

L'huile à cuire est placée dans une chaudière B en cuivre, fer ou fonte, noyée dans un massif en maçonnerie E et chauffée à sa partie inférieure par les flammes ou gaz chauds provenant du foyer A, aspirés par la cheminée C. La chaudière B est munie d'un déversoir *b* et d'un couvercle G qui peut être manœuvré au moyen d'une chaîne *h* et de rouleaux ; l'arrêt K permet de maintenir le couvercle levé quand on le désire.

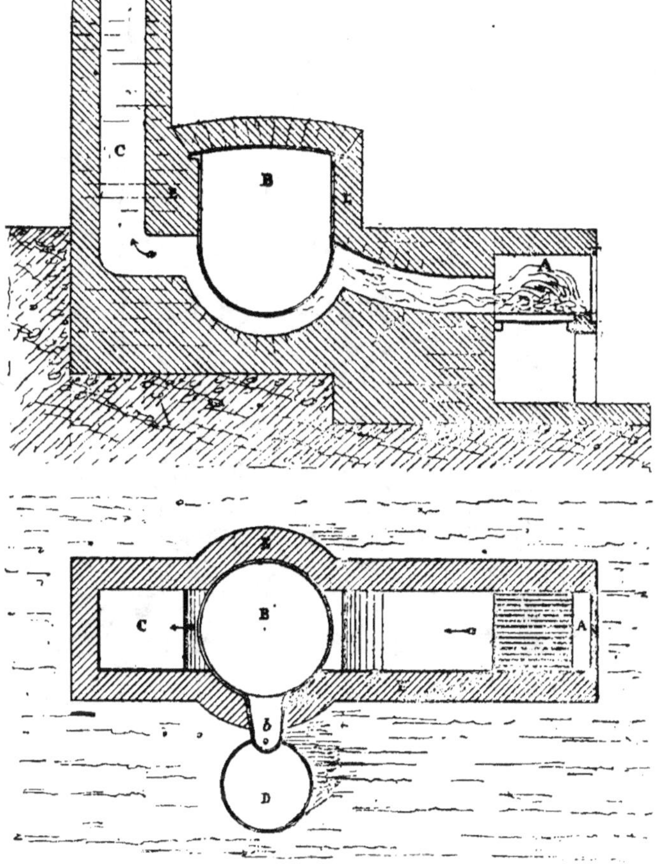

Fig. 66. — Appareil de cuisson à feu nu. — Coupe longitudinale. Plan.

L'agitation a lieu avec des palettes en fer, mais ne doit pas être trop fréquente, quand on se sert de produits à base de plomb, pour éviter la combinaison d'huile et d'oxyde et la formation de savons de plomb.

Ce dispositif ne correspond plus aux exigences industrielles actuelles et ne satisfait pas aux ordonnances de police et nous donnons ci-après (fig. 68) la vue d'une installation plus moderne due à l'obligeance de la Société anonyme de produits chimiques de Saint-Denis.

L'huile qui arrive dans des tonneaux en bois est envoyée

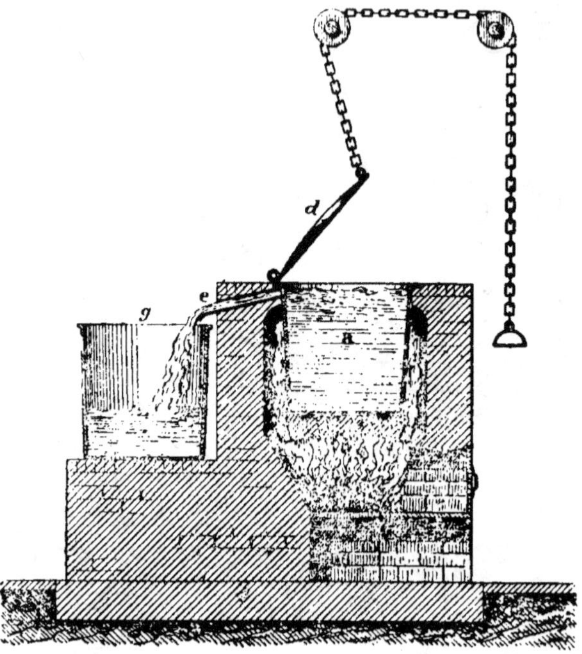

Fig. 67. — Appareil de cuisson à feu nu. — Coupe transversale.

au moyen de pompes dans les bacs de dépôt ou elle se clarifie peu à peu : après un repos suffisant elle est envoyée, au moyen d'une pompe si le niveau du réservoir n'est pas assez élevé ou par simple écoulement de l'huile dans la chaudière à cuisson, si cela est possible.

Cette chaudière, située à l'intérieur d'un atelier vaste et bien aéré, est placée dans un massif en maçonnerie et chauffée à sa partie inférieure au moyen d'un foyer-wagonnet, roulant sur rails, situé dans une petite fosse en contre-bas. Le wagonnet porte une grille à sa partie inférieure, il est rempli de coke que l'on allume en le plaçant dans la partie antérieure de la fosse, après quoi on le roule sous la chaudière contenant l'huile de lin à chauffer. Le niveau du sol à l'intérieur de l'atelier est tel que le niveau supérieur de la chaudière ne le dépasse guère de plus de 1ᵐ à 1ᵐ 20. On peut retirer le wagonnet si la température monte trop rapidement (ce qui présenterait de sérieux inconvénients), une fois la température convenable obtenue (elle varie de 150 à 300° selon le résultat que l'on veut atteindre) on règle le chauffage de manière à le maintenir très régulièrement, on fait usage de thermomètre renfermé dans une gaine métallique et l'agitation qui a lieu au moyen de spatules en fer doit être très régulière, de manière à assurer une parfaite homogénéité de la masse et à éviter une surchauffe des parties en contact avec les parois.

Une hotte mobile portant à sa partie supérieure un tuyau de fer coulissé est reliée avec la cheminée au moyen de

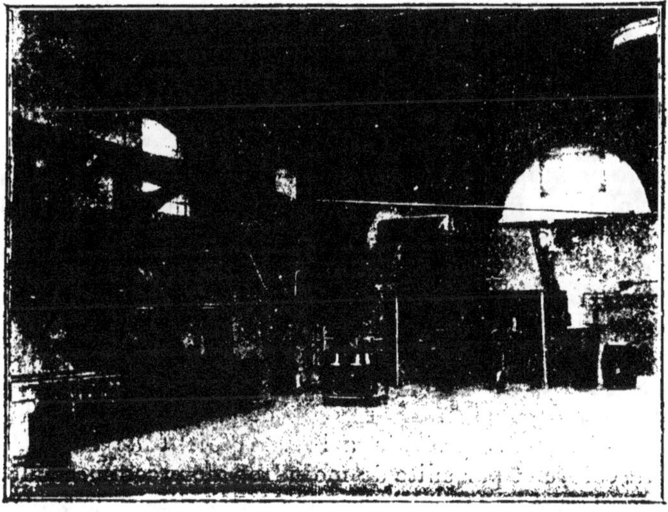

Fig. 68. — Atelier de cuisson d'huile.

conduits et permet l'évacuation au dehors des fumées qui sont surtout abondantes au commencement de l'opération, fumées qui ne sont généralement pas envoyées sous le foyer, bien que la chose ait été proposée.

Enfin, on prévoit souvent au-dessus de la chaudière un couvercle muni d'une charnière et tenu par une corde; en cas d'incendie cette corde brûle et laisse automatiquement tomber le couvercle qui ferme la chaudière. Rappelons à cette occa-

sion que lors d'un incendie on ne doit pas faire usage d'eau,
mais de sable, pour en arrêter les progrès et qu'il est indispensable d'avoir toujours des tas de sable et des pelles à
proximité des différents endroits dangereux.

Cuisson a l'air chaud. — En vue d'éviter les inconvénients
qu'offre l'emploi du chauffage à feu nu on a préconisé le
chauffage à air chaud.

L'air sortant du réchauffeur était dirigé dans un serpentin ou dans un double fond et chauffait ainsi l'huile,
après quoi il retournait au réchauffeur ; ce procédé ne semble
pas s'être généralisé, bien que, en quelques heures de traitement, on ait pu préparer une huile oxydée très peu colorée.

Cuisson a la vapeur. — C'est le même principe que dans le
précédé ci-dessus, en remplaçant l'air par la vapeur surchauffée. Les produits obtenus sont paraît-il très beaux, mais
leur siccativation n'est peut-être pas tout à fait complète.

Cuisson des huiles sans addition de composés métalliques

Certaines huiles siccatives, notamment celles destinées à
l'imprimerie ou à des usages spéciaux se cuisent sans addition de composés métalliques ; l'huile amenée à température
modérée est coulée par une pomme d'arrosoir dans une tour
où elle rencontre un courant d'air chaud envoyé par un com-
presseur d'air; cette opération permet d'obtenir des huiles peu
colorées ; elles peuvent être un peu ou beaucoup plus épaisses
(corsées en termes de métier), plus ou moins siccatives que
l'huile de lin crue, selon la rapidité ou la durée du chauffage;
une température trop élevée a l'inconvénient de donner un
produit coloré et par suite de moindre valeur commerciale.

Les pertes dues à la cuisson pour une huile brute sont :

1° pour obtenir une huile dite faible. . .	3 pour 100
2°	—	moyenne .	6 —
3°	—	forte . . .	12 —
4°	—	mordant . .	16 —

Lippert et Regovin (Br. fr. 334.235) ont préconisé la cuisson
dans le vide comme présentant de sérieux avantages. L'huile
débarrassée des matières mucilagineuses et albumineuses est
chauffée une demi-heure à 1 heure à 150-180°, puis 1 heure à
200-250°, après quoi on monte lentement à 300-310°, tempéra-

ture à laquelle on la maintient un temps plus ou moins long, selon le résultat à obtenir.

Cuisson en présence de plomb ou de composés de plomb

Nous venons de voir que l'action de l'oxygène sur l'huile de lin est très lente à froid, elle est plus rapide à chaud ; mais on trouve un sérieux avantage à utiliser l'action d'agents intermédiaires qui facilitent et accélèrent la fixation de l'oxygène ; au premier rang de ceux-ci se trouvent le plomb et ses composés. Le dispositif employé pour la cuisson au moyen de plomb, de ses sels ou d'autres métaux est celui décrit plus haut.

ACTION DU PLOMB MÉTALLIQUE. — Constatée, étudiée et décrite par Chevreul cette action est fort connue ; M. Livache a réalisé la multiplication des points de contact entre l'huile et le plomb, en employant ce métal à l'état précipité et son procédé rentre également dans la présente catégorie puisqu'on opère le plus souvent à une douce température au lieu d'agir seulement à froid.

Un *procédé mixte* tout à fait empirique a été décrit par Halphen. Nous le citons à titre rétrospectif : On introduit dans une chaudière en cuivre 320 gr. d'étain anglais granulé, 320 gr. de plomb granulé et 10 kgr. d'huile de lin. On porte à l'ébullition et l'on remue. Quand on a lieu de supposer que les métaux commencent à fondre, on ajoute un ou deux morceaux d'os de seiche et l'on continue à faire bouillir jusqu'à fusion totale des métaux, ce dont on s'assure en tâtant avec la spatule. On retire du feu et on y ajoute, en remuant, 625 gr. de sulfate de zinc préalablement fondu et pulvérisé.

Quand l'effervescence que produit cette addition a cessé, on chauffe à nouveau jusqu'à ce qu'il ne se dégage plus du tout de bulles de vapeur, ce qui demande une demi-heure environ. On laisse refroidir et reposer 24 heures, on décante et on filtre sur une toile. Le liquide est recueilli dans des flacons au fond desquels on a déposé un lit de plomb granulé. On expose ces flacons au soleil, ce qui a pour effet de rendre le vernis absolument limpide.

ACTION DES OXYDES ET CARBONATES DE PLOMB. — Le *procédé à la litharge* est certainement un des plus employés : mais, comme l'a justement fait observer M. Coffignier, il est curieux de constater la divergence des chiffres cités par les auteurs à ce sujet.

Une bonne proportion est 5 p. de litharge pour 100 p. d'huile ; le produit est placé dans un sac de cuivre ou une petite caisse métallique perforée, placée au milieu du liquide porté à 180 degrés ; on agite pendant toute la durée de l'opération que l'on arrête dès l'apparition d'une pellicule sur l'huile ; ensuite le chariot à coke est enlevé, on laisse reposer et on décante ; la température finale peut atteindre 200 degrés.

Le procédé varie suivant les fabriques et dépend des produits à obtenir, mais au lieu d'employer la litharge seule on y substitue de nombreux mélanges parmi lesquels nous citerons : le *minium*, la *terre d'ombre* (dans laquelle la substance active est le manganèse), la *céruse*, le *sulfate de zinc sec*, *l'acétate neutre de plomb*, les *os de seiche*, etc., qui ont la réputation de favoriser l'action ou de donner des produits peu colorés ; le sulfate de zinc desséché a surtout pour but de déshydrater complétement l'huile ; quant aux os de seiche, leur action est très problématique.

Dans le *procédé a la céruse*, la proportion de ce dernier corps atteint 12 et même 18 0/0 de l'huile, l'opération a besoin d'être menée plus lentement qu'avec la litharge et on l'arrête une fois que la mousse produite par l'opération est tombée. Comme dans le cas précédent la céruse est souvent additionnée d'une ou de plusieurs des substances énumérées ci-dessus.

ACTION DE DIVERS SELS DE PLOMB. — Nous avons mentionné comme constituants des mélanges siccatifs l'acétate neutre et l'acétate basique de plomb ; M. Hassner a d'autre part préconisé l'utilisation des plombates de chaux, de baryte et de strontiane.

Cuisson en présence de sels de manganèse.

ACTION DES OXYDES ET DES HYDRATES DE MANGANÈSE. — Chevreul avait obtenu une huile siccative peu colorée en chauffant à 80° l'huile de lin crue avec 10 0/0 de *peroxyde de manganèse* ayant servi à une précédente opération ; ce produit a été également employé par Leclaire dans une proportion plus faible, 5 0/0.

Dans le *procédé Dullo*, on emploie ce même oxyde à raison de 3 0/0 en présence d'une égale quantité d'acide chlorhydrique concentré.

L'hydrate manganeux dans le *procédé Binck* est mélangé à raison de 2 à 5 pour 1000 d'huile ; le mélange est mis en touries y forme un dépôt en même temps que l'huile pâlit et devient très siccative. Après décantation et exposition à l'air, elle se recolore et ses propriétés siccatives s'accentuent encore. En chauffant et en agitant, on active la réaction.

Le *procédé Gromann* utilise le même produit préalablement broyé avec de l'huile de lin de manière à l'avoir sous forme liquide. Cette mixture est incorporée à l'huile (préalablement chauffée jusqu'à commencement d'ébullition) par petites portions qui déterminent chaque fois une effervescence. Il faut 5 d'hydrate pour 1000 d'huile. Après cuisson on laisse reposer, puis on décante.

ACTION DES DIVERS SELS DE MANGANÈSE. — *L'oxalate de manganèse* a été préconisé par Castelaz à raison de 3 à 5 pour 100 d'huile. On le mélange avec un peu d'huile, comme cela a lieu dans le procédé Gromann, à l'hydrate et on l'introduit dans l'huile amenée à 150-180°. Il s'y décompose et par cuisson lente on obtient des huiles brun clair.

Le modus operandi est le même avec le *Borate de manganèse* préconisé par Barruel et Jean à raison de 1 ou 1,30 pour 1000 d'huile; toutefois en pratique on ajoute 2 1/2 p. de ce corps à 100 p. d'huile portée à 100 degrés pour obtenir une huile séchant lentement et 5 0/0 si on la désire très siccative.

Endemann et Paisley (1) ont examiné plusieurs échantillons de produits industriels et trouvé les résultats ci-dessous.

	Bo^2O^3	MnO	OBSERVATIONS
Nº 1	39,36	12	excès de borax.
2	40,88	16,19	—
3	37,38	31,06	blanchi par addition de sulfate de soude.
4	11.09	6.43	

Ils ont réussi à préparer un très bon siccatif en opérant comme suit : On ajoute une quantité de soude égale à celle contenue dans le borax, de façon à former le sel $4Na^2O2Bo^2O^3$ puis on l'additionne de chlorure de manganèse. On égoutte rapidement le précipité qui est lavé deux fois avec un peu d'eau. Le produit séché renferme, selon son degré de siccité, 23,6 à 27,2 0/0 de MnO.

Le résinate de manganèse est fort employé depuis quelques années.

<hr>

(1) *Zeitschrift fur angew. Chemie*, 1903, p. 175.

Le linoléate de manganèse a été également proposé ; quant au chlorure et au nitrate de manganèse leur action est trop violente ; le sulfate, par contre, étant difficile à décomposer nécessite une température trop élevée ; enfin les formiate, tartrate et citrate de manganèse ont été essayés mais sont beaucoup moins intéressants que le borate ; nous ne signalerons que pour mémoire le procédé au permanganate.

Cuisson en présence de substances diverses.

Action des acides. — L'action *de l'acide azotique* à 40° B. à chaud dans la proportion de 1 1/2 à 3 pour 10.000 d'huile augmente la siccativité de l'huile : après refroidissement on laisse quelques jours à l'air et par décantation on sépare un vernis jaune vineux.

L'acide chlorhydrique à douce température, à la dose de 2 pour 100 d'huile donne aussi certains résultats ; la couche huileuse séparée par décantation est lavée jusqu'à complet enlèvement de l'acide, puis chauffée pour en éliminer l'eau contenue.

Action des alcalis. — Traine (Br. all. 161.941) cherche à éviter la transformation qu'éprouvent certaines huiles de lin en une masse gélatineuse quand on les chauffe à 250-300°, en y ajoutant de la chaux, éteinte ou non, dans la proportion de 1/8 à 1/2 0/0. La chaux peut être remplacée par un **carbonate** alcalin ; par contre une quantité assez forte de chaux ou de substances basiques dans l'huile de lin chauffée en détermine l'épaississement et la polymérisation, mais aussi le brunissement.

Brevets divers. — L'oxygène et les substances le produisant à l'état naissant ont été brevetés. Voici quelques-uns de ces procédés :

Brin emploie un appareil à double enveloppe, muni d'un agitateur à palettes, dans lequel il introduit l'huile à oxyder. L'oxygène amené à la partie inférieure est émulsionné dans l'huile en mouvement et s'échappe par un orifice pratiqué dans le dôme. Si l'on veut opérer à chaud, on introduit un courant de vapeur dans la double enveloppe.

Pummerer faisait agir l'air, l'oxygène ou l'ozone en **vase** clos sur l'huile au moyen d'une pompe aspirante et foulante, Schrader et Dumeke ont employé l'air ozoné.

L'eau oxygénée à 10 volumes a été également mise en contact à douce température (100° environ) avec l'huile à oxyder.

M. Sidow a signalé comme un excellent siccatif pour l'obtention de vernis séchant très vite, le nitrate d'ammonium, car à 285° ce sel se décompose en eau et oxyde d'azote qui agit sur l'huile comme un oxydant énergique. Le vernis obtenu est brun et sèche sans être poisseux en 10-12 heures à température ordinaire et en 8-10 heures à 30° C.

Comparaison entre les divers siccatifs.

M. F. H, Thorps a publié en 1891 (1) une étude sur l'action

SICCATIF	Quantité employée en grammes	Durée de la cuisson	Température en degrés	Temps nécessaire pour la dessiccation (en heures)	APPARENCE de la couche sèche
		h m			
Litharge.........	1,0	2,15	220	6	presque incolore
»	0,2	2,15	250	10	id.
»	0,8	1,30	>250	10	id.
Peroxyde de plomb	1,072	1,30	220	plus. jours	fortement colorée
Chlorure »	1,247	2,30	250-360	24	légèrement colorée
Minium »	1,024	2,30	220-285	24	fortement colorée
Oxalate »	1,323	2,15	>300	n'a pas séché	id.
Tartrate »	1,6	2,15	270	24	id.
Acétate »	1,46	2,15	»	12	légèrement colorée
Borate »	1,105	1,30	220-300	20	id.
Carbonate »	1,197	2,00	225	10	id.
Oxyde de zinc.....	0,5	2,15	250	45	presque incolore
Sulfate »	1,987	2,30	285	45	id.
Sulfate »	1,5	2, »	<230	45	jaune
Acétate »	1,0	2,15	235-280	40	incolore
Borate »	1,0	2,00	240	40	presque incolore
Borate »	0,5	1,30	240	46	id.
Borate »	0,5	1,30	240	46	id.
Citrate »	1,5	2,30	230	36	id.
Acétate de manganèse.	1,0	2,15	225-250	20	id.
Acétate »	0,5	2,00	225-250	20	fortement colorée
Acétate »	0,5	1,15	225-250	20	incolore
Borate »	1,625	2,15	220	20	incolore et dure
Borate »	0,5	1,00	230	20	incolore
Sulfate »	1,72	2,00	240	40	id.
Sulfate »	1,5	2,30	240	36	id.
Oxalate »	1,64	2,00	230	40	id.
Oxalate »	1,5	2,30	230	36	id.
Oxalate »	1,0	2,15	240	48	jaune
Citrate »	1,5	1,30	230	24	colorée en noir
Tartrate »	1,0	2,30	230	24	incolore
Formiate »	1,0	1,00	200	24	légèrement colorée

(1) *Moniteur Quesneville,* p. 1081.

exercée par les divers siccatifs sur l'huile de lin brute de Calcutta à différentes températures.

Cette huile était jaune clair et provenait de pression à froid ; on en mettait 50 cc. (45 gr. 7) dans chacun des vases de Bohème servant aux expériences, disposés sur un bain de sable atteignant la moitié de la hauteur de l'huile. Le siccatif était préalablement séché et le mélange agité plusieurs fois. En faisant varier la température, il a constaté que la plus favorable était située entre 230° et 275°.

La dessiccation était jugée complète quand le vernis qui avait été étalé sur une plaque de verre ne conservait plus l'empreinte des doigts.

Le tableau de la page 255 permet de comparer les résultats obtenus que l'auteur résume ainsi :

1° La litharge est le siccatif de plomb donnant les meilleurs résultats.

2° Les siccatifs de plomb sont moins favorables que ceux de manganèse : ils donnent des huiles plus colorées.

3° Les siccatifs à base de zinc sont les moins avantageux et donnent des produits séchant lentement donnant une couche peu dure, le moins mauvais est l'acétate.

4° Les siccatifs de manganèse sont les meilleurs : vient en tête le borate ; l'acétate demande une surveillance particulière car au-dessus de 230°, il se produit une coloration foncée de l'huile due sans doute à une décomposition du produit.

A.-P. Laurie a publié (1) des résultats comparatifs obtenus en employant le borate et le résinate de manganèse avec une peinture à base d'oxyde de zinc (2.250 gr. d'oxyde de zinc étaient broyés avec 405 gr. d'huile de lin brute non cuite).

	Pourcentage	Temps nécessaire au séchage
Résinate de manganèse .	0,10	21 heures.
—	0,25	14 —
—	0,50	8 —
—	2,00	7 —
Borate de manganèse . .	0,20	18 —
—	0,50	12 —
—	1,00	11 —
—	2,00	9 —

le résinate serait donc plus actif que le borate.

(1) *The Oil and Colour Trades Journal*, 1908, n° 481.

Les linoléates de plomb et de manganèse ont été spécialement étudiés par le Pr Sternberg (1). En les incorporant dans l'huile de lin chauffée à 160° C. il a observé les faits suivants :

Lorsque les vernis étudiés tenaient de 0,025 à 1,6 0/0 d'oxyde, la rapidité de siccativation diminuait avec l'augmentation de teneur en oxyde ; dans le cas du linoléate de manganèse il trouva comme teneur la plus favorable 0,1 0/0 d'oxyde de manganèse.

Avec le linoléate de plomb l'inverse eut lieu, la siccativation était plus rapide quand la teneur en oxyde augmentait.

Pour les vernis à base de plomb et de manganèse la rapidité d'oxydation est plus grande qu'en faisant usage des siccatifs séparés, le maximum fut avec 0,23 0/0 PbO et 0,05 MnO. L'absorption d'oxygène en 24 heures avec ce mélange fut de 150 0/0 plus grande qu'avec PbO seul et 70 0/0 plus grande qu'avec MnO.

L'influence de la température a été aussi examinée, la plus favorable pour les vernis au plomb est 100° et la siccativité décroît si la température monte, alors qu'elle croît pour les vernis au manganèse.

Cuisson à température modérée.

Amsel (2) a appelé l'attention sur les produits obtenus en cuisant l'huile à basse température, ce qui permet de préparer des vernis très clairs obtenus comme suit :

20 0/0 de l'huile de lin à employer sont chauffés à 140-150° C. avec l'agent siccatif à dissoudre (résinate ou linoléate de manganèse ou de plomb) dans la proportion de 1 1/2 à 3 0/0, on y ajoute ensuite le reste de l'huile de lin qui a été portée au préalable à 120° C.

Pour caractériser les vernis obtenus avec l'huile cuite, on les saponifie au moyen d'une solution alcoolique de potasse et on traite le savon obtenu par de l'eau :

Dans le cas de vernis à l'huile cuite on n'observe aucun trouble, tandis que pour ceux préparés avec des résinates on constate un louche intense.

(1) *Farben Zeitung*, 1907, p. 669-673.
(2) *Oil and Colour. Journ. d. Seife Zeitg*, 1906, p. 186.

Siccativation à la température ordinaire

ACTION DE DIVERS COMPOSÉS A FROID. — Les procédés de siccativité à froid ont le grand avantage de donner des huiles siccatives peu colorées.

L'huile de lin devient lentement siccative au contact de l'air; comme nous l'avons montré dans la première partie de cet ouvrage, la lumière favorise l'action.

On peut multiplier les surfaces de contact avec l'air, grâce à l'emploi de corps poreux, et dans son traité, Halphen rappelle qu'en pétrissant de l'huile de lin, de noix ou d'œillette avec de la neige, de manière à former des masses solides qu'on expose dans un lieu froid à l'abri des rayons solaires on obtient, au dégel, deux couches l'une aqueuse, l'autre huileuse, trouble, qui se clarifie aisément par repos et possède des propriétés siccatives d'autant plus énergiques que le contact avec la neige a été plus long.

Chevreul a le premier remarqué que la siccativation peut s'obtenir en mettant l'huile en contact avec des plaques de plomb; il montra que pour obtenir un résultat rapide il est nécessaire qu'elle soit sous une faible épaisseur, et que la surface de contact soit la plus grande possible.

Cette méthode a été l'objet d'applications industrielles dans lesquelles l'huile de lin était mise en présence de minces feuilles de plomb; on renouvelait le contact entre l'huile et le plomb en agitant le plus souvent possible, toutefois cette méthode présente le grave inconvénient d'exiger un temps très long.

Genthe (Br. fr. 375.985) a proposé de faire agir simultanément l'air et la lumière ou de produire l'oxydation dans une chambre anodique par exemple avec des anodes en plomb au moyen d'une solution de sulfate de soude, ce qui favorise la formation de peroxydes.

M. Livache, qui a publié d'importants travaux sur la question de la siccativation des huiles, a réalisé la multiplication des points de contact en faisant usage de plomb précipité. Il décrit ainsi le procédé d'obtention d'une huile pouvant sécher en 24 heures.

« Pour 100 kgr d'huile de lin, la préparation et les proportions sont les suivantes : dans 15 litres d'eau on dissout 3 kgr. de nitrate de plomb et on ajoute 6 à 7 cc. d'acide nitrique, puis des lames de zinc (600 gr. environ). Le plomb précipité

est mis dans de grands entonnoirs fermés à la partie inférieure au moyen de tampons de fibre de bois ou mieux de
varech ; on lave rapidement en versant de l'eau, puis on verse
doucement une petite quantité d'huile qui déplace l'eau im-
bibant la masse poreuse du plomb précipité ; lorsque l'huile
sort bien limpide à la base de l'entonnoir, et que par conséquent toute l'eau a été déplacée on verse la bouillie ainsi
obtenue dans le récipient contenant 100 kgr. d'huile et on
soumet à une agitation fréquente. »

L'huile ainsi préparée doit être mise en contact pendant 2
ou 3 jours avec 1 kg. de nitrate de manganèse. Après repos et
décantation on ajoute à l'huile décantée 0 kg. 750 d'oxyde
de plomb précipité et sec afin d'éliminer l'excès de nitrate de
manganèse.

Cette huile présente d'après certains industriels l'inconvénient de conserver un peu de *gras*, dû à la présence d'une faible
proportion de glycérine ; pour l'éviter on la chauffe à une température de 110 à 120°.

Parmi les autres procédés à froid ou à température tiède
signalons :

a) Méthode Bouis à l'oléate de plomb (2 à 5 pour 1000 d'huile),

b) — Bincks à l'hydrate manganeux (2 à 5 pour 1000
d'huile).

c) — Dullo dans laquelle l'huile est traitée pendant deux
heures par 3 0/0 de bioxyde de manganèse et 3
0/0 d'acide chlorhydrique.

d) — à l'acide chlorhydrique à raison de 2 0/0. La couche huileuse décantée et lavée jusqu'à disparition de l'acidité est chauffée pour vaporiser l'eau
contenue.

e) Procédé à la litharge par lequel l'huile est soumise en
couche mince à la lumière solaire sur de la litharge en paillette représentant 6 à 12 0/0 de son
poids.

f) Procédé à la céruse. On opère de même que précédemment
en substituant la céruse à la litharge (1/7 du
poids d'huile de lin).

g) Procédé au sulfate de plomb (25 0/0 du poids de l'huile).

h) — Liebig. On prépare une liqueur d'acétate basique
de plomb en ajoutant 1 kg. de litharge à une solution de 1 kg. acétate neutre dans 5 kgr. eau.

Lorsque la dissolution est terminée, ce qui demande plusieurs jours, on filtre et ajoute à un mélange de 1 kg. litharge avec 20 kgr. huile de lin. Après plusieurs jours d'agitation on laisse déposer, décante et filtre sur papier ou tampons de ouate. On indique également l'addition ultérieure d'acide sulfurique, séparation du sulfate de plomb formé et lavage à l'eau.-

Chevreul avait déjà remarqué que le bioxyde de manganèse réagit très bien à une température relativement basse (80°) et en fait on peut siccativer l'huile à la température ordinaire avec les agents employés dans les méthodes par cuisson. Il suffit d'agiter longuement l'huile avec les matières siccativantes en se servant pour cela d'appareils mécaniques. Les huiles ainsi traitées sont beaucoup plus pâles et plus fluides, elles conviennent bien pour la préparation des peintures vernissées. Lorsque l'on emploie le résinate de manganèse et le linoléate de manganèse, il suffit de dissoudre ces corps dans l'huile.

Dans un autre ordre d'idées on peut ajouter à l'huile à siccativer des peroxydes organiques.

L'action chimique de la lumière a été employée par Genthe qui a utilisé la propriété que possède la lampe à vapeur de mercure de fournir une lumière très riche en rayons ultra-violets. L'huile de lin soumise à l'action de ces rayons non seulement se décolore mais s'épaissit et arrive à se transformer complètement en linoxyne. Les vernis préparés par ce procédé s'appellent vernis « Uviol », car pour le préparer l'inventeur se sert de la lampe Uviol de Lehott et Genthe.

Enfin l'action simultanée de l'air et de la lumière est activée considérablement quand on emploie la partie active des rayons lumineux c'est-à-dire les rayons ultra-violets.

Un dispositif applicable (Genthe) consiste à faire couler l'huile en filets entre deux lampes à arc de mercure (1) de Cooper-Hevitt.

L'huile ainsi siccativée est évidemment exempte de métaux et tout particulièrement pâle ; elle est connue dans le commerce sous le nom d'*Uriolöle*.

Les procédés de siccativation sont donc extrêmement nom-

(1) Le verre arrêtant les radiations ultra-violettes, on emploie des lampes (à vapeur de mercure) en quartz ou en verre spécial dénommé « Uviol ».

breux et l'industriel peut choisir ceux qui conviennent le mieux à sa fabrication particulière. D'une façon générale on doit donner la préférence à ceux qui n'introduisent pas une trop grande quantité de métaux dans l'huile et qui n'altèrent pas ses qualités.

CONSTANTES DES HUILES

Nous avons examiné les qualités des huiles qui les ont fait utiliser par l'industrie des vernis et les transformations chimiques qu'elles subissent une fois l'application faite ; nous ne rappellerons pas pour chacune d'elles les lieux d'origine, méthodes d'extraction etc., etc., il faudrait pour cela un volume complet ; du reste les achats se font généralement par l'intermédiaire de courtiers qui envoient des circulaires indiquant les variations de prix, donnant tous les renseignements utiles sur la qualité, les emballages, la provenance, etc.

Nous nous bornerons donc à donner la liste des huiles d'un emploi courant, les caractères pouvant servir à les identifier et à contrôler leur qualité ainsi que les méthodes permettant de pratiquer ces essais qui sont indispensables pour éviter les fraudes lors des achats et être certain de la qualité des marchandises achetées.

Nous ferons seulement exception pour les produits d'apparition relativement récente sur le marché et sur lesquelles on trouve peu de renseignements dans la littérature technique.

Densité des huiles. — On la détermine par la méthode du flacon, ou bien avec l'aréomètre thermique de Pinchon ; on peut le faire également au moyen de la balance de Mohr.

Quand on n'opère pas à 15° il y a lieu de faire une correction par addition au-dessus de 15° ou déduction au-dessous

$$D_{15} = D_t \pm 0.00064\,(t - 15°).$$

Autres constantes physiques. — On a souvent intérêt à déterminer le pouvoir rotatoire, l'indice de réfraction et la viscosité.

Le pouvoir rotatoire est obtenu au moyen du polarimètre de Laurent, l'huile est mise en solution éthérée, décolorée au noir, puis l'éther éliminé par distillation. — On opère sur 20 cc. d'huile.

L'*indice de réfraction* s'effectue avec le réfractomètre de Féry ou celui de Ferdinand Jean et Amagat.

La viscosité est obtenue au moyen de l'Ixomètre de Barbey,

Tableau des constantes des huiles (1)

VARIÉTÉS D'HUILES	DENSITÉ	Point de congé-lation	Indice de saponi-fication	Indice d'Iode	Échauffement sulfurique
Huile de lin de pays.....	0.930 à 0.934	— 27° *	185	173°-177°	98°
— de Bombay...	0.928 à 0.933		190	170°-176°	94°
— de Plata.....	0,9275 à 0,931		166-191	161,2°-161,7°	90°
— d'Azof.......	0,929 à 0,933		181-187	169,8°-176,9°	92°
— de Riga......	0,935			176,6°-180°	98°
— de la Mayenne	0,9255				
— d'Indes Orient	0,9305		186,72	170,96	
— de Californie..	0,932 à 0,939		191	172-180,4	
Huile de lin cuite*	0,947 à 0,983		179-193	162	
Huile de ricin	0,962 à 0,965	— 18°	178-185	82-84	47
Huile de coton raffinée ...	0,925	— 12°	190-196	110-115	55
— brute.....	0,928 à 0,932	— 2°			
Huile de chenevis........	0,926 à 0,928	— 27°5	190-193	144-157	98
— d'œillette.........	0,924 à 0,926	— 18°	193-195	134-138	74,5
— de colza.........	0,9136 à 0,9155	— 6°2	173-179	98-103	58
— de ravison........	0,9235 à 0,921		174-179	98,2-103	
— de cameline	0,924 à 0,926	— 18°	188	133-142	
— de Kaun	0,8877		4,9	288,9	
— de Manille........	0,9369		45,7	230,4	
— de bois (oléococca)	0,936 à 0,9413	— 17°	191-201	156-165	95°
Huile de noix............	0,9265 à 0,927	— 27°	193-196	145-153	101
— d'Amérique...	0,929		193	135	
— de Californie.	0,9072		191,3	94,7	
— de Paradis...	0,895		173	71,6	
— du Brésil...	0,9145		193	106	
— de cèdre	0,9326		191,8	149-151	
— de Bankoul..	0,921 à 0,928		154-187	136-139	
Huiles de poissons.......	0,927				91°
Morue blanche	0,924	0 à —10°			106
Morue blonde	0,9257		175-193	136-162	102
Morue brune............	0,9264 à 0,930				102,5
Baleine.................	0,9193 à 0,9258	+ 6°	188-193	110-127	
Cachalot...............	0,880 à 0,890		123-147	82-109	
Dauphin...............	0,918	+5 à —3°	198	99,5	
Hareng................	0,920 à 0,939		179-193	123,5-142	
Marsouin...............	0,9178 à 0,926	— 16°	216-218	119	
Alose..................	0,933		189-192	147,9-173	
Foie de merlan	0,928	0 à —10°	177-186	127-162	
Phoque.................	0,9237 à 0,9265	— 4°	185-193	125-152	103
Raie...................	0,927 à 0,928			157,3	
Requin	0,891		150-170	130-134	
Sardine................	0,926 à 0,933		190-192	138-193	
Saumon	0,920		183	162	
Thon	0,925			145-156	

(1) Ces chiffres ont été donnés par MM. Haller, Collignier, Niege-mann. (* = Collignier).

ou de Chercheffsky. — On détermine le nombre de centimètres cubes d'huile s'écoulant en 10 minutes à une température fixe et constante.

Le point de congélation est obtenu en refroidissant l'huile au moyen d'un mélange réfrigérant jusqu'à ce qu'elle se prenne en masse dure ou en grumeaux.

Indice de saponification. — C'est le nombre de milligrammes de potasse nécessaire pour saponifier 1 gr. de matière grasse.

La solution alcoolique de potasse se prépare en mélangeant

        200 cc. alcool absolu,
         15 — lessive de potasse à 45°,

en agitant, on favorise la précipitation des carbonates alcalins que l'on sépare par filtration.

On chauffe dans un ballon de 125 cc. au bain-marie (ou au réfrigérant ascendant) 3 à 4 gr. d'huile avec 25 cc. de la solution alcoolique de potasse pendant 1/4 d'heure, après quoi on titre l'excès de potasse par HCl demi-normal ; connaissant d'autre part la quantité de ce réactif qui neutralisait les 25 cc. de solution alcoolique de potasse, on a par différence la quantité de potasse combinée ; en la rapportant à 1 gr. d'huile on obtient l'indice de saponification.

Indice d'Iode. — C'est l'un des essais les plus importants, il rend de très grands services pour l'identification des huiles ou la reconnaissance des falsifications. La quantité d'iode absorbée par les huiles est en rapport avec le nombre de valences libres que l'on rencontre dans les acides gras non saturés, dont la présence joue un si grand rôle dans la siccativité des huiles ; c'est du reste l'huile de lin qui offre l'indice d'iode le plus élevé quoique présentant certaines variations suivant son origine. Les additions d'huiles étrangères (huiles de ravison, par exemple) font baisser sensiblement son indice.

On emploie les solutions suivantes :

    A { Iode bisublimé . . . .   25 gr.
       { Alcool à 95°. . . . .   500 cc.
    B { Bichlorure de mercure . . . . .   30 gr.
       { Alcool à 95°. . . . .   500 cc.
    C   Solution titrée d'hyposulfite de soude à 24 gr. 8 par litre
    D   Solution d'iodure de potassium à 10 0/0
    E   Solution d'amidon à 2 0/00.

Mode opératoire :

Dans un flacon de 250 cc. bouché à l'émeri on introduit :

0,300 environ d'huile siccative (ou 0,500 de non siccative)

auxquels on ajoute :

10 cc. chloroforme

puis :

25 cc. mélange à volumes égaux des solutions A et B.

Après 2 heures de contact pendant lesquelles on agite, on titre l'excès d'iode; pour cela on introduit dans le flacon 20 cc. de la solution IK et 100 cc. eau.

On verse ensuite la solution titrée d'hyposulfite de sodium en présence d'empois d'amidon jusqu'à décoloration complète.

S'il fallait N cc. pour l'essai sans huile de la solution d'iode et n cc. avec l'huile.

La quantité d'iode absorbée a été $(N — n) \times 0,0127$. Par une simple règle de trois en tenant compte du poids employé on aura le pourcentage cherché.

Il est naturellement indispensable de se placer toujours dans les mêmes conditions de contact, de température, afin d'avoir des nombres comparables.

Degré Maumené. — Dans un verre à pied taré on introduit 50 gr. d'huile puis on verse le long des parois 20 gr. acide sulfurique à 66°. On agite rapidement avec un thermomètre et on lit la température obtenue. Déduisant de ce chiffre la température initiale de l'huile on a l'échauffement sulfurique.

Il existe de nombreuses divergences entre les chiffres donnés par les auteurs; elles tiennent à des différences d'origine et peut-être à des variations dans les conditions d'opération. Non seulement les températures initiales ont pu être différentes pour l'acide et l'huile mais il faut remarquer que la dénomination d'acide à 66 est souvent impropre ; l'acide 66 du commerce ne marque à 15° C que 65° 5 et contient 93/94 0/0 de SO^4H^2 tandis que l'acide 66 *couvert* marque bien 66 et contient 98 0/0 SO^4H^2, ce dernier est beaucoup plus avide d'eau que le précédent et agit de façon plus énergique sur les divers produits organiques.

M. Bishop a cherché à retarder l'intensité de la réaction en diluant l'huile par une addition d'huile minérale, en tenant naturellement compte de l'échauffement de cette dernière, ce procédé ne semble pas s'être généralisé.

Chiffre d'ozone. — Les corps gras non saturés en dissolution dans l'éther de pétrole absorbent l'ozone en formant des ozonides. L'augmentation de poids indiquant la quantité d'ozone fixée à ce nombre pourra servir également de caractéristique.

Nous n'insisterons pas sur les autres méthodes d'examen chimique :

Indice d'acétyle,

Indice d'acide,

Indice brome soude de Halphen.

Les réactions spéciales permettant de caractériser certaines huiles, nous éloigneraient trop du cadre pratique dans lequel nous tenons à rester ; on en trouvera une description très complète dans le memento du chimiste de Haller et Girard et dans le traité d'analyse des corps gras de Halphen.

HUILES SUCCÉDANÉES DE L'HUILE DE LIN

Oléococca (huile de bois ou huile de Chine)

Bien moins ancien que les autres huiles, ce produit offre un sérieux intérêt pour les fabricants de vernis. L'arbre (1) qui sert à la préparer croît dans les parties montagneuses de la province «Szechnen » en Chine ; à partir de la troisième année de semis, il produit abondamment un fruit comparable comme structure à la noix comestible, mais de la grosseur d'une orange moyenne qui, lorsqu'il n'est pas encore mûr, est entouré d'une enveloppe verte qui tombe au moment de la maturité. La teneur en huile du fruit non encore mûr est 5 à 6 0/0, elle atteint 40 à 50 0/0 à maturité. Ces graines ne sont pas alimentaires et passent pour un purgatif violent.

L'extraction est faite par des procédés primitifs au moyen de presses rudimentaires. Le produit est variable selon l'endroit auquel il est destiné ; l'Europe et l'Amérique exigent une huile très claire qui s'obtient par pression à froid de la noix grossièrement concassée. L'huile obtenue par une seconde pression à chaud des tourteaux moulus est jaune plus foncé, enfin pour les emplois locaux on se sert de l'huile de bois (tung yu) foncée obtenue par pression et haute température, ce qui en modifie la couleur et la fluidité.

(1) Aleurites cordata de Rob. Drow ou Elæococca vernicia de Sprengel.

Le Seifenseider Zeitung (1908, n° 8), qui donne ces renseignements, encourage fortement ses lecteurs à traiter les noix en vue de l'obtention de l'huile de bois, spécialement au moyen de dissolvants, étant donné que cette opération se fait très facilement quand le fruit n'est pas trop finement moulu, tandis que le rendement en poids est presque quantitatif (40 à 50 0/0 pour les bonnes marchandises) ; le prix de la noix était de 170 marks au début de 1908.

L'huile obtenue par extraction est presque aussi claire que de l'eau, un peu jaunâtre vue en épaisseur ; elle est bien supérieure à l'huile préparée en Chine au moyen de la pression ; les qualités livrées dans le commerce sont rarement pures, les Chinois la mélangeant avec des huiles à bon marché, notamment avec celle provenant de la graine végétale de Talz.

Les résidus de la fabrication sont employés comme engrais, et possèdent en plus d'intéressantes propriétés insecticides ; aussi le journal précité en recommandait-il l'emploi dans les contrées vignobles contre les parasites de la vigne.

Cette huile présente des qualités remarquables, elle sèche vivement, plus rapidement que l'huile de lin, en donnant des vernis plus durs ; pendant les temps humides elle sèche au moins aussi vite que par temps sec, malgré cela la plupart des praticiens préfèrent l'employer en mélange avec l'huile de lin. C'est avec elle que se préparent les belles laques de Chine et du Japon : on l'emploie simultanément avec l'huile d'une variété de Sumac, le Rhus vernicifera. Étendue sur des tissus elle les rend imperméables tout en leur conservant leur élasticité ; les Chinois s'en servent pour rendre le bois et le fer de leurs habitations inaltérables, elle est antiseptique et constitue un insecticide puissant. Elle serait, paraît-il, supérieure au goudron pour calfater le flanc des navires.

L'acide gras solide, retiré par saponification de cette huile, a été étudié par M. Cloez sous le nom d'acide margarolique, l'acide gras liquide sous celui d'acide éléolique.

L'huile de Chine possède la particularité très intéressante de se comporter comme un ferment, car incorporée à d'autres huiles elle rend le mélange beaucoup plus siccatif que chacune d'elles et quelques heures permettent à la siccativation d'être complète.

Il existe en Cochinchine des arbres appelés Caydeauson, de la famille des diptérocarpées analogues à ceux de Chine, mais ne donnant pas des huiles d'aussi bonne qualité.

On a proposé d'acclimater l'arbre à huile de Chine en Tunisie et en Algérie. Étant très rustique il aurait paraît-il de grandes chances de s'y développer, sa culture pourrait être très rémunératrice, car un arbre de 5 à 6 ans peut donner annuellement 150 à 200 kgr. de fruits produisant 52 à 82 kgr. d'huile.

L'huile de Chine s'épaissit et se concrète à basse température, mais revient à son état normal sans difficulté ; sous l'action de la chaleur, au contraire, elle peut se gélatiniser ce qui donne lieu à de graves ennuis dans la fabrication ; aussi convient-il de ne pas l'employer comme l'huile de lin et d'observer certaines précautions dans son travail.

M. Kitt a réussi à préparer un bon vernis en chauffant de l'huile de bois qualité prima à 180° sans aucune addition ; il prépare également un siccatif à base de résine et linoléate de manganèse. On mélange 2 parties d'huile de bois avec 1 partie de siccatif et on laisse en contact deux jours pour laisser réagir le siccatif sur l'huile.

D'après l'auteur on peut éviter la gélatinisation par addition d'une certaine proportion d'huile de lin, d'huile de résine, d'essence de térébenthine ou de colophane, en chauffant de façon convenable.

Huile de Camélina

Cette huile obtenue par expression à chaud ou à froid de graines du camélina (Myagirum sativa) est jaune pâle comme l'huile de lin, claire et transparente. Sa densité d'après Andès est 0,9228 à 15°C. ; elle se solidifie à 18°C. se dissout dans 18 0 0 d'alcool et sèche lentement à l'air Bouillie avec la litharge ou le borate de manganèse elle fournit un vernis lent à sécher.

Andès a fait des mélanges de cette huile avec l'huile de lin à parties égales en présence de siccatif (10 0/0), il n'a pas constaté de diminution dans le pouvoir séchant de l'huile de lin, il a même pu forcer la proportion d'huile de Camélina sans inconvénients sérieux.

Huile de Chénevis

Cette huile à une densité qui varie de 0,925 à 0,9276 à + 15° et se solidifie à —27°5 ; son indice de saponification est 193,1, son indice d'iode 143. L'indice d'iode de ses acides gras varie de 122,2 à 125,2. L'huile fraîchement pressée est jaune verdâtre et devient jaune brun avec le temps. Les acides gras sont constitués en majeure partie par l'acide linoléique accompagné d'un peu d'acide oléique, linolique et isolinolique.

Quand on la chauffe avec 2 1/2 0/0 de lames de plomb et 1 1/4 0/0 d'acétate elle devient très siccative. Si on la porte 2 à 2 1/2 heures à 300° on a une « Standöl » très épaisse jaune d'or, bien transparente, ayant beaucoup d'analogie avec celle préparée à l'huile de lin.

Huile de tournesol

M. Beck qui a résidé en Russie où l'on emploie beaucoup cette huile dans la fabrication des couleurs a donné à ce sujet d'intéressants détails (*Farben Zeitung*) que nous reproduisons ci-après. La majeure partie est utilisée comme comestible; pour cet usage, la graine est chauffée avant l'expression ce qui développe un arome particulier; l'huile pour vernis se prépare en soumettant la graine à l'action de la vapeur et traitant l'huile exprimée par de la terre à blanchir bien sèche, afin d'éliminer les produits mucilagineux qui occasionnent les dépôts.

Si le fabricant ne fait pas l'expression des graines, mais achète l'huile, il faut procéder à des essais préalables pour juger si le produit est convenable pour l'emploi.

Une huile pâle pour vernis est obtenue en traitant l'huile par 1 0/0 de terre à décolorer à 120°C. et la mélangeant avec un siccatif pâle. Une autre préparation est faite en ajoutant à l'huile 1 0/0 de terre décolorante et chauffant quelque temps à 300°C. jusqu'à épaississement, sans brunissement. Cette huile est mélangée à parties égales avec de la colophane blonde préalablement neutralisée à la chaux : un siccatif pâle est ajouté et le produit broyé avec du blanc de zinc. La couleur obtenue se caractérise par une blancheur éclatante, une grande solidité aux agents extérieurs, sans tendance au jaunissement. La même huile peut être travaillée avec les copals et résines analogues.

Huiles diverses

Nous signalerons également pour mémoire l'huile de pavot russe qui a été étudiée par J. Petrow (1) et qui serait em-

____

(1) *Westnik Shirow*, 1907, t. VIII, pages 10, 56, 72.

ployable pour la fabrication des vernis ; nous ne savons si elle a été l'objet d'applications véritablement industrielles.

Une huile rapidement siccative a été décrite (1) elle provient d'une plante (Lallemantia iberia) appartenant à la famille des Labiées.

Substitut d'huile de lin

Smith (Br. am. 708.178) a breveté la préparation d'un substitut d'huile de lin par ébullition de la résine avec l'acide sulfurique jusqu'à cessation de l'écume. Les acides sulfo-conjugués obtenus sont dilués avec des huiles de pétrole.

On emploie pour certaines couleurs (2) des mélanges destinés à remplacer l'huile de lin et constitués par des solutions de colophane dans l'essence de térébenthine ou l'essence de pin (20 de colophane pour 14 d'essence) ; dans la benzine ou le benzol (20 pour 12) ; les dérivés du naphte (20 à 13), l'huile de résine ou même les huiles minérales. Pour obtenir des produits possédant une certaine solidité, il faut y ajouter des huiles siccatives ou de l'huile de résine. Après addition de ces dernières à la colophane fondue, on chauffe encore un peu et le dissolvant est versé dans le mélange. Le broyage est ensuite effectué comme d'habitude. Dans le cas où la colophane est remplacée par un résinate on ne peut se servir des couleurs à base de plomb ou de zinc.

(1) *Seifens. Zeitung,* 1905, nº 12.
(2) *Farben Zeitung,* 1906, nº 1.

II. — TÉRÉBENTHINE ET COLOPHANE

La térébenthine et la colophane, ces produits si importants pour l'industrie des vernis gras, sont produites par des pins dont il existe une très grande variété.

En France on traite le Pinus maritima (pin maritime).
— Allemagne   —   Pinus sylvestris.
— Russie   —   —
— Autriche   —   Pinus laricio.
— Hongrie   —   Pinus primilis.
Aux États-Unis –   Pinus sylvestris, australis, echinata.
   et au Canada   Pinus loeda, heterophylla, glabra.
Dans l'Inde on commence à traiter le Pinus girardiana, le Pinus kashya, le Pinus longifolia et le Pinus merkusii.

Exploitation des pins

Les pins sont principalement cultivés dans les terrains sablonneux situés au bord de la mer; tous les climats ne leur sont pas favorables et on les exploite seulement dans les départements suivants : Charente-Inférieure, Charente, Gironde, Landes et Basses-Pyrénées, mais on envisage l'éventualité de traiter certaines variétés de pins cultivés dans différentes contrées de la France (Corse, Bretagne, Sologne, Perche, Maine, Champagne, Lorraine).

Le plus souvent les pins sont semés à la volée, et on effectue des coupes tous les 4 ou 5 ans en supprimant les sujets les moins vigoureux, ce qui permet un meilleur développement des autres ; tant que les pins n'ont pas atteint 25 ans on les traite rarement pour obtenir la gemme; passé ce délai, beaucoup des arbres qui se trouvent alors distants de 1 m. 50 à 2 m. doivent disparaître et sont *gemmés à mort*. L'exploitation régulière, le *gemmage à vie* s'effectue sur les *pins de place* qui ont une trentaine d'années et un diamètre de 30 à 35 centimètres ; quand le travail est effectué dans de bonnes conditions et les arbres convenablement soignés, ils peuvent donner la résine, la *gemme*, pendant 120 ans et même plus.

Gemmage

Quand on pratique une entaille dans le pin maritime, il

s'écoule lentement une oléo-résine molle qui se solidifie peu
à peu sous l'action de l'air et donne le *galipot* ou barras.

PROCÉDÉ AU POT.—La taille qui dure habituellement d'avril
à septembre s'effectue, au moyen d'une lame tranchante un
peu courbe à l'extrémité d'un manche de bois ; on enlève
l'écorce et on attaque l'aubier à une faible hauteur au-dessus du
sol. Une lame courbée, fixée dans l'arbre à la partie inférieure
de l'entaille (quarre) collecte la gemme et l'amène dans un pot
tout à fait comparable aux pots à fleurs, mais sans trou au fond.
Les pots une fois pleins sont vidés soit dans des bassins placés
dans le sol, soit directement dans des tonneaux en bois.

Au printemps et en été le débit est le plus abondant ; il cesse
quand arrive l'automne.

L'entaille est continuée d'année en année, de plus en plus
haut pendant 5 années, on atteint ainsi une hauteur de 3 à 4
mètres, après quoi on attaque une autre partie de l'arbre ; finalement on revient au bout de quelques années à la première
entaille cicatrisée.

PROCÉDÉ AU CROT. — Dans cette méthode, abandonnée du
reste, on faisait de chaque côté de l'arbre une grande entaille,
la gemme qui coulait était recueillie dans une cavité pratiquée
au pied de l'arbre. Tant que l'entaille n'avait que peu de hauteur, la récolte était potable, mais au bout de 2 ou 3 ans, le
chemin à parcourir augmentant, une partie de l'essence s'éva-
porait et le rendement allait en s'amoindrissant ; le produit
obtenu était, de plus, souillé par de la terre ou des débris divers.

Gemme

La gemme est une dissolution de colophane dans l'essence
de térébenthine ; on doit la soumettre à plusieurs opérations
pour séparer ses deux constituants ; ces opérations s'effectuent
fréquemment dans des usines situées à l'intérieur des forêts.

Les tonneaux qui la renferment contiennent deux couches,
l'inférieure aqueuse est généralement considérée comme
sans valeur, la couche supérieure forme le liquide résineux.

PURIFICATION DE LA GEMME. — La gemme contenue dans les
récipients est vidée dans les bacs de l'usine d'où on la puise au
moyen de pompes pour la mettre dans la ou les chaudières
de purification, chaudières en cuivre de forme plate, chauffées
à feu nu. Sous l'influence d'une douce ébullition la partie
aqueuse se réunit à la partie inférieure, tandis que les débris
de branchage et d'écorce montent à la surface de la couche

résineuse supérieure; on les enlève avec une écumoire et on les met à égoutter sur un filtre en paille. La couche supérieure, après une nuit de repos, est décantée, filtrée ensuite et passe dans les appareils à distiller.

DISTILLATION DE LA GEMME. — *Méthode à feu nu.* — La gemme purifiée comme il vient d'être dit est mise dans une chaudière en cuivre chauffée soit directement, soit par l'intermédiaire d'une voûte. Le dôme de la chaudière est relié à un serpentin plongeant dans un bac dans lequel s'effectue une circulation d'eau. Après mise en route de l'opération, on ajoute constamment de l'eau chaude à la gemme de manière à réaliser un entraînement d'essence par la vapeur. La distillation est continuée tant que l'eau distillée contient de l'essence et on l'arrête quand elle n'en entraîne plus; on chauffe ensuite pendant quelques instants et l'opération est terminée. On compte que pour 100 parties de gemme traitée par cette méthode on récolte 15 à 18 0/0 d'essence, 62 à 64 de colophane, le reste étant constitué par les pertes et les impuretés. Le brai est coulé à travers une plaque de cuivre perforée destinée à recueillir les impuretés et tombe dans des bacs ou fûts dans lesquels il se solidifie.

Les vapeurs condensées dans le serpentin peuvent être recueillies dans un récipient avec trop plein à la partie supérieure; l'essence qui s'y réunit coule dans les récipients qui lui sont destinés.

Comme l'oxygène est facilement absorbé par l'essence qui s'épaissit en devenant jaunâtre et prend des propriétés extrêmement oxydantes, il faut choisir une forme de récipient qui évite le contact avec l'air et différents dispositifs sont utilisés dans ce but. L'industrie des vernis à l'alcool emploie par contre une essence de térébenthine épaissie préparée en multipliant le contact de l'air avec l'essence au moyen d'un barbotage énergique.

La méthode à feu nu est encore usitée dans certaines usines; mais par ce procédé il est impossible d'empêcher une décomposition partielle des parties situées au pourtour de la chaudière, on y trouve souvent une certaine quantité de poix noire facilement fusible.

Distillation a la vapeur. — L'essence de térébenthine pouvant être entraînée par la vapeur d'eau à une température sensiblement inférieure à son point d'ébullition, on a utilisé cette propriété.

Divers dispositifs ont été préconisés dans ce but. L'un d'eux consiste à entourer complètement le réservoir cylindrique contenant la gemme par un autre cylindre et à faire circuler la vapeur dans l'intervalle des deux. Une fois la gemme fondue on introduit de la vapeur à l'intérieur de la masse par un tube percé de trous.

Les vapeurs dégagées sont condensées dans un réfrigérant et l'opération est arrêtée quand l'eau de distillation n'est plus laiteuse, ne contient plus d'essence. La vidange de la colophane se fait par une pression de vapeur qui oblige la masse fluide à passer au travers d'un filtre en toile métallique à larges mailles sur lequel restent les impuretés.

Dans un autre genre d'appareil la vapeur de chauffage est amenée dans un serpentin situé à l'intérieur d'un alambic placé dans un bain de sable. La vapeur destinée à l'entrainement est introduite par le fond de l'appareil.

Par cette méthode la proportion d'essence recueillie atteint 20 0/0, tandis que celle de la colophane est de 66 0/0. Ajoutons cependant que le rendement en essence est variable avec la saison, il atteint 26 à 28 0/0 en avril (22 0/0 par la distillation à feu nu) et diminue de 8 0/0 environ à l'automne.

COLOPHANE

Lorsqu'on a distillé l'essence de térébenthine contenue dans la gemme, la résine restant au fond de la chaudière est coulée chaude dans de grands fûts en bois tenant 300 kgr. environ où elle se refroidit et se solidifie.

Le résidu de la distillation de gemmes « au pot » bien propres, constitue la *colophane jaune ou arcanson*, celui provenant de gemmes impures est le *brai clair*; les dépôts des chaudières préparatoires donnent les *brais noirs*; les filtres en paille joints aux impuretés écumées à la surface des chaudières sont brûlés dans des fours analogues aux fours à chaux, la gemme s'écoule par un orifice situé à la partie inférieure, elle peut être distillée et donne 10 0/0 d'essence et un résidu résineux.

Les qualités rencontrées dans le commerce sont:

La colophane blonde obtenue comme nous venons de le dire;

La colophane verre à vitre;

La résine jaune (en pain et en fûts).

La colophane verre à vitre et extra-blanche résulte de la purification de la colophane ou de modes particuliers de préparation, c'est ainsi qu'en Angleterre dans certaines installations on entraîne les vapeurs formées, au moyen d'une injection de vapeur d'eau surchauffée (200 degrés environ). Le produit condensé est ensuite déshydraté et en fractionnant les produits récoltés on peut avoir plusieurs qualités dont la première est presque incolore.

De nombreux procédés chimiques ont été préconisés pour obtenir la décoloration de la colophane.

Etude chimique de la résine de pins

La résine naturelle de pins est composée, comme nous l'avons vu, d'une partie solide en dissolution dans un mélange d'hydrocarbures, dénommé *essence de térébenthine*.

Cette partie solide, qui se sépare spontanément et que l'on isole sous le nom de colophane, par élimination de l'essence, a été étudiée par de nombreux chimistes.

Cette matière est constituée par des corps à fonction acide ; elle est susceptible de se combiner avec les alcalis pour former des sels qui sont de véritables savons.

Les acides qui la composent sont des composés non saturés : ils attirent l'oxygène de l'air et le fixent assez rapidement en se colorant de plus en plus en jaune.

Ils doivent posséder deux doubles liaisons, car ils fixent 160 0/0 d'iode, c'est-à-dire sensiblement 4 atomes d'iode si l'on admet la formule $C^{20}H^{28}O^2$.

Quant à la formule de constitution de ces acides on en connaît peu de chose. Il semble que ce soit un mélange

d'acides *sylviques* (Umverdorben, Rose, Siewert, Liebermann et Haller) ;

— *abiétiques* (Maly, Baup, Flükiger, Kelbet, Mach, Tabrion, Tschevich et Studer) ;

— *pimariques* (Laurent, Duvernoy, Cailliot, Vesterberg).

Suivant les espèces, ces acides possèdent des points de fusion et des pouvoirs rotatoires différents et les auteurs ont caractérisé divers isomères ; Tschvich et Studer (1) donnent la composition suivante d'une colophane américaine :

Acide α abiétique 30 0/0
    — β abiétique 22
    — γ abiétique 31,6

(1) *Arch. de Pharm.*, CCXLI, p. 495-522.

Huile essentielle	. . . .	0,4 0/0
Résine.	. . . .	5,6 0/0
Impuretés	. . . .	0,1 0/0
Pertes environ	. . . .	10 0/0

Ces auteurs attribuent à leur acide abiétique la formule $C^{20}H^{28}O^2$, tandis que le Docteur W. Fahrion (1) adopte $C^{20}H^{30}O^2$. M. Schkateloff (2) considère les résines de pins comme constituées par un acide unique, qu'il dénomme *acide sylvique* et qu'il envisage comme un anhydride interne de forme lactonique $C^{20}H^{28}O^2$.

Les autres acides signalés ne diffèrent que par leur point de fusion et leur pouvoir rotatoire et sont très vraisemblablement des isomères physiques ou stéréochimiques de ce même acide; ils sont en outre accompagnés de leurs produits d'oxydation, lorsqu'ils ont été maintenus un certain temps au contact de l'air.

M. Schkateloff a comparé le suc de conifères provenant de différentes régions d'Europe et les produits résineux industriels (colophane, galipot, etc.).

Il y a reconnu trois modifications de l'acide sylvique.

L'acide α *sylvique* identique à l'acide sylvique d'Unverdorben, à l'acide abiétique de Maly et à l'acide pimarique de Laurent, Duvernoy et Haller.

L'acide β *sylvique* ; acide sylvique de Trommsdorf et Kose ; acide pimarique de Duvernoy.

L'acide γ *sylvique*, acide pyromarique de Laurent.

La variété α sylvique fond à 144° (125 d'après Laurent, 149 d'après Duvernoy), pouvoir rotatoire $\alpha_D = -73°5$. Par chauffage ce pouvoir diminue et finit par être nul. D'après Schkateloff qui l'a obtenu de la résine du pin sylvestris, de la gemme, du galipot et de la colophane française, ce corps serait identique avec l'acide sylvique d'Unverdorben, abiétique de Maly (fondant à 144) et avec l'acide pimarique d'Haller, Duvernoy et Laurent (125°).

La variété β existe dans la résine de cèdre et de mélèze de Sibérie ; elle est préparée le plus facilement par barbotage de SO^2 dans une solution alcoolique légèrement hydratée d'acide α brut. Selon le mode de préparation, le point de fusion

(1) *Zeitschrift für angew. Chemie*, 1904, p. 239-241. 1905, p. 1739-1741.

(2) *Mon Scientif. Quesn.*, 1908, p. 217.

varie ; par ce procédé elle fond à 160°, Duvernoy a trouvé 143 et Haller qui l'a obtenue de la colophane, 161-162°. Les pouvoirs rotatoires trouvés ont été $\alpha_D = -92.5$ et -91.5.

La variété γ a été préparée par distillation des deux premières, elle est inactive et fond à 179-180°. Laurent distillant l'acide pimarique a obtenu un acide pyromarique fondant à 125°, et l'a caractérisé dans une résine d'origine inconnue ; d'autre part Kelbe et Valenta ont décrit des acides fondant à 165 et 140°, vraisemblablement les mêmes que ceux de la variété γ.

Comme cette dernière peut, théoriquement tout au moins, être dédoublée en deux acides ayant des pouvoirs rotatoires l'un droit, l'autre gauche, on peut donc rencontrer dans les différents conifères d'Europe et d'Amérique au moins cinq modifications cristallines d'acide résinique. M. Schkateloff conclut que la composition de la gemme de toutes les sortes ordinaires de pins est presque la même : dans des terpènes de différents pouvoirs rotatoires est dissous un acide résinique de même composition, mais sous différentes modifications isomères et optiques.

Cet auteur préconise en outre quelques modifications au mode de traitement des gemmes actuellement suivi et notamment il fait les recommandations suivantes :

a) La récolte de la gemme doit être faite le plus souvent possible, par exemple, on entaillera chaque pin tous les 6 jours au lieu de tous les 8 (à cause de la grande oxydabilité de la résine), en nettoyant chaque fois avec un outil convenable la partie solidifiée sur le bois, on obtiendra ainsi un plus grand rendement d'essence.

b) La vidange des pots devra être plus fréquente.

c) Les tonneaux recevant la résine devront être fermés, avec un couvercle muni d'une très petite ouverture tandis que dans les Landes on les laisse ouverts et simplement protégés par un toit contre le soleil et la pluie.

Traitement de la résine

La résine est fondue à l'aide de la vapeur d'eau et filtrée sur un tamis. Après refroidissement elle cristallise.

La masse obtenue, semblable au beurre ou au suif fondu, est comprimée sous une presse très forte. La partie solide, blanche, sèche et friable, est de l'acide sylvique (modification α) assez pur. La partie liquide est d'un brun visqueux et contient l'essence avec la résine oxydée, les matières colorantes, traces d'eau, etc.

On peut dissoudre le produit solide dans l'alcool et le faire recristalliser, mais il est plus économique de le mélanger à de l'essence pure et de le presser à nouveau.

D'autre part si on fait la pression d'abord à froid, puis ensuite à chaud, ou si l'on chauffe les plaques, comme dans la préparation des acides stéarique, oléique et palmitique, on obtient la gemme pure débarrassée d'essence, constituée par l'acide sylvique pur, qui fond sans boursouflement et fournit une colophane incolore. On n'aura pas par suite besoin de procéder au blanchiment.

La partie liquide soumise à la distillation donne l'essence et la colophane ordinaire reste dans l'alambic.

ESSENCE DE TÉRÉBENTHINE

L'essence de térébenthine récemment distillée est un liquide incolore possédant l'odeur caractéristique de la térébenthine ; sa densité est de 0,860 à 15°.

Il en existe commercialement différentes variétés, suivant la gemme d'origine :

L'essence de térébenthine française ;

L'essence de térébenthine russe ;

L'essence de térébenthine américaine.

Ces trois produits ont des odeurs différentes, chacune caractéristique. C'est à l'essence américaine, employée en Angleterre, que les vernis anglais doivent leur odeur spéciale.

L'essence russe possède une odeur forte qui nuit parfois à son emploi, mais qui permet la préparation de succédanés de térébenthine.

Quelle que soit sa provenance, l'essence de térébenthine est un bon dissolvant des graisses, de beaucoup de résines : elle se mélange aux huiles, se dissout dans l'alcool concentré, l'éther, le chloroforme, le sulfure de carbone, l'alcool amylique et ses éthers, etc.

Abandonnée à l'air, elle s'évapore lentement en laissant un résidu provenant de son oxydation à l'air, nommé *essence grasse* et doué d'un pouvoir dissolvant encore plus grand envers les résines.

L'essence de térébenthine bout entre 156 et 161°. Elle est constituée en presque totalité par un hydrocarbure, le *pinène* (appelé aussi térébenthène) et qui présente un pouvoir rotatoire différent, suivant l'origine de l'essence.

Dans les essences russes et suédoises, le pinène porte souvent le nom d'*australène* et il est accompagné d'un autre hydrocarbure le *sylvestrène* qui bout de 173-175°.

Qu'il ait un pouvoir rotatoire gauche comme dans l'essence française, ou droit comme dans l'essence américaine, le pinène bout à 159°.

Sa formule est $C^{10}H^{16}$.

Traité par l'acide chlorhydrique gazeux sec, il donne un monochlorhydrate solide, fusible à 125° et bouillant à 207-208°; ce composé possède l'odeur du camphre, ce qui lui a fait donner improprement le nom de camphre artificiel, en réalité ce composé est l'éther chlorhydrique du bornéol, corps intermédiaire important dans la préparation du camphre synthétique.

Le pinène a comme formule de constitution :

$$
\begin{array}{ccccc}
CH^2 & \!\!\!\!\!\! & CH & \!\!\!\!\!\! & CH^2 \\
| & & | & & | \\
 & CH^3\!\!-\!\!C\!\!-\!\!CH^3 & & & \\
| & & | & & | \\
CH & \!\!\!\!\!\! & C & \!\!\!\!\!\! & CH \\
& & | & & \\
& & CH^3 & &
\end{array}
$$

Il est susceptible de fixer de l'eau en s'hydratant. Le bihydrate se nomme *terpine*: le monohydrate est le *terpinéol* dont la constitution est la suivante :

$$
\begin{array}{ccc}
CH^3 & & CH^3 \\
\diagdown & & \diagup \\
& C(OH) & \\
& | & \\
& CH & \\
CH^2 \diagup & & \diagdown CH^2 \\
| & & | \\
CH & & CH \\
\diagdown & & \diagup \\
& C & \\
& | & \\
& CH^3 &
\end{array}
$$

Ce composé est un alcool tertiaire, bouillant à 215-218°, d'une odeur agréable de lilas et de muguet, excellent dissolvant des résines.

Le pinène est *très altérable sous l'action de la chaleur*; il se transforme vers 250° en *dipentène*, hydrocarbure de constitution différente :

$$CH_3 - C \Big\langle \begin{array}{c} CH_2 - CH_2 \\ CH - CH_2 \end{array} \Big\rangle CH - C \Big\langle \begin{array}{c} CH_3 \\ CH_2 \end{array}$$

doué d'une odeur de citron et d'orange.

Dans cette isomérisation il est accompagné de sesquiterpènes à point d'ébullition très élevé. Cette transformation explique les échecs obtenus lorsque l'on veut préparer des vernis à gommes dures, en chauffant ensemble tous les composants à l'autoclave à haute température (250°).

Térébenthine artificielle

Les succédanés de la térébenthine contiennent généralement à côté d'essence de térébenthine, du pétrole ou des produits de distillation pétrolique, du benzol, de l'huile de résine et des huiles provenant du traitement de bois résineux (huiles de pins, Kienöl, etc.).

Certains produits de ce genre sont obtenus par simple dissolution à chaud de colophane dans une huile de résine très claire, de manière à obtenir une consistance semblable à celle de la térébenthine ; une addition d'élemi ou de traces d'essence de citronnelle, Kummel, etc., voire même de térébenthine véritable permet de corriger l'odeur. Andés a indiqué les formules reproduites ci-dessous :

Colophane très claire	50	50	50	50
Huile de résine raffinée	25	20	—	—
Elemi	—	5	5	—
Huile de térébenthine	—	—	14	14
Huile de citronelle	1 2	—	—	—
Pinoline (essence de résine)	—	—	—	3

Le procédé Pisco consiste à chauffer à l'air (éventuellement avec barbotage d'air) 40 parties d'huile de résine jusqu'à ce que la perte de poids atteigne 10 0/0, on ajoute ensuite 50 à 60 parties de colophane et 4 à 5 de térébenthine, après quoi le mélange est traité par une solution de 0,2 à 0,3 d'hydrates alcalins, alcalino-terreux, ou de carbonates alcalins dans 10 à 12 parties d'eau.

Selon Schaal on soumet la résine de pin ou la colophane à la distillation sous une dépression de 60 à 70 centimètres de mercure à une température de 270° C. Le produit huileux récolté est décanté de la couche aqueuse qu'il surnage, puis est distillé dans le vide jusqu'à 310°; il est avantageux d'introduire un filet de térébenthine dans la masse fondue (2 à 4 kgr. pour 100 kgr. de colophane).

En employant deux récipients on peut condenser la térébenthine à point d'ébullition élevé dans le premier. Pour cela on chauffe ce récipient à 140-160°; les vapeurs qui traversent le premier récipient sans se condenser passent dans le second où un refroidissement plus énergique les amène à l'état liquide.

Les débris de bois résineux soumis à la distillation donnent les *térébenthines de bois* qui sont très différentes selon la manière dont l'opération est conduite; on les purifie souvent par distillation fractionnée précédée parfois de traitement par les agents chimiques.

La Finlande livre un produit de ce genre (décrit par O. Aschan à l'Association des chimistes finnois à Helsingfors) qui contient en dehors des produits passant de 20 à 160°, des substances aldéhydiques, des éthers méthyliques, des acides gras, du benzène et du toluène, etc. M. O. Aschan purifie cette essence de térébenthine en la traitant à l'acide sulfureux, au bisulfite et ensuite au sulfate de soude ou à l'acide sulfurique, on doit opérer en solution concentrée. Ce traitement enlève l'odeur, la teinte jaune et les composés aldéhydique, éthérés et quinoniques.

La Russie, la Pologne et l'Allemagne livrent une essence de térébenthine, obtenue par distillation sèche, désignée en Allemagne sous le nom de Kienöle qui fait très souvent partie des succédanés. E. Sundvik (1) a publié un travail sur ce produit.

M. Heber débarrasse la térébenthine russe de son odeur

____

(1) *Chem. Repert.*, 1906, p. 345.

désagréable par une oxydation à froid au moyen de permanganate, acide chromique ou persulfate.

Falsifications de l'essence

L'essence de térébenthine est fréquemment, surtout lorsque
les cours sont élevés, l'objet d'addition d'autres liquides volatils ayant pour but d'en abaisser le prix de revient.

Détermination rapide du naphte. — Henry C. Frey (1) opère
de la façon suivante :

10 cc. de la térébenthine suspecte sont placés dans un tube
de 50 cc. gradué en dixièmes de centimètre cube et additionnés
de 30 cc. d'aniline. On agite fortement le mélange pendant 5
minutes et on laisse déposer jusqu'à éclaircissement complet.
Quand il y a du naphte, celui-ci se sépare et se réunit à la
partie supérieure du liquide, l'épaisseur de la couche est proportionnelle à la quantité contenue. Pour obtenir de bons
résultats il est nécessaire que l'aniline ne contienne plus d'eau.

Détermination de l'essence de résine. — M. Grimaldi (2) signale
les méthodes suivantes :

a) 100 cc. d'essence à examiner sont distillés et on recueille
ce qui distille de 5 en 5° jusqu'à 170°. Chacune des fractions
est additionnée d'un égal volume d'acide chlorhydrique concentré, lentement, sans agiter et on ajoute un petit morceau
d'étain. Les tubes sont chauffés 5 minutes au bain-marie
bouillant, on agite et reporte au bain-marie. L'essence de
résine détermine une coloration vert émeraude augmentant
par refroidissement, tandis que l'essence de térébenthine ou
l'essence minérale donnent une coloration variant du jaune
au brun noir. Cette méthode permet de déceler une addition
de 5 0/0 d'essence de résine.

b) On distille comme il vient d'être dit et on soumet à la
réaction d'Halphen. Une goutte de chaque fraction est placée
sur une capsule en porcelaine et mélangée avec une solution
de 1 gr. de phénol dans 4 gr. de tétrachlorure de carbone. On
fait réagir le mélange sur une solution de brome dans le
tétrachlorure de carbone. L'essence de résine donne une coloration jaune citron tournant au vert jaune d'abord et allant jusqu'au vert malachite, alors que l'essence de térébenthine pure

(1) *The Journal of the american Chemical Society,* mars 1908.
(2) *Journal de Chimie et de Pharmacie.*

ne donne rien. Opérant sur 500 cc. d'essence et essayant les 20 premiers cc. du fractionnement on arrive à caractériser l'essence de résine dans une térébenthine n'en contenant que 1 0/0.

Détermination de l'essence de pin. — M. Valenta agite dans un tube à essai volumes égaux d'essence et d'une solution de chlorure d'or à 1 0/0, après chauffage au bain-marie pendant une minute et agitation, on observe une précipitation d'or que dans la couche d'essence (1); la solution aqueuse n'est pas décolorée s'il s'agit d'essence de térébenthine pure tandis que la présence d'essence de pin amène une décoloration de la solution de chlorure d'or. Le même phénomène a lieu avec les essences de térébenthine de Russie, Pologne et Hongrie.

Herzfeld détermine la présence de l'huile de pin dans l'essence de térébenthine par agitation avec l'acide sulfureux: Alors que l'essence de térébenthine ne change pas de couleur, la présence d'huile de pin donne lieu à une coloration jaune-vert et permet d'en reconnaître déjà 5 0/0. L'acide sulfureux doit être concentré et de fabrication récente, l'auteur le prépare au moyen du sulfite de soude et d'acide sulfurique.

La teneur en benzine se détermine par agitation avec l'acide sulfurique concentré et fumant.

L'examen de la réfraction, la distillation fractionnée et l'indice d'iode donnent d'utiles indications.

Indice d'iode. — Pour différencier l'essence de térébenthine de ses succédanés, Worstall a recommandé la détermination de l'indice d'iode. 0.1 gr. de l'essence à essayer est mêlé à 40 cc. de la liqueur iodée de Hübl et mis en digestion une nuit, le lendemain on détermine l'excès de réactif. Sur 55 échantillons le titre moyen a été 384 alors que $C^{10}H^{16}I^2$ correspond à 373, différence due probablement au temps de contact et à l'excès de réactif. Les substituts ont donné : essence de résine 185, huile de résine 97, pétrole 0, naphte 0, huile de pin rectifiée 212, huile de pin limpide comme de l'eau 328. Il y a toutefois lieu de tenir compte du rôle de la lumière. Utz a notamment observé qu'une essence de térébenthine, sous l'influence de la lumière, avait eu un indice d'iode s'élevant de 277 à 345,09.

Indices de Brome

Plusieurs méthodes ont été proposées pour la détermination de cet indice. Vaubel opère comme suit : 1 à 2 gr. d'essence de

(1) *Chemiker Zeitung*, 1905, n° 60, p. 807.

térébenthine sont dissous dans le chloroforme et mis au contact d'une solution de 100 cc. eau, 5 gr. BrK et 10 cc. HCl. ou la quantité correspondante d'acide sulfurique. On ajoute une solution titrée de bromate de potassium jusqu'à mise en liberté de brome, ce que l'on reconnait à la coloration de la solution chloroformique ou au moyen de papier à l'iodure de potassium.

Voici d'après cet auteur (1) les indices de brome de divers produits.

NATURE DES PRODUITS		Quantité de Br absorbé par 100 gr. de produit	
		Substitution	Addition
I. Essence de térébenthine américaine. . 1		118,2	236,4
— —. — 2		115,9	231,8
— — — 3		117,5	235
— — française . . 1		118,4	236,8
— — — 2		113,3	226,6
— — grecque. . . 1		120,6	241,2
— — — 2		116,2	232,4
— — autrichienne . .		117,8	235,6
— — indienne . . .		116,7	233,4
— — brute D. A. B. IV		111,6	223,2
— — oxydée		111,06	222,12
II. Essence de pin russe 1		98,4	196,8
— 2		98,7	197,4
— 3 double rectif . .		111	222
— ordinaire polonaise.		98,7	197,4
Essence de térébenthine provenant de distillation d'essence de pin polonaise . .		111,1	222,2
Essence de térébenthine distillée allemande		110,8	221,6
III. Pinoline F.		21,24	42,48
— S et L		45,24	90,48
— G.		18,84	37,68
IV. Huile de résine K		32 61	65,22
— claire		39,12	78,24
— foncée.		56,85	113,70
V. Substitut Ultra		5,61	11,22
— Térébenthane		4,8	9,6
— Hallol.		53,50	107

(1) *Pharm. Zeit.*, 1906, p. 265.

Herzfeld emploie une solution contenant par litre 13,92 de bromate de potassium, dont on détermine le titre en ajoutant à une portion mesurée de solution, 2 gr. IK dissous dans 15 cc. eau et 15 cc. HCl à 20 %; après quelque temps on titre l'iode mis en liberté au moyen d'une solution d'hyposulfite de soude au 1/10°. Les réactions sont les suivantes :

$$\underbrace{BrO^3K}_{167} + 6HCl = 4Br + 3H^2O + \underbrace{6\ Cl}_{213}$$

$$\underbrace{6Cl}_{213} + 6KI = 6KCl + \underbrace{6I}_{762}$$

1 cc. de la solution de bromate = 0,01392 BrO³K, il s'ensuit que par la réaction

$$\underbrace{5BrK}_{595} + \underbrace{BrO^3K}_{167} + 6HCl = \underbrace{6Br}_{480} + 6KCl + 3H^2O$$

on peut calculer facilement le chiffre de Brome.

Toutefois il est extrêmement utile de procéder à l'examen réfractométrique des produits à essayer, car l'indice de brome seul ne permettrait pas de conclure de façon formelle.

DÉRIVÉS DE LA COLOPHANE UTILISÉS DANS L'INDUSTRIE DES VERNIS.

La colophane, grâce à son bas prix et à son peu de coloration, trouve de nombreux débouchés dans l'industrie des vernis ; toutefois les vernis qu'elle sert à préparer sont peu solides et s'enlèvent même par simple frottement à la main, aussi a-t-on cherché à modifier la colophane de façon à obtenir des produits de meilleure qualité.

On y a réussi en employant les résinates d'une part et les résines durcies d'autre part.

Préparation des résinates.

Certains résinates possèdent la propriété de servir au transport de l'oxygène de l'air sur les substances à oxyder ; les plus actifs sont ceux de manganèse et de plomb, vient ensuite celui de zinc et enfin les moins actifs sont ceux de calcium, magnésium, baryum et fer. On reconnaît qu'ils sont bien préparés en les dissolvant dans l'essence de térébenthine (2 de produit dans 3 d'essence); un insoluble important indiquerait la présence de résidu métallique.

Résinates métalliques. — Quand on traite la colophane par la soude caustique ou le carbonate de soude, les acides qu'elle contient se dissolvent en donnant du résinate de soude qui peut servir à fabriquer par double décomposition les autres résinates.

Préparation du résinate de soude. — Bien que certaines usines emploient des chaudières dans lesquelles l'agitation se fait à la main, on se sert fréquemment d'appareils dans lesquels le mélange est effectué par un agitateur comprenant des chaînes et des bras latéraux mus par un engrenage ; une circulation de vapeur dans un double fond permet de porter à l'ébullition une solution de soude caustique faible qui est introduite d'abord. L'agitateur est alors mis en mouvement et on ajoute peu à peu la résine pulvérisée jusqu'à émulsion complète, après quoi on verse un peu de solution de carbonate de soude. Une fois l'effervescence terminée on en rajoute une nouvelle quantité et ainsi de suite, par additions successives, jusqu'à incorporation de la quantité nécessaire, après quoi on arrête l'agitateur et la circulation de vapeur et on abandonne au repos. La solution est ensuite décantée ou filtrée.

En pratique on s'arrange souvent à laisser un léger excès de résine non dissoute qui se dépose au fond de la chaudière et retient les impuretés diverses (bois, sable, etc.) contenues dans la colophane. Cette résine est incorporée dans l'opération suivante. Si on veut isoler le résinate de soude on additionne du sel marin à la liqueur, ce qui détermine la précipitation de ce résinate.

Procédé par précipitation. — Dans l'industrie des vernis on se sert le plus souvent de résinates de chaux, d'alumine, de zinc, de plomb et de manganèse obtenus en traitant le résinate de soude par un sel soluble de ces métaux. Le mode de précipitation est des plus simples : on détermine quelles sont les quantités de liqueur à employer exactement, par exemple on ajoutera le résinate de soude à une solution de sulfate de zinc jusqu'à saturation exacte, ce qu'on reconnaît en filtrant le précipité et traitant la liqueur filtrée par le résinate d'une part et le sulfate de zinc d'autre part qui ne doivent donner aucune précipitation dans la liqueur filtrée.

L'opération industrielle peut se suivre de la même façon et s'effectue dans des cuves à agitateur percées de trous à différentes hauteurs. Ces trous sont munis de chevilles que l'on enlève quand le précipité se dépose pour permettre au liquide supérieur de s'écouler. On choisit la concentration des solutions de manière que la masse ne soit pas trop épaisse, ce qui gênerait l'agitation.

Après décantation le précipité est versé dans des poches en toile reposant sur un fond perforé, il s'égoutte peu à peu et diminue beaucoup de volume ; on le lave à l'eau pure 2 ou 3 fois, puis on passe sous la presse, on a soin de ne donner la pression que progressivement. Le résinate étalé sur des toiles est mis dans une chambre maintenue à 40° et une fois bien sec introduit dans des récipients fermés jusqu'au moment de l'emploi.

Les résinates de chaux, d'alumine, de plomb, de zinc sont blancs ; secs ils se dissolvent très facilement dans les huiles essentielles et la térébenthine ; la solution de résinate d'alumine est suivant la concentration jaune clair ou jaune foncé, celle de résinate de zinc est un peu plus brune.

Procédé par fusion. — Les résinates obtenus par double décomposition ayant l'inconvénient de coûter assez cher, pour un certain nombre d'applications on fabrique des résinates en dissolvant directement dans la résine les oxydes ou hydrates métalliques, c'est ainsi qu'on trouve dans le commerce :

> le résinate de chaux fondu,
> le résinate de manganèse fondu ou *siccatol*,
> le résinate de plomb fondu,
> le résinate de plomb et de manganèse fondus,
> le résinate de zinc fondu,

obtenus par voie directe, et d'un prix plus avantageux (15 à 30 0/0) que les produits fabriqués par précipitation.

A titre d'exemple le résinate de chaux se prépare en fondant la colophane et la chauffant jusqu'au moment où elle commence à donner un dégagement de vapeurs ; à ce moment on y ajoute la chaux finement pulvérisée et passée au tamis, les acides résiniques se combinent à la chaux en formant des sels calcaires.

Dans le cas du résinate de manganèse la chaux est remplacée par l'hydrate de manganèse.

Résinates commerciaux. — La teneur du résinate de manganèse fondu du commerce est généralement 2,5 à 3,5 0/0 correspondant à 45-55 0/0 de résinate de manganèse, le produit précipité tient de 5 à 7 0/0 de Mn. Le résinate de plomb fondu du commerce contient de 20 à 25 0/0 de plomb le produit précipité aussi (soit 80 0/0 de résinate de plomb). Quand on fait usage de ce siccatif avec des huiles de lin contenant du soufre il se forme une coloration noire due au sulfure de plomb ; avec une huile semblable il faut donc employer toujours un résinate de manganèse. Le résinat manganoplombique tient généralement 1,5 0/0 de Mn et 9 à 10 0/0 Pb soit 27 0/0 de résinate de manganèse et 40 0/0 de résinate de plomb. Le résinate de zinc obtenu par fusion est employé comme succédané du copal, c'est un agent durcissant pour les laques et vernis : une teneur en zinc de 3 0/0 fait déjà monter le point de fusion de la colophane de 70 à 125° et à 6 0/0 il s'élève à 170°.

Le résinate de chaux est aussi un agent durcissant efficace, 5 0/0 de chaux font déjà monter le point de fusion de la colophane de 70 à 135°, mais de plus fortes proportions sont inutiles, toutefois les vernis préparés au résinate de chaux ne résistent pas à l'humidité.

Le résinate de magnésium a peu d'action, il élève le point de fusion de la colophane seulement à 90 degrés.

Résinates colorés. — On les prépare avec les couleurs d'aniline à fonction basique (se combinant avec les acides, et précipitables par le tanin) telles que la fuchsine, le violet de méthyle, l'auramine, la rhodamine, etc.

La solution de la couleur est ajoutée au résinate de soude en proportion variable suivant la nuance à obtenir et le pouvoir colorant de la matière; après brassage de la masse on y ajoute une dissolution de sel métallique (généralement sulfate de magnésie, d'alumine ou de zinc) ce qui détermine la formation d'un résinate insoluble qui entraîne avec lui la couleur, le bain se décolore donc peu à peu. On arrête l'addition quand cette décoloration est complète.

Après repos, on décante le liquide surnageant et on lave le précipité, qui est filtré sur toile ou passé à la turbine et lavé dans cet appareil. Le séchage a lieu sur toile dans des étuves et il est recommandable d'éviter pendant ces opérations l'accès de la lumière, qui transformerait les résinates en produits insolubles dans les dissolvants.

Les résinates bien préparés sont solubles dans la benzine,

l'éther, l'alcool, et laissent par évaporation une couche colorée transparente, brillante. On n'emploie pas dans leur préparation les sels de fer ou de cuivre qui donnent des résinates colorés, ni les sels de plomb qui noircissent à l'air (par contre, les sels d'étain modifient avantageusement certaines teintes).

Couleurs de résinates. — On peut les préparer de deux façons différentes :

a) Une solution d'un résinate dans l'essence de térébenthine est additionnée de couleur en poudre jusqu'à ce que la consistance soit suffisante pour qu'on puisse la passer au broyeur, la consistance étant généralement plus grande après cette opération, on y ajoute un peu de solution de résinate et on broie à nouveau jusqu'à ce que le produit obtenu mis sur verre se transforme en gelée et montre une surface unie et brillante sur laquelle on ne distingue ni parcelles de couleur, ni inégalités de teintes.

b) Le résinate et la couleur peuvent être mélangés d'abord à l'état sec puis on y ajoute la térébenthine pour former une pâte de consistance suffisante et on passe au broyeur.

Les couleurs préparées séchant rapidement au contact de l'air doivent être conservées dans des récipients métalliques bien fermés ; il est avantageux de préparer ces couleurs en pâte épaisse sauf à y ajouter une quantité convenable d'essence au moment d'en faire usage ; dans le cas contraire on risquerait d'avoir un dépôt épais au fond du récipient, dépôt ne se mélangeant qu'avec beaucoup de difficulté au liquide surnageant.

Le fendillement qui se remarque parfois est dû à un excès de résinate dans le mélange avec la couleur, ce défaut dû à la contraction peut être évité en additionnant au mélange un peu (5 0/0 du poids d'essence environ) d'huile de résine ou d'huile de lin avec du borate ou du résinate de manganèse ; leur dessiccation et la présence de linoxyne permettent d'avoir une masse homogène. On arrive au même résultat en recouvrant les couleurs de résinate avec des vernis aux résinates.

HUILES DE RÉSINE

Les résines fortement chauffées donnent naissance à des gaz combustibles et à des huiles ; ces dernières présentent des propriétés très intéressantes pour l'industrie des vernis.

Jadis on visait surtout l'obtention des produits gazeux lorsqu'on soumettait la colophane à l'action de la chaleur, mais comme on a reconnu que les huiles obtenues peuvent servir de dissolvants aux résines et être l'objet d'applications industrielles on a développé et perfectionné les procédés permettant de les obtenir.

Dans la fusion des gommes, pour les dépolymériser, on prépare — malgré soi il faut bien le dire — des huiles de résine sur lesquelles nous aurons l'occasion de revenir, mais la matière la moins coûteuse, la colophane, est surtout l'objet d'emplois industriels importants.

Décomposition de la colophane à feu nu. — Cette méthode, abandonnée d'une façon presque complète maintenant, consiste à chauffer la colophane dans une chaudière placée sur un foyer et munie d'un chapiteau et d'un serpentin. Le volume initial augmentant de façon considérable pendant l'opération, la chaudière devait n'être que partiellement remplie (2/3 au maximun).

L'opération commencée vers 130° était poussée progressivement jusqu'à 350 à 360°, mais la colophane se décomposant de façon brusque, les dégagements étaient irréguliers et la récupération des produits distillés difficile à certains moments, le rendement était déplorable et la qualité de l'huile défectueuse ; la colophane mauvaise conductrice se surchauffait au contact de la paroi, de sorte qu'on produisait une énorme quantité de gaz le plus souvent non récupérés tout en dépensant beaucoup de charbon. On arrêtait la chauffe quand il ne distillait plus rien et il restait dans la chaudière un corps noir, liquide à chaud, connu sous le nom de *poix* se prenant en masse après coulage et refroidissement.

Décomposition à la vapeur surchauffée. — Dans ce procédé un serpentin, porté au rouge par un foyer, élève la vapeur à haute température (400 degrés environ). Pour permettre des réparations faciles et économiques, les tubes placés dans le foyer sont réunis à l'intérieur de la maçonnerie par des coudes.

Les cornues de fonte servant à la distillation, placées dans la maçonnerie sont chauffées au moyen de la chaleur perdue du réchauffeur et de la vapeur non condensée provenant du serpentin placé à l'intérieur.

Elles sont surmontées d'un récipient chauffé de la même manière et dans lequel s'effectue la fusion préalable de la colophane ; cette matière, fondue, est coulée dans la cornue placée au-dessous, au moyen d'un tuyau traversant le dôme et fermé par une soupape protégée par une toile métallique pour arrêter les impuretés solides, le dôme est muni également d'un tuyau de dégagement pour les produits de la distillation ; on contrôle la marche au moyen d'un thermomètre.

A la partie inférieure de l'appareil sont disposés un serpentin en cuivre dans lequel circule la vapeur surchauffée et un tuyau de vidange fermé par un robinet permettant l'évacuation de la poix quand la distillation est terminée. Afin d'avoir une marche continue on emploie deux cornues alternativement en fonction et conduites par un seul ouvrier.

Dans le cours de l'opération il se produit :

1º des gaz (hydrocarbures et oxyde de carbone) ;

2º des eaux acides ;

3º des huiles légères de résine (densité inférieure à 0,900) ;

4º des huiles lourdes, blondes, bleues, vertes et même très foncées dites noires (densité supérieure à 0,900) ;

5º un résidu de poix.

Ces divers constituants sont en proportions variables :

	1	2	3
Gaz et pertes	5,40	4	
Eaux acides.	2,50	5,70	5,80
Coke	3,90	»	»
Poix		18,50	19
Huiles légères d = 0,890 .	3,10	11,40	12
— lourdes d = 0,930 .	85,10	50	50,50
— brunes d = 0,940		10,40	10,55

Dans le but d'éviter l'entraînement de colophane avec les premières portions d'huile distillée, certains fabricants ajoutent dans la cornue une petite quantité de chaux, de sorte que le résidu contient du résinate de chaux ; par ébullition avec l'acide sulfurique on récupère les acides résiniques qui sont mélangés à la colophane de l'opération suivante. Certains fabricants remplacent la chaux par la soude caustique (6 à 9 0/0 du poids de résine) ce qui donne une huile complètement exempte d'acide et un résidu de résinate de soude directement utilisable en savonnerie.

Les gaz sont séparés des produits liquides au moyen d'un appareil analogue au col de cygne. Cet appareil se compose d'un cylindre divisé en deux compartiments par une cloison verticale partant du haut et descendant jusqu'à quelques centimètres du fond. Le premier compartiment est muni de deux conduits disposés à la partie supérieure permettant l'un l'entrée des produits de distillation, l'autre la sortie des gaz. Les produits liquides arrivent du premier compartiment dans le second en passant sous la séparation et sont évacués au dehors par un tuyau surmontant une éprouvette permettant le contrôle de la densité du liquide par un densimètre ; on les dirige selon leur qualité dans les récipients qui leur sont destinés, bien fermés, car au contact de l'air les huiles de résine deviendraient bleu foncé (huile de résine bleue du commerce).

Les produits gazeux dirigés dans un gazomètre sont utilisés pour l'éclairage de l'usine et très souvent pour le chauffage de l'appareil à rectifier ; dans ce dernier cas ils sont mélangés d'une proportion convenable d'air dans des brûleurs spéciaux.

La distillation qui commence lorsque la température de la cornue est de 150 degrés est poussée progressivement de 10 en 10 degrés jusqu'à 350-360 degrés, selon la nature de la résine ; au-dessus de cette température on risque de surchauffer la poix qui se transforme alors en un coke mauvais conducteur de la chaleur, nécessitant un démontage de l'appareil pour nettoyer le serpentin auquel il adhère. On a reconnu que plus l'élévation de température a été progressive, plus le rendement en produit liquide est satisfaisant.

Le liquide récolté dans le début de l'opération est un mélange d'essence légère de résine ou *pinoline* possédant une teinte jaune plus ou moins foncée, à fluorescence bleue et d'eaux acides (contenant de l'acide acétique, formique et autres acides de la série grasse). Ensuite passe une huile brune rentrant déjà dans la catégorie des huiles lourdes, puis des huiles de plus en plus brunes présentant une fluorescence bleue intense, devenant verdâtre à la fin de l'opération (huiles vertes de résine). Valenta (1) a fractionné la pinoline brute et étudié les divers produits récoltés.

Rectification des huiles de résine

Dans la distillation de la colophane on ne procède généralement pas à un fractionnement complet des parties distillées,

(1) *Moniteur Quesneville*, 1906, p. 524.

on les sépare le plus souvent en 3 parties dirigées dans des réservoirs particuliers et dont le contenu est ensuite soumis à une rectification.

L'appareil à rectifier est composé d'une cornue placée dans de la maçonnerie, portant à sa partie supérieure un tuyau d'introduction de l'huile brute et le tuyau de dégagement des vapeurs; un thermomètre permet de suivre la température et une éprouvette contenant un aréomètre ou densimètre indique leur densité. Dans le fond se trouvent le tuyau de vidange et le serpentin de vapeur dont la sortie débouche dans l'espace situé entre la maçonnerie et la cornue. Le chauffage peut être effectué avec des brûleurs amenant le gaz des appareils à distiller.

L'emploi du vide a été proposé par MM. Krämer et Flämmer qui ont établi un appareil à distiller pouvant traiter 5.000 kgr. à la fois et dans lequel l'aspiration dans la cornue s'obtient au moyen d'un injecteur.

Les huiles légères doivent être séparées avec soin de l'eau qu'elles surnagent sans quoi en les distillant il y aurait production de mousse et grands risques de débordement, on dénomme huile légère les fractions ayant au maximum 0,895 de densité et qui passent vers 200 degrés ; la portion restant dans la cornue est rectifiée avec les huiles lourdes. Les huiles passant vers 280° ont 0,895 à 0,935 de densité ; elles sont jaune foncé, fortement opalescentes et présentent sur les bords une fluorescence bleue, la fraction suivante (densité supérieure à 0,935) passe à une température de plus en plus élevée, sa teinte est brune, opalescente et montre une fluorescence verdâtre.

Purification des huiles de résine.

Les huiles de résine ayant entraîné, en distillant, diverses impuretés (acides ou éthers) doivent en être débarassées par une épuration chimique, suivie d'une redistillation ; nous allons examiner les principaux procédés employés.

Purification des huiles légères. — Le traitement chimique a longtemps consisté dans une distillation des huiles légères avec un mélange de carbonate de soude à 2 0/0 et de chaux vive, l'inconvénient était l'encrassement de la cornue par le résidu calcaire.

On préfère maintenant faire un mélange de l'huile avec la soude caustique (100 parties d'huile avec 25 p. d'eau tenant en dissolution 2 p. de soude) dans une cuve à agitateur, puis distiller l'ensemble dans un appareil spécial. Les premières et les dernières portions sont jaunâtres et jointes à l'opération suivante; le cœur est un liquide incolore, transparent, d'odeur agréable vendu sous le nom *d'essence vive de résine* ou *camphine*.

Purification des huiles lourdes. — La méthode est différente suivant l'application en vue, il est évident que les huiles lourdes employées pour la fabrication de graisses diverses ou du noir de fumée n'ont besoin que d'une purification sommaire, l'odeur ou la fluorescence ne gênant pas. Au contraire, il faut un traitement complet lorsqu'on veut préparer une huile incolore, inodore et non fluorescente.

Procédé Kelbe. — 100 kgr. d'huile brute sont additionnés de 16 litres de soude caustique (d=1,415) et le mélange porté à 120 degrés, la quantité de soude est suffisante si un échantillon de liquide porté à l'ébullition puis abandonné au repos se sépare en deux couches, l'huile claire surmontant la solution brun foncé de résinates. La présence de flocons dans cette dernière indique un manque d'eau ; ils disparaissent par addition d'eau bouillante. L'auteur appelle l'attention sur les conditions de l'opération, car pendant la demi-heure de chauffe avec la soude la température ne doit pas dépasser 65° (température à partir de laquelle la solution de résinates cède des produits colorés à l'huile), ni être inférieure à 50 degrés, la couche d'huile devenant trop visqueuse.

Après lavage à l'eau, l'huile de résine mise dans des réservoirs plats et chauffée quelques jours à 60-80°, devient jaune clair et presque inodore.

Procédé Krämer et Flämmer. — L'huile jaune portée à l'ébullition au moyen d'un barboteur à vapeur est traitée par 6 0/0 de son poids de soude caustique à 36° B. ; l'ébullition est continuée jusqu'à ce que la saturation des acides résiniques soit terminée : on le reconnaît quand un échantillon du liquide se sépare facilement en deux couches. A ce moment on arrête le jet de vapeur et on abandonne au repos jusqu'à ce que la partie supérieure (huile de résine) soit claire. La couche inférieure est évacuée et remplacée par de l'eau en quantité égale à celle de l'huile, après quoi on porte à nouveau à l'ébullition, on laisse déposer, puis on soutire la couche inférieure aqueuse.

L'huile qui surnage est mise dans une cuve à double fond

chauffée par la vapeur à 60-80 degrés ; pendant trois heures, on y fait barboter un courant d'air au moyen d'un injecteur ; la température est ensuite montée à 100 degrés et l'injection d'air augmentée. L'oxydation provoque une élévation de température jusque 110-115° ce qui marque la fin de l'opération. L'huile est obtenue neutre, presque sans odeur et sans fluorescence.

Procédé Herrburger. — Dans ce procédé on traite l'huile constituant le cœur du distillatum (portions intermédiaires représentant les 3/5). Cette huile est placée dans une cuve munie d'un agitateur, puis est portée à 43° C au moyen d'un serpentin chauffé à la vapeur et additionnée de 5 0/0 d'acide azotique (d = 1.200) en agitant toujours ; après mélange intime, l'agitateur est arrêté et la masse abandonnée 5 ou 6 heures au repos pendant lesquelles on maintient la température à 40°. Il se dépose des matières goudronneuses qu'on fait écouler par un robinet placé au bas de la cuve, on agite avec un peu d'eau chaude (1/5 environ) et on décante à nouveau ; l'opération se répète jusqu'à ce que l'eau ne soit plus colorée en jaune.

L'huile est additionnée de 2 0/0 d'une solution de soude à 25° B. et distillée très lentement, les premières et les dernières portions étant jaunâtres sont reçues à part et jointes à l'opération suivante, le milieu de la distillation est incolore, inodore et sans fluorescence.

Procédé Hoffmann. — L'huile chauffée au préalable est additionnée de 1 kg.5 d'acide sulfurique fumant, en agitant constamment ; l'agitation est cessée une demi-heure après incorporation complète de l'acide, puis on laisse reposer une douzaine d'heures. La couche huileuse surnageante est décantée et lavée à l'eau jusqu'à neutralité au tournesol ; elle est alors jaune foncé, mais sans fluorescence.

Pour la décolorer on la traite par un mélange d'acide chlorhydrique dilué et de minium. A 50 kgr. placés dans une tourie de verre, on ajoute 0 kgr. 5 d'eau et en agitant 4 kgr. d'acide chlorhydrique étendu avec 5 kgr. d'eau.

On termine par une nouvelle addition de 0 kgr. 5 de minium et 2 kgr. 5 d'acide étendu.

Le mélange est fréquemment agité pendant plusieurs jours, puis on décante l'huile qui est lavée jusqu'à neutralité ; la décoloration est achevée par exposition à la lumière solaire, pendant plusieurs jours, dans une bonbonne en verre.

MM. A. Haller, Sabatier et Senderens ont préconisé (Br. fr. 376.476) un procédé d'épuration des huiles de résine dans lequel on dirige les vapeurs de ces produits avec un courant d'hydrogène sur des métaux divisés, tels que le nickel, le cuivre, le cobalt, le fer, le platine, etc., chauffés entre 100 et 350°.

Codöl. — L'huile bleue de résine sert à la préparation de la Codöl, dont le point d'ébullition est de 230 à 240°. Pour cela elle est mise 24 heures à bouillir avec de l'eau, que l'on remplace quand elle diminue, puis l'eau est enlevée et remplacée par une solution de soude à 37° B, après quoi on distille jusqu'à ce que l'huile soit entièrement passée. Le produit récolté contient de l'eau que l'on enlève par digestion sur du plâtre calciné; après nouvelle distillation et nouveau traitement par le plâtre, on obtient la codöl de première qualité.

Huile de Kauri artificielle. — On l'obtient par distillation sèche de poix de résine, résidu provenant de la préparation de l'essence de térébenthine. L'huile distillée est raffinée par traitement au moyen d'alcalis; on prépare ainsi une huile absolument neutre presque incolore et ressemblant beaucoup à l'huile de Kauri de Nouvelle-Zélande; l'opération du blanchiment et de la désodorisation est complétée par un courant d'air chaud. Ce composé hydrocarboné, qui est insaponifiable comme les huiles minérales, possède la plupart des caractères physiques des huiles végétales; d'après le *Journal Commercial et maritime de Marseille* on en produit plus de 600 tonnes par an; son cours a le plus souvent varié de 40 à 45 francs. Elle se prépare dans la région de Mont-de-Marsan, Dax et Bayonne; ses principaux débouchés se trouvent dans l'industrie textile, ainsi que pour le tournage ou la perforation des pièces métalliques; au moyen de modifications du procédé de préparation, on la rend applicable à l'industrie des couleurs et vernis.

Propriétés et emploi de l'huile de résine

D'après A. Renard, les huiles de résines se composeraient de :

80 0/0 Ditérébenthyle . . $C^{20}H^{30}$ indice de réfraction 1.530
10 0/0 Ditérébenthylène . . $C^{20}H^{28}$ $D_{12} = 0,9821$
10 0/0 Didécène . . . . $C^{20}H^{36}$ $D_{12} = 0,9362$

Coffignier (1) a examiné plusieurs types livrés dans le commerce et donne les résultats suivants :

	Aspect	Densité à 13°	Indice d'iode
Huile de résine XXX	blanche	0,970	126
— D	peu colorée. . .	0,977	102,8
— V	reflets verts . .	0,987	56,6
— W	— . .	0,988	77,8

Bien préparée, l'huile de résine n'est pas acide et ne se résinifie pas à l'air, toutefois la plupart des produits commerciaux absorbent facilement l'oxygène de l'air en s'épaississant, caractère commun avec les huiles siccatives et offrant un sérieux intérêt pour le fabricant de vernis ; par contre cette propriété empêche l'huile de résine destinée au graissage d'être employée seule, car les parties graissées seraient d'un nettoyage difficile ; toutefois son emploi est fréquent dans la fabrication des huiles de graissage, des encres d'imprimerie, du noir de fumée, de la poix de brasseur et de certaines cires.

Bach a montré que :

1 gr. d'huile de résine ordinaire peut absorber 181 cc. d'oxygène
1 — codöl (d = 0,963)   —   763   —
1 — huile minérale n'en absorbe que 0 cc. 45 à 0 cc. 70

enfin il y a lieu de signaler que la consistance de ces huiles ne change que très peu par le refroidissement.

L'huile de résine bien préparée est d'odeur agréable, sa densité varie de 0,960 à 0,990 et son point d'ébullition ne dépasse guère 200 degrés.

Elle est fréquemment employée pour falsifier les huiles de lin, de colza et d'olive ainsi que certaines huiles de poisson. On n'a que trop fréquemment à signaler son addition dans l'essence de térébenthine, mais par contre elle est parfois falsifiée elle-même par addition d'huiles lourdes de pétrole ou de paraffine.

____

(1) *Manuel du fabricant de vernis.*

III. — DISSOLVANTS VOLATILS

Ils sont employés soit comme diluants des vernis gras, soit comme dissolvants des gommes ou résines.

Nous résumons plus loin les propriétés physiques des corps définis qui constituent les dissolvants proprement dits ou du moins la majeure partie des composés que l'on rencontre dans le commerce ; toutefois certains mélanges obtenus dans la pratique industrielle doivent être signalés d'une façon particulière, le bon marché auquel on peut se les procurer en ayant fait généraliser l'application pour la préparation d'un grand nombre de vernis métalliques.

HUILE DE HOUILLE. — Elle provient de la distillation du goudron et contient des hydrocarbures de la série aromatique (benzène, toluène, xylène, naphtalène, etc.). L'huile de houille lourde est un peu plus dense que l'eau ($d = 1,09$), l'huile de houille moyenne a une densité de 1,02 ; elle commence à distiller à 100 degrés, mais la presque totalité passe de 120 à 175° C, le résidu de la distillation est liquide.

ESSENCE DE HOUILLE. — Elle est plus légère que l'eau (densité 0,92 à 0,94), et elle renferme une plus grande proportion d'hydrocarbures légers, aussi commence-t-elle à distiller à 80°, 2/5 passent au-dessous de 130° et 1/5 de 130 à 160°.

ESSENCE DE PÉTROLE. — Si le pétrole n'est employé que rarement pour la fabrication des vernis, il n'en est pas de même des divers produits obtenus en fractionnant les pétroles bruts. On utilise principalement :

L'essence qui passe au-dessous de 100(densité de 0,6 à 0,7) ;

L'huile minérale qui passe de 120 à 170 densité (0,720 à 0,750).

Ces produits entrent certainement pour une notable proportion dans la composition des *white spirit* et des substituts de térébenthine qui ont été l'objet d'une vogue croissante depuis que la térébenthine a subi une hausse considérable. Leur odeur constitue un inconvénient, mais elle peut être atténuée au moyen de procédés chimiques spéciaux ou masquée par addition de térébenthine russe dont l'odeur est très accentuée.

BENZINES. — Dans la distillation du goudron de houille par fractionnement des produits, on arrive à isoler la benzène et ses homologues supérieurs ; toutefois, pour l'industrie des vernis, il n'est pas nécessaire de les amener à l'état de pureté et les benzines industrielles contiennent des mélanges en proportions variables de ces divers composés.

DESALME et PIERRON, Couleurs, Peintures, Vernis.   17.

Les benzines légères (densité 0,870 à 0,880) donnent le plus souvent 60 à 80 0/0 de parties passant au-dessous de 100 degrés, le reste passant au-dessous de 120.

Les benzines lourdes (densité 0,915 à 0,930) au contraire ne contiennent que 2 à 5 0/0 passant au-dessous de 100 degrés, le reste distillant jusqu'à 180° C.

Non seulement il existe une série de qualités intermédiaires entre ces deux produits, mais encore chacune de ces catégories donne souvent des fractionnements tout à fait différents à la distillation, montrant qu'elles peuvent être constituées par des mélanges très variables.

Dissolvants divers utilisés par l'industrie des vernis

DISSOLVANTS	FORMULE	DENSITÉ	POINT d'ébullition	UTILISATION pour vernis
Essence de térébenthine française..	$C^{10}H^{16}$	0,864 à 0,8725	154 à 170	gras
— russe....	—	0,8755	154 à 185	—
— américaine.	—	0,8805	154 à 165	—
Huile blonde de résine (1ʳᵉ dist.).		0,9823		—
rectifiée (2ᵉ —)..		0,9712		—
bleue..........		0,981		—
verte		0,9901		—
Huile de copal de Kauri (d'après Schmoelling)...		0,8677	passe de 112 à >170	—
Huile de copal Manille (d'après Schmoelling)...		0,9069	passe de 60 à >250	—
Alcool méthylique.......	CH^3O	0,7984	65°6 à 66°2	à l'alcool et mixtes
— éthylique........	C^2H^6O	liquide	78°3	—
— amylique.......	$C^5H^{12}O$	0,8248	131°6	—
Éther acétique.........	$C^2H^3C^2H^3O^2$	0,907	77,1	—
— sulfurique.......	$C^4H^{10}O$	0,723	34°9	—
Acétone.........	C^3H^6O	0,794	56°5	—
Acétate d'amyle.......	$C^5H^{11}C^2H^3O^2$	0,8762 à 0,8837	125°	—
Chloroforme........	$CHCl^3$	1,5263	61°2	—
Tétrachlorure de carbone.	CCl^4	1,6298	78,4	—
Tétrachloréthane......	$C^2H^2Cl^4$	1,6140	147	—
Pentachloréthane......	C^2HCl^5	1,6926	159	—
Dichloréthylène......	$C^2H^2Cl^2$	1,250	55	—
Trichloréthylène......	C^2HCl^3		88	—
Perchloréthylène.......	C^2Cl^4	1,619	121	—
Hexachloréthane......	C^2Cl^6	2.01	sublim. – 185°	—
Sulfure de carbone.....	CS^2	1.266	47	divers
Benzine........	C^6H^6	0,899	80°5	—
Toluène.....	$C^6H^5CH^3$	0,882	111	—
Xylène..........	$C^6H^4(CH^3)^2$	0,86	138 à 142	—
Essence d'aspic........		0,905 à 0,920		à l'essence et mixtes
Essence de lavande.....		0,876 à 0,895	185 à 230	—
Essence de romarin.....		0,885 à 0,920	150 à 260	—
Essence de cajeput......		0,892 à 0,955	175 à 250	—
Camphre.....	$C^{10}H^{16}O$	0,992	204	—
Essence de camphre légère		0,895 à 0,920	175° env.	—
— lourde		0,960 à 1,100		—
Essence d'eucalyptus....		0,870		—

IV. — LES GOMMES ET RÉSINES

CHOIX ET PRÉPARATION DES GOMMES

Les travaux de nettoyage, classement et purification des gommes, qui jadis s'effectuaient fréquemment dans les fabriques de vernis, tendent de plus en plus à être exécutés dans

Fig. 69. — Extraction de la gomme du sol.

les pays de production, sur les lieux d'exploitation, dans les ports d'embarquement ou les ports d'importation, par les négociants s'occupant de la récolte ou de la vente de ces matières premières.

Fig. 70. — Nettoyage à la main.

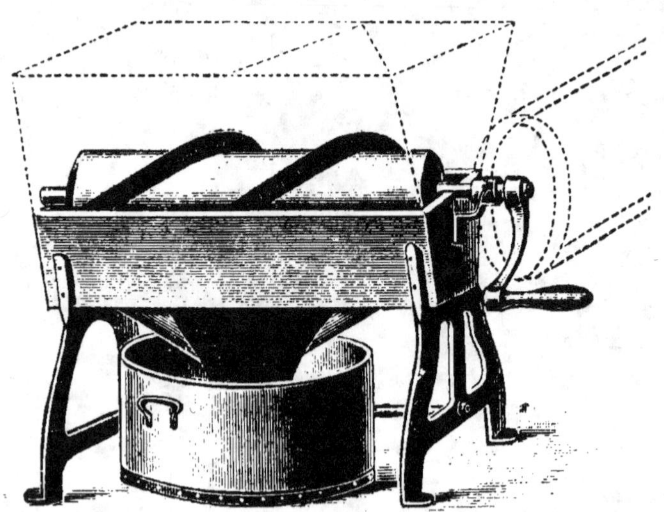

Fig. 71. — Machine à nettoyer les gommes.

Les gommes fossiles sont extraites du sol au moyen de tranchées plus ou moins profondes pratiquées à la pelle ou à la pioche, les morceaux recueillis sont nettoyés et triés (1).

(1) Nous devons à l'obligeance de MM. Blyth, Greene, Jourdan

Le nettoyage ou grattage à la main enlève les parties sablonneuses, terreuses ou oxydées situées à la surface des morceaux, comme le montre la figure 70.

Cette opération, ainsi que celle du classement, se fait fréquemment au moyen de machines munies de brosses et de tamis, permettant le passage de morceaux de grosseur déterminée. Ces appareils ont l'avantage de donner un gros rendement.

Fig. 72. — Nettoyage mécanique.

Les gommes venant du nettoyage sont amenées à l'endroit où auront lieu le triage et le classage.

Les résines sont ensuite classées par nuance, par grosseur, de manière à mettre ensemble autant que possible des morceaux de même valeur. Les ouvriers ont autour d'eux des caisses et paniers destinés à recevoir chaque qualité, le travail s'effectue au-dessus d'un tamis qui permet aux menus

et Cie, agents à Londres de MM. Mitchelson et Cie, exportateurs de gommes de Nouvelle-Zélande, les fig. 69 et 70 et 72 à 75 qui permettent de se rendre compte des diverses phases du travail.

Fig. 73. — Triage des gommes

Fig. 74. — Classement des gommes.

morceaux et poussières de tomber dans une caisse placée au-dessous.

Les marchandises ayant subi cette série d'opérations, emballées comme le montre la figure 75, sont dirigées vers les ports où elles ont fréquemment à subir d'autres opérations analogues avant leur mise sur bateau. — Les gommes parvenues à destination chez les négociants ou commissionnaires sont offertes par des représentants et annoncées par circulaire aux consommateurs.

Fig. 75. — Emballage des gommes.

Les gommes sont aussi nettoyées par lavage. Les morceaux mis dans des paniers ou cuves en bois sont traités par une solution de carbonate de soude à 5 0/0 environ qui attaque la croûte superficielle : une agitation ultérieure la fait ensuite tomber. Assez souvent on met la marchandise dans une machine munie d'un cylindre tournant sur lequel est fixée une brosse hélicoïdale qui frotte les morceaux et les nettoie.

Les gommes passées à l'alcali doivent être lavées jusqu'à complète neutralité de l'eau employée, puis séchées à l'air ou dans un séchoir.

Bon nombre de fabricants procèdent au concassage des morceaux, cette opération est exécutée soit à la main par des femmes ou des enfants, soit à la machine qui débite davantage et donne moins de poussière (fig. 76). Le concasseur comporte deux cylindres dentés, dont l'écartement est réglé suivant la grosseur à obtenir, ils tournent en sens inverse et sont mus mécaniquement. La gomme distribuée par une trémie disposée à la partie supérieure de la machine est concassée et tombe sur un tamis laissant passer les morceaux les plus menus et la poussière.

Fig. 76. — Machine à concasser les gommes.

Dans ces travaux on évite le plus possible la production de poussière de qualité bien moins estimée ; les morceaux de grosseur régulière donnent toujours les meilleurs résultats lors de la fusion.

GOMMES ET MATIÈRES RÉSINEUSES UTILISÉES DANS L'INDUSTRIE DES VERNIS

Les gommes utilisées dans l'industrie des vernis proviennent de sécrétions de diverses espèces d'arbres résineux, chacune d'elles a un aspect particulier et chaque pays d'origine a un emballage spécial qui permettent de déterminer la provenance des gommes au simple examen.

Pour leur description nous adopterons la classification proposée par M. Coffignier dans un rapport sur les résines coloniales présenté à la première réunion internationale d'agronomie coloniale :

Résines dures.

Résines demi-dures.

Résines Kauri et Manille.

Résines tendres et colorantes.

Résines dures.

Ambre

Connue aussi sous le nom de *Succin* et de *Karabé*, cette résine fossile, qui doit provenir d'un arbre préhistorique, se trouve à la surface de la mer, le long des côtes de certains pays, notamment sur les bords de la Baltique, surtout après les tempêtes.

Elle est très dure, transparente, parfois blanc opaque ou jaune doré, cassante et non friable, elle se ramollit dans l'huile de lin et y devient transparente.

Mis dans la flamme d'une bougie l'ambre se boursoufle et brûle sans tomber en gouttes, ce qui le différencie du copal ; sa faculté de développer de l'électricité par frottement est classique et connue de longue date.

Au point de vue chimique cette gomme renferme trois résines dont une est insoluble dans les dissolvants et contient, à côté d'acide succinique, une huile essentielle et des matières minérales.

Copals Est africain

Ils proviennent de l'arbre *Trachylodium verracosum* ou *Trachylobium mossambicense* qui existe sur les pays de la côte d'Afrique orientale des tropiques, arbres magnifiques ressemblant assez à des frênes, n'étant guère éloignés des côtes de plus de 10 ou 15 kilomètres.

Dans le commerce on en connaît deux variétés, le copal *fossile* et le copal *frais*.

Le copal *fossile* est trouvé dans les sols sablonneux à une profondeur variant de 0 m. 30 à 1 mètre ; selon toutes probabilités il était contenu dans des racines qui ont pourri, l'action du temps a eu une heureuse influence sur sa qualité, aussi cette sorte est-elle très recherchée.

Le copal *frais* s'obtient par saignée de l'arbre, ce qui en amène presque toujours le dépérissement.

Dans une récente communication, le Dr Foelsing (1) après avoir examiné les diverses parties des arbres copals, a reconnu qu'on pouvait extraire du fruit, au moyen de dissolvants, une nouvelle matière première applicable à l'industrie des vernis et présentant non seulement les qualités des meilleurs copals Zanzibar, mais encore l'avantage d'être soluble dans les dissolvants usuels sans laisser de résidu. Ce produit va donc venir s'ajouter aux deux précédents.

Le Copal **Zanzibar** est le plus dur, le plus estimé des copals, seul il présente l'aspect caractéristique chagriné, « peau d'oie » ; on le trouve dans le commerce en caisses de 100 kgr., sa teinte varie du blanc pur au rouge foncé, les morceaux sont vitreux.

Le Copal **Madagascar** est presque aussi dur que le précédent, sa couleur varie du blanc jaunâtre au rouge, les morceaux sont souvent plats mais la surface en est lisse. L'emballage n'en est pas régulier, on le rencontre en caisses, fûts à vins, paniers de jonc, sacs, etc.

Ces deux variétés étaient connues jadis sous le nom de copal **Bombay**, **Calcutta**, etc.

A côté de lots commerciaux de qualité uniforme, de morceaux de même grosseur, on trouve des mélanges très complexes annoncés généralement par circulaires décrivant la nature de la marchandise et indiquant le prix demandé, à titre comparatif.

Gomme dure d'Afrique blanche claire tout venant.
     —   blanche et jaune clair tout venant

(1) Der *Tropenpflanzer*, XIe année, n° 7.

Gomme dure d'Afrique blanche et jaune clair uniforme.
   —   1/2 blanche et 1/2 jaune claire tout venant.
   —   —   —   uniforme.
   —   blanche et jaune foncé tout venant.
   —   —   —   uniforme.
   —   blanche, jaune foncé menu tout venant.
   —   —   —   uniforme.

les prix entre la meilleure qualité et la plus commune varient de 270 à 130 francs les 100 kgr.

Demerara

Ce copal est originaire de la Guyane anglaise son aspect est assez semblable à celui du copal de Madagascar, on remarquera à notre tableau concernant les caractères physiques et chimiques des gommes que le « demerara » présente une solubilité beaucoup plus grande dans l'aniline que les autres copals durs.

Résines demi-dures.

L'Ouest africain envoie de nombreuses variétés de copals appartenant à cette classe, extraits d'une couche de sable et de marne située à 3 mètres de profondeur environ ; un soigneux nettoyage est nécessaire pour enlever le sable adhérent.

La colonie anglaise de **Sierra Leone** livre un copal très estimé, qui se présente en petits morceaux ronds mamelonnés ordinairement blancs ou jaunâtres, en barils de 100 kgr., provenant du Guibourtia copallifera (arbre de la famille des Légumineuses).

L'Angola (contrée de la Guinée méridionale) fournit les copals de ce nom. La variété rouge rencontrée dans le sol à une profondeur atteignant 4 mètres est très estimée, les morceaux sont ronds généralement plus gros que le Zanzibar et présentent la patte d'oie. La variété blanche est moins estimée. Ils sont fournis en sacs, barils ou caisses.

Le **Benguela** (contrée voisine de la précédente) expédie une résine en morceaux plats, demi-sphéroïdaux analogues aux coquilles d'huîtres comme forme, ayant une teinte variant du blanc au jaune clair ; emballages comme le précédent.

Le **Congo** français et le Congo belge (Afrique occidentale) envoient depuis quelques années des quantités croissantes de gommes en morceaux plus ou moins volumineux, le plus souvent bien triés, à teinte variant du blanc au jaune et au rouge, à surface nette et cassure conchoïdale ; certaines variétés sont assez dures, mais la qualité la plus blanche est souvent très tendre. La fourniture se fait en caisses de 100 kgr. Les copals du **Loango** sont analogues à ceux du Congo.

La colonie allemande du **Cameroun** fournit une variété assez propre, en morceaux mamelonnés ou lisses à cassure brillante ; sous le nom d'**Aura** on trouve des morceaux blancs jaunâtres de forme allongée, à cassure brillante, vitreuse ou opaque.

Le copal de **Bassundi**, désigné fréquemment sous le nom de *Kissel*, se rencontre le plus souvent en morceaux soigneusement triés d'un blond sombre, mais la qualité des vernis qu'il sert à préparer est assez contestée.

Dans l'Amérique du Sud les gommes proviennent de l'Hymenea courbaril et du Trachylobium martianum.

Le **Brésil** envoie des qualités très différentes de copal ; généralement il se compose de morceaux blanc-jaunâtres ou jaunes, très propres, à cassure brillante. Pour montrer l'énorme différence entre les qualités de cette provenance, nous signalerons qu'au commencement de 1908 on cotait à Hambourg le copal brésil presque blanc, propre, à 255 marks, les morceaux de la grosseur d'une noix et blonds 200 marks et les menus morceaux ou la poussière, 62 marks les 100 kgr.

La **Colombie** fournit une variété assez poussiéreuse, les morceaux sont souvent recouverts de croûtes, mélangés d'impuretés et très friables. Les copals du **Gabon** sont blond clair et aussi estimés que ceux du Congo.

Signalons également la résine de **Guapinol** provenant de l'Hymenea courbaril du Guatemala, livrée en morceaux, jaune pâle, souvent très durs à cassure brillante, et la résine de **Courbaril** *de Cayenne* variété moins propre renfermant des croûtes et débris organiques divers.

Copal de Java

C'est une résine fossile qui peut être classée, au point de vue de la dureté, entre le Benguela et l'Angola, elle a été étudiée par K. Dieterich (1) qui la déclare avantageuse pour l'industrie des vernis et préférable à certains points de vue au copal manille.

(1) *Chem. Rev*, 1905, p. 273.

Résines Kauri et Manille
Copal Kauri

Cette résine provient du pin Kauri (Agathis australis) qui croît en Nouvelle-Zélande et dans la province d'Auckland où on estime qu'une superficie de 850.000 ares est plantée.

Il y a 3 variétés commerciales de Kauri.

La Kauri ordinaire est de nature fossile et de formation très ancienne, car on la rencontre dans 2, 3 ou 4 couches superposées, la meilleure qualité se récoltant dans les deux couches supérieures de la contrée sèche. L'extraction se fait à la pioche et à la bêche. Les qualités de Kauri sont nombreuses, très appréciées et de prix extrêmement différents, la variété très pâle ou blonde, selon qu'elle est complètement grattée ou complètement brute, en beaux morceaux triés ou en poussière varie parfois de 1000 francs à 20 francs, tandis que la brune varie de 350 francs à 30 francs.

La Kauri busch se trouve dans la terre, le plus souvent entre les racines des pins, en morceaux allongés et mamelonnés ; bien nettoyée elle est souvent très claire ou blonde, parfois un peu foncée ; ses prix atteignent ceux de la Kauri brune.

La variété récoltée par incision des arbres est moins intéressante, molle, et ce mode d'extraction a paraît-il été interdit par les règlements.

Les morceaux de Kauri atteignent parfois 50 kilogrammes, ils subissent un premier nettoyage pour enlever la majeure partie des impuretés ; classés ensuite par grosseur et par teinte, ils sont expédiés au port d'embarquement où ils subissent un second triage, suivi de grattage. Ce copal possède la propriété de s'attacher aux dents lorsqu'on le mâche.

Manille

Elle provient surtout de l'Asie, Singapour, Bornéo, la presqu'île Malacca, la Malaisie ainsi que les Philippines ; il en existe plusieurs qualités : la manille dure, la manille demi-dure et la manille friable ; parfois elle est livrée en morceaux gros comme une tête d'homme ; sa couleur varie du blond clair au brun.

La manille *dure* est grattée, livrée en morceaux blanchâtres, blond clair ou brun, à cassure conchoïdale vitreuse ou mate.

La manille genre Kauri dite **Pontianac** (état de l'île de

Bornéo), est plus variable que la précédente ; grattée, en morceaux variant du jaune clair au rouge brun, elle se livre en caisses et valait 160 à 175 francs fin 1907, alors que les morceaux grossiers livrés en paniers ou sacs valaient 60 à 90 francs et les fragments en paniers ou sacs 55 à 60 francs les 100 kgr.

La poussière de manille en doubles sacs se cotait 30 à 35 francs.

La manille *demi-dure et tendre*, fragments grossiers en paniers, blonds ou blanchâtres ne valait que 80 à 90 francs, les fragments fournis également en paniers se cotaient 60 à 65 francs.

Signalons incidemment l'extrême attention à apporter dans les achats et réceptions des gommes et en particulier de la manille qui est parfois falsifiée par mélange avec la colophane ; le mélange est connu sous le nom de *manille massée.*

Résines tendres.

Dammar. — Cette dénomination est commune à bon nombre de résines s'écrasant par simple pression entre les doigts et provenant d'arbres tout à fait différents. Le dammar *Singapour* blanc ou sensiblement blanc est un produit du pin Amboyne, Dammara orientalis. Le dammar *rocheur* est peu coloré et provient du Hopea odorata et du Hopéa microcantha ; le dammar *salui*, copal opaque mais peu foncé est obtenu du Shorea robusta. Enfin le dammar très foncé (dammar noir) vient de deux variétés spéciales de Canarium. Ces arbres poussent dans l'Inde à Burnah, Rangoon et dans l'archipel Malais.

Des échantillons de cette dernière provenance ont été soumis en 1906 à l'Imperial Institute anglais (1) et les résultats de l'examen que nous reproduisons à notre table générale montrent que ces échantillons variaient beaucoup comme composition, comme propriétés et leur valeur commerciale établie par des experts par hundred weight s'en était ressentie, car elle variait de 5 à 70 shillings.

Les dénominations commerciales sont : dammar *Singapour* cité plus haut, fourni en caisses de 100 kgr. ; dammar *Batavia*

(1) *Bulletin of the Imperial Institute*, vol. IV, p. 100.

morceaux blancs, petits et ronds, livrés en caisses de 65 kgr. : le dammar *Padany*, morceaux assez gros et clairs, fournis en caisses de 100 kgr., le dammar *Pontianac*, morceaux de diverses grosseurs, ressemblant assez à la gomme Kauri, délivré en caisses de 100 kgr., présente de sérieuses différences de prix: alors que les qualités grattées fines valaient 195 à 225 fr. (décembre 1907), les grabeaux nettoyés étaient cotés 100 fr. et les noix nettoyées 95 fr. Enfin le dammar de *Sumatra*, dammar noir, varie de 35 à 50 francs.

Mastic. — Cette substance résineuse d'une odeur balsamique et d'une saveur un peu amère est obtenue en faisant de nombreuses et légères incisions sur le tronc de l'arbrisseau dénommé lentisque ou mastic (Pistacia lentiscus); le suc laiteux résinifié sur l'arbre se présente en petites larmes arrondies, irrégulières, d'un jaune clair légèrement verdâtre avec efflorescences blanchâtres à la surface, c'est le *mastic en larmes* ou *mastic officinal*. Le suc tombé à terre ou sur des pierres est naturellement plus impur, les morceaux sont plus colorés, plus bruns et plus volumineux que les précédents. Cette matière provient de différentes contrées : Chio, Afghanistan, Beloutchistan, Perse, qui produisent diverses variétés de Pistacia lentiscus.

On peut casser le mastic entre les dents, mais les morceaux obtenus se soudent entre eux, tandis que la sandaraque, dans les mêmes conditions, reste en poudre.

Le mastic contient d'après Johnstone 80-90 0,0 d'acide masticique $C^{40}H^{64}O^4$ soluble dans l'alcool ; le reste est constitué par la masticine de formule $C^{40}H^{62}O^2$ reprécipitable par le chlore ou une solution alcoolique d'acétate de plomb ; la partie insoluble dans l'alcool a pour formule $C^{40}H^{62}O^2$.

Les vernis à l'alcool préparés avec cette résine sont élastiques, à peine colorés en jaune paille et supportent le polissage ; toutefois le prix de cette matière première est élevé.

Sandaraque. — Comme la précédente cette résine donne de beaux vernis à l'alcool ; mais comme elle est très tendre il faut l'additionner d'autres résines ; elle provient du Callitris quadrivalvis (Thuya articulata) qui croît dans le nord et l'est de l'Afrique (l'Algérie et le Maroc en exportent d'importantes quantités) ainsi que dans le nord de l'Amérique.

Les catégories rencontrées dans le commerce sont :

1° La sandaraque en larmes, morceaux jaune pâle, à cassure vitreuse.

2° La sandaraque commune, morceaux plus ou moins bruns.

3° Les poussières.

La différence de prix entre la 1re et la 3e qualité est de 100 à 125 fr. (175 fr. pour la 1re et 50 fr. pour la 3e).

Accroïdes. — On rencontre dans le commerce :

1° L'accroïde jaune, morceaux de grosseurs variables souvent impurs, contenant des cavernes, livrée en caisses de 150 à 200 kgr.

2° L'accroïde rouge, petits morceaux ou poussière renfermés en caisses de 100 à 130 kgr.

Ces résines sont à bas prix, la variété jaune raffinée garantie pure valait 85 à 95 fr. fin 1907, la sorte rouge également pure valait 60 à 70 fr. à la même époque, les variétés communes et impures ne coûtaient que 10 à 15 fr.

Élémis. — Ces oléo-résines retirées d'arbres du genre Icica, sont molles et se solidifient à la longue ; translucides, de teintes variant du blanc au jaune foncé, mêlées de points verdâtres elles sont souillées par des impuretés végétales.

Elles deviennent lumineuses quand on les frotte avec un corps pointu dans l'obscurité, leur odeur est térébenthineuse ; les marques les plus connues proviennent du Brésil, du Mexique et de Manille.

Parfois on les falsifie avec du galipot ou de la poix, ce qui augmente la partie soluble dans l'alcool ; les auteurs indiquent :

Partie soluble dans l'alcool (résine) . . .	60 0/0
— insoluble — élémine . . .	24
— essence	12,50
Extrait amer et impuretés	3,50

M. Stœpel a signalé deux nouvelles réactions de l'élémi. Cette résine, fondue au bain-marie, donne un liquide clair, jaune verdâtre qui est coloré en rouge éosine en présence de l'acide sulfurique étendu de 4 parties d'eau.

En présence de térébenthine la solution à 10 0/0 dans l'alcool absolu rougit le papier de tournesol qui ne change pas avec la solution d'élémi pur.

L'adjonction d'eau donne un trouble laiteux avec l'élémi pur ; en présence de térébenthines que l'on ajoute souvent pour rendre à l'élémi durci une consistance molle, il se sépare des flocons résineux jaune brun.

Thus. — Connue aussi sous le nom de *gomme scrape*,

commun frankincense, c'est la résine qui se solidifie sur la tige des pins d'Amérique d'où l'on extrait la térébenthine, elle en a du reste l'odeur : à l'état frais elle est molle, demi-opaque, jaune pâle et contient des impuretés ; avec le temps elle devient plus foncée, sèche et cassante. Elle sert pour les vernis à l'essence, et se compose presque totalement d'acide abiétique $C^{44}H^{64}O^5$.

Aramy. — Analogue comme propriétés chimiques à la Thus, cette résine élémi solidifiée de Madagascar se présente en gros morceaux tendres, blancs ou jaune clair. Comme la précédente elle est applicable à la préparation de vernis à l'essence pouvant étendre les couleurs au plomb qu'elle ne durcit pas.

Oliban. — Connue aussi sous le nom d'encens, cette gomme résine a l'aspect de larmes jaunes ou de « grains », provenant de l'Inde et de l'Afrique, en caisses de 120 kgr. environ.

Benjoin. — Le benjoin est un baume soluble dans l'alcool extrait du styrax benjoin au moyen d'incisions, il possède une odeur agréable.

On rencontre dans le commerce : le benjoin de Palembang fourni en caisses à 8 « dosen » de 12 kgr., le benjoin de Siam grandes larmes opaques, blanches, ou en masses reliées par une substance vitreuse brune et transparente, cette variété est la plus estimée, le benjoin de Sumatra est tantôt en grosses larmes blanc opaque, soudées par une masse rougeâtre, tantôt cette dernière constitue la partie principale, il y a aussi des débris ligneux.

Gomme laque. — Contrairement à cette dénomination la gomme laque est une *résine* provenant de l'Inde ou du Siam ; elle se trouve sur divers arbres sur lesquels vit un insecte de l'ordre des hémiptères. Les larves se placent sur les jeunes rameaux et insèrent leurs trompes dans l'écorce, d'où elles pompent la sève qui, dans leur corps, se transforme en une sécrétion résineuse les incrustant rapidement.

Ces larves se développent et forment des insectes des deux sexes ; les mâles pourvus d'ailes s'échappent, tandis que les femelles n'ayant pas d'ailes terminent leur existence et pondent environ 1000 œufs chacune Avant la ponte il se produit une matière colorante rouge vif destinée probablement à les nourrir : les larves se développent à leur tour, se glissent sur une nouvelle partie de la branche et ainsi de suite : il paraît du reste que les arbres convenablement taillés ne souffrent pas de leur présence.

Quand on propage l'insecte à laque (Tachardia lacca) on coupe les rameaux avant le développement complet des larves et on les place sur de nouveaux rameaux, il y a deux pontes de larves par an, en juillet et décembre.

D'après l'*Agricultural Ledger*, qui a résumé les documents traitant de cette question, les ennemis de ces insectes sont les fourmis qui attaquent les femelles pour avoir le jus sucré dont les larves se nourrissent et les papillons qui dévorent les femelles et les jeunes larves.

La *laque en bâtons* est le produit brut obtenu en coupant les rameaux qui portent les incrustations résineuses, aux saisons de pullulement des insectes.

Quand cette substance est traitée dans les usines indigènes, on la broie dans des moulins à grains, la poudre grossière obtenue est tamisée et débarrassée des débris végétaux, elle constitue alors la laque en grains.

La *laque en écailles* nécessite des opérations plus compliquées. La laque en grain macérée une journée dans l'eau est ensuite broyée dans ce liquide qui devient pourpre vif, c'est le principe colorant de l'ancienne teinture de laque du commerce. La laque en grains lavée est ensuite mélangée d'une faible proportion d'orpiment, afin de lui donner une coloration jaune pâle, puis on ajoute 3 0/0 environ de résine ordinaire pour abaisser le point de fusion et permettre les opérations ultérieures. Le mélange est ensuite introduit dans un sac de drap étroit de 10 à 15 pieds de longueur qu'on tient devant un foyer de coke où la résine se fond lentement. Le sac de résine est manipulé par deux hommes qui le tordent en sens opposés pour exprimer la substance qui coule sur des feuilles de plantain garnissant le plancher de la pièce ; les masses de résine molle adhérentes à ces feuilles sont de nouveau chauffées, on fixe par une de ses extrémités une partie de feuille d'aloés sur laquelle l'opérateur peut étendre la résine dans tous les sens, de façon à obtenir une large couche d'épaisseur uniforme.

Ce modus operandi a été modifié dans des usines plus récentes qui remplacent les feuilles de plantain par des tuiles polies et on étend à chaud les masses de laque au moyen de rouleaux en zinc ; mais l'opération finale est encore pratiquée suivant l'ancienne méthode. On inspecte avec soin les couches de laque et les parties de couleur foncée ou imprégnées d'impuretés sont enlevées.

D'après d'autres auteurs, la fusion de la laque en bâtons ou en grains est suivie d'une ébullition à l'eau alcaline ; l'élimination complète des matières cireuses s'effectue par chauffage avec 20 fois son poids de carbonate de soude en solution à 2 1/2 pour cent ; la cire fond, se rassemble à la surface, on la décante. Une addition d'acide dans la liqueur en reprécipite la résine.

Tschirch et Farner ont fait des recherches sur la constitution de la laque en écailles. Celle sur laquelle ils opéraient, renfermait 74 0/0 de matière résineuse et de petites quantités de teinture de laque, d'humidité et d'impuretés inorganiques. La résine était constituée par deux substances : la première soluble dans l'éther a été envisagée par eux, comme un éther de résino-tannol et d'acide aleuritique (acide paraffinoïde), et la seconde a été désignée sous le nom d'érythréolacéine parce qu'elle formait des paillettes jaunes qui à la chaleur se sublimaient et se condensaient en aiguilles rouges.

Plus récemment MM. Etard et Vallée (1) ont distillé un mélange de gomme laque avec du sable ; de l'examen des produits obtenus, ils ont été amenés à conclure que la gomme laque est en majeure partie constituée par un mélange d'oléates instables d'une série de terpènes et que ces combinaisons sont les bases de nombreux vernis. Ils envisagent aussi d'autres résines comme formées d'éthers polyterpéniques d'acides à poids monéculaires élevés.

Laque en écailles

ANNÉES	EXPORTA-TION totale	VALEUR	ANGLE-TERRE	ÉTATS-UNIS	PORTS conti-nentaux	TEINTURE DE laque exportation totale
	quintaux	roupies	quintaux	quintaux	quintaux	quintaux
1876-1877	89 880	4 220 497	—	—	—	49 051
1884-1885	106 749	4 536 326	68 654	21 452	45 413	405
1897-1898	189 329	9 286 795	82 291	53 698	51 089	néant
1899-1900	195 239	9 265 600	60 257	79 615	51 102	1

L'*Agricultural Ledger* donnait la statistique ci-dessus sur le commerce de la laque en écailles aux Indes.

(1) *Comptes rendus, Ac. des Sc.*, 1905, p. 1603.

Il existe de nombreux procédés de blanchiment de la gomme laque, analogues à ceux employés pour le blanchiment de la cire d'abeilles ; citons parmi eux la filtration sur du noir animal, l'exposition à l'air, le traitement par les hypochlorites, le chlore, l'acide sulfureux, etc.

D'après Andès (1) on dissout habituellement la gomme laque par ébullition prolongée avec une lessive moyennement concentrée de soude ou de potasse et on laisse quelques jours en contact avec une solution de chlorure de chaux dans des conditions telles que la gomme ne se précipite pas. La solution est ensuite additionnée d'un acide faible (acide acétique de préférence) et le précipité lavé jusqu'à neutralité. Pour obtenir la qualité de gomme donnant une dissolution limpide dans l'alcool, la graisse ou cire contenue dans la solution est séparée par un dépôt lent pendant le refroidissement ou par filtration ; l'auteur fait remarquer que le produit décoloré se vendant parfois meilleur marché que la matière brute ayant servi à le préparer, il doit y avoir dans ce cas addition d'une résine bon marché telle que la colophane.

MM. Coffignier et Gascard ont étudié la gomme laque de Madagascar connue sous le nom d'œufs de fourmis ; elle est constituée comme celle de l'Inde par des résines, cires et substances diverses.

La gomme laque blanchie du commerce varie de prix suivant que sa solution alcoolique est claire ou trouble.

Une discussion très intéressante sur la composition de diverses gommes laques et sur leurs méthodes d'examen a été publiée dans *The Oil and Colour Journal Trades* (2).

L'adultération de la gomme laque par la résine est *très fréquente*, aussi les circulaires d'offres mentionnent-elles souvent des variétés garanties exemptes de colophane ; on verra à notre tableau général, (voy. plus loin), que les indices d'iode, d'acide et d'éthers étant très différents, la fraude est relativement facile à déceler.

G. Weigel (3) a fait des recherches sur ces falsifications ; il a trouvé que la gomme laque en bâtons a une solubilité d'environ 3 0 0 dans l'éther de pétrole. Des échantillons de laque rouge brun du Tonkin lui ont donné seulement 1,6 0 0, des

(1) *Chemische Revue*, 1906, p. 167.
(2) 1908, p. 177, 272, 356 et 428.
(3) *Pharm. Centralhalk.*, 1906, p. 892.

morceaux bruns 1,6 0/0 et des écailles orangées 1,8 0/0, alors que de la gomme laque commerciale claire donnait 14,6 0/0; il en conclut que cette dernière contenait environ 12 0/0 d'une résine étrangère bon marché.

Des méthodes basées sur la différence de solubilité dans l'éther des sels d'argent de la colophane et de la gomme laque ont été également préconisées.

ASPHALTES

Asphalte fossile. — Cette résine appelée aussi poix minérale présente une teinte variant du brun foncé (bitume de Judée) au noir (pitch d'Amérique); elle est constituée par des hydrocarbures mélangés de silice et d'oxydes métalliques.

On trouve sur le marché des asphaltes de différentes provenances, on connaît l'asphalte américain, celui de Colombie, Cuba, Manjack, Trinité, Syrie et des Barbades. Il en vient également des Antilles, de Russie (mer Morte), d'Angleterre, d'Autriche (Tyrol), etc.; en France on en trouve dans l'Ain, en Auvergne, etc.

Un nouveau gisement a été récemment découvert près de Chaparral en Colombie ; sa teneur en bitume serait de 99,45 à 99,65 0/0 de bitume, et le produit serait employable dans l'industrie des vernis.

La plupart des asphaltes sont solubles dans l'essence de térébenthine ; les autres ne le deviennent qu'après une chauffe plus ou moins longue.

Une intéressante étude des asphaltes naturels et artificiels a été publiée par le directeur de la fabrique d'asphalte de Leipzig Plawitz (1).

Asphalte du gaz. — Ce sous-produit obtenu dans la distillation des goudrons de gaz offre des qualités comparables dans une certaine mesure à celles de l'asphalte fossile et son bas prix permet de l'appliquer à la fabrication de vernis noirs bon marché.

Brai stéarique. — Ce brai provient des stéarineries, et est employé d'une façon analogue au précédent, il est moins dur, plus fusible et donne des vernis plus souples.

Donath et Margosche ont cherché à différencier les diverses

____

(1) *Die Chemie und Technologie der naturlichen und Kunstlichen Asphalte.*

Desalme et Pierron, Couleurs, Peintures, Vernis.   18.

variétés d'asphaltes naturels et artificiels, brais provenant de l'industrie de la houille, du pétrole, du bois, des stéarineries, en les traitant au moyen de dissolvants (éther de pétrole, benzol, sulfure de carbone) (1).

Colorants résineux.

En dehors de la gomme laque en grains citée précédemment on se sert du sangdragon et de la gomme-gutte.

Sangdragon. — Cette substance, classée parmi les baumes plutôt que parmi les résines, provient des fruits d'un palmier qui croît dans l'Amérique du Sud, les Indes et les Canaries. Dans le commerce on connaît les variétés dites en *galettes*, en *olives*, en *bâtons* et le sangdragon d'Amérique : la résine qui constitue les 90 0/0 de son poids possède une couleur variant du blanc rougeâtre au rouge foncé, elle est utilisée pour la coloration des vernis.

Gomme-gutte. — Cette gomme résine est livrée en bâtons jaune foncé et provient de végétaux du Cambodge et de l'île de Ceylan; elle est employée pour colorer en jaune des vernis spéciaux.

Dérivés colorés de la colophane. — G. Fry (Br. am. 754.298) prépare des colorants jaune orange ou rouges en oxydant ou nitrant au moyen de l'acide nitrique la colophane dissoute dans l'huile et décomposant ensuite les dérivés nitrés formés.

Laque Japonaise.

La laque Japonaise ou Urushi est un suc laiteux exsudant du tronc d'une liane dénommée Urshihaze (Rhus vernici-fera); on l'emploie beaucoup au Japon dans les manufactures de vernis. Le suc laiteux brut (Li-Urushi) laissé à l'humidité, au soleil ou à la chaleur, devient un liquide huileux brun, qui a été dénommé, par MM. O. Korschelt et Yoshida, acide urushique et peut être extrait du produit brut par traitement à l'alcool absolu. Pour préparer le vernis dit Seishi-Urushi, on enlève la partie aqueuse et on ajoute l'huile, la matière colorante, etc.

On trouvera dans un travail (2) de M. Kisaburo Miyama une étude sur la constitution de la laque japonaise :

L'acide urushique qui appartient à la série aromatique, contient du carbone, de l'hydrogène et de l'oxygène, le dernier

(1) Voy. *Chemische Industrie*, 1904, t. XXVII.
(2) *The Oil and Colour Trades Journal*, 1908, p. 509, 575, 745 et 797.

existant à l'état d'hydroxyle. Il présente des caractères phénoliques et renferme deux groupes hydroxyles phénoliques en position ortho. C'est un composé non saturé pour lequel ce chimiste a proposé la formule $C^{35}H^{30}O^4$ (ayant 8 valences disponibles) ; d'après lui, il serait logique de changer son nom en celui de *Urushiol*.

Voici le résultat d'analyses effectuées sur des produits de qualité supérieure nᵒˢ 1, 2, 3, sur des produits récoltés à des mois différents et sur des laques importées de Chine et de l'Inde :

VARIÉTÉS	EAU	URUSHIOL	GOMME arabique	MATIÈRE azotée
Nᵒ 1	9,32	86,97	2,46	1,25
Nᵒ 2	12,21	80,63	5,69	1,47
Nᵒ 3	10,94	84,53	3,25	1,28
Sakari urushi	17,81	77,63	2,62	1,94
(récolte 11 juillet au 31 août)				
Urame urushi	22,61	70,20	4,74	2,45
(récolte 21 septembre au 10 octobre)				
Tome urushi	23,30	66,66	7,57	2,47
(récolte 11 octobre au 31 octobre)				
Seshime-uruski	27,60	64,14	6,46	1,78
(récolté sur les branches en novembre)				
Laque chinoise supérieure	20,37	70,02	7,72	2,34
— moyenne	30,74	55,88	11,78	1,60
— inférieure	36,85	36,88	23,55	2,72
Laque indienne moyenne	33,38	26,39	37,78	2,45

Des divers éléments de la laque, le plus important est l'urushiol ; les meilleures variétés sont celles qui en contiennent le plus : la gomme arabique n'a pas une action favorable, les qualités inférieures en contiennent beaucoup ; les matières azotées sont nécessaires, car elles déterminent la siccativation qui, sans elles, est impossible. L'action du manganèse a été étudiée par de nombreux auteurs, mais Bertrand a montré que la laque japonaise contient un ferment, la *laccase*, possédant un pouvoir oxydant considérable et renfermant du manganèse (3 à 8 0/0 d'après Joshidu). Étendue en couche mince, la laque sèche rapidement si l'atmosphère est humide et la température de 10 à 30° C.; ces conditions sont nécessaires. Aussi la siccativation est-elle plus rapide en saison humide qu'en saison sèche, en hiver qu'en été.

Quand la température atteint 50° C. la siccativation est fortement retardée, elle est complétement suspendue à 70-80° C. Pour sécher à haute température, il faut la présence d'humidité et d'enzymes azotés : dans un four à air chaud ou à vapeur, à une température de 100°C. la laque sèche en 4 ou 5 heures : à plus haute température, il faut moins de temps 30 minutes à 150° C., et 10 minutes à 180° C.

L'Urushiol ne peut pas sécher quand les substances azotées enzymiques font défaut, mais il se siccative facilement au moyen des peroxydes de manganèse, baryum, magnésium, ainsi que par la litharge, l'hydrate de manganèse, le bichromate de potasse et le résinate de manganèse. On ne peut toutefois en faire emploi pour les vernis transparents et les vernis colorés autres que le noir, à cause de la rapidité avec laquelle le produit noircit.

Le séchage de la laque est gêné de façon sensible par les acides, les alcalis et certains sels tels que le sel marin. La laque est noircie par le contact avec les poudres métalliques (fer, zinc, plomb, cuivre) mais non par l'étain, l'argent, l'aluminium, l'or et le platine. Certains pigments blancs, comme l'oxyde de zinc, le sulfure de zinc, le carbonate de chaux, le blanc de plomb, etc., en mélange avec la laque, virent aussi au noir, et la plupart des vernis sont entièrement changés à son contact. Ces raisons ne permettent de la mélanger qu'avec un nombre de couleurs très limité.

MM. Stevens et Warrens ont montré que le Rhus vernix L surnommé *poison surnac* en Amérique, donne un suc analogue à celui du Rhus vernicifera, formé de 80 0/0 soluble dans l'alcool, 6 0/0 dans l'eau et 1 à 2 0/0 insolubles dans ces véhicules. Ils indiquent ce produit comme susceptible de remplacer le Rhus vernicifera.

Dans le commerce, on a signalé des produits soit disant à base de Rhus vernicifera et contenant surtout de l'huile de bois de Chine.

Décoloration des résines.

Pour chacune des variétés énumérées précédemment il y a une différence de prix souvent très importante en faveur des

qualités les plus pâles, aussi cherche-t-on à appliquer aux différentes gommes des méthodes de purification comparables à
celles utilisées pour la gomme laque, c'est ainsi que Aledter
(Br. all. 151.019) décolore la résine en formant des résinates
qu'il décompose par un courant de CO_2. Le même inventeur
(Br. all. 142.459) emploie un autre procédé consistant à chauffer en autoclave les résines avec un alcali, à une température
ne dépassant pas 200°, les savons formés sont décomposés
au moyen de la vapeur.

Épuration des résines au moyen de dissolvants.

Les gommes étant solubles dans divers réactifs on peut les
extraire des produits qui les renferment au moyen de ces
dissolvants et les débarrasser aussi des produits sans valeur
qui les accompagnent: outre les dissolvants usuels énumérés
dans le tableau page 298, signalons le brevet fr. 382.371 dans
lequel M. Kœler propose d'extraire les résines, corps résineux et bitumineux, cire minérale, asphalte, etc., en traitant
les corps qui les contiennent par la naphtaline fondue; cette
dernière est séparée des résidus par filtration, puis éliminée
par l'action de la vapeur directe ou surchauffée.

Gommes synthétiques.

Le prix élevé des gommes et leur consommation de plus
en plus importante a suscité de nombreuses recherches ayant
pour objet de les préparer par voie de synthèse ; outre les
divers procédés élaborés par Bayer, Dobner, Lucker, Vager.

Tollens a notamment condensé le phénol et le β naphtol
avec la formaldéhyde en présence d'une petite quantité d'acide
chlorhydrique ou d'acide sulfurique concentré (1).

Blumer (br. fr. 329.982 du 16 juin 1903) emploie comme
agents de condensation les oxacides organiques (acide tartrique, etc.) à l'état de solutions saturées, ajoute de la formaldéhyde et du phénol, puis élève la température du mélange
jusqu'au point d'ébullition.

Une fois la réaction terminée, la résine surnage sous forme
de masse huileuse, on la décante et la traite par l'eau chaude
additionnée d'un peu d'ammoniaque pour enlever le phénol et

(1) *Ber. der deutsch. chemisch. Gesells.*, 1892, p. 3213 et 3284.

la formaldéhyde en excès. On verse de l'eau froide où se
fige et se solidifie la résine obtenue, qui ressemble à la
gomme laque. Elle est soluble à froid dans l'alcool éthylique,
méthylique, l'acétone et l'éther ; insoluble à froid dans la
benzine et l'essence de térébenthine.

Dans le même brevet, est revendiqué l'emploi d'autres
acides organiques (oxalique, formique) en solutions saturées
dans la formaldéhyde et des acides inorganiques, sels acides
comme agents de condensation ; ces derniers, employés à
la concentration de 30 0/0 ou au-dessus. Les produits obtenus
en présence de solutions inférieures à ce titre n'ont pas
d'intérêt industriel.

G. Orloff (Br. all. 191.011) traite 100 parties d'essence de
térébenthine russe par un poids double d'acide sulfurique
66° en empêchant la température de s'élever au-dessus de 40°.
Il additionne ensuite peu à peu 55 à 60 parties de formol,
le mélange reste 12 à 15 heures à 20° C , après quoi on le neutralise avec 24 0/0 d'ammoniaque. La matière résineuse qui
surnage la solution de sulfate d'ammoniaque est décantée,
bouillie avec de l'eau ammoniacale, lavée à l'eau, pressée et
séchée à 70-80° C. Le rendement est de 80 à 83 0/0 de la térébenthine mise en œuvre.

Kronstein (br. am. 843.401) chauffe certains éthers tels que
le cinnamate d'allyle, à température un peu inférieure à leur
point de décomposition et cela jusqu'à ce qu'ils soient transformés en produits solides et insolubles.

MM. de Laire et Cie ont pris plusieurs brevets sur la question
pour des résines artificielles qui sont lancées dans le commerce.

Leur brevet français 350.480 du 16 septembre 1904 a pour
objet l'obtention de gommes dures préparées en soumettant
des phénols-alcools, seuls ou mélangés, à l'action de la chaleur sous pression réduite, ce qui provoque le départ d'une
certaine quantité d'eau et la formation de produits de condensation élevés assimilables comme propriétés aux gommes
laques, copals, gommes dures d'Afrique ou gommes naturelles analogues.

Ces produits synthétiques sont incolores ou jaune paille
clair, mais on peut les obtenir de toutes les teintes du jaune
au noir ou au rouge en les additionnant de corps appropriés
avant la réaction par la chaleur.

Les alcools phénols utilisés sont produits au préalable par

condensation de phénol ou homologues, ou de naphtols avec le formaldéhyde. Le procédé appliqué à la saligénine (o-oxybenzylalcool) donne une résine jaune pâle fondant à plus de 110°, celle du produit $CH^3_4.C^6H^5.OH_1.CH^2OH_2$ (venant de paracrésol) se ramollit à 200° et se décompose à 300°.

Un autre brevet français n° 361.539 du 8 juin 1905 de la même société vise la condensation des phénols industriels avec les aldéhydes par les différentes méthodes connues ou par l'acide chlorhydrique, le produit de la réaction après lavage à l'eau est utilisé directement pour la condensation par la chaleur.

Cette condensation peut avoir lieu à des températures supérieures à 100° (à 150° il faut 1/2 heure pour la réaction, alors qu'à 200° il faut dix minutes), elle s'opère soit à la pression ordinaire à l'air libre ou en présence d'un gaz inerte, soit dans le vide.

Transformation de produits résineux. — La Chemische Fabrik Flöresheim Dr Nardlingen (Br. fr. 364.398) transforme l'huile résineuse épaisse ordinaire en la chauffant graduellement à 165° C et faisant passer un courant d'air énergique. Pour 100 parties d'huile de résine employées, il reste dans l'appareil à distiller 34,5 parties d'une résine rougeâtre fondant à 60° C.

On a tenté également de transformer les résines les unes dans les autres ; c'est ainsi que G. Elkelés et H. Klie (Br. 187.844) ayant soumis certains copals et l'ambre à la chloruration ont obtenu des substituts de gomme laque faiblement colorés. Ils dissolvent la résine dans une solution alcaline caustique à l'ébullition et ajoutent à la solution de l'hypochlorite de soude jusqu'à ce que le précipité ne disparaisse plus en agitant. Le copal manille fixe 8 à 9 0/0 de chlore.

Durcissement des produits résineux.

Certains résultats ont été obtenus par les diverses méthodes suivantes :

Un premier procédé consiste à transformer une résine telle que la colophane en résinate de chaux en ajoutant de la chaux à la résine fondue ou dissoute. — Une addition de soufre donne un excellent résultat. Zimmer, qui a breveté le procédé en 1885, ajoutait 90 à 110 gr. de chaux par kg. de résine.

La dissolution de 1 partie de ce produit dans 4 partie d'huile cuite était additionnée de 150 gr. de soufre dans 250 gr. d'huile.

Nous décrivons d'autre part les vernis aux résinates.

E. Schaal opère par *éthérification des résines*. L'alcool ou le phénol est coulé dans les acides résiniques chauffés, on fait le vide dans l'autoclave, de manière à enlever la vapeur d'eau qui se forme.

Les éthers bruts sont distillés dans un gaz inerte, tout en introduisant des solvants tels que la benzine ou l'essence de térébenthine ; la transformation de l'éther résinique fondu en vernis peut avoir lieu de suite.

C. Ludwig (Br. am. 760.544) prépare une gomme, destinée à remplacer le copal, en traitant une solution de potasse dans 140 parties d'eau par 56 parties d'une gomme soluble dans l'alcool et 1 à 2 0/0 d'acide oléique. Le mélange refroidi est décomposé par l'acide sulfurique, lavé et séché.

L'Elektricität Act. Ges. (Br. angl. 7.625) envoie un courant d'air ou d'oxygène dans la résine fondue avec ou sans addition d'huile siccative, d'agents oxydants ou de siccatifs. On accélère la réaction par l'action de la chaleur seule ou avec le concours de la pression.

Baringer (Br. am. 854.074) chauffe les résines solubles dans l'alcool avec 4-5 0/0 d'huile grasse et porte à température suffisante pour que le mélange soit visqueux ; il maintient cette température pendant 1/2 heure à 1 heure.

COMPOSITION CHIMIQUE DES GOMMES

C'est seulement depuis une douzaine d'années que l'on a réussi à avoir des données assez précises sur les constituants des gommes et M. Tschirch, en collaboration avec ses élèves MM. Niederstadt, Stephan, Koch ont fait des publications intéressantes sur ce sujet depuis 1896. MM. Rackwitz et Engel ont travaillé dernièrement la question.

De ces travaux il résulte que les gommes, notamment les copals, contiennent :

1° Des acides résiniques ;

2° Des résènes ;

3° Des huiles éthérées ;

4° De l'eau, des cendres et des matières diverses.

Les acides résiniques et les résènes sont les principaux constituants, comme le montre le tableau suivant :

	ACIDES résiniques	RÉSINES	HUILE essentielle	EAU cendres divers
	0/0	0/0	0/0	0/0
Copal Zanzibar (1) . .	84	6		
Manille dure (2). . .	80	12	5	3
Manille tendre (2) . .	79	12	6	3
Angola rouge (3) . .	69	23	2	6
Cameroun (3) . . .	70	23	2	5
Benguela (4)	65-67	18-21	3-4	
Congo (5).	70-72	17-18	3-4	
Dammar	23	62,5		

Acides résiniques. — Ils sont particuliers à chaque gomme, ceux des copals doivent appartenir à la classe des oxyacides, ils contiennent les groupes OH et COOH. Dans une même gomme il existe divers acides résiniques, ainsi le copal Kauri contient :

$$\text{Acide } \alpha \text{ Kaurolique } C^{12}H^{20}O^2$$
$$-\quad \beta \qquad \text{id.}$$
$$-\quad \text{Kaurinolique } C^{17}H^{34}O^2$$
$$-\quad \text{Kauronolique } C^{12}H^{24}O^2$$
$$-\quad \text{Kaurinique } C^{10}H^{16}O^2$$

Les copals les plus durs semblent être ceux dans lesquels la proportion d'acides est la plus forte et celle de résène la plus faible.

Résènes. — Ils se composent de carbone, hydrogène et oxygène, ils sont très résistants aux divers réactifs et les études faites sur ces corps semblent les rattacher à la série aromatique. Dans chaque gomme il y a souvent plusieurs résènes

(1) Tschirch et Stephan *Archiv. d. Pharm.*, 234, p. 552.
(2) Tschirch et Koch, *Ibid.*, 240, p. 202.
(3) Rackwitz, *Chemische Revue über die Fett und Harz Industrie*, 1908, p. 161.
(4) Engel, *Chemische Revue über die Fett und Harz Industrie*, 1908, p. 199.
(5) Tschirch et Glimman, *Archiv. d. Pharm.*, 234, p. 585.

ou plusieurs isomères ; le résène α de copal Zanzibar a pour formule $C^{54}H^{80}O^4$ et fond à 76°, le résène β fond à 140° et a comme formule $C^{54}H^{80}O^4$.

Huiles essentielles. — Elles sont neutres généralement solubles dans l'éther et semblent se rapprocher des terpènes, celle du copal manille cité précédemment avait une densité de 0,840 et passait de 165 à 170°, par exposition à l'air il se produit une oxydation et résinification.

Eau et matières diverses. — La quantité d'eau est le plus souvent comprise entre 0,80 et 3 0,0 d'eau, toutefois Andès a signalé la présence de quantités plus fortes atteignant jusque 12 0,0 dans un copal manille examiné.

Parmi les autres substances, on a signalé la présence d'acide succinique, etc , et dans les cendres on a caractérisé la présence de fer, chaux, magnésie et silice.

Tschirch et Stephan ont montré en 1896 que dans le copal manille les proportions des constituants sont les suivantes :

		MANILLE dure	MANILLE tendre	POINT DE fusion
Acide mancopalinique	$C^8H^{12}O^2$	4	0	175
— mancopalénique	$C^8H^{14}O^2$			100-105
Acide α mancopalolique	$C^{10}H^{18}O^2$	75	80	90
— β —		»	»	88
Résène mancopalique	$C^{20}H^{32}O$	12	12	80 -85
Huile essentielle		6	5	
Eau		2	2	
Acide succinique et impuretés . .		1	1	
		100	100	

Recherches sur la constitution des gommes. — Tschirch a publié une méth. le consistant à traiter les gommes par l'éther puis à faire agi méthodiquement sur cette solution des solutions alcalines faibles, successivement à 1 0,0 de carbonate d'ammonium, puis 1 0 0 de carbonate de soude et terminant par 1 0/0 de potasse caustique. Cette méthode n'a pas été modifiée de façon sensible et pour montrer le modus operandi suivi dans ces recherches nous reproduisons une note de M. Engel (1)

(1) *Chemische Revue*, 1908, n° 8.

concernant l'examen de copal Congo et de copal Benguela :

« Le *copal Congo* examiné était très irrégulier et de teinte variant du jaune clair au brun rouge, la couche efflorescente était mince, la cassure vitreuse, l'odeur rappelait un peu celle du baume de copahu, il n'y avait ni azote ni soufre. La résine en poudre fine et chauffée dans le tube capillaire se colore en jaune brun à 90-92°. A 150° la masse se ramollit et se soude et à 175° fond en un liquide clair. »

Le point de fusion ne change pas après séjour dans un dessiccateur à acide sulfurique.

Au point de vue composition, les résultats sont les suivants :

A. — Examen de la solution du Congo copal dans l'éther :
    1. L'acide Congo copalique $C^{19}H^{30}O^2$ a été isolé au moyen de la soude.
    Après agitation avec l'alcali il restait dans l'éther :
    2. Le Congo copal résène α
    3. Une huile éthérée passant à 165-168.
B. — Examen de la solution dans l'alcool éthéré :
    Par agitation avec 1 0/0 potasse ont été isolés d'une partie soluble dans l'éther :
    1. L'acide Congo copalolique $C^{22}H^{34}O^3$.
    2. Le Congo copal résène β qui est insoluble dans l'éther.

En résumé il y a :

60 0/0 Solubles dans l'éther	Acide brut que l'on extrait par CO^3Na^3.	48-50 0/0
	Huile éthérée.	3-4 0/0
	Résène soluble dans l'éther .	5-6 0/0
40 0/0 Insoluble dans l'éther	36 0/0 soluble dans le mélange alcool éther { Acide soluble dans l'éther	22 0/0
	Résène insoluble dans l'éther environ	12 0/0
	4 0/0 résidus et cendres . .	4 0/0

Le Benguela copal se composait de morceaux clairs et foncés, de morceaux ronds, stalactiformes ou plats, de grosseurs très différentes.

Certains morceaux contenaient un liquide rougeâtre mais en très faible proportion, ce qui a empêché de l'examiner; l'examen a été conduit de façon analogue à la précédente, la constitution de cette variété présente de la ressemblance avec celle du copal précédent.

Il n'y avait ni soufre ni azote. Le point de ramollissement était 106-108°, celui de fusion tranquille 156-158°.

M. Engel a extrait les composés ci-dessous :

A. — De la solution éthérée du Benguela copal :
 1. Au moyen de la soude a été isolé l'acide Bengu copalique $C^{19}H^{30}O^2$.

 Après agitation avec l'alcali il restait dans l'éther :
 2. Le Bengu copalo résène α.
 3. Une huile éthérée passant à 148-158°.

B. — De la solution dans l'alcool-éther :
 Par agitation avec 1 0/0 de potasse, une partie soluble dans l'éther.
 1. L'acide Bengu copalolique $C^{21}H^{32}O^3$.
 2. Le résène β insoluble dans l'éther $C^{22}H^{36}O^2$.

La composition est donc :

55 0/0 Soluble dans l'éther	1. Acide brut que l'on extrait par CO^3Na^2	43-45	0/0
	2. Huile éthérée	3-4	0/0
	3. Résène soluble dans l'éther	4-5	0/0
45 0/0 Insoluble dans l'éther dont on a pu extraire par le mélange alcool éther	1. Acide soluble dans l'éther	22	0/0
	2. Résène insoluble dans l'éther	14-16	0/0
	Impuretés et cendres . .	5-6	0/0

Les deux copals examinés ont donné les solubilités suivantes dans :

	Copal Congo	Copal Benguela (blanc)
Éther	55 0/0	52
Alcool	48	56
Acétone	28	36
Alcool méthylique	33	28
Alcool amylique	80	72
Chloroforme	24	35
Éther ou pétrole	15	12
Benzol	26	24
Éther + alcool	85	92
Tétrachlorure de carbone . .	peu soluble	
Essence de térébenthine . .	peu soluble	

Les indices divers sont :

	Copal Congo	Copal Benguela
Indice d'acide direct . . .	117,7	112 -114,8
— indirect . .	124,8	117,6-120,4
Indice de saponification à froid		117,6-123,2
— après 24 heures	138,6	
— à chaud		120,4-123,2
— — après une heure	152,6	
— — après deux heures	149,2	

ANALYSE DES GOMMES

Chiffre d'acide. — C'est le titre acidimétrique des acides libres contenus dans la gomme à examiner.

1 gramme de résine pulvérisée est chauffé avec de l'alcool à 95° dans un appareil à reflux. On détermine l'insoluble par filtration sur un filtre taré (1) et on déduit cette quantité du poids primitif de résine. On additionne à la liqueur 3 cc. d'une solution alcoolique de phtaléine du phénol, puis une liqueur demi-normale de soude ou de potasse jusqu'à virage au rouge. Le résultat est exprimé en milligrammes de potasse pour 100 de gomme.

Indice de Kœttstorfer. — Il indique les acides totaux :

1 gramme de résine est bouilli avec 25 cc. de solution alcoolique demi normale de potasse libre pendant 10 à 15 minutes, on étend avec 100 cc. d'alcool à 95° et on fait bouillir à nouveau. Après quoi on titre en présence de phtaléine, la potasse libre au moyen d'une solution demi-normale d'acide chlorhydrique. Soit n le nombre de centimètres cubes de la solution acide, l'indice sera :

$$28,05 \times (25 - n)$$

Indice d'iode. — C'est la quantité d'iode que fixent 100 grammes de résine.

1 gramme de résine est traité par 100 cc. d'alcool chaud. Après refroidissement on ajoute 25 cc. d'un mélange à volumes égaux de liqueur d'iode à 50 0/0, d'alcool à 95° et de

_____

(1) Coffignier, dans son traité de fabrication des vernis, fait observer que la présence de gomme non dissoute attachée aux parois du ballon est une source d'erreur et opère dans une capsule en porcelaine tarée; après traitement alcoolique et décantation il passe la capsule à l'étuve de manière à séparer l'alcool, puis il pèse la capsule et le résidu attaché.

PROPORTION 0 0 DES MATIÈRES INSOLUBLES

	ESSENCE de térében-thine	ALCOOL méthy-lique	ALCOOL éthylique	ALCOOL amylique
Brésil	48,20	30.20	38,20	1,80
Copal Zanzibar	100	84,20	85,90	63,30
Madagascar	60.30	79,60	73,80	22,40
Demerara	92,50	77,40	72,10	53
Colombie	68,70	60	17.00	4,90
Benguela	68,80	46,90	16,50	0,90
Angola rouge	77	68	71,20	66,50
— blanc	69,40	46,70	77	43,50
Congo	68,20	55,30	25,30	2,20
Pontianak	66,40	13,50	soluble	soluble
Loango				
Kissel	79,60	65,50	57,40	8,50
Acera	79,70	62,80	47,80	4,10
Cameroun	78,60	78	66,70	19,20
Sierra-Leone	71,40	49,20	62,30	4,80
Résine de Guapinol	77,30		58,00	60,60
Courbaril de Cayenne	63,50		24,40	10,00
Manille dure	73,20	64,60	55,90	soluble
— friable	64,10	7,30	soluble	soluble
Kauri blonde	77,50	46,90	6,60	soluble
— brune	73,60	61,90	35,80	soluble
— busch	72,90	47,30	12,30	soluble
Elémi	soluble	soluble	soluble	soluble
Copal Java				
Colophane	soluble		soluble	
Galipot			soluble	
Poix de Bourgogne	soluble		soluble	
Goudron végétal			soluble	soluble
Bitume des Antilles				
Damar Batavia	soluble		28,60	12,40
Mastic	soluble		36,20	soluble
Sandaraque	73,60		soluble	soluble
Copal Madagascar pyrogéné	3.60	93.30	91,80	66,70
— solubilisé au naphtalène	52,10	86,80	74,40	12,80
Térébentine de Venise	soluble		soluble	
— commune	soluble		soluble	

DANS LES DISSOLVANTS USUELS

ETHER ordinaire	CHLORO-FORME	ACÉTONE	BENZINE	TÉTRACHLO-RURE DE carbone	ANILINE	ALDEHYDE benzoïque	ACÉTATE d'amyle
29,70	36	37,60	40,50	44,90	8,30	26,70	3,40
75	86,50	77,30	88,30	100,70	34,50	72,70	45,50
65	69	64,30	78,40	85	17,80	21,80	24,60
55,40	56,90	69,20	70,90	75,50	73,90	50,20	37,10
50	54,70	43,60	60,80	69,60	2,20	18,30	6
43,70	47,30	24,80	65,60	61,30	0,90	14,10	1,20
88,20	65,70	77,70	70	77,70	2,30	soluble	4,20
27,30	43,70	61	50,50	61,30	3,50	4,30	2,70
48,20	59,60	45,80	60,10	66,10	soluble	48,70	0,90
46	50,3	soluble	63	61,90	soluble	soluble	soluble
42, 0	56,60	49,50	61,60	69,90	5,70	11,60	10,00
44, 0	66,00	45,80	66,90	80,30	2,50	10,10	7,40
55,50	66,60	60,50	71,80	73,70	8,40	22,80	12,00
47,80	52,40	40,30	56,90	70,90	0,70	1,50	soluble
55,90		57,10			21,40		
43,00		33,90			6,40		
58,50	36,70	52	63,90	69	soluble	1,10	soluble
28,70	52,40	soluble	57,90	62	soluble	1,70	soluble
61,80	54,40	8,90	66,70	81,40	soluble	soluble	soluble
60,70	58,78	38,70	70,60	77,30	soluble	soluble	2
55,10	50,70	20,70	61,70	74,90	soluble	soluble	soluble
soluble	soluble	lég. insol.	soluble				
	soluble		soluble				
soluble	soluble	soluble	soluble				
soluble		soluble	soluble				
soluble	soluble	soluble					
3,80	soluble	soluble	soluble	soluble			
soluble	soluble	9,50	soluble	soluble			2,80
soluble	56,00	soluble	67,40	79,00			
51,80	1,70	84,80	1,50	4,00	indétermin.	2,00	51,20
19,70	soluble	65,00	40,00	25,80	soluble	soluble	soluble
soluble							
soluble							

PROPRIÉTÉS PHYSIQUES ET

	DENSITÉ	POINTS DE	
		ramollissement de la substance non séchée	fusion de la substance séchée
Ambre.	1,080		280/315
Ambre fondu.			
Copal Zanzibar	1,058 C		259 Bo/360 Ba
— fondu			
Madagascar	1,056 C		>300 C
— pyrogène	1,062 C		
— solubilisé au naphtalène	1,061 C		
Demerara.	1,047 C	90 C	480 C
Copal Java	1,033 D/1,041 D		175 D/480 D
Benguela.	1,058 C	65 C/95	140/465 C
— A	1,066 C		480/485 C
— B	1,041/1,062		245
— fondu			
Sierra Leone.		100/110	430/455
— A	1,0645 C		495 C
— B	1,066/1,075 C		200 C
— fondu			
Angola rouge.	1,066 C/1,068 C	90 C/120	145/345 C
— fondu.			
Angola blanc.	1,055 C		95 C/125 Ba
— fondu.			
Congo.		90 C/95	145/195 C
Acera	1,033 C	105	120 C/155
— rouge			
Kissel.	1,066 C		110 C
Benin.		115	155
Cameroun.	1,052 C	96 Bo/110 Bo	110 Bo/150 C
Loango		75	110
Brésil.	1,053 C	50 C	100 C
Colombie.	1,054 C	90	>300
Résine de Guapinol.	1,033 C		
Courbaril de Cayenne	1,059 C		
Kauri Blonde	1,036	75	165 C
— fondu			
— Busch.	1,030		
— fondu			

CHIMIQUES DES GOMMES

INDICE DE SAPONIFICATION		CHIFFRE D'ACIDE	CHIFFRE DE Kottstorfer	INDICE D'IODE
à chaud	à froid			
86,8 W/145 S		15,4 W	144,6/145	62,10 W
38,2 S				4,8 S
92,4 S		86,8 C/93	70,1/76,1 C	
36,8 S		61,6 C	67,7 C/72,9 C	12,6 S
		68.2 C	44,9 C	
		68 C	65,9 C	
		97.7 C	102,4 C	
14,54 D/18,03 D		4,55 D/5,07 D		50,36 D/54,66 D
140/168	145,6/162,4	134,4/137,2		60,59/85,1 S
		123,1 C	157,1 C	
		129,8 C/130,5 C	134,6 C	
		103,3 C/110,5 C	101 C	
138,5 W/156,8	145,6/168	72,8 W/120,4		63,49/133,35 W
		84,6 C		
		129,3/130 C	129,3/131,8 C	
131,8 C/162,4	145,8/168	128,8/142,7 C	146,4 C/148 C	63,29/136,90 W
119,7 S		30,5 S		34,8 S
132,2 S		57,4 W/127 C	133/159 C	129,66 W
118,8 S		93,6 S		44,9 S
162,4/179,2	184.8/196	132,3 C/151,2	131,8 C	58,41/59,12
140,4/168	145,6/168	97,8 C/128,8	140 C	61/62,19
		46,2	131,6	
		70,4 C	117,8 C	
140/156,8	140/145,6	112/128,8		58,34/58,86
151,2/162,4	162,4/168,4	128,8/159,7 C	70 C	65,25/69,96
151,2/156,8	151,2/162,4	112/123,2		59,52/60,87
		123 C/129,5	133,3 C/143	
		118,8 C	155,7 C	
		117,8/119.6 C	129 C	
		129,8 C/130,1 C	157 C	
		70,9 C/78,3 C	89,6/98,1 C	
		72,3 C/75,2 C	72,9 C	
		79,2 C/81,2 C	78,5 C	
		64,9 C/68,9 C	89,7 C/95,3 C	

PROPRIÉTÉS PHYSIQUES ET

	DENSITÉ	POINTS DE	
		ramollissement de la substance non séchée	fusion de la substance séchée
Kauri 1re qualité			
— — fondu.			
Kauri brune	1,053	90	185 C
Térébenthine commune	0,856		130
— de Venise			
Manille dure	1,065 C	80 C	190 C
— friable	1,060 C	45 C	120 C
— Bornéo			145
— — B dure	1,074 C		135
— — demi-dure	1,047 C		110
— Singapour			
Dammar Assam			
Dammar Batavia	1, 31 C		100
Mastic	1,057 C		95 C
Pontianak	1,037 C	55 C	135 C
Sandaraque	1,073 C		145 C
Accroides			
Elémi			
Benjoin			
Storax			
Gomme laque moyenne			
— grand			
— orange			
— claire			
— bonne qualité			
— mauvaise qualité			
Asphaltes naturels	1,070/1150		environ 100°
— Manjak	1123 C		233 C
— de Syrie			
Bitume des Antilles	1,123		215 C
Sandragon			
Colophane ordinaire	1,07	80	100
— raffinée			
Gomme gutte			

(1) Lorsque divers auteurs ont donné des chiffres différents, nous n'indiquons que le

L = Langmuir ; S = Schmidt

CHIMIQUES DES GOMMES (*Suite*) (1).

INDICE DE SAPONIFICATION		CHIFFRE D'ACIDE	CHIFFRE DE Kottstorfer	INDICE D'IODE
à chaud	à froid			
		92,8 C/93,8 C	87,7 C/92,5 C	
		86,7 C/87,7 C	86,7 C	
		78,8 C	81,7 C	119,5 L
		69,8	99,6	143,6
227,1 D		72,80 C	87 C	90,6 D
		145,2 C	185.1 C	
		141,4 C/144	176,7 C/179,5	138,04 W
176,7 W		161.3 C/163	168,3 C/173,9 C	
		152,4 C/154,7	151,4 C	
194,1 W		128,8 W	194	123,31 W
9,43		8,15		
34,1 W/47,1 S		21 W/35,5 C	39,2 C	63,6 S/142,24 W
79,1 W/193,8 S		50,4 W/64,4 S	70,1 C/93,8	64,4/159 W
		134,3 C	186,5 C	
155,4 W/174,4 S	163,1/166,25	141,4 S/154 W	142,1/174,4	66,8 S/160,6 L
				119,3 L
28,6 S		15,7 W/22,3	24/25,1	80,9/175,39 W
148,4 W/164,7 S		98 W/136,3 S	164,5	57,4 S/76,45 W
205,6 S		128,5/130,6 S	491/205,6	64,7 S
203,3 W/213,3 S		63 W/65,4 S		8,3 S/24,62 W
212,6 W		56 W/60	211,6	28,70 W
206,4 W/211,6 S		60 S/64,4 W		45.8 L/17,7 L
211,4 W		56 W		19.81 W
210,7 W		47,6 W		20,40 W
193,8 S/194,1 W		57,4 W		19,05 W
8,4 S			1,3/8,1	22,2 S
23,7 S		8,9 W		
153,4 S		11,2 W	153,4	54,08 W/72,4 S
168,2 S/190,1 W		146,5 S/169,4 W	167/187,4	112,01 W/172,6 S
187,4 W/195,7 W		177,8 W/179,2 W		114,8 W/115,3 W
		79,4/81,2	147,8	70,9

plus haut et le plus bas. — Ba = Bamberger; Bo = Bottler; C = Coffignier ; D = Ditto ; et Herbau ; W = Williams.

liqueur mercurique (60 gr. de sublimé pour 1000 d'alcool à 95°). Au bout de 24 heures on dose l'iode en excès. Pour cela on ajoute une quantité convenable d'iodure de potassium en solution au 1/10, la résine seule se sépare sous forme de flocons, après quoi on titre l'excès d'iode avec l'hyposulfite de soude au 1/10 en présence d'empois d'amidon jusqu'à décoloration. Lorsque la résine n'est pas entièrement soluble dans l'alcool on opère soit sur le liquide filtré, soit sur le liquide mélangé à la partie insoluble, ce qui donne naturellement des chiffres différents (1).

On peut traiter la solution alcoolique de la gomme par la solution d'iode préparée avec :

Iode bisublimé	50 gr.
Bichlorure de mercure	60 gr.
Alcool	1 litre.

Après 24 heures de contact, en employant assez de solution d'iode pour qu'après ce laps de temps le liquide soit encore coloré en brun, on ajoute une solution au 1/10 d'iodure de potassium en quantité telle que l'adjonction d'eau distillée ne donne pas de précipité d'iodure de mercure. Dans le liquide filtré additionné d'empois d'amidon on titre l'iode à l'aide d'une solution décinormale d'hyposulfite de soude. On titre de même 10 cc. de la solution d'iode employée. En opérant sur 1 gr. de gomme, si on a employé V cc. d'iode, n cc. d'hyposulfite de soude pour le titrage de la solution d'iode, et n' cc. pour le titrage de l'iode restant dans la solution alcoolique de gomme, le nombre d'iode sera donné par la formule

$$\left(\frac{V \times n}{10} - n' \right) \times 0{,}0127 \times 100$$

Une des difficultés est le peu de netteté de la réaction colorée, à cause de l'absorption par la gomme qui n'est pas entrée en dissolution (2).

(1) Haller et Girard, *Memento du chimiste.*
(2) Halphen, La Pratique des essais commerciaux, 2e édit. par V. Arnould, 1904-1906, 2 vol. in-18 jésus.

COMMERCE DES RÉSINES

M. Coffignier a présenté (1) un intéressant travail sur les résines coloniales, dont nous extrayons les renseignements commerciaux suivants. Les centres commerciaux les plus importants sont : Londres, Hambourg et Amsterdam. Notre port du Havre reçoit beaucoup de Manille et un peu de Madagascar.

Pour fixer les idées, non pas sur l'importance mondiale de la vente des résines exotiques, mais tout au moins sur le mouvement européen, voici les mouvements sur les marchés de Londres et de Hambourg, pendant ces dernières années. Ces tableaux ont été faits à l'aide de documents fournis par les maisons Watts de Londres et Grossmann de Hambourg et ne sont donnés qu'à titre de renseignements généraux.

Marché de Londres.

MANILLE ET COPALS DIVERS

	Importations.	Ventes.
Année 1900.	3.167.280 kilogr.	3.155.310 kilogr.
— 1901.	4.700.070 —	3.644.640 —
— 1902.	4.267.980 —	4.634.730 —
— 1903.	6.113.340 —	5.886.090 —
— 1904.	4.595.580 —	5.816.880 —

KAURI

	Importations.	Ventes.
Année 1900.	1.597.320 kilogr.	1.449.930 kilogr.
— 1901.	1.113.330 —	1.344.870 —
— 1902.	1.103.130 —	1.474.860 —
— 1903.	1.550.910 —	1.353.540 —
— 1904.	1.162.290 —	1.281.120 —

DAMAR

	Importations.	Ventes.
Année 1900.	457.200 kilogr.	435.308 kilogr.
— 1901.	241.900 —	367.600 —
— 1902.	298.600 —	404.000 —
— 1903.	410.700 —	397.300 —
— 1904.	454.400 —	464.700 —

(1) Première réunion internationale d'agronomie coloniale, 1906.

Marché de Hambourg (Importations)

COPALS DIVERS

Année 1900. . . . .   1.979.000 kilogr.
—   1901. . . . .   1 761.700   —
—   1902. . . . .   2.002.900   —
—   1903. . . . .   2.255.900   —

DAMAR

Année 1900. . . . .   355.900 kilogr.
—   1901. . . . .   346.700   —
—   1902. . . . .   407.300   —
—   1903. . . . .   531.400   —

SANDARAQUE

Année 1900. . . . .   166.500 kilogr.
—   1901. . . . .   157.100   —
—   1902. . . . .   103.900   —
—   1903. . . . .   153.200   —

Il était intéressant de savoir comment se répartit la vente des différentes variétés. Cette question, posée à différentes maisons, n'a reçu de réponse que d'une seule, importante maison anglaise qui estime ainsi son écoulement annuel en France.

Manille dure et demi-dure. . .   100.000 kilogr. environ.
—   friable . . . . . .   40.000   —   —
Pontianak . . . .   25.000   —   —
Kauri . . . .   20.000   —   —
Madagascar . . . .   6.000   —   —
Zanzibar . . . .   4.000   —   —
Benguela . . . .   10.000   —   —
Angola . . . .   3.000   —   —
Sierra Léone . . . .   1.000   —   —
Congo . . . .   20.000   —   —
Brésil . . . .   3.000   —   —
Damar . . . .   5.000   —   —

V. — FABRICATION DES VERNIS

La fabrication des vernis gras comporte trois opérations principales qui sont :

1° Solubilisation des gommes ;
2° Incorporation de l'huile ;
3° Incorporation de l'essence.
   Puis nous étudierons :
4° La clarification des vernis ;
5° La siccativation à froid ;
6° L'action du temps sur les vernis gras ;
7° La composition des vernis gras.

SOLUBILISATION DES GOMMES

Nous donnons (page 330) les solubilités des gommes fossiles dans les divers dissolvants. Comme on le voit cette solubilité n'est que partielle, ce qui serait très désavantageux au point de vue de la préparation des vernis et augmenterait beaucoup leur prix de revient, aussi a-t-on dû étudier des procédés permettant d'en effectuer la dissolution totale.

La méthode pratique consiste dans la fusion des gommes. M. Riban a montré que la solubilité dans les agents dissolvants est d'autant plus grande que le degré de polymérisation est plus faible et que la fusion des gommes détermine la dépolymérisation de leurs constituants.

POIDS DU Copal avant la distillation	POIDS DU Copal après la distillation	PERTE 0/0	QUANTITÉ d'huile recueillie	SOLUBILITÉ DU copal résiduel dans l'essence de térébenthine
100	97	3	3	Insoluble
100	91	9,00	8,5	—
100	89,5	10,5	10,2	—
100	84	16	15,7	—
100	80	20	19	un peu soluble
100	78	22	21,3	plus soluble
100	75	25	24,5	très soluble
100	72	28	27,1	—
100	70	30	29	—
100	68	32		—

Violette a démontré que la fusion simple des gommes ne donnerait pas le résultat cherché, c'est-à-dire la solubilité dans les réactifs, si elle n'était pas prolongée pendant un certain temps de manière à occasionner une perte de poids suffisante. Chauffant du copal dans une cornue en verre plongée dans un bain d'étain en fusion à 360° il faisait varier le temps de chauffage, pesait les produits distillés et condensés dans un réfrigérant, puis examinait la solubilité du copal fondu. Le tableau de la page 337 résume ses résultats.

Solubilisation par fusion

Procédés à feu nu.

Violette a proposé plusieurs appareils de fusion des gommes.

Le premier était un bloc de fonte entouré de maçonnerie chauffé extérieurement et dans lequel on plaçait un bassin en cuivre argenté renfermant la gomme, un tube communiquant avec un réfrigérant placé à l'extérieur permettait l'évacuation et la condensation des huiles distillées (fig. 77).

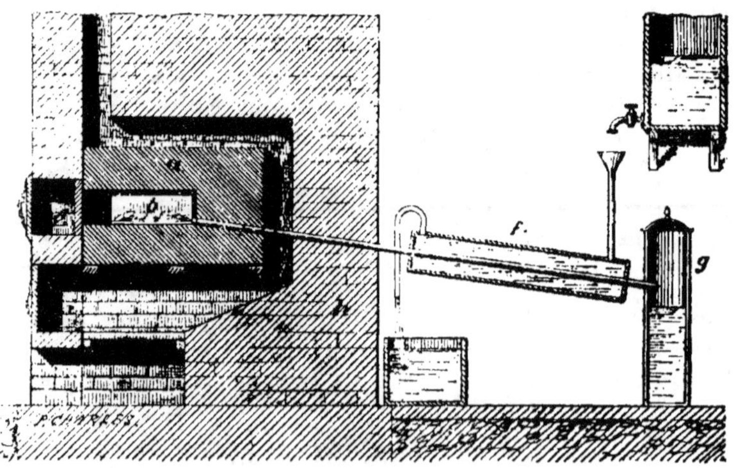

Fig. 77. — Premier dispositif de Violette pour la pyrogénation des gommes.

Un second dispositif se composait d'une sphère en cuivre argentée intérieurement qu'on pouvait faire mouvoir et placée au-dessus d'un foyer ; les fumées évacuées au dehors étaient condensées dans un réfrigérant. Il avait sur le premier l'avantage de renouveler les surfaces au contact du feu.

Le troisième était fixe, mais muni d'un agitateur, les modes de chauffage et de condensation des produits distillés étaient les mêmes que dans le cas précédent.

Tingry avait cherché à soustraire les parties fondues de l'action ultérieure du feu ; le dispositif de fusion comprenait un creuset « ayant la forme d'un cornet à jouer aux dés dont on aurait supprimé le fond », dans lequel un treillis métallique suspendu contenait le copal à fondre. Ce creuset était placé dans un fourneau contenant des charbons allumés et le copal fondu tombait dans un récipient contenant de l'eau.

Une disposition nouvelle de cet appareil a été décrite par E. Schrader et D Dumcke : leur récipient de fusion chauffé à feu nu est incliné et muni d'un orifice d'écoulement permettant à la matière fondue de s'écouler au dehors. Un agitateur peut être mis en mouvement pendant la réaction et un courant de vapeur chasse l'air contenu dans l'appareil. Les produits volatils sont condensés au dehors.

De nombreuses modifications à ces appareils ont été proposées ; c'est ainsi qu'on a employé une caisse en fer formant moufle, située dans un four en maçonnerie. La caisse comprenait plusieurs étages sur lesquels on plaçait des récipients plats contenant le copal en poudre ou mélangé de sable fin, les produits distillés évacués au dehors par un tuyau se condensaient dans un réfrigérant. Le réglage de la température pouvait se faire au moyen d'un thermomètre à contact électrique faisant fonctionner une sonnerie dès que la température atteignait un degré déterminé.

Pendant les fusions de copal il y a d'abord élimination d'eau, dégagement de gaz et distillation d'huiles volatiles, dont le poids est naturellement inférieur à la perte totale. Les chiffres de Violette montrent que la solubilité complète est seulement obtenue à partir d'un certain temps de chauffe et d'une perte de poids déterminée (25 0/0 pour le copal sur lequel il opérait) il observa également que le copal ayant perdu 10 0/0 de son poids (et même moins) se dissout fort bien dans l'essence de térébenthine épaissie par une longue exposition à l'air et à la lumière, alors que cette solubilité est fort incomplète dans l'essence ordinaire du commerce.

Jusque dans ces dernières années on a appliqué des procédés plus ou moins perfectionnés de fusion des gommes, basés sur le principe indiqué plus haut et présentant le gros inconvénient d'occasionner des pertes de poids ; cependant Schützenberger, déjà en 1856, avait tenté de supprimer cette opération désagréable et peu économique en chauffant à poids égaux les gommes à solubiliser et l'essence de térébenthine, en autoclave, au-dessus du point d'ébullition de l'essence. L'opération menée à 300 degrés demandait 2 heures ; la solution obtenue était additionnée d'huile et applicable de suite comme vernis.

Violette qui reprit en 1866 les travaux de Schützenberger avait adopté un procédé analogue et opérait également en autoclave, mais à 400 degrés sous une pression de 20 atmosphères.

Cette méthode fut-elle réellement abandonnée ? Il est exact qu'on n'en trouve plus trace pendant de nombreuses années dans les ouvrages et publications, mais il y a de fortes présomptions pour qu'elle ait été appliquée en Angleterre d'une façon industrielle.

Fusion au matras.

Dans la majeure partie des usines, on opère la fusion des gommes dans des appareils dénommés matras et connus depuis de longues années. Ces matras sont généralement en cuivre ou cuivre et fer ou même entièrement en fer. Ce dernier métal présente l'inconvénient de se brûler rapidement et de donner des produits colorés. Le cuivre est commode à

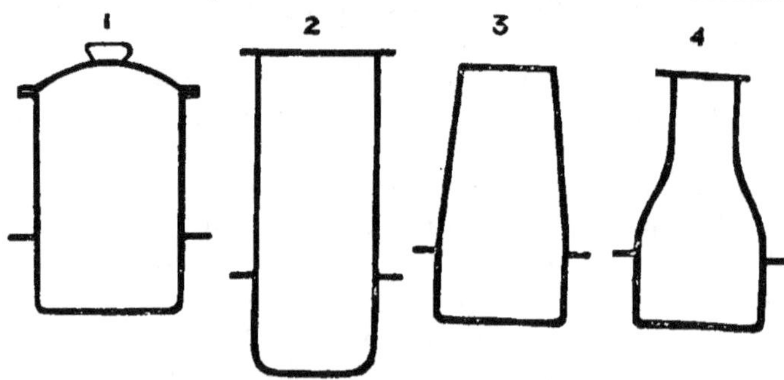

Fig. 78. — Matras pour la fusion des gommes (Livache).

tous égards mais coûteux ; on trouve souvent avantage à faire en cuivre le fond du matras qui contiendra la gomme, et sera exposé au feu, la hausse étant faite en tôle. Enfin on a proposé d'argenter, nickeler ou étamer la partie intérieure du matras, les deux derniers revêtements sont seuls intéressants au point de vue économique.

Les dimensions données à ces appareils sont variables suivant les pays et surtout les fabricants, certains emploient des matras de petit format dans lesquels on peut fondre quelques kilogrammes, d'autres préfèrent des matras de grande contenance pouvant renfermer 50 kgr. et plus (fig. 78 et 79).

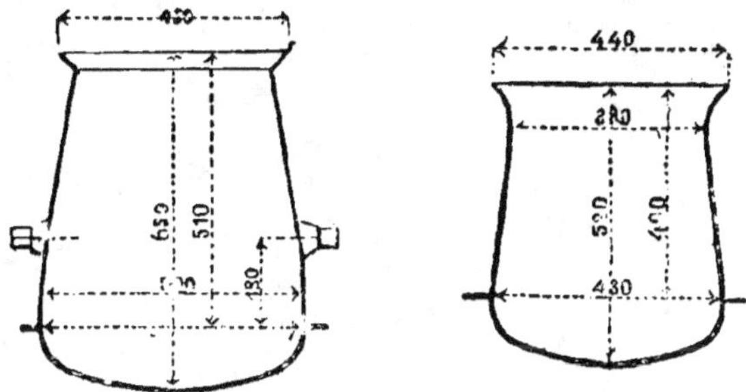

Fig. 79. — Matras pour la fusion des gommes (Andès).

Ces matras portent une cornière circulaire servant à les maintenir quand on les place dans le foyer. Pour les manœuvrer on emploie des chariots à roues, munis d'une flèche mobile autour d'un axe et portant une fourche qui sert à soulever le matras au moyen de deux oreilles dont est munie la hausse.

Les vapeurs et fumées produites dans la cuisson sont évacuées au dehors au moyen d'une hotte communiquant avec la cheminée ou un ventilateur et un dispositif de condensation. D'après le brevet américain 711.596, M. Tédisis dépolymérise le copal en le chauffant dans un récipient surmonté d'un réfrigérant à reflux, les terpènes qui distillent retombent froids et peuvent être, si c'est nécessaire, désodorisés et neutralisés par 1 ou 2 0/0 de chaux. Les liquides acides et alcooliques qui distillent sont séparés par décantation.

On a avantage à ne fondre qu'une variété de gomme à la fois, car si on employait des mélanges, la résine la plus fusible risquerait d'être non seulement fondue, mais surchauffée et décomposée avant que la moins fusible n'atteigne la température suffisante pour permettre sa liquéfaction totale. Actuelle-

Fig. 80. — Atelier de fabrication de vernis gras.

ment la chose est de plus en plus facile etant donne les soins
que l'on apporte au nettoyage, au triage et au classement des
gommes avant leur expédition.

Il n'y a pas non plus avantage à réduire en poudre les morceaux résineux, car cette poudre, lorsqu'elle fond, s'agglomère et arrive à ne plus former qu'un seul bloc dont la partie en contact avec la paroi risque d'être surchauffée avant que l'intérieur ne commence à fondre ; au contraire, avec les morceaux, les parties liquides se glissent entre les fragments, remplissent les intervalles et facilitent une meilleure répartition de la chaleur.

Cette méthode présente les graves inconvénients des procédés empiriques, il faut en effet que certaines variétés de gomme soient chauffées rapidement, d'autres plus lentement, bref le fabricant est obligé de s'en rapporter à l'habileté professionnelle et au savoir-faire d'un cuiseur qui, malgré son expérience et sa bonne volonté, peut être trompé par des circonstances indépendantes de sa volonté et ne fabriquer que des produits de choix inférieur. Même dans les conditions les plus favorables on ne peut éviter qu'il y ait une certaine surchauffe à la paroi pendant le temps nécessaire pour que le tout soit devenu liquide et malgré l'agitation qui se fait avec une spatule dont on frotte les parois.

Une opération semblable ne peut donner de bons résultats qu'en réglant la température autour du récipient contenant la gomme de manière à ne guère dépasser son point de fusion et en prenant des dispositions pour que l'action ne se prolonge pas au delà du temps indispensable à la pyrogénation.

Procédés divers à haute température.

Violette avait tenté de dissoudre les gommes au moyen de la vapeur surchauffée à 360° et déclarait que cette méthode lui avait donné d'excellents résultats.

L'idée a été reprise mais appliquée de façon différente ; la résine est placée dans un cylindre incliné, en cuivre épais, portant deux tuyaux, l'un placé à la partie supérieure sert pour l'évacuation des produits de distillation, l'autre situé à la partie inférieure et muni d'une toile métallique permet aux produits fondus de couler au dehors. La vapeur surchauffée circule autour de ce cylindre et son admission est réglée de façon à ce que la distillation et la fusion se fassent régulièrement. Avec ces appareils le contrôle du temps et de la température peut se faire avec précision, mais on ne leur donne généralement pas de bien grandes dimensions (on y traite 10 à 15 kgr.), de manière à pouvoir opérer rapidement. Après refroidissement, l'appareil peut être ouvert, vérifié et rechargé.

Des procédés de ce genre, appliqués industriellement, ont donné des résultats satisfaisants.

L'air chaud a été préconisé en remplacement de la vapeur surchauffée; l'emploi de bains métalliques ne s'est pas généralisé.

Huiles de copals.

Les huiles de copal sont produites pendant la fusion des copals pour la fabrication des vernis; jadis ces vapeurs s'échappaient dans l'air, maintenant elles sont condensées et recueillies. Elles peuvent être brûlées sous les chaudières ou être incorporées dans une certaine mesure aux vernis bon marché. En outre, le brevet français n° 395.705, prévoit l'emploi des huiles de copal simultanément avec la naphtaline ou les phénols, pour la solubilisation des gommes à l'autoclave (voir page 343). On peut attribuer leur peu d'emploi au manque de connaissance de la composition de ces huiles. L. Schmoelling (1) décrit comme suit, les huiles provenant de la fusion des copals Kauri et Manille :

L'huile de Kauri est un liquide mobile, de couleur claire, d'odeur aromatique agréable ayant 0,8677 de densité à 15°C. Il ne change pas par exposition à l'air.

L'huile de Manille constitue un liquide rosé qui devient rouge cerise au bout de quelques heures d'exposition à l'air, D. à 15°C. = 0,9069.

Leurs solubilités sont également très différentes :

L'huile de Kauri est soluble seulement dans un excès d'alcool et d'éther et incomplètement dans l'éther de pétrole, tandis que l'huile de manille l'est complètement dans les deux premiers et donne un précipité avec l'éther de pétrole. Toutes deux se dissolvent complètement dans CCl^4, CS^2, le benzol, la térébenthine et l'alcool amylique. Les huiles brutes non purifiées à la vapeur ont les caractéristiques ci-dessous :

	Huile Kauri	Huile Manille
Chiffre d'acide	3,0	28,3
Indice de saponification (à froid) .	4,9	45,7
Chiffre d'éthérification	1,9	17,4
Chiffre d'iode selon Hübl-Wall . .	288,9	230,4

(1) *Chem. Zeit.* 1905, 955.

Après exposition à l'air, les deux premières constantes s'abaissent pour l'huile manille, car, des acides s'évaporent.

Quand on la distille, la majeure partie de l'huile de Kauri passe de 150 à 160°.

Par action de l'acide chlorhydrique et du nitrite de soude, on obtint des cristaux (1), mais l'hydrogène sulfuré ne donna pas de produits d'addition cristallisés ; par ce traitement l'huile brunit et se résinifie. Le brome ne donne pas non plus de produits d'addition. Quand on soumet l'huile de manille à la distillation fractionnée, le thermomètre monte d'une façon presque continue. Toutes les fractions donnent avec le réactif de Tollens (nitrate d'argent, acétone et ammoniaque) un fort miroir d'argent montrant la présence d'aldéhydes. Les corps à fonctions pinénique et citrique ne peuvent y être décelés.

Par entraînement à la vapeur d'eau sèche le résidu de la distillation préalable de l'huile de Kauri, la presque totalité passe sous forme d'huile essentielle, claire comme de l'eau, employable pour le graissage des machines et comme huile anticorrosive pour les métaux. En distillant l'huile de manille, il passe seulement la moitié avec une odeur plus douce et une densité de 0,8567 à 15° C. Les indices d'iode des huiles distillées sont 307,6 et 282.

Les huiles purifiées ayant été aussi soumises à la distillation fractionnée, on a réussi à caractériser dans l'huile de Kauri l'existence de corps à fonctions citriques.

En fondant les copals on récolte, en même temps que les huiles, des eaux fortement acides dont l'indice d'acide est pour l'eau de Kauri 23,8 et l'eau de Manille 173,1. Dans cette dernière on a constaté la présence d'acides formique et acétique.

Inconvénients de la fusion des gommes au matras.

Ces inconvénients sont les suivants :

1° Pyrogénation partielle plus ou moins grande selon les procédés employés, le temps de l'opération et la température ;

2° Coloration plus ou moins foncée du produit dépolymérisé selon les conditions dans lesquelles la gomme a été traitée ;

3° Perte importante (par distillation), ce qui est fort sensible sur des produits aussi chers que la gomme ;

(1) Formation de nitrosochlorure terpénique.

4° Manque de contrôle exact et par suite difficulté très grande pour se replacer exactement dans les mêmes conditions, d'où risque de ne pas obtenir des produits finis identiques, voire même possibilité de « ratés ».

Ces procédés de fabrication empiriques et incertains commencent à être partiellement abandonnés et on préconise pour la cuisson des gommes dures et demi-dures de nouvelles méthodes précises, mathématiques, qui, actuellement, font leurs preuves industrielles : les méthodes à l'autoclave et la dissolution à froid.

Solubilisation des gommes à l'autoclave

Dans ces méthodes la gomme est cuite à l'autoclave en présence d'agents particuliers qui, dans le procédé Tixier (terpinéol) restent dans le vernis, et dans le procédé Terrisse (naphtaline, phénol) sont au contraire éliminés. Comme le montre la figure ci-dessous, les autoclaves employés sont chauffés au moyen d'une double enveloppe et munis intérieurement d'un agitateur.

MM. Tixier et Rambaud ont breveté (Br. all. 160.791 du 13 août 1903) le traitement des gommes, à pression ordinaire ou en autoclave selon leur nature, par un dissolvant, le terpinéol, qui reste dans le vernis ; ce traitement s'appliquant aux gommes brutes aussi bien qu'à celles ayant été soumises à une fusion incomplète.

D'après les auteurs auxquels nous empruntons ce qui va suivre, le terpinéol dissout aussi bien les résines brutes que celles incomplètement fondues, et cela même en présence d'une certaine quantité d'essence de térébenthine, benzine, alcool, etc. (les proportions dépendent de la nature de la résine). Le terpinéol peut être remplacé par les produits à base de terpinéol résultant de l'action des acides sur l'essence de térébenthine, sans qu'il soit nécessaire d'en isoler le produit pur. Les résines dures même s'y dissolvent en majeure partie en ne laissant qu'un faible résidu gommeux, facile à séparer par filtration. La dissolution se fait bien dès que le dissolvant contient la quantité convenable de terpinéol, quantité facile à déterminer pour chaque résine par un essai préalable ; l'addition de benzine, huile, etc., pouvant avoir lieu jusqu'au moment où il se forme un trouble annonçant un commencement de précipitation. Le dissolvant terpinéolique peut être

préparé soit directement par action de l'acide nitrique (20° B.
environ) sur l'essence de térébenthine en agitant énergiquement à une température de 60-70° C., soit en produisant d'abord
la terpine par agitation d'acide nitrique (20° B. environ) avec

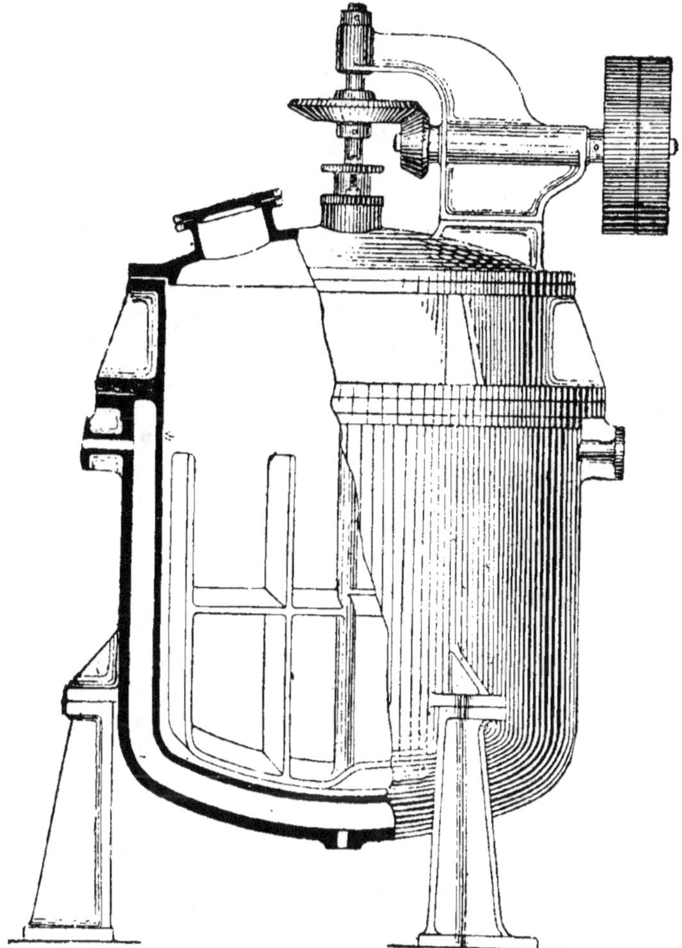

Fig. 81. — Autoclave pour la dissolution des gommes.

l'essence de térébenthine à 15-20° et transformant la terpine
en terpinéol par les moyens connus.

La préparation des vernis à l'alcool ou à l'essence s'opère
en introduisant la résine finement pulvérisée, à chaud ou à

DESALME et PIERRON, Couleurs, Peintures, Vernis.   20

froid selon les cas, dans le dissolvant puis après filtration, les solutions claires peuvent servir pour les vernis d'intérieur. Pour les vernis gras, l'opération est un peu plus délicate, le terpinéol servant de trait d'union entre la résine et l'huile, il faut tenir compte non seulement de la nature de la résine, mais de ce que la proportion d'huile à ajouter augmente avec l'addition de terpinéol et son acidité, et de l'addition éventuelle d'acide gras à l'huile employée. En tenant compte de ces facteurs, on peut déterminer la formule d'un vernis d'une teneur déterminée en gomme.

Les auteurs font remarquer que les vernis préparés par cette méthode pouvant seulement être utilisés à l'état complètement fini, toute falsification par addition et modification dans la composition romprait l'équilibre entre les constituants, rendrait le produit adultéré inemployable. En outre, on n'a plus la perte à la décomposition (jusque 25 0/0), on diminue la main-d'œuvre, car de grosses quantités peuvent être préparées à la fois, et on évite l'énorme risque d'incendie causé par les vapeurs dégagées dans le procédé ordinaire de fusion des gommes.

Exemple 1. — Vernis à l'alcool avec de la manille :

Copal manille	20 kgr.
Terpinéol pur	10 —
Alcool à 95 %	20 —

Le copal est ajouté au terpinéol à température ordinaire ou en chauffant, le terpinéol peut éventuellement être additionné de son poids d'alcool. Après dissolution le reste de l'alcool est ajouté.

Exemple 2. — Vernis à la térébenthine avec de la manille :

Copal manille	20 kgr.
Terpinéol pur	9 —
Essence de térébenthine	25 —

On opère comme dans le cas précédent.

Exemple 3. — Vernis gras avec Kauri :

Copal Kauri	17 kgr.
Terpinéol	18 —
Acide linoléique	9 —
Huile de lin cuite	11 —
Essence de térébenthine	33 —

Le copal est dissous dans le terpinéol pur ou dilué, si l'on veut, d'essence de térébenthine. On ajoute ensuite par petites portions de l'acide linoléique, puis l'huile (ou tous deux mélangés), on agite fortement pour éviter la précipitation de la résine, on termine par adjonction du reste de la térébenthine.

Dans tous les cas il est recommandé d'employer la gomme à l'état de poudre fine, surtout quand il s'agit de gomme dure. Dans ce dernier cas il est même avantageux de laisser la température de la solution monter, on peut aller même de 200 à 300°. On travaille ensuite à l'autoclave avec le mélange des divers constituants, toutefois on peut n'effectuer qu'après coup la dilution avec la térébenthine.

Pour la réalisation du procédé, il est sans importance d'employer le terpinéol solide ou la variété liquide, tous deux ayant le même pouvoir dissolvant pour les gommes.

Depuis longtemps déjà on connaissait que le meilleur dissolvant des copals est l'huile de cajeput qui contient du terpinéol, mais on ignorait justement que dans l'huile de cajeput c'était ce produit (le terpinéol) qui constituait le véritable élément actif.

Dans son brevet français n° 344.300 du 29 octobre 1904, M. Terrisse indique les deux modes opératoires suivants :

A). La gomme est dissoute sous pression dans un mélange de phénol et de crésol à une température variant entre 250 et 280°. Une fois la dissolution effectuée, on ajoute l'huile de lin ou une autre huile siccative comme l'huile d'œillette, puis le phénol et le crésol sont distillés en faisant intervenir le vide à la fin de l'opération.

Dans ses exemples, l'auteur précise comme suit :

1° 1 kgr. ambre en petits morceaux mis dans un autoclave avec agitateur et 3 kgr. phénol sont chauffés à 290° C. (6 atmosphères) 4 heures, en agitant. Au bout de ce temps la dissolution est faite, on sépare les impuretés (quand il y en a) par filtration et le liquide est mis dans un appareil à distiller. Quand la température atteint 200° C, on ajoute au liquide 500 gr. d'huile de lin ou d'œillette portée à cette même température et on continue à distiller sans vide jusqu'à 250° C., on fait ensuite un vide partiel jusqu'à 250° et un vide de 10 millimètres de mercure de 270 à 280° C. On maintient 1/4 d'heure à cette température jusqu'à ce que toute distillation ait cessé. A ce moment l'ambre est dissoute et le poids de la solution concentrée est 1450 gr. On termine l'opération en ajoutant par exemple 3 kgr. de standoli (huile de lin épaisse), les quantités voulues d'essence de térébenthine et de siccatif. Le phénol est entièrement récupéré.

2o 1 kgr. copal Cameroun,

3 kgr. phénol sont chauffés sous pression (6 1/2 atm.) à 260o en agitant, la dissolution est terminée en 3 heures. Après filtration éventuelle on continue l'opération comme il a été dit précédemment en terminant à 260-270o sous 10 mm. de dépression. Le poids de la solution oléo-copalique est 1410 gr.

B). La gomme est dissoute dans la naphtaline à une température de 250 à 290o sous pression. Après dissolution, on ajoute l'huile et on réchauffe à nouveau sous pression à la température primitive pendant une heure au maximum. Le dissolvant est ensuite éliminé par distillation et récupéré.

Ce procédé est applicable au succin et aux diverses gommes, exception faite pour l'ambre et le copal d'Acera.

Exemples. — On introduit dans un autoclave muni d'agitateurs :

    1 kgr. copal zanzibar,
    3 kgr. naphtaline ;

le chauffage a lieu à 290o C. sous 4 1/2 atmosphères, la dissolution est complète en 2 heures ; on introduit ensuite 250 grammes d'huile de lin et on porte 3/4 d'heure à 290o C. On filtre si c'est nécessaire et on fait passer le liquide dans un appareil à distiller où il est porté à 220o C. On distille sans vide jusque 250o C. puis sous légère dépression jusqu'à 270o C. et avec un vide de 10 mm. jusque 280o C. jusqu'à fin de distillation. Le poids de la dissolution concentrée est 1945 grammes. Le vernis est achevé en ajoutant 2500 gr. de standoli et la quantité voulue d'essence de térébenthine.

Un autre exemple consiste à traiter dans le même appareil :

    1 kgr. 250 copal kauri,
    0 kgr. 750 copal acera,

dans 6 litres ou kgr. de naphtaline à 275o C. sous pression (4 1/2 atmosphères). La dissolution demande 2 heures. Après addition de 500 gr. d'huile on continue avec le même mode opératoire que précédemment.

L'auteur indique comme principaux avantages :

1o de conserver une grande dureté aux gommes qui n'ont

jamais eu à supporter une température supérieure à 280-290° ;

2° d'obtenir des vernis beaucoup plus clairs tout en travaillant avec des gommes second choix et des vernis peu foncés en utilisant les grabeaux et les poussières ;

3° de pouvoir incorporer une quantité plus considérable d'huile pour arriver à la dureté des vernis commerciaux.

Solubilisation des gommes à froid.

M. Livache a présenté à l'Académie des sciences une note sur l'emploi direct des copals dans la fabrication des vernis sans pyrogénation préalable (1) ; comme elle paraît offrir un vif intérêt pour l'industrie des vernis nous la reproduisons in-extenso.

« Les copals donnent des vernis d'autant meilleurs qu'ils sont plus durs ; mais leur dissolution directe dans les divers dissolvants employés dans la fabrication des vernis n'est que partielle, à moins, comme l'a montré Violette, qu'on ne les soumette d'abord à l'action de la chaleur, de manière à leur faire perdre, par une pyrogénation préalable, de 1/4 à 1/5 de leur poids. Il en résulte que cette opération pratiquée empiriquement, non seulement cause une perte importante, mais donne des copals soit incomplètement solubilisés, d'où des vernis troubles, soit au contraire, des copals trop fortement pyrogénés, d'où des vernis colorés et collants.

« On a bien cherché à employer un mélange de plusieurs dissolvants ; mais si, dans certains cas, on obtient une dissolution complète le vernis obtenu se trouble au fur et à mesure de l'évaporation des dissolvants les plus volatils. J'ai donc cherché à pratiquer directement la dissolution dans un dissolvant unique et après de nombreux essais je me suis arrêté à l'alcool amylique qui, d'après Vogel, serait un dissolvant très actif dans lequel les copals se gonfleraient rapidement et se dissoudraient complètement à l'ébullition.

« Cette remarque, qui est vraie pour certains copals, ne l'est cependant pas pour les copals les plus durs, j'ai constaté qu'une partie importante restait insoluble, même après un contact d'une année. Mais si l'on emploie de l'alcool amylique contenant quelques millièmes d'acide, de l'acide nitrique par

(1) *C. R. Ac. des Sciences,* 1908.

Desalme et Pierron. Couleurs, Peintures, Vernis.   20.

exemple, et si l'on y laisse se gonfler le copal très finement pulvérisé (soit 4 parties d'alcool pour 1 partie de copal), on obtient une dissolution complète après un laps de temps qui n'excède pas une vingtaine de jours pour les copals les plus durs, comme ceux de Zanzibar et de Madagascar. Cette durée peut être abrégée soit par l'agitation soit par la chaleur.

« La solution ainsi obtenue, parfaitement limpide, peut être concentrée sans se troubler ; de plus, l'addition d'essence de térébenthine ne produit aucune précipitation et, en chassant par distillation l'alcool amylique, il reste une dissolution limpide de la totalité du copal dans l'essence de térébenthine. Avant de concentrer les liquides il est bon de les agiter avec un peu de carbonate de baryte, pour neutraliser l'acide et les empêcher de se colorer.

« J'ai pu dissoudre ainsi les copals durs de Zanzibar, de Madagascar, de Benguela et les copals demi durs Kauri, Manille durs et Manille Makassar, obtenant des vernis volatils à base d'alcool amylique, d'essence de térébenthine ou d'un mélange d'alcool amylique et d'alcool éthylique, dans lesquels se trouvait le copal n'ayant été l'objet d'aucun traitement susceptible de le modifier.

« Il est à remarquer que le vernis, après quelques jours, se recouvre souvent à la surface d'une efflorescence très légère, analogue à celle qu'on remarque sur les morceaux bruts de copal, au moment où on les recueille. Cette efflorescence est due à des traces d'une substance à réaction acide, soluble dans l'eau et dans l'alcool amylique qui est entraînée par le solvant au moment où il se volatilise et se dépose à la surface. On y remédie facilement en neutralisant cet acide volatil au moyen d'une trace de potasse dissoute dans l'alcool amylique.

« Mais la question qui présente surtout de l'intérêt est celle de la préparation des vernis gras. Comme ceux-ci ne diffèrent des vernis volatils que par l'addition d'une huile siccative, destinée à donner de la souplesse au vernis et à lui permettre de suivre, sans se craqueler, la dilatation ou la contraction du substratum, il semblait qu'on n'éprouverait aucune difficulté à introduire directement cette huile dans une dissolution de copal dans l'essence de térébenthine, puisque l'huile est également soluble dans l'essence. Mais on ne peut agir ainsi, parce que l'huile est insoluble dans une solution concentrée de copal, de sorte que les vernis gras ainsi préparés, qui sont limpides au début, ne tardent pas à se troubler à mesure qu'il se produit une concentration par évaporation de l'essence.

« J'ai cherché à introduire dans le vernis une substance dans laquelle le copal et l'huile pourraient rester simultanément en dissolution et qui serait capable de se transformer elle-même, ultérieurement, en un produit solide analogue à la linoxine que fournit l'huile en séchant.

« J'ai pu obtenir ce résultat en employant les acides gras de l'huile de lin, dans lesquels le copal et l'huile de lin sont solubles et qui, finalement se transformeront en linoxine, tout comme l'huile de lin.

« A un vernis volatil formé d'une partie de copal et de deux parties d'essence de térébenthine, et dans lequel on introduit ordinairement une partie d'huile de lin, on remplacera cette dernière par une partie d'un mélange gras composé de 2/5 d'huile de lin et 2/5 d'acides gras de l'huile de lin.

« Si l'on veut un vernis plus gras, soit à deux parties de matière grasse le mélange précédent peut être employé, mais si au contraire, on veut préparer un vernis moins gras, la proportion d'acide gras par rapport à l'huile doit augmenter dans le mélange gras, pour que la quantité moindre d'huile de lin soit maintenue en dissolution en présence de la quantité plus forte de copal. C'est ainsi que pour un vernis composé d'une partie de copal, deux parties d'essence et 0,5 partie de mélange gras, ce dernier doit être composé d'une partie d'huile de lin et 4 parties d'acides gras. La proportion d'acides gras devra donc croître pour 1 partie d'huile de lin, de 1,5 partie à 4 parties, suivant que la quantité de mélange gras introduite dans le vernis à 1 partie de copal passera de 1 à 0,5 partie.

« Les vernis gras ainsi obtenus, sèchent moins vite que les vernis fabriqués par les procédés ordinaires, mais il est facile de remédier à cette infériorité en chauffant, pendant quelques heures à 130°-140°, le mélange gras additionné d'une petite quantité de résinate de manganèse, ce mélange, dans ces conditions, s'épaissit et devient très rapidement siccatif. On peut, par suite, préparer des vernis gras séchant aussi rapidement que les vernis actuels et remarquables par leur transparence et leur souplesse. »

L'auteur a décrit ainsi les phases de la dissolution (1):

(1) *Mon. Scient. Quesn.* 1909, page 280.

« Je pulvérise très finement 10 gr. de copal zanzibar que je mets dans une fiole avec 40 gr. d'alcool amylique additionné de 2 gouttes d'acide nitrique (ce qui représente de l'alcool amylique à 1,55 d'acide nitrique pour 1000). Au début le copal se gonfle et on a une masse très épaisse ayant pris une couleur violacée.

« Le cinquième jour, la masse commence à se fragmenter quand on agite la fiole fortement inclinée.

« Le dixième jour, plus de grumeaux fragmentés ; on a un liquide bien homogène, semblable à du miel très épais ; en agitant la fiole, on emprisonne de nombreuses bulles d'air qui se dégagent très difficilement.

« Le douzième jour, la fluidité augmente ; les bulles se dégagent en quelques heures.

« Le quatorzième jour, la fluidité est presque complète ; les bulles se dégagent très facilement ; les petits grains de copal non encore dissous ont complètement disparu.

« Le dix-septième jour, la dissolution est complète ; la fluidité est telle que les bulles d'air que l'on y emprisonne, par agitation, se dégagent en quelques instants. Il se dépose, par le repos, au fond de la fiole, des impuretés sous forme pulvérulente ne dépassant pas quelques milligrammes ».

En outre l'auteur indique la possibilité d'introduire directement le mélange huile de lin (une partie) et acides gras (deux parties) dans la solution amylique, sans aucune addition d'essence de térébenthine : le vernis obtenu sèche plus rapidement que le vernis gras à l'essence correspondant.

INCORPORATION DE L'HUILE A LA GOMME

Par la cuisson on se propose d'amener les gommes, à un état tel, qu'elles se dissolvent entièrement dans l'huile ; dans cette opération la conduite du feu est certainement assez délicate.

Si la chaleur est trop faible la gomme se ramollit, mais ne fond pas, faisant « perruque », en terme de métier ; une chauffe un peu plus énergique est nécessaire pour amener la température de fusion.

Quand la cuisson a été incomplète, le mélange avec l'huile est trouble, opaque, la gomme peut ne pas prendre la quantité d'huile habituelle, on dit qu'elle fait « galette ».

Les praticiens reconnaissent le plus souvent que la gomme

est fondue à point, en examinant le liquide obtenu coulant de la spatule qui sert à l'agiter et que l'on retire du matras. Il s'agit ensuite de procéder à l'introduction de l'huile : cette opération se fait à chaud, l'huile, préalablement amenée à 150° environ, est coulée dans la gomme et la cuisson continuée jusqu'à dissolution parfaite.

Un procédé d'examen rapide consiste à mettre une goutte du mélange sur une plaque de verre, comme nous l'avons dit plus haut ; avec une gomme cuite à point le mélange doit être clair et transparent. Tant qu'il n'y a pas assez d'huile la goutte en se refroidissant devient dure et cassante ; une fois la proportion convenable obtenue le produit peut s'étirer en fils fins et souples ; si elle est dépassée, la goutte ne donne plus de fils.

Il existe de nombreuses modifications à ce mode d'introduction de l'huile ; certains auteurs fractionnent la quantité d'huile chaude à incorporer, ils en mélangent une partie avec la gomme, puis versent le mélange dans une nouvelle partie d'huile chaude, etc., en opérant méthodiquement. Bartky a préconisé un autre mode opératoire, il fond la gomme et après refroidissement la concasse et la traite par l'huile en vase fermé à douce température.

MM. Hecht et Poulenc (1) ont proposé de chauffer les gommes pulvérisées avec les acides gras de l'huile de Chine à 250°. Dans ces conditions, les gommes se dissoudraient complètement.

INCORPORATION DE L'ESSENCE

Le troisième constituant des vernis gras est le dissolvant volatil : l'essence de térébenthine ou ses « substituts » ; nous considérerons surtout l'addition de la première, l'emploi des substituts n'étant pas d'un usage aussi grand et aussi fréquent.

Lorsqu'on se sert de grands matras pour la fusion des gommes, on les enlève du feu et on les amène, au moyen d'un chariot, sous un petit réservoir muni d'un robinet, contenant la quantité d'essence dont on aura besoin. Au premier emploi d'un lot de gomme de qualités non habituelles, il faut évidem-

(1) *Revue de Chimie appliquée*, 1907, p. 93.

ment étudier quelle est la proportion d'essence à ajouter pour obtenir un vernis de consistance convenable : une fois cette proportion déterminée, le réservoir en reçoit la même quantité pour chacune des opérations suivantes.

Le coulage se fait lentement d'abord, car il se forme une mousse abondante qui risquerait de déborder si on allait trop vite, cette mousse est battue avec une spatule pour la faire baisser et l'évaporation produit un abaissement de la température du mélange : le vernis « sue » ; on coule ensuite plus rapidement, en continuant d'agiter le mélange avec la spatule.

Dans cette opération, la question de température joue aussi un rôle important : à température trop haute, la perte d'essence est forte, à température trop basse, le mélange est louche et il faut le réchauffer ; dans de bonnes conditions le vernis doit être parfaitement clair et limpide (nif) et la perte en essence ne doit pas dépasser 10 0/0, on a proposé divers dispositifs de récupération des vapeurs pour abaisser les pertes.

Le vernis contenant une proportion insuffisante d'essence est trop épais, « trop corsé », il suffit de lui rajouter à nouveau du dissolvant ; si au contraire ce produit était en excès, on devrait faire un mélange de ce vernis « léger » avec un vernis « trop corsé » provenant au besoin d'une nouvelle opération faite spécialement dans ce but.

CLARIFICATION DES VERNIS

Les gommes contiennent des impuretés végétales ou minérales qui se retrouvent dans les vernis. Pendant les opérations de cuisson les impuretés végétales se transforment en produits charbonneux très légers restant en suspension dans les vernis avec les parcelles de gommes non dissoutes, il faut donc procéder à une clarification.

Beaucoup de fabricants passent tout d'abord le vernis sur un tamis en toile métallique, ensuite les vernis sont mis à déposer dans des réservoirs munis de plusieurs robinets permettant de prendre des échantillons à diverses hauteurs ou d'effectuer le soutirage au moment voulu. Selon la nature des matières premières et les qualités à obtenir, le temps de dépôt peut varier de plusieurs mois à plus d'une année ; pendant ce temps il s'effectue aussi diverses modifications chimiques dans le mélange.

Ce procédé a évidemment le grave défaut d'être lent, aussi a-t-on proposé l'emploi de filtres-presses spéciaux. Ces appareils donnent des résultats satisfaisants pour les vernis chauds, mais avec des produits froids la filtration est extrêmement lente et pénible.

SICCATIVATION A FROID DES VERNIS

Lorsqu'on s'est servi d'huile rendue siccative par un traitement convenable avant son mélange avec les autres constituants de vernis, il n'y a plus de traitement à lui faire subir; mais si au contraire on s'est servi d'huile crue, il y a lieu de rendre siccatif le vernis terminé.

Cette opération s'effectue suivant les principes établis par Chevreul et rappelés page 260. Le vernis mélangé du produit convenable (bioxyde de manganèse, litharge, résinate, etc.), est introduit dans un tambour horizontal mobile autour d'un axe. Ce tambour une fois rempli est mis en mouvement et on le laisse tourner pendant un temps convenable qui dépend de la qualité à produire et des matières premières employées. Après quoi le mélange est coulé dans un bac, la poudre la plus dense se dépose et on envoie dans les réservoirs où s'achève la décantation.

ACTION DU TEMPS SUR LES VERNIS GRAS

Les praticiens sont unanimes à reconnaître l'action favorable qu'exerce le vieillissement sur les vernis, non seulement il se produit une action physique de clarification, sorte de collage, par suite du dépôt des matières gommeuses, mucilagineuses ou charbonneuses qui peu à peu gagnent le fond des réservoirs, y formant une bouillie épaisse et foncée, mais il se produit des phénomènes chimiques améliorant la qualité du vernis. Des études comparatives à ce sujet ont montré une importante différence entre un vernis ayant successivement déposé 3 mois, 6 mois, 1 an et 2 ans. Lorsque la siccativation a été réalisée au moyen d'oxyde ou de sels de manganèse on constate un progrès sensible dans la décoloration.

Ces phénomènes ont été attribués à une oxydation lente, et on a essayé de la reproduire artificiellement par l'emploi d'oxygène, d'ozone, etc., mais on a obtenu seulement des résultats partiels. D'une façon générale, on a de meilleurs résultats en traitant convenablement les matières premières séparées, au lieu d'opérer sur les vernis terminés.

Le vieillissement ne doit pas être exagéré, car si dans les premiers temps les vernis gagnent, ils finissent à la longue par perdre de leurs qualités.

COMPOSITION DES VERNIS GRAS

Généralités sur les constituants des vernis gras.

Les vernis gras, comme nous l'avons déjà dit, se composent de :

1º Une huile siccative ;
2º Une gomme ;
3º L'essence.

Résumons le rôle de chacune de ces matières avant d'examiner les considérations qui doivent guider pour leur choix.

Huile de lin. — L'huile de lin est de beaucoup la plus employée ; nous avons examiné dans un chapitre spécial les modifications qu'elle subit sous l'influence de l'oxygène de l'air et qui la transforment en une substance transparente jaunâtre, flexible, élastique ; cette dernière joue le principal rôle dans les vernis, en leur donnant la souplesse, la transparence.

De sa qualité et de la façon dont on a traité l'huile, dépendent en grande partie les qualités du vernis ; la confirmation de ceci se vérifie industriellement, car il existe pour les cuirs des vernis très souples, uniquement à base d'huile de lin ; seulement dans ce dernier cas le séchage doit être fait à l'étuve. On peut donc avoir de bons vernis gras sans gomme, mais par contre il est impossible d'en obtenir avec des huiles de mauvaises qualités ou mal préparées ; l'attention du fabricant est donc tout particulièrement appelée sur ce point.

Les gommes doivent être cuites en conséquence, plus la gomme fondue peut absorber d'huile, plus il a de probabilités d'obtenir un vernis de bonne qualité, et dans le chapitre « solubilisation des gommes » nous avons insisté spécialement sur les procédés nouveaux à l'autoclave, les véritables procédés de l'avenir, car les gommes fondues dans ces conditions, sans pyrogénation, absorbent de bien plus fortes proportions d'huile que celles obtenues par les anciens procédés.

Gommes. — Les vernis ayant pour but de protéger et d'orner les peintures et les objets, à la surface desquels ils sont appliqués, doivent non seulement être flexibles et élastiques de manière à en épouser exactement la forme, qualités dues à l'huile siccative; mais il faut qu'ils soient durs et brillants. L'addition des gommes est destinée à leur donner ces dernières propriétés.

Selon les usages auxquels ils sont destinés la couche doit être plus ou moins dure, le rôle du technicien est donc de choisir exactement les gommes ou les mélanges de gommes applicables dans chaque cas. Toutefois il faut se rappeler que les résines non traitées sont des substances cassantes, friables, blanchâtres quand elles sont pulvérisées et la fusion qu'elles subissent pour être solubles dans l'huile et les dissolvants n'augmente pas leurs qualités, au contraire. On ne saurait donc trop appeler l'attention du fabricant sur l'étude des qualités des gommes employées, sur leur parfait nettoyage et sur une fusion ménageant autant que possible leurs propriétés naturelles.

Essence. — Lorsque l'oxygène agit sur une couche d'huile, son action se fait sentir rapidement et il se forme à la surface une pellicule solide; si la couche d'huile est un peu épaisse, cette pellicule empêche l'accès de l'air dans les parties profondes qui ne sèchent alors qu'avec une extrême difficulté, de sorte que la couche de fond est très longtemps molle; la pellicule solide de la surface n'étant pas soutenue ne peut être plane, le vernis *ride.* On doit donc rendre la masse plus fluide avant son emploi, de manière à diminuer l'épaisseur de la couche et à permettre une siccativation assez rapide, et dans ce but le mélange gomme-huile est additionné d'essence de térébenthine, dans une proportion qui varie avec les matières premières employées et le produit à obtenir. L'essence a même une action plus complexe que celle de simple dissolvant, car nous avons vu précédemment qu'elle possède aussi la propriété d'absorber l'oxygène de l'air et de provoquer l'oxydation de l'huile (voir 1re partie, siccavation), ce qui explique que les succédanés de l'essence de térébenthine, qui ne possèdent pas les mêmes propriétés chimiques, ne puissent remplacer ce produit que dans un nombre limité de cas.

Choix des matières premières destinées à la fabrication

Pour le fabricant qui prépare un vernis, il faut avant tout connaître exactement les conditions que ce produit doit remplir et par suite les propriétés qu'il doit avoir — il faut, en résumé, songer d'abord à satisfaire le client.

Vient ensuite la question du prix de revient. Le fabricant expérimenté est à même de préparer des produits convenables de plusieurs façons, il ne faut pas qu'employant toujours les mêmes matières premières il se voie obligé de suspendre sa fabrication si elles viennent à manquer ou si des spéculations font hausser les prix au point de les rendre inabordables.

Pour préciser notre pensée, disons par exemple qu'un vernis pourra être obtenu en employant une gomme pâle et une huile de teinte ordinaire, ou bien en choisissant une gomme plus poussiéreuse ou plus foncée coûtant moins cher et une huile décolorée de prix plus élevé.

On peut aussi mettre en œuvre une gomme pâle en mélange avec une huile bien cuite et un peu foncée, ou bien une gomme de second choix mélangée avec de l'huile crue en procédant à une siccativation à froid.

La question est encore plus complexe si on examine les modifications qui peuvent être réalisées pendant le cours même de la fabrication proprement dite. Il s'agit donc d'établir celle-ci de manière à réduire le prix de revient au minimum pour une qualité déterminée, aussi dès que le prix d'une matière première augmente voit-on se créer les « substituts » qui ont rendu de grands services dans un bon nombre de cas.

Pour le fabricant prévoyant, il y a des « substituts » pour chacune de ses matières premières, il connaît les petites modifications de traitement applicables à chacune d'elles et il peut choisir les plus avantageuses à tous égards.

VI. — FORMULAIRE

Diversité des formules. — En consultant plusieurs traités sur la fabrication des vernis, on est frappé de voir le peu de concordance qui existe entre les formules indiquées ; lorsqu'on cherche à les vérifier, les résultats obtenus sont le plus souvent déconcertants ; certaines recettes réussissent, d'autres ne valent rien, de sorte que la seule façon de marcher à coup sûr consisterait à essayer expérimentalement les diverses formules, ce qui est rarement possible.

L'explication de ces échecs est due à ce que d'une part on n'a pas fait usage des mêmes matières premières et que, d'autre part, ne connaissant pas exactement le modus operandi à suivre, on a préparé et obtenu des vernis différents. Pour préciser notre pensée, prenons quelques exemples :

Si on ajoute à une gomme fondue de l'huile crue, il est possible d'en faire prendre une forte proportion à certaines gommes, mais par contre le mélange se trouvant relativement fluide on ne pourra y ajouter que peu d'essence de térébenthine. Le produit final sera par suite long à sécher, la couche appliquée d'une épaisseur relativement grande, le vernis *ridera*.

Au contraire en faisant usage d'huile cuite, épaisse, bien corsée, la proportion d'huile par rapport à la gomme sera beaucoup plus faible, mais on pourra ajouter une proportion d'essence de térébenthine bien supérieure à celle du cas précédent, le vernis obtenu séchera rapidement en déposant une couche mince et brillante à la surface des objets sur lesquels on l'appliquera ; cette couche sera peut-être un peu moins solide, mais à coup sûr beaucoup plus belle que la précédente.

Entre les deux cas « limite » indiqués, il y a naturellement place pour une série de cas intermédiaires.

Examinons les conditions à réaliser dans la fusion des gommes :

La gomme doit être chauffée de manière à être complètement soluble dans l'huile, une chauffe incomplète laissant un résidu serait un mauvais travail, un chauffage inégal déterminant la surchauffe de certaines parties altérerait la qualité, foncerait la couleur du produit et une fusion trop prolongée exagérerait encore cet inconvénient.

Pendant cette opération il se produit certains composés

huileux qu'on a souvent intérêt à éliminer étant donné qu'ils se siccativent généralement mal, certains même pas du tout. Une gomme fondue de façon convenable mais qui n'a pas été débarrassée de ces produits peut donc donner des vernis lents à sécher nécessitant l'emploi d'une huile de lin très siccative pour y remédier.

La plupart du temps la formule suivie n'a pas prévu tous ces cas qui peuvent modifier les conditions du travail et donner des résultats inexplicables en apparence, chaque industriel a par conséquent ses formules spéciales basées sur les principes généraux que nous exposons : une formule ne peut donc s'appliquer à tous les cas et donner satisfaction à tous les fabricants.

Si l'on considère leur mode de siccativation, les vernis peuvent être classés en trois catégories :

1º Ceux qui sont préparés avec des huiles cuites au-dessus de 220º C. ;

2º les vernis obtenus avec de l'huile chauffée au maximum à 150º avec ou sans barbotage d'air et incorporation de linoléate, résinate, etc. ;

3º ceux siccativés à froid c'est-à-dire sans chauffage ni barbotage d'air, mais grâce à l'incorporation de siccatifs.

Qualités que doivent présenter les vernis. — Les vernis pour être de bonne qualité doivent :

adhérer de façon parfaite aux corps sur lesquels ils sont étalés ;

ne pas s'écailler, s'enfoncer, ni se rider ;

sécher aussi rapidement que possible tout en conservant leur durée ;

rester brillants une fois secs ;

pouvoir sécher facilement malgré un long séjour avant emploi tout en ne se troublant ni ne formant aucun dépôt ;

être neutres aux réactifs (tournesol, etc.) ;

ne pas être trop fluides ou trop visqueux sous la brosse ;

ne pas prendre trop vite, ni couler au bout de quelques heures ;

une fois arrondis sous la brosse, ne pas s'affaisser, se peigner ou picoter et après un certain temps d'attente sur panneaux, après un certain temps de service, ne pas s'écailler, se gercer ou se voiler.

Voilà bien des conditions à remplir aussi allons-nous passer successivement en revue les principales d'entre elles. On ne peut les exiger des vernis à l'alcool, à l'essence, etc., qui sont de simples dissolutions de produits résineux. Une fois le véhicule liquide évaporé il reste une mince couche généralement brillante mais peu solide.

Séchage des vernis. — On dit qu'un vernis sèche, quand il perd son état liquide et se transforme en une substance souple et dure. Cette transformation résulte du *séchage* proprement dit et de la *siccativation*. Le dissolvant volatil se *sèche*, s'évapore sous l'influence d'agents physiques. L'huile se *siccative*, s'oxyde et se transforme en un produit solide par suite d'une action chimique, et la pellicule obtenue en mélange intime avec la gomme, redevenue solide également, constitue le vernis terminé.

Variations dans le séchage. — Selon les usages auxquels ils sont destinés, les vernis gras doivent sécher plus ou moins vite, ce temps varie de 4 ou 5 heures à 24 heures et même davantage.

Il est évident que les agents extérieurs jouent un rôle important dans cette opération qui est facilitée quand elle s'effectue en été par un temps sec ; elle est activée par l'action du vent ; au contraire, elle est ralentie en hiver et par les temps humides.

Les vernis à l'huile crue, siccativés à froid, sont les plus lents à sécher, mais donnent une couche brillante bien flexible, alors que l'emploi d'huiles cuites donne une action plus rapide, mais des produits de moins bonne qualité.

La cuisson de la gomme, si elle n'est pas réussie, n'enlève pas les huiles formées pendant la chauffe, huiles qui ne sèchent que difficilement.

La proportion de dissolvant volatil exerce aussi une action notable. Un excès donne un vernis séchant vite, quoique lent à durcir.

Pouvoir couvrant des vernis. — Les vernis, pour donner une couche régulière, homogène et d'épaisseur convenable doivent avoir une composition bien étudiée, c'est ainsi que lorsque le dissolvant est en excès et le vernis trop clair, la couche déposée à la surface des objets est trop mince, le vernis ne *garnit pas*, l'épaisseur étant faible, il y a trop peu de brillant, le vernis *se tasse* ou *s'enfonce*.

Le défaut contraire, manque de dissolvants, est cause que le vernis *se ride*, la couche déposée est trop épaisse, la surface sèche bien, mais la pellicule formée empêche l'accès de l'air aux parties inférieures qui restent longtemps fluides, et produisent l'affaissement en certains points.

Enfin la proportion de siccatif, quand elle est trop grande, produit un aspect strié également désagréable.

Elasticité des vernis. — Nous rappellerons ici ce que nous avons dit en parlant de l'huile de lin — *plus la proportion d'huile contenue est importante, plus le vernis obtenu est élastique* — mais dans ce cas encore, il ne faut pas tomber dans un excès, ce qui présenterait des inconvénients Lorsqu'on a appliqué une couche de vernis et qu'on la polit pour la rendre mate et permettre l'application d'une seconde couche, s'il y a trop d'huile dans le vernis, la surface redevient presque aussitôt brillante, l'huile semble ressortir, le vernis *repousse au gras*, la première couche ne permettant pas l'application d'une seconde on dit que le vernis *refuse*.

L'insuffisance d'huile entraîne par contre le manque d'élasticité, le vernis sèche souvent trop vite, et n'a qu'une adhérence insuffisante à la paroi sur laquelle il a été appliqué, il *s'écaille*, il *saute*, la mauvaise qualité des gommes peut aussi occasionner cet inconvénient.

Si l'on veut tenir compte que parmi les constituants fixes (c'est-à-dire abandonnés après évaporation du dissolvant) il y a de nombreux degrés, dans l'échelle qui partirait des gommes dures, passerait par les gommes demi-dures, tendres et arriverait à la linoxyne de l'huile on peut réaliser toutes sortes de formules en remplaçant une partie des gommes dures par des demi-dures ; il n'y a en général pas avantage à faire usage de gommes tendres.

Coloration. — Elle dépend des matières premières employées et de la façon dont on les traite.

L'huile crue donne des vernis moins colorés que l'huile cuite ; les huiles décolorées sont parfois intéressantes, malgré leur prix élevé, pour obtenir les belles qualités.

Les gommes ont aussi une grande influence ; les morceaux les moins colorés donnent les produits les plus clairs étant entendu que la fusion est surveillée avec soin et effectuée dans les mêmes conditions, il est reconnu que les poussières donnent des vernis moins beaux que les morceaux de grosseur moyenne.

La présence d'impuretés minérales et surtout de débris végétaux qui se carbonisent à la cuisson est très préjudiciable au point de vue de la coloration.

Brillant. — Comme nous l'avons dit d'autre part, le rôle des vernis est de protéger et d'orner les objets sur lesquels ils sont appliqués, ils doivent, en outre, être brillants — cette qualité dépend encore de la gomme et de l'huile.

L'aspect des gommes en morceaux, leur cassure brillante montre déjà quel sera leur effet lorsqu'elles seront dissoutes et étalées en couche mince dans le mélange qui constitue le vernis, les variétés les plus dures sont les plus brillantes ; si les vernis sont à base de colophane ou de gommes tendres, ils ne tardent pas à devenir blanchâtres, voire même *farineux* après un temps relativement court d'exposition au soleil et à la pluie ou à l'humidité, ils *blanchissent* et souvent même s'écaillent et tombent. Ce défaut peut également être dû à une mauvaise fabrication ou à un excès de siccatif.

Une siccativation trop rapide n'est généralement pas favorable, il faut au contraire une siccativation lente pour avoir un vernis brillant, *garnissant bien* et ayant un *bel arrondi*, nous retrouvons toujours là l'influence de l'huile et de la méthode de siccativation.

La disparition du brillant, le *voile,* est un accident qui, tout en étant la règle pour des vernis de mauvaise composition, dont les gommes ont été insuffisamment cuites et contiennent des produits huileux, ou des produits ayant été l'objet d'une erreur d'application (emploi à l'extérieur de produit destinés à l'intérieur), se présente parfois pour des vernis bien préparés. Dans ce cas la production de nuages, ou de brouillard à la surface du vernis est souvent due à l'influence de gaz nuisible, de vapeurs d'eau, etc.

Amollissement des vernis. — Une étude sur l'amollissement des vernis gras a été faite dans le *Farben Zeitung* 1906, n° 3, p. 75. L'auteur expose que le fait peut se présenter avec les huiles de lin de la Plata sans qu'aucune fraude ait été commise.

Les graines de lin sont fréquemment mélangées avec les graines de moutarde noire (Sinapis nigra) et l'huile obtenue donne des vernis séchant bien, mais qui deviennent mous quand ils sont exposés aux rayons du soleil pouvant les porter à 40° C. ce qui a parfois fait croire à une falsification, au moyen de colophane, des vernis obtenus.

Précautions pour l'application des vernis. — Il peut arriver des mécomptes avec des vernis de bonne qualité, c'est ainsi que lorsqu'un peintre *empâte* trop, quand il applique des couches de trop grande épaisseur, le séchage des couches superficielles empêche celui des couches intérieures et il se produit les affaissements, la production *de rides* dont nous avons parlé précédemment. Le même inconvénient peut se présenter quand un vernis au lieu de sécher tranquillement est soumis à de brusques variations de température.

D'autre part, lorsqu'il s'agit de vernis devant être superposés on ne peut indifféremment employer toutes les marques car tout en étant semblables comme qualité, teinte et aspect, après dessiccation les vernis n'ont pas la même composition chimique. Une couche de couleur revêtue d'un vernis flatting ne peut être après séchage et polissage recouverte d'un vernis à finir de provenance quelconque, car bien souvent des produits de fabricants différents ne s'accordent pas et se voilent; il est donc prudent d'en faire un essai préalable sur un panneau.

En dehors de ces observations il faut naturellement que l'atelier de vernissage soit sec, ventilé, peu exposé à la poussière. On empêche l'accès du soleil sur les objets vernis, les courants d'air doivent être évités et la température ni trop élevée ni trop faible, cela dans la mesure du possible.

On conserve les bidons soigneusement bouchés afin d'éviter leur évaporation, leur oxydation ou la souillure par les poussières, les résidus ou fonds ayant déjà subi l'action de l'air ne doivent pas être mélangés aux produits frais. Dans le même ordre d'idées les pinceaux et objets ayant contenu du vernis sont à maintenir soigneusement propres.

1° VERNIS GRAS COMMERCIAUX

Nous passerons successivement en revue les vernis suivants:

a) Vernis pour la carrosserie ;
b)   —   le bâtiment ;
c) Siccatifs ;
d) Vernis pour industriels divers ;
e)   —   au four ;

VERNIS POUR LA CARROSSERIE

Un essai pratique assez souvent adopté dans les administrations consiste à placer une goutte du vernis à examiner sur une plaque de verre et à l'exposer à l'air (à 20° centigrades environ). Il doit se former à la surface une peau plissée non adhérente aux doigts au bout de :

12 heures pour le vernis superfin à caisse ;
9   —   à train ;
8   —   à polir ;
6   —   à teinte ;
4   —   à colle d'or.

Vernis noirs pour trains et ferrures.

On leur demande de sécher rapidement en laissant une couche noire bien couvrante et très brillante. Ils ne sont pas destinés à être polis aussi emploie-t-on pour leur composition des gommes demi-dures, de second choix, on en fabrique même sans gommes. Nous reviendrons sur cette catégorie de vernis au § vernis noirs divers.

Vernis japon à caisse.

La question de « tour de main » joue un grand rôle dans la préparation de ce vernis qui est destiné à être poli et recouvert ensuite, soit de vernis à polir, soit de vernis à finir ; il doit sécher en 12 heures et ne pas présenter de reflets verdâtres lorsqu'il est recouvert de vernis à finir.

Il est nécessaire de le préparer avec des matières premières de bonne qualité, pour cela il existe de nombreuses recettes, en voici les proportions moyennes :

Bitume de Judée (ou américain)	1
Copal ou succin	1 à 3
Huile de lin cuite	1 à 3
Essence de térébenthine	2 à 9

On doit cuire le bitume au préalable et pendant un temps suffisamment long pour le débarrasser des produits volatils (parfois on l'additionne d'un peu de baume de copahu), on y ajoute l'huile de lin chaude avec le copal fondu ; puis, après refroidissement, l'essence.

MM. Mac Intosh et Livache (1) ont donné la recette suivante :

50 parties de copal Angola rendu soluble sont additionnées de 41 parties d'huile de lin (bouillie à l'acétate de plomb et au sulfate de zinc). On coule la mixture dans 200 parties d'asphalte américain fondu et on chauffe jusqu'à ce que la masse tirée au dehors donne des fils ; on ajoute enfin 100 parties de siccatif liquide et 336 parties d'essence de térébenthine.

(1) Mac Intosh et Livache, *Varnish matérials and oil Varnish making.*

Vernis colle d'or

Le vernis à la colle d'or doit être mélangé aux teintes destinées aux fonds et surtout au réchampissage pour les détrempes ; il présente les mêmes qualités que le précédent, mais doit être plus siccatif, de manière à ce que la teinte ou les filets puissent déjà 3 heures après l'application, être recouverts du vernis à finir sans se détremper.

Le mode de fabrication varie, suivant les fabricants, dans des limites très étendues ; en voici les proportions moyennes :

Gomme	1 partie
Huile de lin	0,8 à 2 —
Essence	2 à 3 —

La cuisson de l'huile doit être particulièrement soignée et la proportion d'essence est nécessairement assez forte.

D'après Mac Intosh et Livache, la marque connue sous le nom de « *Flock gold Size* » est préparée comme suit : 12 gallons (environ 55 litres) d'huile de lin, sont mis deux heures à bouillir et on y introduit graduellement 12 livres (5 kgr. 5) de litharge, l'ébullition est continuée de façon très modérée pendant 6 heures, on abandonne au repos jusqu'au lendemain ; le mélange doucement chauffé est additionné de 10 livres (4 kgr. 55) de gomme Animé et 2 gallons (9 litres) d'huile, puis de 7 livres (3 kgr. 1) de poix jaune de Bourgogne, déjà fondue. Pour la meilleure qualité, l'ébullition doit être régulière sans surchauffe ; l'opération est suivie en prélevant des tâtes qui, mises sur verre et y touchant avec les doigts, forment des fils, lorsqu'elle est terminée. Pour la dilution lorsqu'il y a lieu, on retire du feu et on ajoute à douce température 30 gallons (136 litres) d'essence de térébenthine. On laisse déposer et séparer les flocons par filtration sur papier à filtre.

Vernis à teintes.

Les teintes destinées à peindre les panneaux de voitures sont généralement mélangées à des vernis particuliers, connus sous le nom de vernis à teintes, produits qui doivent être de bonne qualité, puisqu'ils sont appelés à résister à l'action des agents extérieurs ; le mélange obtenu ne doit pas épaissir, se brosser facilement et sécher rapidement (on exige ordinaire-

ment en 10 heures) sans friper ; exception est faite pour les
teintes à base d'ivoire, qui nécessitent les vernis à la colle
d'or. Des formules variables peuvent être appliquées selon la
gomme employée ; les chiffres ci-dessous en sont un exemple :

        Gomme demi-dure   1
        Huile cuite . . . .   1/2 à 1
        Essence . . . .   1 1/2 à 1

Vernis flatting.

Ces vernis s'emploient sur les teintes appliquées sur les panneaux des voitures et après avoir été polis sont ensuite recouverts d'une couche de vernis à finir ; on leur demande de sécher
assez rapidement (en 6 à 12 heures). Il y a toujours avantage
à polir assez longtemps après l'application et le terme de
12 heures est préférable.

Ce vernis ne devant absolument pas « repousser au gras »,
on y met une faible proportion d'huile et une quantité assez
importante d'essence, en se rapprochant de la formule :

        Gomme dure . . . .   1 partie
        Huile de lin cuite.   1   —
        Essence. . . . .   1/2   —

Vernis à polir.

Le vernis à polir, ainsi que son nom l'indique, est destiné
à passer au polissage, il doit avoir beaucoup de corps, ne
pas prendre trop vite sous la brosse et acquérir au bout de
24 heures une dureté suffisante pour être poli sans s'arracher,
ni se réchauffer sous le drap.

Après cette opération il ne devra pas repousser au gras, ni
faire refuser le vernis à finir.

Vernis à finir

Ils sont destinés à recouvrir les précédents et à terminer le
travail des caisses, trains, roues, etc.

Au point de vue qualité, c'est-à-dire choix des gommes,
éclat et solidité (nous avons dit d'autre part que le séchage
en pareil cas est toutefois plus lent), le superfin se classe en

première ligne, puis viennent le surfin et le fin plus colorés et moins solides, quoique séchant plus rapidement, 10 à 12 heures au lieu de 24. On emploiera pour les bonnes qualités :

Gommes dures	1 partie
Huile de lin cuite	1 —
Huile cuite au manganèse .	2 —
Essence de térébenthine . . 1 à 2	—

Pour les qualités ordinaires on prendra des gommes plus foncées, ce qui donnera un vernis moins pâle, ou des gommes plus tendres, ce qui obligera à diminuer la proportion d'huile ; pour avoir la fluidité suffisante on pourra ajouter de l'essence, mais il sera nécessaire d'ajouter un peu de siccatif ; à titre d'exemple on pourra employer :

Gomme	1 partie
Huile cuite au manganèse (ou	
à la litharge). . . . . 1/2 à 1	—
Essence de térébenthine . .	2 —
Siccatif	1/2 —

Vernis à caisse.

Le vernis superfin caisse doit être transparent, très élastique, bien garni, se travailler facilement sur de grandes surfaces, s'arrondir complètement et présenter une surface d'un éclat parfait, entièrement exempte de peignage.

La vitesse de séchage doit être telle, que 15 heures après emploi, la poussière ne puisse plus s'y attacher. Les parties vernies ne doivent pas devenir bleuâtres sous l'influence de la pluie et du brouillard ni être tachées par la boue.

Vernis à train.

Le vernis à train présente les mêmes qualités que le vernis superfin caisse, mais est plus siccatif : douze heures après son emploi, la poussière ne doit plus pouvoir s'attacher aux surfaces vernies et après 24 heures les roues et le train doivent pouvoir être touchés sans porter trace de l'empreinte.

VERNIS POUR LE BATIMENT
Vernis pour extérieur.

Ces vernis étant destinés à supporter les intempéries doivent être d'excellente qualité, aussi choisit-on pour leur préparation des gommes dures ou demi-dures et selon la variété utilisée, les vernis sont plus ou moins colorés. Rappelons ici que moins il y a d'impuretés organiques susceptibles de se carboniser, plus le vernis est clair et que les vernis à base de copals demi-durs fondant à plus basse température sont généralement plus brillants que ceux faits avec les copals durs. Enfin l'élasticité dépendant surtout de l'huile, les résultats sont les plus avantageux, quand on peut en incorporer une forte proportion et que l'huile a été cuite lentement sans addition de siccatif. Leur formule comporte généralement plus d'huile que les vernis pour intérieur et moins que ceux destinés à la carrosserie :

Gomme dure	100 parties
Huile de lin cuite	28 à 75 —
Essence de térébenthine. . . .	125 à 250 —

Vernis pour intérieur.

Pour leur fabrication on fait usage de gommes demi-dures ou tendres, et même de colophane pour les produits à bon marché. La proportion d'huile est dans ce cas plus faible et pour certaines applications on remplace l'essence de térébenthine par un de ses substituts, le white spirit par exemple.

Gomme	100 parties
Huile de lin cuite	15 à 50 —
Essence	230 à 300 —

Ainsi que nous le faisons remarquer d'autre part ces vernis ne sont pas utilisables pour travaux d'extérieur, car ils contiennent des gommes demi-dures et tendres, de la colophane même, pour les qualités inférieures et ces substances ne résisteraient pas à l'action des agents atmosphériques. ils renferment une faible proportion d'huile, ce qui les rend également peu solides.

On peut ranger dans la même catégorie les *vernis pour planchers* préparés au moyen de gommes bon marché demidures et d'huile de lin très siccative, de manière à sécher et durcir en un temps très court, quelques heures.

SICCATIFS

Destinés à être mélangés aux teintes ces produits sont constitués par l'huile de lin cuite, en présence des sels énumérés précédemment à base de plomb ou de manganèse en proportions variant dans des limites assez grandes (10 à 70 0/0 du poids d'huile).

Un bon siccatif doit sécher rapidement (2 à 10 minutes); incorporé dans les mélanges, il doit les siccativer énergiquement et ne pas les faire crevasser.

Siccatifs concentrés.

Ils sont très foncés, épais, sensiblement colorés et servent à préparer des vernis à base d'huile de lin crue ou fort peu cuite. Livache indique de chauffer 7 kgr. d'huile de lin cuite, en présence de 2 kgr. de litharge et 2 kgr. de minium, en élevant graduellement la température jusque 250-300° ; le mélange épaissit et dégage des fumées abondantes ; une goutte déposée sur un verre doit sécher en moins d'une minute.

Siccatifs liquides.

On les obtient par dilution des siccatifs concentrés, au moyen d'essence de térébenthine ou de ses substituts ajoutés au siccatif précédent retiré du feu et refroidi. Ils servent généralement pour les couleurs à l'huile, mais rarement pour les couleurs blanches.

Andès a donné les formules suivantes :

Siccatifs liquides colorés.

7 k. Huile de lin	7 k. Huile de lin
1 k. Terre d'ombre	2 k. Acétate de plomb
1 k. Litharge	2 k. Minium
1 k. Oxyde de manganèse	14 k. Essence de térébenthine
1 k. Acétate de plomb	
14 k. Essence de térébenthine	

7 k. Huile de lin
2 k. Litharge
1 k. Bioxyde de manganèse
1 k. Minium
14 k. Essence de térébenthine

Siccatifs liquides blancs

7 k. Huile de lin	7 k. Huile de lin
2 k. Borate de manganèse	3 k Blanc de plomb pur
2 k. Blanc de zinc	1 k. 5 Acétate de plomb
13 k. Essence de térébenthine	13 k. Essence de térébenthine

7 k. Huile de lin
2 k. Borate de manganèse
1 k. 5 Acétate de plomb
13 k. Essence de térébenthine

W. Traine (Br. angl. 5251, du 6 mars 1903) a décrit des siccatifs, dans lesquels il entre de la naphtaline :

Un siccatif foncé est obtenu en chauffant un mélange d'huile de lin, d'oxyde de plomb et de naphtaline, puis délayant le produit dans l'essence de térébenthine.

Un siccatif clair se prépare en chauffant de l'huile de lin avec du borate de manganèse, de la litharge, de la naphtaline et diluant avec l'essence de térébenthine.

Enfin il obtient un siccatif à base de résinate, en mélangeant la naphtaline avec les résinates de plomb et de manganèse, puis dissolvant le tout dans l'essence de térébenthine.

Siccatifs à base de savon de manganèse et de plomb.

Un siccatif de ce genre a été préparé avec l'huile de lin russe (100 parties) chauffée à 160° C. dans laquelle on incorpore 32 parties de savon de manganèse. Après refroidissement on ajoute 50 parties d'essence de térébenthine. Ce siccatif est introduit à froid dans l'huile de lin.

Un autre s'obtient avec 54 parties huile de lin russe, 11 parties de savon de plomb et 50 parties de térébenthine.

VERNIS INDUSTRIELS

Vernis noirs divers.

Il en existe de nombreuses catégories :
Vernis au brai.
Vernis au goudron,
Vernis à l'asphalte,
Vernis au bitume de Judée.

Vernis au brai.

Pour obtenir ces vernis, dont le principal mérite est d'être bon marché, on se borne à dissoudre le brai dans un solvant convenable jusqu'à consistance suffisante. Guittet a proposé l'emploi d'huile de houille, qui a été remplacée dans certains cas par l'essence.

Vernis au goudron.

Le goudron fondu est additionné d'huile de créosote (10 de goudron pour 5 à 6 de créosote), qui peut du reste être remplacé par les parties les plus légères de cette huile séparées par distillation, ou par d'autres solvants bon marché. On fabrique un produit de meilleure qualité, par mélange de goudron de bois avec de la colophane (moitié du poids de goudron) et emploi de benzine comme solvant; dans ce cas on opère au bain-marie en évitant de dépasser 50-60 degrés. Pour les objets en fer, on utilise aussi des mélanges de goudron avec l'huile de lin et l'essence de térébenthine.

Les goudrons ou brais provenant de la distillation des pétroles ont également trouvé des applications pour la fabrication de vernis de ce genre.

Vernis à l'asphalte.

L'asphalte si soluble dans les divers dissolvants (voir page 331) donne des vernis brillants, durs et très adhérents, surtout quand on se sert d'asphalte de Syrie (celui d'Amérique est moins apprécié). Pour les ferrures, l'asphalte fondu est additionné d'huile de lin cuite, puis d'essence de térébenthine. La manipulation a lieu dans un récipient chauffé à la vapeur avec les précautions usuelles pour éviter l'incendie.

On prépare aussi des vernis au moyen d'huiles de goudron ou de benzol, mais aux points de vue qualité et odeur, l'essence de térébenthine est préférable.

Vernis au bitume de Judée.

Ils ont de nombreux points communs avec les précédents et les proportions des constituants varient également dans de fortes proportions, c'est ainsi que pour un vernis destiné à revêtir d'une forte couche l'objet à protéger, la formule A ci-dessous pourra convenir, tandis que s'il s'agit de protéger une couleur noire on choisira la formule B donnant un produit léger.

	A	B
Bitume de Judée. . . .	1	1
Huile de lin cuite. . . .	3 à 5	200 à 400
Essence de térébenthine .	3 à 4	1000 à 2000

Vernis mixtes divers.

Ils sont légion. Le nombre des applications des vernis étant extrêmement varié on a souvent besoin de se composer des formules spéciales comprenant non seulement les produits dont il a été question plus haut mais des gommes de plus ou moins bonne qualité, voici deux exemples :

Asphalte	400 parties
Gomme.	100 —
Huile de lin cuite. . . .	80 — ·
Siccatif liquide	200 —
Essence de térébenthine.	6 à 700 —

Bitume de Judée . . .	1 —
Gomme.	1 à 3 —
Huile de lin cuite. . .	1 à 3 —
Essence de térébenthine.	5 à 10 —

Des mélanges beaucoup plus compliqués contenant à la fois des gommes dures, de l'asphalte, de la colophane ou des résinates à côté de l'huile et la térébenthine servent à préparer des vernis pour objets en fer, mais le cadre du présent ouvrage ne nous permet pas d'en faire l'énumération.

Vernis gras à la pyroxyline.

Un produit de ce genre a été breveté par l'*American Patent kid C*º (br. fr. 789.249), il se compose d'une dissolution de pyroxyline dans l'huile de lin : il s'applique sur le cuir préalablement bien dégraissé.

Vernis très durs.

Ils sont généralement à base de succin, mais leur faible élasticité limite le nombre de leurs applications aux surfaces peu conductrices de la chaleur, et par conséquent difficilement dilatables; de plus, la température assez élevée à laquelle fond le succin est cause de leur coloration foncée.

Ambre	100 parties
Huile de lin cuite. . . .	100 à 300	—
Essence de térébenthine. .	100 à 250	—

Les formules donnant le vernis le plus élastique sont celles contenant le plus d'huile, mais l'addition de térébenthine varie en sens inverse. Une diminution de la proportion d'huile amènerait une augmentation du diluant (essence de térébenthine, benzine, etc.), par conséquent, les vernis obtenus ainsi sèchent vite mais sont peu flexibles.

Comme vernis très dur ne se ramollissant pas et inattaquable à l'eau, Wachendorf (br. fr. 354.955), indique un mélange de 90 parties de vernis gras siccatif avec 4 à 10 0/0 d'hydrate d'alumine.

Vernis élastiques.

On peut les préparer de façons très différentes selon les usages auxquels on les destine; voici diverses formules :

Gomme dure.	100 parties
Huile de lin cuite	250 à 350	—
Essence de térébenthine . .	150 à 350	—

Térébenthine de Venise	1 p.	ce vernis est
Huile de lin	2 p.	employable pour mixtures

Térébenthine de Venise	1 p.
Mastic	1 p.
Colophane.	1 p.
Huile de lin	0,6
Essence de térébenthine	5,4

On peut enfin faire usage des vernis au caoutchouc.

Vernis au caoutchouc.

Ils servent surtout pour l'imperméabilisation. Le caoutchouc coupé en petits morceaux est mis à digérer dans le solvant, on termine parfois l'opération à une douce chaleur.

On peut préparer un vernis avec :

    Caoutchouc . . . . . .   1 p.
    Huile de lin . . . . . .   1 p.
    Térébenthine . . . . . .   1 p.

mais quand le mélange doit être ajouté à un vernis copal par
exemple on force la proportion d'huile de lin que l'on porte à
2 et même 5 parties et celle de térébenthine qui peut aller à 4.

Dans d'autres cas, le caoutchouc est dissout dans la térébenthine.

        1 p. Caoutchouc ;
    2 à 4 p. Essence de térébenthine,

dans l'essence de naphte, ou le sulfure de carbone.

Vernis mixtes au caoutchouc.

Pour donner de l'élasticité au vernis on ajoute souvent une
solution de caoutchouc. Voici une formule donnée par
MM. Mac Intosh et Livache :

    100 parties copal   )
     50   —   huile de lin cuite) solution A

sont ajoutés à la solution B :

      6 parties caoutchouc   )
    200   —   essence de térébenthine ou essence) solution B
                de pétrole   )

ce mélange est incorporé au suivant :

        100 parties asphalte
    150 à 200   —   huile de lin bouillie

le tout est finalement dilué avec :

    400 à 500 parties de térébenthine.

La formule suivante donne un vernis assez employé :

    Caoutchouc. . . . . 1 partie
    Colophane 2   —
    Huile de lin 2   —

que l'on dilue avec un solvant volatil en cas de besoin.

Vernis à bronzer.

Ils servent à fixer les bronzes et poudres métalliques, et contiennent une forte proportion d'essence ou de substituts et une faible proportion d'huile bien siccative.

Mixtions.

Elles servent à appliquer des feuilles d'or, d'argent, etc. sur les objets. Leur qualité réside dans une lenteur relative à sécher (2 à 20 heures), elles renferment peu ou pas de gomme, et simplement un mélange d'huile de lin cuite et d'essence ; on a proposé l'emploi de térébenthine de Venise en mélange avec l'huile de lin siccative.

Vernis pour coques de navires.

Leur rôle est multiple, ils doivent non seulement résister au frottement de l'eau douce ou de l'eau de mer et protéger le bois ou le fer, mais contenir des substances toxiques empêchant l'adhérence des herbes ou coquillages.

Le vernis qui sert de base à la préparation doit donc être de bonne qualité, bien souple et additionné de produits tels que : sels arsenicaux, composés de cuivre ou de mercure, cyanures ou sulfocyanures, phénol etc., nous en signalons un autre genre aux vernis à l'alcool.

La peinture Dubois (br. fr. 354.618) se compose de :

Peinture sous marine liquide	65 parties
Sulfocyanure de cuivre	20 —
Acide arsénieux	15 —

Des formules encore plus compliquées ont été préconisées, c'est ainsi que Carl Nuremberg et Christian Oberman (Br. all. 174.746) donnent celle ci-dessous :

Goudron de houille	30 0/0
Sulfure de carbone	10 —
Phosphore jaune	10 —
Soufre	20 —
Lysol	0,5 —
Jus de tabac	20 —
Acide acétique cristallisable	0,5 —
Huile de lin	9 —

Vernis à la colophane.

Cette matière première, abondante et bon marché, entre dans la composition d'un très grand nombre de vernis, seule ou à l'état de mélanges complexes.

Les dissolvants employés dépendent de la destination du vernis et du prix de revient à atteindre. Avec l'huile de lin et l'essence de térébenthine on peut employer les quantités suivantes :

    Colophane . . . .   100 parties
    Huile de lin cuite . . . .   25 à 50   —
    Essence de térébenthine. . . . . . 125 à 200   —

mais on substitue fréquemment à ce dernier produit, l'essence de térébenthine artificielle, le white spirit, le naphte, la benzine voire même le pétrole. Pour obtenir plus d'élasticité on remplace une partie de la colophane par de la térébenthine de Venise, ou bien on y introduit une solution de caoutchouc dans la benzine ou le toluène (1 partie de vernis peut être additionnée de 1 à 3 parties de la solution de caoutchouc).

Lorsqu'on veut préparer des vernis de meilleures qualités on additionne la résine de 2 à 10 0/0 de gomme dure fondue. Avec des gommes tendres la proportion peut aller jusqu'à 50 0/0.

Les vernis à base de colophane et d'huile de lin (8 à 9 fois le poids de colophane) s'emploient en plusieurs applications successives suivies de séchage.

La préparation de *vernis à base de colophane et de chaux* a été l'objet d'une étude publiée dans le *Farbenzeitung* et nous en extrayons les renseignements ci-après relatifs aux conditions de l'opération susceptibles d'exercer une influence.

Quand la température est insuffisante une partie de la chaux seule se dissout, la partie insoluble forme des grumeaux qui se déposent après dilution du vernis. Une quantité trop faible de chaux donne un durcissement insuffisant tandis qu'un excès donne une masse trop épaisse qu'il faut rendre plus fluide par traitement avec l'huile de lin, l'huile de bois ou la colophane.

Les formules suivantes ont été préconisées.

    10 parties colophane américaine
    3/4   —   chaux du marbre en poudre.

5 parties vernis à l'huile de lin ou l'huile de bois.
5 — essence de térébenthine.
5 — substitut de térébenthine.

La colophane est portée à 270° C. dans une chaudière de fonte et la chaux ajoutée en deux portions; on cesse le chauffage lorsqu'il se forme une croûte épaisse à la surface de la résine. Le vernis est ensuite additionné et le tout chauffé jusqu'à ce qu'il mousse et forme à la surface une pellicule. Le récipient est retiré du feu, mis à refroidir et on dilue d'abord avec l'essence de térébenthine, ensuite avec le substitut.

Un vernis de consistance plus grande s'obtient par addition de 0 p. 35 de litharge, quand la température est tombée à 230° C. Si la litharge est ajoutée après la chaux elle épaissit beaucoup la masse. Pour ces vernis l'huile de bois est préférable à l'huile de lin.

Vernis aux résinates.

Ainsi que nous l'avons dit, les résinates sont très solubles dans les divers dissolvants, notamment dans l'essence de térébenthine, la dissolution peut s'effectuer, à froid ou à chaud. Dans le premier cas le résinate est introduit en morceaux et recouvert d'essence de térébenthine : il y a d'abord gonflement, puis dissolution ; celle-ci doit être facilitée par agitation, l'addition d'essence ne se fait que peu à peu de manière à éviter un excès qui rendrait la masse trop fluide.

On gagne du temps en opérant à chaud : le récipient contenant le résinate et l'essence en quantité suffisante pour le recouvrir, est chauffé au bain-marie jusqu'à ce que la température du mélange atteigne 100° ; on remue, avec un agitateur en bois, la masse qui devient sirupeuse et on ajoute ensuite une quantité d'essence de térébenthine convenable, pour que le liquide forme un filet en s'écoulant de l'agitateur soulevé.

La solution refroidie est mise ensuite à déposer.

Une proportion insuffisante d'essence se reconnaît à ce que la masse, en séchant, ressemble à de la colle ; tandis qu'avec une proportion convenable elle doit être après refroidissement semblable à un vernis à l'huile de lin.

Quoique en général très solubles dans l'essence, les divers résinates donnent cependant des solutions de consistances assez différentes, c'est ainsi que la solution de résinate de

zinc à 50 0/0 dans l'essence est très fluide, alors que celle
de résinate d'alumine à 14 0/0 est encore très épaisse, ce qui
rend ce produit avantageux à employer.

Pour obtenir un vernis (aux résinates) brillant et fort peu
sensible à l'action des agents atmosphériques, il y a intérêt à
appliquer d'abord une couche de vernis étendu, puis à la
recouvrir d'une seconde. Ces vernis sont peu attaquables
par le lavage au savon ou avec des carbonates alcalins, mais
ne peuvent naturellement pas résister à l'action de la soude
ou de la potasse caustique.

Nous avons indiqué (page 257) le mode de cuisson de l'huile
de lin en présence de résinate pour préparer des vernis gras
très clairs ; voici des formules données par Andès (1), pour la
confection de produits bon marché à base de colophane, huiles
minérales, etc.

220 parties en poids		Résinate de chaux.
500	—	Colophane.
40	—	Chaux éteinte.
60	—	Huile de lin.
100	—	Huile minérale d $= 0,820$.
180	—	Kienöle.

Cette dernière peut être remplacée par des proportions convenables d'hydrocarbure de pétrole ou de houille.

230 parties de résinate de chaux à 5 0/0.		
150	—	vernis à l'huile de résine ou résinate de man- ganèse.
50	—	kienöle.
400	—	huile de résine raffinée.
150	—	huile minérale (à 0,900).
100	—	naphte.

Vernis pour encre d'imprimerie.

Ces vernis ont une importance toute particulière et il existe
des ouvrages les décrivant de façon très détaillée, nous
donnerons seulement les généralités de leur préparation.

Ils sont à base d'huile de lin, d'huile de noix ou d'huile de
chènevis le plus souvent cuites sans addition de siccatif à

______

(1) *Farben Zeitung*, 1906, n° 1.

une température atteignant progressivement 250 à 270 degrés ; après production d'une pellicule rouge brun à la surface de la chaudière la température est élevée jusqu'à 310° C. et maintenue 1/2 heure.

Selon la cuisson on obtient des huiles de consistance très différente, dites *vernis extra-fort, fort, moyen, faible et siccatif.*

L'extra-fort est cuit avec addition de composé de plomb, le siccatif utilise ceux de manganèse.

Le vernis fort s'emploie en été, le faible pendant les temps froids et le moyen en temps ordinaire.

On a réussi à augmenter la consistance des huiles sans les chauffer trop en y ajoutant, selon les qualités à préparer, de la colophane, du baume de Canada, de Pérou ou de copahu, et du savon ; on substitue parfois à l'huile cuite, l'huile de lin crue et l'huile de résine avec de la térébenthine épaissie.

Vernis à la naphtaline.

M. Trébert (br. fr. 334.107) a breveté la composition suivante : 35 parties de naphtaline sont dissoutes dans un mélange de :

    100 parties huile de lin,
    100   —   résine,
    100   —   essence de térébenthine.

Vernis mi-fabriqués.

L'opération la plus délicate de la fabrication consistant dans la cuisson des gommes, on a cherché à simplifier la question en la subdivisant et on offre, de différentes provenances, des produits mi-fabriqués de composition variable (selon qu'ils doivent servir à des travaux d'intérieur ou d'extérieur) produits qu'il suffit de dissoudre dans l'essence de térébenthine naturelle ou artificielle pour obtenir des vernis.

Les produits de ce genre proviennent de gommes fondues additionnées d'huile à froid, ils ont l'aspect de pâte ou de sirop épais. Au moment de l'emploi on les chauffe à douce température avec une quantité convenable d'essence pour avoir la consistance désirée, il existe également dans le commerce des produits analogues, à base de Rhus vernicifera (laque japonaise).

Ces matières sont intéressantes surtout pour les gros consommateurs et les petits fabricants, car les usines importantes tiennent à choisir leurs matières premières et les traiter suivant leurs modes spéciaux, de manière à obtenir toujours des qualités et marques identiques.

VERNIS AU FOUR

Pour l'usage auquel ils sont destinés, il est nécessaire que ces vernis soient très souples, très élastiques, aussi doit-on étudier de façon toute spéciale l'huile de lin qui sert à les préparer, ainsi que son mode de siccativation, car elle joue un rôle considérable dans leur préparation et forme le constituant principal de ces vernis, c'est cela du reste qui nécessite un séchage à température élevée.

On emploie, soit des gommes dures avec une forte proportion d'huile de lin cuite sous l'action de la chaleur seule, en ajoutant une proportion d'essence suffisante pour la dilution ; soit des gommes demi-dures choisies (la Sierra Leone notamment) ou des mélanges complexes.

Pour les vernis *polishing* destinés à la fabrication des meubles laqués, le séchage a lieu à l'étuve vers 60°, d'autres variétés ont besoin d'être portées jusqu'à 100 degrés.

Les vernis *dorés* employés pour les intérieurs de seaux, de boîtes en fer blanc destinées à contenir les produits alimentaires, etc. se sèchent à 120-150° selon la teinte que l'on veut obtenir.

Les vernis *polychromes* sont des vernis au four additionnés de colorants divers.

Les vernis *noirs* pour bicyclette se sèchent entre 150 et 200°, ceux pour boutons, etc. se sèchent entre 60 et 100 degrés, leurs formules sont nombreuses.

En général, plus la température à laquelle on se propose de sécher les objets est élevée, moins il est nécessaire de mettre de gomme, car l'huile de lin séchée à haute température donne un enduit souple et très dur.

On arrive même à obtenir d'excellents résultats sans l'emploi d'aucune gomme, en travaillant l'huile d'une façon spéciale ; c'est ainsi que l'on prépare les vernis pour cuirs qui sont aussi des vernis au four.

Vernis pour cuirs.

Ces vernis se préparent en chauffant l'huile de lin avec du bleu de Prusse, entre 150 et 200 degrés. La durée de la cuisson est longue, elle dure plusieurs jours ; le bleu est ajouté en assez grande quantité, généralement 10 0/0 ; cet excès est nécessaire bien que l'huile n'en prenne que très peu, environ 2 0/0 ; ce qui reste est recuit à nouveau avec de l'huile. On allonge avec de l'essence de térébenthine jusqu'à bonne consistance et l'on obtient ainsi un vernis jaune brun qui en séchant devient bleu verdâtre, ce qui convient très bien pour masquer la couleur brune des apprêts du cuir, qui sont faits au noir de fumée et à l'huile.

Comme on le voit, ce sont des vernis à l'huile et ils exigent par conséquent un séchage à l'étuve qui leur donne une bonne dureté tout en leur conservant une souplesse très grande. Quelquefois on remplace une partie de l'huile par une égale portion d'acides gras de l'huile de lin :

Huile de lin.	50 kgr.
Acides gras de l'huile de lin.	50 kgr.
Bleu de Prusse.	10 kgr.

Quand l'huile est corsée convenablement, on ajoute l'essence, pour lui donner une fluidité convenable, généralement 50 litres suffisent. La siccativité dans ce genre de vernis est due à la fois au bleu de Prusse et à la longue cuisson à l'air.

Vernis à l'huile de bois (de Chine, *Wood oil*).

L'huile de bois doit être considérée, non comme un substitut de l'huile de lin, mais comme un produit à additionner dans le but d'obtenir des vernis plus flexibles et plus durs, un article paru dans *The oil and colour trades Journal* (1908, n° 493) appelait l'attention sur ce point et précisait les conditions techniques de son application.

Cette huile ne doit pas être chauffée à une température supérieure à 160° C. (320° Farenheit) sans quoi elle se décompose et perd ses propriétés. Avec les vernis à base de copals, on peut en ajouter 5 à 10 0/0 de la quantité d'huile totale à employer, mais pour les vernis à la colophane, cette proportion peut être sensiblement dépassée.

Dans le cas d'un vernis à la colophane devant renfermer 12 gallons (54 litres) d'huile pour 100 livres (45 k. 300) de colophane, on peut procéder ainsi : la colophane durcie comme d'habitude est additionnée de l'huile de lin contenant le siccatif nécessaire, la masse est chauffée à 284° F. (139° C.) et reçoit 2 gallons (9 litres) d'huile de bois de Chine en ayant soin que la température ne dépasse pas 300° F., après quoi on enlève du feu et on ajoute comme d'habitude la térébenthine.

Un bon mélange d'huile de bois et d'huile de lin est le suivant :

    100 parties d'huile de bois.
     20   —   huile de lin crue.
      1   —   résinate de manganèse.
    1/2   —   rouge de plomb.
      2   —   siccatif.

sont chauffées plusieurs heures de 280 à 300° F. et mélangées avec :

    8 parties essence de térébenthine pour les travaux d'été.
    16   —   —   —   d'hiver.

on ne peut faire usage de benzine, mais la térébenthine peut être introduite à haute température. Ce mélange serait à employer au lieu d'huile de bois crue, pour un vernis mixte, comme suit :

    35 parties colophane durcie.
    35   —   mélange précédent.
    25   —   térébenthine.
     5   —   siccatif liquide.

Ce vernis peut être mélangé avec un produit ordinaire à la résine et à l'huile de lin, mais la quantité employée ne devrait pas dépasser 30 0/0 de l'huile contenue dans le vernis auquel on l'ajoute, sans quoi le produit obtenu risquerait de craquer au séchage.

En résumé, l'emploi de l'huile de bois doit être l'objet d'essais pratiqués pour chaque application, une surchauffe même légère peut déterminer de l'opacité au séchage et déterminer une saponification dans le vernis. Ce produit présente surtout l'avantage de donner de la dureté, de l'élasticité et une imperméabilité vis-à-vis de l'humidité, plus grandes qu'avec l'huile de lin ordinaire. Il faut se souvenir que l'huile de Chine contient généralement une faible proportion d'eau qui doit être éliminée à la chauffe.

Rappelons enfin que l'emploi d'huile de bois seule a été préconisé et il paraît qu'en Chine on l'utilise pour les travaux extérieurs, pour la peinture des portes, fenêtres, pour le revêtement des bateaux ; elle donne des peintures très dures qui peuvent être lavées sans se dégrader.

2ᵉ VERNIS A L'ESSENCE

Comme son nom l'indique, cette catégorie de vernis est préparée au moyen d'une gomme, résine ou baume d'une part et d'une essence employée comme dissolvant d'autre part.

Ils ont comme qualités d'être incolores et de sécher vite, mais par contre ils sont très peu solides comparativement aux vernis gras. Si on emploie une même gomme pour préparer un vernis à l'essence et un vernis gras, ce dernier séchera plus lentement mais sera plus solide ; en comparant un vernis gras même préparé avec une gomme tendre et un vernis à l'essence préparé avec une gomme aussi dure que possible, l'avantage reste encore au premier ; aussi a-t-on une grande tendance à substituer, toutes les fois où la chose peut se faire, les vernis gras très siccatifs aux vernis à l'essence.

Ils servent pour les tableaux, gravures et lithographies coloriées, les instruments de physique, la reliure, les métaux, etc.

Vernis au dammar.

La gomme dammar est très fréquemment employée, mais comme il en existe de nombreuses catégories dans le commerce, on obtient des vernis plus ou moins blancs.

La dissolution de la gomme dans l'essence peut être opérée à froid en mélangeant les substances dans un cylindre en bois tournant lentement, toutefois le vernis obtenu ainsi est souvent poisseux. On agit plus rapidement en chauffant la gomme avec une partie de l'essence, jusqu'à dissolution (ce qui demande 1 heure à 1 heure 1/2) ensuite on retire du feu et on ajoute par petites portions l'essence de térébenthine. On emploie 42 à 50 p. de dammar pour 58 à 50 p. d'essence.

Avec du dammar bien propre et bien blanc, on prépare ainsi le *vernis cristal*, avec des qualités moins fines on a le *vernis copal* qui est plus ambré. Les produits dissous sont filtrés à travers de la toile et pour éviter qu'ils ne deviennent opalins en réservoirs, on a proposé d'y faire une addition d'alcool (7,50/0).

Vernis mixtes.

Lorsqu'on veut obtenir des vernis plus épais que les précédents on remplace une partie de l'essence par de la térébenthine solide. Un abaissement du prix est obtenu en remplaçant une partie du dammar par de la colophane; on fait même certains vernis copals bon marché rien qu'avec la colophane verre à vitre (1).

Le dammar est parfois remplacé dans les vernis cristal par de l'élémi.

Si dans un vernis cristal on incorpore de la cire (1 à 10 0/0) on a des *vernis blancs ou blonds mats* : Coffignier a donné la formule suivante : pour le *vernis pour tableaux*, le *vernis d'or* et le *vernis pour relieurs*.

Vernis pour tableaux	1o	Dammar.	15 k.	
		Essence de térébenthine	15 k.	
	2o	Baume du Canada. . .	10 k.	
		Essence de térébenthine.	15 k.	

Les deux solutions préparées à part sont mélangées chaudes, on filtre sur l'ouate.

Vernis d'or	Sandaraque	125	gr.
	Sang dragon	15	—
	Curcuma	2	—
	Gomme gutte	2	—
	Essence de térébenthine. . . .	375	—
	Essence d'aspic	375	—
Vernis pour relieurs	Copal Congo fondu	16	—
	Essence de lavande	19	—
	Essence de térébenthine . . .	65	—

Enfin les vernis communs, bon marché, se préparent en dissolvant le galipot ou la colophane dans l'essence de térébenthine, c'est ainsi qu'à côté de l'encaustique pour meubles obtenu en dissolvant au bain marie, en agitant constamment, une partie en poids de cire jaune dans deux parties

(1) Rappelons que lorsqu'il contient de la colophane, le vernis ne peut plus être employé pour la détrempe des couleurs à base de plomb, tandis qu'il peut parfaitement servir pour celles à base de zinc.

d'essence de térébenthine, on prépare l'encaustique pour carreaux d'appartement ci-dessous :

Gomme laque	160 gr.
Cire jaune	1 —
Alcool à 96°	640 —
Galipot	112 —
Arcanson	112 —
Essence de térébenthine	144 —

Les deux premières sont dissoutes dans l'alcool et les deux autres dans l'essence. La solution obtenue est passée au tamis.

Les prix élevés atteints en 1907 par l'essence de térébenthine ont fait revenir dans bon nombre de cas aux méthodes de dissolution à la térébenthine mélangée de benzine, d'acétone et d'essence de pétrole ou même à l'emploi de ces produits seuls.

3° VERNIS A L'ALCOOL

Ils sont obtenus par simple dissolution de gommes dans l'alcool éthylique, on range du reste dans la même catégorie, ceux obtenus avec les autres dissolvants : alcool méthylique, alcool amylique, acétone, éther sulfurique, chloroforme, acétate d'éthyle, acétate d'amyle.

Ils donnent par évaporation une couche brillante, incolore ou à peine colorée (la préparation ayant lieu le plus souvent à froid), et sont très siccatifs ; par contre ils sont peu souples et peu solides, aussi parfois y fait-on quelques additions pour remédier à ce défaut.

Les principes de la fabrication sont très simples :

a) Plus on veut que la siccativation soit rapide, plus le dissolvant doit être volatil (consulter à ce sujet notre tableau donnant les points d'ébullition des divers dissolvants, page 298).

b) On a souvent intérêt à mélanger aux gommes brillantes, dures et cassantes des résines demi-dures ou tendres qui procurent de la souplesse.

c) Le dissolvant étant généralement très inflammable, on devra se mettre le plus loin possible des foyers ou des flammes. S'il est impossible d'employer le chauffage à la vapeur et qu'on doive opérer par conséquent à feu nu, il faut agir au bain de sable, en vase bien fermé et condenser les vapeurs au moyen d'un réfrigérant.

Fig. 82. — Fabrication des vernis à l'alcool (Usine de Dugny).

d) Les vernis obtenus étant troubles à cause des cires et des impuretés contenues, sont filtrés sur des toiles ou sur du papier, parfois on utilise aussi la filtration sur le noir animal en opérant le plus possible à l'abri de l'air, de manière à éviter les pertes par évaporation et à diminuer le risque d'incendie.

e) Le matériel pour la dissolution à froid se compose le plus souvent d'un tonneau ou cylindre horizontal muni d'agitateurs et mobile autour d'un axe.

Les vernis à l'alcool proprement dits, étant obtenus presque tous à froid, sont incolores ou peu colorés quand on fait choix de gommes convenables.

Vernis à la gomme laque.

Ils sont destinés aux objets soumis à un usage fréquent tels que les cuirs, les papiers, les bibelots, les objets de bijouterie, les tableaux noirs, etc., ainsi que pour le polissage des meubles et la protection des vernis de moins bonne qualité.

La gomme laque se dissout dans 5 parties d'alcool à 96°, la dissolution est trouble et s'emploie souvent après une simple filtration rapide. Pour l'éclaircir on a proposé d'agiter la solution avec du blanc de Meudon qui en se déposant opère un véritable collage; on emploie aussi la benzine ou l'éther de pétrole.

Selon qu'on a mis en œuvre de la gomme laque blanchie ou non blanchie, on obtient des vernis blancs ou blonds que l'ébénisterie emploie sous le nom de *vernis au tampon*.

La solution alcoolique de gomme laque additionnée de produits destinés à donner de l'élasticité à la couche solide déposée sur les objets, ou teintée par des colorants, constitue la base de nombreux vernis.

La teinte *acajou* s'obtient en ajoutant du jaune ou orange d'aniline au vernis (1 à 2 0/0), le *palissandre* est préparé en ajoutant du grenat ou du brun dans les mêmes proportions, on choisit naturellement la catégorie de couleur qui résiste le mieux à la lumière. Parfois on utilise simultanément les colorants naturels et les artificiels.

L'addition de gommes tendres ou d'essences permet de donner de l'élasticité aux vernis et d'en multiplier le nombre des formules.

Nous donnons à titre d'exemple les quelques formules suivantes :

Vernis à la gomme laque.

Gomme laque . . . .   1 partie
Alcool à 95° . . . .   4 à 5 —
Substances destinées à donner l'élas-
    ticité . . . .   0,1 à 1 —

Vernis à sculpture.

Gomme laque . . . .   1 kgr.
Sandaraque . . . .   4 —
Sang dragon . . . .   500 gr.
Alcool à 95°. . . . .   20 litres.
Après dissolution, on ajoute térében-
    thine de Venise . . . .   1 kgr.

Vernis des ébénistes.

Il sert à donner le lustre aux meubles que l'on frotte avec
un tampon de drap ou de flanelle imbibé de ce liquide. C'est
un mélange de :

Alcool à 90° . . . .   1 litre
Gomme laque blonde . . . . . .   750 gr.
Mastic en larmes . . . .   65 gr.

parfois on ne met pas de mastic :

Gomme laque blanchie. . . . . . .   500 gr.
Alcool à 95° . . . .   5 litres

Vernis d'or pour métaux.

Laque en grains . . . .   1 kgr.
Succin en poudre   0,33
Gomme gutte   0,33
Extrait aqueux de santal rouge   0,01
Sang dragon   0,02
Safran   0,01
Alcool à 95° . . . .   7 litres

Matteine (ou mattine). — Ce vernis pour meubles en bois
(noyer, chêne) est solide à l'eau. Andés (1) a donné les deux
formules suivantes :

A. 2 parties en poids, gomme laque orange ou rubis sont
        dissous dans :
    10 — alcool, on y ajoute :
    1/2 — galipot fondu à douce température

Le mélange passé au tamis pour séparer le bois et les impu-

(1) *Farben Zeitung,* 13e ann., n° 25.

retés diverses est chauffé à 45° environ. D'autre part on a préparé une solution contenant :

> 0,2 cire blanche
> 0,1 huile d'olive

et on l'introduit lentement en tournant, dans la solution précédente jusqu'à parfaite homogénéité. S'il y avait des grumeaux on passerait à la broyeuse.

> B. 10 parties en poids de cire d'abeilles en menus morceaux sont mélangés dans un tonneau avec :
> 60 — essence de térébenthine ;

on agite de temps en temps jusqu'à ce qu'on obtienne une pâte homogène, qui est mélangée avec 100 parties alcool et incorporée ensuite dans 200 parties d'une solution alcoolique de gomme laque orange (1 gr. de gomme laque pour 4 d'alcool). Après enlèvement des grumeaux à la machine, on ajoute à nouveau 200 parties de la précédente solution alcoolique de gomme laque.

On peut faire varier les proportions relatives de gomme laque et d'alcool et de cire, toutefois une trop forte proportion de ce dernier produit diminuerait la dureté et la solidité du vernis.

Vernis accroïdes.

On les prépare en dissolvant la gomme accroïde jaune ou rouge, dans la proportion de 2 litres 1/2 d'alcool par kgr. de gomme, on filtre la dissolution après addition de matières colorantes naturelles ou artificielles, afin de leur donner la teinte voulue.

Vernis au mastic.

Il est très employé pour les tableaux, carton, papier, etc. L'addition de térébenthine de Venise lui donne une plus grande élasticité quand l'application doit être faite sur bois :

> Mastic . . . . 20 à 25 parties
> Térébenthine de Venise. . . 12 à 10 —
> Alcool à 95° . . . . . . 68 à 65 —

L'alcool peut être remplacé en partie ou en totalité par l'acétone.

Vernis à la sandaraque.

Ce vernis employé en couches très minces offre un bel éclat, la proportion d'alcool varie suivant que l'on désire avoir une épaisseur plus ou moins grande sur papier ou carton, étiquettes, aquarelles, meubles, lambris, chaises, etc.

    Sandaraque . . . .   20 parties
    Térébenthine de Venise . . 12 à   20   —
    Alcool à 95° . . . . . .   60 à 200   —

L'addition d'essence de lavande facilitant la dissolution des parties en suspension, permet d'obtenir un vernis clair et brillant. On fait aussi avec la sandaraque des vernis pour étendre les couleurs, pour recouvrir des objets en bois sculpté ou des métaux, cette gomme sert à faire des vernis or et des produits bon marché.

Vernis à la colophane.

Ils sont économiques, mais peu solides et applicables sur des jouets ou objets peu coûteux ou pour le broyage et la détrempe des couleurs. L'alcool en est un excellent dissolvant (comme l'essence de térébenthine), car 100 parties de colophane ne nécessitent que 60 à 75 parties d'alcool pour se dissoudre; quand on veut obtenir un séchage plus lent, on emploie un mélange de 75 0/0 d'alcool à 95° et 25 0/0 d'essence de térébenthine.

Vernis à base de gommes dures.

Le succin est insoluble dans l'alcool, mais il devient soluble après fusion, on y ajoute ordinairement de la sandaraque, du mastic et de la térébenthine de Venise qui lui donnent de l'élasticité tout en diminuant le prix.

Les copals durs doivent être fondus avant d'être traités par l'alcool (ou la térébenthine), ce qui a l'inconvénient de les rendre poisseux, tandis que les copals demi-durs se dissolvent plus facilement et les tendres complètement. Là encore une addition de sandaraque, de mastic ou de térébenthine de Venise est utile pour donner de l'élasticité.

On emploie également pour cette catégorie les bitumes et produits analogues, dans le but de faire des vernis pour métaux, le Dammar sert pour préparer des vernis pour objets d'intérieur ne devant pas supporter de fatigue.

4° VERNIS DIVERS

Vernis mixtes.

On a parfois avantage au point de vue qualité, prix ou pour des applications spéciales, à faire des vernis à l'alcool contenant un mélange de résines, c'est ainsi que les vernis à la colophane sont améliorés quand on remplace la colophane en partie par de la térébenthine de Venise, du mastic, etc.; en pareil cas on fond au préalable le mélange des gommes et après l'avoir retiré du feu on y ajoute l'alcool ou la térébenthine. On peut aussi procéder en faisant deux vernis séparés que l'on mélange ensuite.

Pour le bois on remplacera par exemple dans le vernis à la sandaraque, la moitié de cette gomme par une même quantité de mastic ou d'élémi ou encore on l'additionnera d'un vernis mixte de gomme laque et colophane.

Pour les métaux on choisira le vernis au mastic, dont une partie de cette résine sera remplacée par de la térébenthine de Venise ou un mélange de gomme laque et benjoin.

Vernis à base de dissolvants divers.

Pour des raisons techniques parfois, mais plus fréquemment pour des raisons commerciales, luttes de prix, hausse de matières premières, etc. on est amené à employer des dissolvants autres que ceux énumérés plus haut et nous donnons dans notre tableau page 330, les propriétés dissolvantes de ces divers liquides vis-à-vis des gommes.

Vernis à l'acétone.

En voici deux formules :

Copal soluble	1 k.	1 k.
Gomme laque	1 k.	0 k. 500
Acétone	3 à 5 k.	5 k.

Vernis à l'éther.

Ces vernis s'emploient souvent pour recouvrir les autres :

Copal soluble.	1	1 partie
Dammar tendre	1	2 —
Éther pur	4	2 —

Vernis au chloroforme.

En photographie on emploie quelquefois du succin fondu en dissolution dans le chloroforme.

Vernis au benzène.

Goldschmidt (Br. am. 859 937) ajoute 50 kgr. de benzène brut à 100 kgr. d'asphalte fondu et 10 kgr. d'un mélange à poids égaux de minium et d'huile de lin.

Vernis à dissolvants mélangés.

L'emploi simultané de plusieurs dissolvants peut rendre de grands services. Grâce à lui on peut souvent faciliter la dissolution des matières résineuses, augmenter ou diminuer la siccativité des vernis, tout en abaissant le prix de revient.

Une dissolution de gomme dans l'éther pur s'évaporant trop rapidement, on remplace ce dernier par un mélange de 2 d'éther pour 1 d'alcool ou 2 d'alcool pour 1 d'éther.

On sait que pour la préparation du celluloïd, le fulmicoton est dissous dans l'alcool chargé de camphre au lieu du mélange éther-alcool.

Andès a pu dissoudre des copals de Manille, Bornéo, Sierra-Leone, dans un mélange d'alcool et essence de térébenthine (l'alcool étant ajouté jusqu'à limpidité).

Signalons divers autres mélanges employés pour la dissolution des copals.

A.	Éther	300	Employé par Valenta pour un vernis photographique.
	Acétone	200	
	Chloroforme	10	
B.	Alcool	60	
	Acétone	40	
C.	Alcool	100	Employé pour dissoudre le copal Sierra-Leone.
	Essence de térébenthine	100	
D.	Éther sulfurique	10	
	Alcool à 98°	60	
	Essence de térébenthine	40	

        E. Alcool à 98°   67
           Essence de térébenthine   33.

        F. Essence de térébenthine   22
           Essence de lavande . .   78

Des mélanges encore plus compliqués ont été proposés c'est ainsi qu'un fixatif est préparé par la firme Micheli et C° (br. all. 140579), par dissolution de la résine dammar ou du caoutchouc dans la benzine ou le chloroforme et addition de verre soluble qui reste en suspension.

Bibikot (br. am. 80142) constitue un enduit protecteur des métaux par mélange d'une solution d'asphalte dans le pétrole ou d'essence de térébenthine avec du zinc finement divisé et du spath fluor pulvérisé.

Vernis au collodion.

Il existe de nombreuses formules pour la préparation des vernis au collodion, car la cellulose nitrée, le fulmicoton, possède une composition très variable selon les conditions dans lesquelles la nitration a eu lieu, notamment la concentration des mélanges sulfuriques et nitriques employés, ainsi que la température et le temps de réaction.

Les celluloses nitrées se dissolvent peu ou pas dans certains liquides, plus faiblement dans d'autres ou dans des mélanges, aussi a-t-on préconisé successivement l'alcool mélangé à l'éther en proportion variable, l'acétone, l'éther acétique, l'alcool camphré, l'acétate d'amyle.

Le fulmi-coton se gonfle dans le dissolvant, forme une masse transparente qui finit par se dissoudre en laissant parfois un léger dépôt gélatineux facile à séparer par filtration. Le mélange le plus fréquemment employé est celui de :

    2 parties éther pur.
    1   —   alcool à 96°.

le collodion obtenu qui marque 51° Baumé est plus ou moins dilué selon l'application que l'on veut en faire.

Par exemple, le vernis pour manchons à incandescence se compose de :

    60   Collodion épais (51° B) en poids.
     3,4   Huile de ricin   —
    36,6   Éther sulfurique 65°   —

en voici une autre formule :

        100 gr. Collodion officinal.
        130 — Éther sulfurique.
         40 — Alcool à 90°.
         10 — Huile de ricin.
         10 — Colophane pulvérisée.

En général, les vernis au collodion sont clairs, incolores, transparents, le cas particulier de l'addition d'huile de ricin a pour résultat d'augmenter leur souplesse. Les solutions faites avec l'alcool méthylique chargé en acétone, l'acétone et l'alcool camphré donnent un enduit mat.

Les vernis au celluloïd sont un peu différents, et comparables aux précédents.

Vernis à l'eau

On le prépare en dissolvant les gommes dans l'eau contenant une matière facilitant la solubilisation, en voici deux exemples :

Gomme laque	3 kg.	3 kg.
Borax	1 —	—
Ammoniaque liquide à 22°.	—	1 —
Eau	20 —	6 à 8 —

dans le cas du borax on opère à l'ébullition. Pour la formule n° 2 (vernis des chapeliers), on chauffe seulement après 12 heures de contact, juste pour éliminer le léger excès d'ammoniaque.

Vernis à l'acétyl-cellulose.

Ledere (Br. am. 804.960) le prépare en dissolvant de la cellulose acétylée dans l'acétylène tétrachloré.

Vernis au terpinéol.

Nous avons cité le brevet Tixier et Rambaud ainsi que les exemples indiqués, mais des explications complémentaires et diverses formules que nous allons reproduire ont été données dans une notice publiée par la Société qui exploite ce brevet :

« La dissolution au moyen du terpinéol peut être faite, soit à froid, soit à chaud sans pression lorsqu'on opère avec des gommes demi-dures. Dans ce cas celles-ci sont pulvérisées

finement ou simplement broyées et dissoutes en agitant constamment dans un mélange de terpinéol et du liquide volatil
choisi. Les proportions varient considérablement suivant les
gommes, suivant l'essence ou l'alcool employé et suivant la
qualité que l'on veut donner au vernis, siccativité prompte
ou lente, élasticité plus ou moins grande, car une partie du
terpinéol reste dans le vernis et lui donne de la souplesse.

« La gomme peut être dissoute dans le mélange complet de
terpinéol et de solvant volatil ou bien dans un mélange plus
riche en terpinéol que l'on dilue ensuite avec le solvant
choisi.

« Lorsqu'on a affaire à une gomme dure, le mieux pour effectuer la dissolution est d'opérer en vase clos, ce qui permet
d'élever la température et de hâter le travail sans perte de
produits volatils. Il suffit alors de chauffer dans un autoclave
muni d'un agitateur la gomme pulvérisée, le terpinéol et le
solvant jusqu'à ce que la dissolution soit complète. Si on n'a
pas employé tout le solvant voulu on ajoute ce qui manque
quand la dissolution est finie.

Formules diverses de vernis à l'alcool et à l'essence.

		1	2	3
a)	Kauri	50	50	50
	Terpinéol	40	25	40
	Alcool	150	75	» »
	Essence	» »	» »	80
b)	Manille dure	50		
	Terpinéol	40		
	Alcool	60		
c)	Manille	30		
	Terpinéol	20		
	Essence	50		
d)	Gomme Madagascar			20
	Terpinéol			12
	Essence			8

Ce mélange ayant été dissous complètement à l'autoclave on
ajoute ensuite :

	Essence	20
e)	Gomme Congo	50
	Terpinéol	30
	Essence	20

Après dissolution à l'autoclave on ajoute à nouveau :

    Essence   50

Vernis gras.

Formule avec gomme non dépolymérisée :

    Gomme kauri.   50
    Terpinéol   50
    Huile   25
    Essence   58

« Cependant il est bon de dépolymériser plus ou moins complètement les gommes, sauf pour les vernis renfermant peu d'huile (d'une teneur en huile inférieure à la moitié du poids de la gomme), car cela permet d'incorporer une plus grande quantité de gomme tout en diminuant la proportion de terpinéol. Les auteurs font ressortir que le résultat est le même que celui produit par la fusion préalable des gommes avec cette différence qu'il n'y a aucune perte, que les produits sont plus beaux, de meilleure qualité, plus élastiques et qu'on peut opérer sans danger sur de grandes quantités de matières à la fois.

« On opère absolument comme pour la dissolution des gommes dures, seulement on chauffe davantage et plus longtemps. On constate alors que, dès que la dissolution de la gomme est parfaite, cette solution précipite par l'addition d'un excès de solvant volatil, essence, alcool, dès que la proportion de terpinéol devient, du fait de la dilution, insuffisante pour maintenir la gomme en solution, mais si on chauffe vers 250 à 300° cette dissolution, la tendance à la précipitation diminue peu à peu et finit même par disparaître tout à fait.

« A une telle solution de gomme on peut incorporer telle quantité d'huile que l'on voudra et siccativer à volonté.

« Ce traitement serait applicable à toutes les variétés de gommes copals, tendres, demi-dures ou dures.

« En général il est recommandé de ne jamais ajouter l'huile avant que la gomme soit suffisamment dépolymérisée.

« *Formules de vernis dépolymérisés.* — On a fondu et dépolymérisé à l'autoclave les proportions suivantes de matières :

Succin.	100	Gomme Brésil.	10	Gomme Zanzibar.	3
Terpinéol.	100	Terpinéol	8	Terpinéol	2
Essence	100	Essence.	5	Essence.	2

« Aux produits limpides obtenus on ajoute les quantités et qualités d'huile convenables en vue d'obtenir un vernis donné et on siccative »

Ces vernis terminés seraient formés de:

Zanzibar	1	Gomme Kauri	25
Terpinéol	1	Terpinéol	15
Huile	2	Huile	31
Essence	2	Essence	42

Vernis phosphorescent.

Un brevet a été pris dans cet ordre d'idées par Depax (br. fr. 366399, 23 juin 1906). Il est formé d'un vernis spécial composé de gomme dammar, cire vierge et essence de térébenthine en mélange avec du sulfure de calcium phosphorescent.

Vernis vulcanisé.

Sous ce nom, on comprend une classe de vernis obtenue en incorporant à un vernis ordinaire une solution de fleur de soufre dans l'essence de térébenthine. Le métal qui en est recouvert se sulfure à la surface.

En les mélangeant à des couleurs ne contenant pas de métaux lourds et à une solution d'asphalte, on peut préparer un produit pour métaux possédant une bonne solidité.

Vernis à l'huile de résine.

On utilise pour leur préparation la faculté que possède l'huile de résine d'absorber avidement l'oxygène en s'épaississant comme le fait l'huile de lin, et on produit des vernis à base d'huile de résine et d'huile de lin ou même d'huile de résine seule.

L'huile de résine chauffée est additionnée de colophane fondue, puis de borate de manganèse. On chauffe jusqu'à consistance convenable.

Le plus souvent on emploie des formules plus complexes utilisant simultanément avec les huiles de résine, l'huile de lin et l'essence de térébenthine, c'est ainsi que V. Schweizer (1) donne la formule suivante :

____

(1) *La distillation des résines.*

Colophane . . . . 100 parties
Huile légère de résine . . . . . . 60 —
Huile de lin cuite . . . . 40 —
Essence vive de résine . . . . . . 100 —
Essence de térébenthine . . . . . 80 —

La colophane est ajoutée en petits morceaux à l'huile de lin cuite, fortement chauffée et dissoute en agitant. Après refroidissement on ajoute l'essence de résine, l'huile légère et l'essence de térébenthine, le mélange abandonné au repos est filtré à travers un tissu.

Toutefois l'auteur fait observer que l'essence vive est très volatile et très inflammable d'une part, et que d'autre part, un vernis contenant une forte proportion de colophane perd rapidement son brillant sous l'influence du soleil et de l'humidité, aussi conseille-t-il de réduire dans de fortes proportions (25 à 50 kgr.) l'addition de colophane.

Richard Blume (Br. all. 154219 et 154524) prépare du vernis appartenant à cette classe en mélangeant à l'huile de résine, de la poix et de l'huile de ricin, d'amandes ou des huiles minérales.

Dans notre paragraphe sur les résinates nous avons signalé l'intérêt que présentent ces composés et le remplacement possible dans les vernis à l'huile de résine, d'une partie de la colophane par du résinate de chaux dont l'addition peut être faite de façon ménagée dans le mélange huile de résine et huile de lin cuite, jusqu'à ce qu'un échantillon prélevé ait la consistance voulue. On rend le mélange plus fluide par addition d'essences.

VII. — NETTOYAGE DES SURFACES PEINTES

L'enlèvement des vieilles peintures peut être fait soit par voie physique soit par des moyens chimiques.

Le moyen physique classique consiste dans le brûlage à la lampe des surfaces peintes, puis grattage des parties carbonisées. Quoique très employé encore, ce moyen qui abîme les surfaces peintes et présente certains dangers tend de plus en plus à être remplacé par des procédés d'ordre chimique.

Les moyens chimiques comportent l'emploi d'ingrédients qui attaquent, modifient ou dissolvent les peintures proprement dites, on peut les ranger en trois catégories :

1º Les décapants alcalins
2º   —   —   acides
3º   —   —   neutres

Décapants alcalins.

Les alcalis caustiques ayant la propriété de saponifier certains constituants de la peinture et de modifier les autres, on a employé la potasse ou la soude caustique pour le nettoyage des surfaces peintes. Le « potassium » des peintres est une lessive de soude caustique.

De nombreuses formules reposant sur le même principe ont été préconisées, parmi les plus simples nous citerons:

(a) un mélange de viscose (alcali-cellulose traitée par le sulfure de carbone) et d'alcali;

(b) une solution alcaline (à 50 0/0) chauffée avec du savon de manière à former une masse gélatineuse puis diluée avec l'alcool;

(c) un liquide ininflammable préparé en incorporant dans le mélange précédent du tétrachlorure de carbone.

Le savon ordinaire a été remplacé dans certains cas par du savon mou ou des sulforicinates.

(d) La Chemische Fabrik Fora (br. fr. 335 671) a breveté un mélange de :

Chaux éteinte	30 parties
Soude ou potasse caustique. .	75 —
Pétrole	60 —
Savon mou	75 —
Alcool ou acétone	300 —
Craie	450 —

(*e*) Bendix et Holm (Br. danois 9 221) se servent de soude caustique, additionnée de chlorure de magnésium ou de calcium hygroscopique, de terre de pipe et de camphre.

(*f*) Beck (Br. am. 743 427) prépare simplement un mélange de :

Chaux	5 parties
Carbonate de soude	1 —
Sel marin	1 —

Pour l'emploi on ajoute de l'eau.

Décapants acides.

Des solutions à base d'acide chlorhydrique, d'acide oxalique et de produits épaississants tels que la mélasse ont été indiquées, mais ne présentent qu'un intérêt relatif, voici quelques formules pour fixer les idées.

Austen, Mayevald et F. Govers (Br. am. 87150) ont breveté un mélange formé de :

Un solvant organique volatil, un solvant à réaction acide et un colloïde pour rendre le mélange semi-fluide.

Govers et Oswegs (Br. am. 868 920 et 869 176) se servent d'une mixture faite avec un phénol, des hydrocarbures aromatiques, de l'alcool et de la caséine.

Par exemple on mettra parties égales d'acide crésylique, benzol, toluol, alcool méthylique avec 10 0/0 de caséine dissoute dans l'acide acétique ou formique.

Welding et Statt emploient (Br. am. 325 588) une bouillie avec :

38,5	parties	farine de céréales
45	—	acide chlorhydrique.
16	—	de chlorure de chaux. (??)
0,5	—	de térébenthine.

M. Cox (Br. fr. 356503) mélange :

Acide sulfurique . . . . 11 parties
Sel marin . . . . 11 —
Dextrine, agar agar, etc. . . . . . 22 —
Huile de thym ou analogue . . . . 1 —

Décapants neutres.

Ce sont les plus intéressants et leur vogue est des plus jus-
tifiée étant donné qu'ils n'abîment pas les boiseries, n'ont aucune action corrosive sur la peau et nettoient les objets qui
servent à les appliquer aussi bien que les surfaces peintes.

Ils se composent de dissolvants spéciaux et de graisses,
cires ou paraffines qui, non seulement retardent l'évaporation des dissolvants, mais déposent sur la surface à nettoyer
une pellicule qui empêche les autres produits liquides de
s'écouler et semble faciliter leur action.

Voici quelques formules :

(1) Benzol . 48,5 ⎞
    Acétone. 49   ⎬ 100
    Paraffine 2,5 ⎠
    Cérésine. . . . 2 p. si on veut former une pâte.

		1	2
(2) Acétone	150 parties	150
Benzine	20 —	150
Bisulfure de carbone	20 —	—
Acétate d'amyle	10 —	—
Paraffine	4,4 —	7,5

	1	2	3
(3) Alcool	55	»	»
Esprit de bois	»	30	30
Acétone	»	25	25
Benzol	20	20	48
Acétate d'amyle	»	»	45
Sulfure de carbone . . .	25	25	»
Paraffine	»	»	»
Cire	0,5	0,5	0,5

(1) Adams et Elting (Br. 335 193).
(2) Brevet américain 333 652 de Ronde Osborne Cᵒ.
(3) Eberson (Br. fr. 341 832).

Il existe d'autres formules dans lesquelles on fait entrer l'alcool méthylique, l'éther de pétrole ou le tétrachlorure de carbone, ce dernier lorsqu'on veut diminuer l'inflammabilité du mélange.

Toch (Br. am. 871195) dissout la naphtaline dans un mélange d'acétate d'amyle, d'alcool amylique, d'esprit de bois brut et d'huile provenant de la distillation de bois résineux.

Enfin signalons un décapant ininflammable dû à Elles. (Br. am. 817141) :

Cire	2 parties
Tétrachlorure de carbone	15 —
Alcool . . . . . , ...	10 —

L'industrie des décapants à base de produits volatils quoique relativement récente s'est énormément développée dans ces deux dernières années et tout fait présumer qu'elle va prendre une extension très rapide.

VIII. — CONTROLE DE LA FABRICATION

Avant de terminer, nous croyons utile de faire quelques observations pratiques sur les compositions de vernis en général. Il semblerait superflu de répéter cet axiome industriel que : *pour obtenir les mêmes vernis, il faut employer les mêmes matières premières et les traiter dans les mêmes conditions* et cependant, que de mécomptes sont dus à sa non observation. De nombreux fabricants travaillant *souvent sans le savoir* d'une façon tout à fait empirique, ne s'expliquent pas leurs échecs et se demandent pourquoi certains de leurs concurrents arrivent à livrer, plus facilement qu'eux, des produits réguliers d'excellente qualité, ce qui est exigé avec raison par les clients. La méthode à employer est cependant facile, l'industriel doit suivre sa matière première depuis le jour où elle lui est offerte jusqu'au moment où elle est transformée en produits bons à livrer ; dans ces conditions il n'y a pas de mécompte possible, l'imprévu n'existe plus, la régularité de la fabrication est certaine et on produit la meilleure qualité au meilleur marché.

Par conséquent et sans se livrer à des recherches compliquées d'ordre scientifique, nous conseillons aux fabricants d'ajouter aux données pratiques, si utiles, fournies par l'expérience quelques essais rapides. Parmi les lots à acheter qui ont pu plaire au premier abord, il suffit de faire une sélection raisonnée ; en consacrant quelques heures pour contrôler certaines constantes physiques et chimiques, l'acheteur aura des points d'appui sérieux pour ses achats.

La même méthode appliquée à l'emploi et la transformation des matières premières est féconde en résultats pratiques industriels, elle donne la certitude d'une bonne marche et *l'indépendance*. N'oublions pas que dans certaines maisons on croit encore aux secrets de fabrication, on dépend souvent d'un seul homme dont l'absence, pour cause de maladie par exemple, paralyse la fabrication, heureux encore si son départ chez un concurrent ou même sa mort n'occasionne pas des pertes commerciales irréparables. L'industriel doit donc disposer de méthodes de fabrication l'affranchissant complètement de ces aléas, c'est ce qui rend tout particulièrement

intéressantes les méthodes de solubilisation « à l'autoclave »
d'une régularité automatique.

À côté des travaux d'ordre mécanique, mélanges en proportions déterminées de matières premières, transvasements, etc.
qui demandent à être effectués de façon soigneuse, mais pour
l'exécution desquels le personnel peut être dressé très rapidement, il est des points très délicats tels que : fusion des
gommes, cuisson des huiles, siccativation, etc., qui sont d'une
importance capitale pour le reste de la fabrication et qui
demandent à être exécutés toujours dans les mêmes conditions. Non seulement il est nécessaire d'y affecter un personnel éprouvé, sérieux, mais le fabricant doit connaître les conditions exactes du travail et s'il ne peut l'exécuter ou le suivre
en personne, il lui faut des moyens de contrôle précis sur les
matières premières employées et les produits obtenus. Ces
moyens de contrôle sont la *mesure* (le poids ou le volume de
matières employées, le poids ou le volume des matières fabriquées, le temps de durée des opérations, les températures des
divers milieux), et l'analyse que nous allons aborder.

ANALYSE DES VERNIS

Essai pratique.

Le premier essai, celui qui est le plus à l'abri de toute critique, consiste à faire l'application du vernis dans les mêmes
conditions que celles où il devra être employé, c'est-à-dire
sur des panneaux de la même matière (bois, métal, etc.) que
celle à protéger, on verra d'abord s'il satisfait aux conditions
dont il a été question plus haut, et comment il se comporte
aux points de vue :

coloration,
nature du brillant,
temps nécessaire à la prise,
—   —   au séchage.
flexibilité (élasticité),
adhérence,
Les vernis ne doivent absolument pas :
teinter les nuances délicates,
repousser au gras,
s'écailler,

s'affaisser en séchant et former des plis, rides ou stries, se piquer.

Ceux destinés à être polis ne doivent pas s'arracher pendant le polissage, ni repousser au gras après l'opération.

Un facteur important, l'action du temps, ne peut pas toujours être examiné : on s'efforce d'y suppléer de différentes manières, soit en mettant le panneau revêtu du vernis à examiner dans une étuve maintenue à 100° pendant 12, 24, 48, 60 heures par exemple, soit en faisant agir successivement l'élévation de température et le froid, par exemple, en plongeant le panneau chaud dans un bain d'eau froide.

Un renseignement sur l'élasticité peut être obtenu en se servant d'un petit cylindre muni de deux arêtes à bords non tranchants et que l'on fait rouler sur la couche de vernis. Selon que le vernis est souple ou cassant, selon sa solidité, les traces ou rayures sont différentes, on peut ajouter à l'intérieur du cylindre de petits poids qui permettent d'augmenter ou de diminuer la charge du cylindre et de comparer ainsi la dureté des différents vernis.

Analyse physique.

En dehors des renseignements fournis par l'examen et l'essai pratique, il en est d'autres que l'on peut obtenir seulement en se servant d'instruments ou d'appareils spéciaux.

Densité. — Elle se détermine au moyen de la balance de Mohr, les vernis ont habituellement 0,940 à 0,960 de densité, mais il en existe d'une densité bien inférieure (0,850 à 0,900). L'influence du dissolvant employé est capitale.

Comme on peut obtenir le même chiffre de densité au moyen de mélanges très différents, cette détermination constitue un point de repère mais ne peut donner des renseignements bien précis sur la composition intime du produit examiné.

Transparence et coloration. — Ces deux déterminations ont lieu en examinant sous une certaine épaisseur les produits à étudier, les renseignements obtenus sont comparatifs et permettent de voir si on se rapproche d'un type donné comme modèle ou d'une teinte déterminée choisie sur une gamme.

Viscosité. — De même que pour les huiles, on mesure la quantité de centimètres cubes de liquide qui s'écoule par un petit orifice annulaire de dimensions fixées, dans un temps déterminé (10 minutes par exemple) à température constante.

Valenta (1) fait cette détermination de façon très simple, au moyen d'un large tube à robinet à la partie inférieure et maintenu rigoureusement vertical. Le tube étant rempli de vernis on y laisse tomber une balle d'argent et on détermine le temps qu'elle met à gagner le robinet.

Cette opération devra être faite comparativement avec un type-donné afin que les résultats ne soient pas entachés d'erreur.

Rappelons à ce sujet qu'en été les vernis augmentent de volume, diminuant par suite de densité, ce qui les rend moins épais; ils donnent à l'emploi une pellicule plus mince qu'en hiver ou le phénomène inverse a lieu.

Analyse chimique.

Dosage du dissolvant. — C. Parker et Mac Slhiney ont indiqué le procédé suivant qui a été vérifié par divers spécialistes et considéré comme donnant les résultats s'approchant le plus de la réalité.

25 grammes de vernis sont mis dans une fiole de 400 cc. avec 100 cc. d'eau et distillés en présence de quelques morceaux de grenaille d'étain afin d'empêcher les soubresauts. On distille de manière à recueillir 90 à 95 cc. de liquide. Quand le dissolvant est de l'essence, on fait une correction de 0 cc. 35 en volume ou 0 gr. 3 en poids pour 90 cc. de liquide distillé afin de tenir compte de l'essence retenue par l'eau. Certains techniciens remplacent l'étain par de petits fragments de brique.

Quand le dissolvant n'est autre que la térébenthine ou qu'il s'agit d'un mélange, on peut décanter le liquide surnageant l'eau et le soumettre à une nouvelle distillation en notant les degrés du thermomètre auxquels passent les différentes fractions.

Dosage de l'huile. — Le vernis est appliqué au préalable sur une plaque de verre, sur laquelle il laisse un dépôt de linoxyne et de gomme. En traitant par un dissolvant convenable (alcool amylique par exemple) le résidu broyé, on enlève la résine, il ne reste plus que la linoxine que l'on pèse. Ce poids diminué de 16 0/0 représentant l'oxygène absorbé, donnerait l'huile; Coffignier opérant sur des vernis qu'il avait préparés.

(1) *Bul. Soc. Chim.* 4e S., tome II, 1907, p. 125.

a trouvé que ce facteur de 16 0/0 est beaucoup trop élevé et qu'on se rapproche plus de la réalité en tablant sur 6 0/0 seulement.

Dosage de la gomme. — Dans l'essai précédent si on évapore la dissolution obtenue, on obtient un résidu qui donne une indication sur la quantité de résine contenue dans le vernis examiné. Le chiffre trouvé est généralement plus faible que celui de la matière mise en œuvre, car il faut se souvenir que la perte de poids au moment de la fusion peut atteindre 25 0/0 et il peut rester une petite partie de résine dans le résidu ; par contre une erreur dans l'autre sens peut être occasionnée par un peu de dissolvant retenu.

M. Hans Rebs (1) dose la résine dans les mélanges la renfermant, de la façon suivante : 10 gr. de substance sont chauffés 1/4 d'heure au bain marie avec 20 à 25 cc. de potasse à 10 0 0. Après refroidissement le savon est décomposé par HCl dilué. La résine précipitée est lavée, séchée et reprise par 50 cc. d'éther de pétrole. La solution filtrée est précipitée par l'ammoniaque et filtrée à nouveau. La résine recueillie est chauffée au bain-marie pour faire partir l'eau et l'ammoniaque, puis enfin pesée.

Recherche des acides. — Si le vernis agité avec de l'eau additionnée de tournesol bleu lui communique une teinte **rouge**, il contient des acides ou corps à fonctions acides solubles à l'eau.

Recherche des huiles minérales. — Elle se fait par saponification à la potasse alcoolique ; les huiles minérales restent inaltérées tandis que les autres produits se saponifient.

Cendres. — Elles sont généralement très faibles, leur analyse donne des indications sur la nature du résinate employé ou sur les matières siccatives employées dans la préparation des vernis.

Essai des vernis volatils.

En dehors de l'essai pratique qui donne des indications rapides sur la siccativité, la coloration, le brillant, la solidité, l'élasticité, etc., on peut déterminer l'essence par le procédé indiqué plus haut, ainsi que le résidu sec qui doit se dissoudre complètement dans l'alcool amylique (montrant l'absence

(1) *Annales de Chimie analytique,* juillet 1908.

d'huile végétale). Le chiffre d'acide et l'indice d'iode ne sont pas intéressants à déterminer sur les résidus, car les chiffres trouvés diffèrent complètement de ceux donnés par les gommes avant l'emploi.

Par contre les températures de distillation dans le cas de dissolvants mélangés donnent d'excellentes indications, on se reportera à ce sujet à notre tableau pages 330 et 331.

Dans le cas des vernis à l'alcool, l'essai pratique complété par la distillation donnera d'utiles indications sur leur composition.

IX. — EMPLOI DES RÉSIDUS

Les résidus à utiliser peuvent provenir des opérations suivantes :

Nettoyage et purification des gommes.

Purification des dissolvants.

Cuisson des huiles.

Fusion des gommes.

Fabrication des vernis.

Dépôt des vernis.

Résidus de nettoyage et purification des gommes.

Comme nous l'avons vu précédemment, les gommes sont triées, les gros morceaux cassés, passés au tamis et l'opération est dans bon nombre de cas complétée par un lavage au moyen de solution d'alcalis caustiques ou carbonatés.

a) Dans la première opération à côté des gommes propres ayant une bonne valeur marchande, on récolte des poussières, des matières terreuses, des croûtes résineuses, des fragments impurs, des débris végétaux (feuilles, branchages, etc.).

Les poussières bien triées constituent un choix spécial qui donne des vernis beaucoup plus colorés que la gomme proprement dite, et *à fortiori* le mélange général des fragments et impuretés diverses donne à la fusion des produits plus foncés, aussi ne les emploie-t-on pas pour les vernis clairs.

L'emploi de la chaleur présentant le grave inconvénient de décomposer les débris végétaux, on a souvent avantage, lorsqu'il s'agit de variétés susceptibles de servir dans la préparation des vernis à l'alcool, de les traiter par ce dissolvant ; le résidu peut être à son tour soumis à l'action de l'essence de térébenthine ou d'un autre dissolvant convenable. Il faut avant de procéder à ces opérations, les exécuter sur une faible quantité au laboratoire afin de déterminer comment et avec quels produits on doit opérer.

b) Lorsque les copals sont lavés au moyen de solution d'alcalis caustiques ou carbonatés, on obtient trois produits : le copal lavé, les poussières et impuretés entraînées et une solution de copal dans le véhicule liquide.

Les poussières et impuretés sont recueillies au fond du récipient d'une part et sur des tamis très fins d'autre part, après lavage et séchage on les fait servir à la préparation des vernis à l'alcool.

La solution alcaline est neutralisée par additions ménagées d'acide sulfurique, jusqu'à ce qu'il ne se produise plus de précipitation, on laisse décanter et le précipité qui est constitué par un sel sodique de la gomme est traité par le sulfate de manganèse, de manière à obtenir un dérivé manganésé de la gomme qui constitue un excellent siccatif.

c) Les caisses dans lesquelles ont été renfermées les résines tendres ou oléo-résines, retiennent parfois de ces produits attachés à leurs parois. On les détache et les fond de manière à s'en servir pour la fabrication de la poix. On peut également les dissoudre dans une solution alcaline et les appliquer dans les mêmes conditions que le résinate de soude. Les élémis et les oléo-résines peuvent être extraits au moyen de dissolvants convenables et utilisés de cette façon.

Résidus de purification des dissolvants.

a) L'alcool ou la térébenthine peuvent être colorés ou souillés par des impuretés diverses. La partie solide est éliminée au moyen du filtre-presse et le résidu, passé à la presse hydraulique, est mélangé avec de la tourbe ou de la sciure, puis brûlé.

Le dissolvant coloré peut être soit distillé, soit employé pour la fabrication de vernis foncés ou noirs.

b) L'huile, lorsqu'on lui fait subir les opérations de clarification, abandonne un résidu formé de matières mucilagineuses qui s'emploie dans le broyage des couleurs.

Si le dépôt formé dans les réservoirs à huile crue, est produit sans traitement chimique, il est employable dans la fabrication des savons mous ou de ciments spéciaux par mélange à l'huile cuite.

Résidus de cuisson des huiles.

a) Les dépôts formés dans les opérations de cuisson des huiles sont foncés, mais très siccatifs, aussi les fait-on entrer de préférence dans la composition des vernis foncés et des ciments.

b) Les pellicules qui restent dans les récipients ayant contenu l'huile cuite, sont enlevées au moyen de dissolvants volatils convenables (essence de térébenthine, etc.) et employés avantageusement pour imperméabiliser les tissus ou pour mélanger aux couleurs. Ajoutés à l'huile de lin crue, ils la rendent rapidement siccative.

Résidus de fusion des gommes.

a) L'attention a été appelée de façon toute particulière dans ces dernières années sur les produits volatils obtenus dans la fusion des gommes. Au lieu de les brûler on installe souvent des dispositifs de condensation et on recueille séparément les différentes fractions des huiles produites. Non seulement on peut suivre au thermomètre la marche de l'opération, ce qui peut donner certains renseignements, mais on en a trouvé diverses applications des liquides condensés. L'huile de copal dissout bien les gommes demi-dures et tendres, elle s'ajoute aux vernis bon marché pour leur donner l'odeur du copal, en outre lorsqu'elle est convenablement rectifiée elle est employable dans la fabrication des couleurs à l'huile ; mélangée aux fonds de vernis et d'huile cuite elle forme de bons enduits.

b) Les résidus de fusion des copals se composent de matières minérales terreuses ou sablonneuses mélangées aux débris végétaux carbonisés ; on a essayé d'en faire l'épuisement par des dissolvants, mais il est plus pratique de se borner à les mélanger à la tourbe, au poussier de coke ou à la sciure et de les brûler.

c) Lorsque la fusion a été incomplète et qu'il reste du copal, il est préférable de le fondre avec de la colophane en vue de fabriquer un vernis second choix.

d) Si la fusion a été trop prolongée, le copal fondu a perdu presque toutes ses qualités. Certains fabricants le font passer par petites portions dans des vernis bon marché contenant une quantité un peu forte de siccatif.

Résidus de fabrication des vernis.

a) Les vernis fabriqués peuvent être trop épais ; il suffit de les réchauffer dans un récipient émaillé et d'y ajouter une quantité convenable de térébenthine,

b) Le défaut inverse peut se présenter ; le vernis ainsi obtenu doit être mélangé à un vernis préparé intentionnellement trop « corsé ».

c) Les vernis manqués présentant des dépôts, etc. sont passés au filtre-presse. Si le dépôt contient beaucoup de siccatif on le sèche et l'emploie dans la fabrication des couleurs à l'huile. Si le dépôt est très foncé et très impur on le mélange à la tourbe ou à la sciure et on l'emploie comme combustible. La partie liquide est passée par petites quantités dans des vernis bon marché.

d) Les pellicules recouvrant les parois des réservoirs à vernis sont utilisées comme celles provenant d'huiles cuites.

Fonds de vernis.

Les dépôts, passés au filtre presse ou à la presse donnent des vernis qui servent à faire des qualités bon marché. Le résidu est mélangé comme il a été dit plus haut et brûlé.

Certains fabricants les additionnent de noir de fumée pour en préparer des vernis spéciaux.

X. — DISPOSITION GÉNÉRALE D'UNE FABRIQUE DE VERNIS

Situation géographique. — Les consommateurs de vernis sont des commerçants revendeurs, ou des artisans et la majeure partie se trouve dans les grandes villes. Les fabricants de vernis doivent par conséquent s'installer à proximité, dans la banlieue où les autorisations sont moins difficilement accordées, les villes les refusant à cause des dangers d'incendie et des mauvaises odeurs inhérentes à cette fabrication.

De plus, ils peuvent faire avec cheval et voiture ou par messageries les nombreuses livraisons de détail que comporte la clientèle.

Enfin, et si l'importance de la fabrique le leur permet, ils doivent se mettre auprès d'une gare, de manière à pouvoir au moyen d'un raccordement, recevoir la térébenthine en wagons citernes, l'huile (qui se vend en barils) par wagons, le combustible (coke ou charbon par wagons). Ils sont en outre mieux placés pour l'expédition des colis destinés aux localités éloignées.

Disposition des bâtiments. — Tous les bâtiments doivent être construits en matériaux ininflammables, maçonnerie et fer, car tous les produits employés dans l'industrie des vernis sont inflammables, et il y a intérêt, nécessité même, pour réduire les risques au minimum, de disposer les bâtiments à une certaine distance les uns des autres; ceux ou l'on met en œuvre le feu doivent naturellement être les mieux isolés.

Afin d'abaisser le prix de revient et le coût de main d'œuvre au minimum, il est utile d'effectuer les transports de matières solides au moyen de wagonnets roulant sur des voies étroites, quant aux liquides on les aspire ou on les refoule par des pompes ou par l'air comprimé jusqu'aux locaux où ils doivent être conservés ou employés.

Les bâtiments contenant les stocks de matières premières inflammables et ceux dans lesquels s'effectue la fabrication doivent être l'objet de précautions spéciales contre l'incendie.

Dans les locaux fermés contenant ces matières on a proposé l'emploi de tuyauteries reliées à des robinets placés extérieurement et pouvant envoyer des jets de vapeurs dans le milieu incendié. On pourrait appliquer un dispositif permettant *automatiquement* l'envoi du jet de vapeur dès que la température du local dépasse un certain degré.

BATIMENT DES MATIÈRES PREMIÈRES. — *Gommes.* — C'est la matière première qui coûte le plus cher, c'est la plus variée au point de vue qualité et son influence sur le vernis est capitale. Le bâtiment qui le renferme est subdivisé en un certain nombre de compartiments ou casiers destinés à contenir les diverses variétés dont on fait usage. Pour éviter des manipulations multiples, on a souvent avantage à empiler dans des casiers les caisses d'origine, de cette manière les inventaires se font avec une très grande rapidité et les erreurs de qualité deviennent impossibles ; toutefois lorsque les quantités ne sont pas trop importantes ou que les variétés sont très nombreuses on peut les renfermer dans des coffres munis de couvercles.

Huiles. — Les huiles reçues dans des barils sont pompées et envoyées dans de grands réservoirs en fer fermés complètement, de manière à empêcher toute introduction de poussière ; des robinets de vidange sont disposés à différentes hauteurs. Des orifices d'arrivée de liquide et d'échappement d'air sont pratiqués dans le couvercle.

Les réservoirs sont plus ou moins nombreux selon les diverses variétés d'huiles d'une part et suivant le temps nécessaire au dépôt d'autre part, il faut plusieurs mois pour que les huiles se dépouillent des matières qu'elles contiennent en suspension et qui se *retrouveraient* dans les produits fabriqués.

Les réservoirs sont disposés sur des supports en maçonnerie et on a soin de les placer à une certaine distance des murs ou des réservoirs voisins, de manière à permettre une vérification facile du pourtour. La hauteur du fond est telle que par simple écoulement l'huile soit amenée dans le local ou les appareils dans lesquels elle sera employée. Nous avons vu d'autre part que de nombreux procédés de purification et de décoloration ont été préconisés et il existe sur le marché des huiles provenant de leur mise en pratique industrielle, produits offerts avec une prime assez élevée au dessus du cours ; ces huiles étant susceptibles d'un emploi immédiat permettraient de réduire d'une façon considérable les stocks d'huile en dépôt.

Essence de térébenthine. — Il n'est pas nécessaire d'en avoir

Fig. 83. — Magasin pour la réserve des vernis.

des stocks bien importants. On la reçoit en barils ou en wagons citernes ; dans ce dernier cas, il est nécessaire d'avoir des réservoirs pouvant contenir 1 wagon et demi, de manière à ce qu'on ait toujours une certaine quantité au moment des arrivages. Si l'on n'est pas à même de recevoir par wagon, on peut réduire dans des proportions plus considérables l'importance des réservoirs.

L'essence étant relativement volatile, on évite le plus possible les manipulations à air libre, on la *transvase* au moyen de pompes dans les réservoirs qui lui sont destinés, réservoirs fermés, munis de robinets de vidange et d'arrivée. On se rend compte de la quantité contenue au moyen de flotteurs ou de niveaux en verre avec robinets permettant de les isoler en cas de rupture. Ces réservoirs sont placés à hauteur suffisante pour que par simple écoulement la térébenthine puisse être amenée au point d'utilisation.

Fig. 84. — Magasin réserve des vernis.

BATIMENT DE LA FABRICATION. — Dans ce bâtiment, on effectue les opérations les plus dangereuses de la fabrication : cuisson des huiles, fusion des gommes, mélanges susceptibles de dégager des vapeurs inflammables.

Le local doit être spacieux, bien éclairé et bien aéré, offrir plusieurs issues de manière à permettre une sortie rapide du personnel, en cas d'incendie. Comme les bâtiments des matières premières et des vernis finis, ils doivent être en maçonnerie et fer, les portes en fer, les foyers de chauffage placés extérieurement (voir la fig. 68, cuisson des huiles). Des hottes d'aspiration mises en communication avec la *cheminée* ou un ventilateur aspirant permettent d'évacuer au dehors les fumées ou vapeurs odorantes produites dans le cours des opérations.

BATIMENT DES PRODUITS FABRIQUÉS. — Les vernis fabriqués ont besoin d'être abandonnés au dépôt pendant un temps plus ou moins long, plusieurs mois en général, parfois même plus d'une année. Les différentes qualités étant très nombreuses, il faut un grand nombre de réservoirs, de manière à tirer sur les uns pendant que les autres déposent, toutefois les vernis étant des produits chers on donne des dimensions assez réduites à ces réservoirs, en tenant naturellement compte des variétés de vente courante et de leur prix.

Les réservoirs sont disposés sur plusieurs rangées et supportés par des musettes ou des rails, etc.; ils sont munis de plusieurs robinets permettant le soutirage à diverses hauteurs, les fig. 83 et 84 montrent l'organisation générale de deux magasins de dépôt.

Bâtiment des expéditions.

Le commerce des vernis comporte beaucoup de détail, ces produits se livrent en bidons de fer blanc.

Pour les expéditions à une certaine distance, ces bidons sont groupés dans des caisses en bois ou des emballages en carton ondulé.

La mise en bidons, le bouchage, le collage des étiquettes, et l'emballage représentent une main d'œuvre assez importante comparativement à la dépense totale, là encore il faut un emplacement assez vaste pour contenir les diverses variétés de bidons, d'emballages et les matériaux divers devant servir aux expéditions.

LABORATOIRE. — De plus en plus, les industriels se dégagent de l'empirisme et s'attachent à produire des vernis irréprochables dans les conditions de travail les plus favorables. La concurrence est grande parmi les marchands de matières premières, les produits sont variés, les falsifications ne sont pas rares et il faut être outillé de manière à déterminer rapidement si une matière première est satisfaisante comme qualité et prix. Un examen se rapprochant souvent des conditions d'emploi, mais réalisé sur de minimes quantités, donne d'utiles renseignements ; c'est dans le laboratoire qu'il est effectué. Ce local contient les instruments permettant de faire ce contrôle, les appareils et le matériel nécessaires, des types de matières premières, etc.

Le laboratoire sert également à l'examen des produits fabriqués, à celui des produits concurrents, à l'étude des modifications dans la fabrication ou l'application d'idées nouvelles, bref c'est l'auxiliaire indispensable qui permet les vérifications et la réduction au minimum des chances d'erreur en fabrication. Le rôle des laboratoires n'a fait que grandir, surtout en Allemagne, dans ces dernières années et nous sommes heureux de constater qu'il se développe avec une grande rapidité dans nos fabriques françaises.

XI. — CONSIDÉRATIONS ÉCONOMIQUES ET COMMERCIALES SUR LE COURS DE LA TÉRÉBENTHINE ET DE L'HUILE DE LIN

L'idéal pour un fabricant serait évidemment d'avoir un prix de revient aussi bas que possible, ce qui le mettrait dans une situation favorisée au point de vue de la vente des produits fabriqués, d'où la possibilité de produire beaucoup et d'avoir des frais généraux réduits à la limite.

L'industriel a d'abord une action directe et pour ainsi dire de tous les instants, sur ses frais généraux et sa main-d'œuvre, ce qu'il peut obtenir au moyen d'une installation pratique, logique, n'employant l'effort humain que pour conduire la force mécanique.

En ce qui concerne les matières premières il n'est plus aussi bien placé, puisqu'il n'a ses renseignements que de seconde main ou par voie de circulaires, et souvent s'en rapporte à son conseiller ; il doit chercher à se documenter et se renseigner de façon aussi sûre et aussi rapide que possible.

Les variations de prix de l'essence de térébenthine et de l'huile de lin ne sont cependant pas aussi imprévues et aussi désordonnées qu'elles le paraissent à première vue, en consultant les cotes commerciales.

Un de nos éminents courtiers qui est en même temps un économiste distingué, M. Maurice Duclos, a relevé les variations de prix de ces produits depuis 1861 et en les comparant aux fluctuations de l'encaisse et du portefeuille de la Banque de France, a reconnu que le cours de l'essence de térébenthine et de l'huile de lin obéissait à la théorie de Clément Jougla sur les crises et les reprises d'affaires.

La crise éclate aux époques de grande élévation du portefeuille et de réduction proportionnelle de l'encaisse, elle se liquide en quatre ans, puis est suivie d'une reprise qui dure environ cinq années et qui commence lorsque le portefeuille est au minimum et qu'en même temps l'encaisse reconstituée est maximum.

Les crises ayant eu lieu en 1864, 1873, 1882, 1891, 1900, M. Duclos faisait ressortir en 1907 que la différence maximum entre le portefeuille et l'encaisse ayant eu lieu en 1904 il y avait lieu de prévoir une crise pour 1909, la prudence conseillait donc aux acheteurs de ne plus faire de marchés de longue haleine ; la crise américaine survenue en 1908 a eu sa répercussion sur notre marché en avançant l'époque de la crise qui se liquide actuellement, après quoi... il y aura reprise, car le commerce n'est comme la vie qu'un perpétuel recommencement.

Il appartient donc à l'industriel prévoyant d'agir de façon raisonnée pour ses achats, en examinant l'époque à laquelle il convient de faire des marchés de longue haleine et celle où il est imprudent de traiter pour une période un peu grande, de manière à ne s'engager qu'à bon escient.

ERRATA :

Page 155, *au lieu de* : $C^6H^5 < ^{CO}_{O} > C^6H^5$, *lire* $C^6H^4 < ^{CO}_{O} > C^6H^4$

Page 217, ligne 1, *au lieu de* : les canaux allant, *lire* : les carneaux allant.

Page 298, tableau, *au lieu de* : Camphre $C^{10}H^{16}O^2$, *lire* : Camphre $C^{10}H^{16}O$.

TABLE ALPHABÉTIQUE DES MATIÈRES

TABLE DES MATIÈRES

III. — LA PEINTURE A L'HUILE

DEUXIÈME PARTIE

I. — FABRICATION DES COULEURS

Considérations générales.

I. — COULEURS BLANCHES

III. — COULEURS ROUGES

VI. — COULEURS VIOLETTES

VII. — COULEURS BRUNES

VIII. — COULEURS NOIRES

IX. — BRONZES-COULEURS

II. — BROYAGE DES COULEURS. — PEINTURES

TROISIÈME PARTIE

I. — LES HUILES

II. — TÉRÉBENTHINE ET COLOPHANE

VII. — NETTOYAGE DES SURFACES PEINTES

VIII. — CONTROLE DE LA FABRICATION . 408

IX. — EMPLOI DES RÉSIDUS 414